新工科建设·电子信息类系列教材

工程电磁场

（第2版）

潘时龙　何小祥　刘　冰　　编著
杨　阳　陈新蕾　黄正宇

電子工業出版社

Publishing House of Electronics Industry

北京·BEIJING

内 容 简 介

根据电子信息类与电气类专业宽口径教学的要求，本书主要介绍电磁场的基本规律、基本理论和基本分析方法。本书共8章，包括数学基础、静态场、静态场边值问题求解、时变场、均匀平面波及其在无界空间传播、均匀平面波的反射与透射、导行电磁波、电磁环境效应及其防护。本书力求物理概念清晰，贴近工程应用背景，相关例题和习题尽量来源于实际工程应用，有助于增加学生的学习兴趣。

本书可作为普通高等院校电子信息工程、通信工程、电气工程等专业的本科生教材，也可供研究生及从事“电磁场与电磁波”相关工作的工程技术人员参考。

图书在版编目(CIP)数据

工程电磁场/潘时龙等编著. —2版. —北京：电子工业出版社，2024.5
ISBN 978-7-121-47768-3

Ⅰ. ①工… Ⅱ. ①潘… Ⅲ. ①电磁场－高等学校－教材 Ⅳ. ①O441.4

中国国家版本馆CIP数据核字(2024)第084379号

责任编辑：凌毅
印　　刷：保定市中画美凯印刷有限公司
装　　订：保定市中画美凯印刷有限公司
出版发行：电子工业出版社
　　　　　北京市海淀区万寿路173信箱　邮编：100036
开　　本：787×1092　1/16　印张：15.75　字数：425千字
版　　次：2011年7月第1版
　　　　　2024年5月第2版
印　　次：2025年2月第2次印刷
定　　价：59.80元

凡所购买电子工业出版社图书有缺损问题，请向购买书店调换。若书店售缺，请与本社发行部联系。联系及邮购电话：(010)88254888，(010)88258888。

质量投诉请发邮件至 zlts@phei.com.cn，盗版侵权举报请发邮件至dbqq@phei.com.cn。

本书咨询联系方式：(010)88254528，lingyi@phei.com.cn。

前 言

电磁场是电子信息工程、通信工程、电气工程等专业本科生的一门非常重要的专业基础课程，它涉及的内容是这些专业本科生应具备的知识结构中的重要组成部分，同时是后续众多专业课程的基础。

本书延续了第一版的整体结构，共 8 章：第 1 章是数学基础，主要复习本课程所需要的基本数学理论和工具；第 2 章介绍静态电磁场，包括静电场、恒定电流场及恒定磁场的相关内容；第 3 章介绍静态电磁场的求解方法，涵盖了分离变量法、镜像法及数值方法；第 4 章主要介绍时变电磁场的基础知识；第 5～8 章主要讲述平面波、平面波的反射与透射、导行电磁波以及电磁环境效应及其防护。

本书在再版过程中，深入贯彻党的二十大精神，以立德树人为根本目标，致力于培养高素质的创新型人才。按照电子信息类与电气类专业宽口径教学的要求，本书循序渐进地、全面系统地介绍电磁场的基本理论。在修正第一版教材中部分错误的基础上，每章的最后一节增加了"知识点拓展"，方便读者在掌握电磁场基础知识的基础上，了解更多较复杂电磁场的知识。为了方便读者及时准确掌握教材的基本内容，每章最后增加了"知识点总结"。书中相关例题和习题尽量来源于实际工程应用，有助于增加学生的学习兴趣。本书注重与前期大学物理、高等数学等基础课程的衔接，注重为后续无线通信、微波技术、雷达技术等专业课程做好铺垫，注重与模拟电路、信号与系统等平行课程的关联，注重理论学习与工程应用的相得益彰，从而从电子信息工程专业的角度完善学生的基础知识架构，提升学生复杂工程问题的解决能力，拓展学生的整体知识视野。

本书由南京航空航天大学电磁场课程组的部分教师集体撰写完成。其中，潘时龙编写第 2 章，何小祥编写第 5、6 章，刘冰编写第 4 章及附录，杨阳编写第 1、7 章，陈新蕾编写第 3 章，黄正宇编写第 8 章。全书最后由潘时龙统稿并定稿。

本书的参考教学学时为 72 学时，如果是 64 学时或 56 学时，教师则可以根据需要跳过加注"*"号的章节或"知识点拓展"部分。

本书提供免费的电子课件和习题解答，读者可登录华信教育资源网 www.hxedu.com.cn，注册后免费下载。

本书基本结构及知识点仍然延续了第一版教材的思路，感谢陆军工程大学丁卫平老师及太原理工大学刘建霞老师当年所做的贡献。本书在编写过程中，参考了近年来出版的书籍和资料，在此对这些书籍和资料的作者、提供者一并表示感谢！

由于编著者学识水平有限，书中难免存在疏漏或错误，衷心欢迎广大读者及同行批评指正。

潘时龙

2024 年 4 月

主要符号和单位

符号	名称	单位符号	单位名称
$\boldsymbol{A}$	矢量磁位	Wb/m	韦[伯]每米
$\boldsymbol{B}$	磁感应强度	T	特[斯拉]
C	电容	F	法[拉]
c	光速	m/s	米每秒
$\boldsymbol{D}$	电位移	C/m^2	库[仑]每平方米
d	距离	m	米
$\boldsymbol{E}$	电场强度	V/m	伏每米
$\boldsymbol{e}_x, \boldsymbol{e}_y, \boldsymbol{e}_z$	直角坐标系单位矢量		
$\boldsymbol{e}_\rho, \boldsymbol{e}_\phi, \boldsymbol{e}_z$	圆柱坐标系单位矢量		
$\boldsymbol{e}_r, \boldsymbol{e}_\theta, \boldsymbol{e}_\phi$	球坐标系单位矢量		
$\boldsymbol{F}$	力	N	牛[顿]
f	频率	Hz	赫[兹]
f_c	截止频率	Hz	赫[兹]
G	电导	S	西[门子]
	天线增益		
$\boldsymbol{H}$	磁场强度	A/m	安[培]每米
I, i	电流	A	安[培]
$\boldsymbol{J}$	体电流密度	A/m^2	安[培]每平方米
$\boldsymbol{J}_S$	面电流密度	A/m	安[培]每米
Idl	线电流元	A·m	安[培]米
k	波数	rad/m	弧度每米
$\boldsymbol{k}$	波矢量	rad/m	弧度每米
k_c	截止波数	rad/m	弧度每米
L	电感	H	亨[利]
$\boldsymbol{M}$	磁化强度	A/m	安[培]每米
M	互感	H	亨[利]
n	折射率		
$\boldsymbol{P}$	电极化强度	C/m^2	库[仑]每平方米
P	功率	W	瓦[特]
$\boldsymbol{p}$	电偶极矩	C·m	库[仑]米
Q, q	电荷	C	库[仑]
R	电阻	Ω	欧[姆]
	距离	m	米
$\boldsymbol{r}$	矢径	m	米
$\boldsymbol{S}$	坡印廷矢量	W/m^2	瓦[特]每平方米
$\boldsymbol{S}_{av}$	平均坡印廷矢量	W/m^2	瓦[特]每平方米
S	面积	m^2	平方米

续表

符号	名称	单位符号	单位名称
T	周期	s	秒
t	时间	s	秒
U,u	电压	V	伏
V	体积	m^3	立方米
v_g	群速	m/s	米每秒
v_s	信号速度	m/s	米每秒
v_p	相速	m/s	米每秒
v_e	能速	m/s	米每秒
W_e	电场能量	J	焦[耳]
W_m	磁场能量	J	焦[耳]
w_e	电场能量密度	J/m^3	焦[耳]每立方米
w_m	磁场能量密度	J/m^3	焦[耳]每立方米
X	电抗	Ω	欧[姆]
Y	导纳	S	西[门子]
Z	阻抗	Ω	欧[姆]
α	衰减常数	Np/m	奈培每米
β	相移常数	rad/m	弧度每米
Γ	反射系数		
γ	传播系数		
δ	趋肤深度	m	米
ε	介电常数	F/m	法[拉]每米
ε_0	真空介电常数	F/m	法[拉]每米
ε_r	相对介电常数		
$\tilde{\varepsilon}$	复介电常数	F/m	法[拉]每米
η	本征阻抗	Ω	欧[姆]
η_0	自由空间本征阻抗	Ω	欧[姆]
λ	波长	m	米
λ_c	截止波长	m	米
λ_g	波导波长	m	米
μ	磁导率	H/m	亨[利]每米
μ_0	真空磁导率	H/m	亨[利]每米
μ_r	相对磁导率		
ρ	体电荷密度	C/m^3	库[仑]每立方米
ρ_S	面电荷密度	C/m^2	库[仑]每平方米
ρ_l	线电荷密度	C/m	库[仑]每米
σ	电导率	S/m	西[门子]每米
τ	透射系数		
φ	电位	V	伏
ϕ	方位角	rad	弧度
Φ	磁通	Wb	韦[伯]
Ψ	磁链	Wb	韦[伯]
ω	角频率	rad/s	弧度每秒

目　　录

第1章　数学基础

电磁场理论的基本任务是研究电磁场(主要是电场和磁场)场量在空间的分布规律和随时间改变的变化规律。在分析研究的过程中,经常会遇到对矢量进行分解、合成、微分、积分及其他运算。因此,熟练掌握矢量分析的基本理论和基本运算[1]是非常必要的。

本章介绍研究电磁场理论的重要数学基础,主要内容包括矢量分析和在电磁场理论中将要出现的一些特殊函数,最后引出规范电磁场理论研究主线的亥姆霍兹定理。

1.1　矢量函数

1.1.1　标量与矢量

物理学中所遇到的物理量,一般分为两类。一类只有大小,在取定其单位后可以用一个数来表示,如长度、质量、时间、能量等,这类物理量称为标量;另一类物理量不仅有大小之分,而且有方向之别,如位移、力、速度、电场强度、磁场强度等,这类物理量称为矢量。

特别要强调的是矢量的两个要素,即大小和方向。通常说两个矢量相等,包括两层含义:一是指它们的大小相等,二是指它们的方向相同。在正式出版物中,通常用加粗字母表示矢量,但在平常书写时,我们很难将加粗字母和一般字母加以区分,所以通常在表示矢量的字母上方加箭头。

1.1.2　矢量的表示方法

在学习矢量代数运算和微积分运算之前,首先介绍如何用解析形式表示一些特定矢量。

在空间任一点沿3条坐标曲线的切线方向所取的单位矢量,称为该坐标系的坐标单位矢量。坐标单位矢量的模为1,方向为坐标变量正的增加方向。

对于直角坐标系,坐标单位矢量可以用 $\boldsymbol{e}_x$、$\boldsymbol{e}_y$、$\boldsymbol{e}_z$ 表示,并且满足:$\boldsymbol{e}_x\times\boldsymbol{e}_y=\boldsymbol{e}_z$;对于圆柱坐标系,坐标单位矢量表示为 $\boldsymbol{e}_\rho$、$\boldsymbol{e}_\phi$、$\boldsymbol{e}_z$,满足:$\boldsymbol{e}_\rho\times\boldsymbol{e}_\phi=\boldsymbol{e}_z$;对于球坐标系,坐标单位矢量表示为 $\boldsymbol{e}_r$、$\boldsymbol{e}_\theta$、$\boldsymbol{e}_\phi$,满足:$\boldsymbol{e}_r\times\boldsymbol{e}_\theta=\boldsymbol{e}_\phi$。

直角坐标系中的坐标单位矢量均为常矢量,其大小和方向不随空间位置的变化而改变。圆柱和球坐标系中的坐标单位矢量,除圆柱坐标系中的 $\boldsymbol{e}_z$ 外,其他均为变矢量,随着空间位置的变化,虽然这些坐标单位矢量的大小不变,但方向发生了改变。

如果给定某矢量 $\boldsymbol{A}$ 沿坐标单位矢量方向的3个分量,则该矢量即被确定。

直角坐标系中:
$$\boldsymbol{A}=\boldsymbol{e}_xA_x+\boldsymbol{e}_yA_y+\boldsymbol{e}_zA_z \tag{1.1.1}$$

圆柱坐标系中:
$$\boldsymbol{A}=\boldsymbol{e}_\rho A_\rho+\boldsymbol{e}_\phi A_\phi+\boldsymbol{e}_zA_z \tag{1.1.2}$$

球坐标系中:
$$\boldsymbol{A}=\boldsymbol{e}_rA_r+\boldsymbol{e}_\theta A_\theta+\boldsymbol{e}_\phi A_\phi \tag{1.1.3}$$

在直角坐标系中,$A=|\boldsymbol{A}|=\sqrt{A_x^2+A_y^2+A_z^2}$ 表示矢量 $\boldsymbol{A}$ 的模或大小。由于矢量在各坐标轴的分量即矢量在该坐标轴的投影,所以,如果已知矢量 $\boldsymbol{A}$ 的大小和与直角坐标系各坐标轴的夹

角 α、β、γ，则矢量 $\boldsymbol{A}$ 被确定。

$$A_x=\boldsymbol{A}\cdot\boldsymbol{e}_x=A\cos\alpha$$
$$A_y=\boldsymbol{A}\cdot\boldsymbol{e}_y=A\cos\beta$$
$$A_z=\boldsymbol{A}\cdot\boldsymbol{e}_z=A\cos\gamma$$
$$\boldsymbol{A}=A(\boldsymbol{e}_x\cos\alpha+\boldsymbol{e}_y\cos\beta+\boldsymbol{e}_z\cos\gamma) \tag{1.1.4}$$

其中，α、β、γ 称为矢量 $\boldsymbol{A}$ 的方向角；$\cos\alpha$、$\cos\beta$、$\cos\gamma$ 称为矢量 $\boldsymbol{A}$ 的方向余弦，满足关系式：$\sqrt{\cos^2\alpha+\cos^2\beta+\cos^2\gamma}=1$。

模等于 1 的矢量称为单位矢量。$\boldsymbol{e}_A$ 表示与 $\boldsymbol{A}$ 同方向的单位矢量，有

$$\boldsymbol{A}=A\boldsymbol{e}_A$$
$$\boldsymbol{e}_A=\boldsymbol{e}_x\cos\alpha+\boldsymbol{e}_y\cos\beta+\boldsymbol{e}_z\cos\gamma \tag{1.1.5}$$

在直角坐标系中，以坐标原点为起点，引向空间任一点 $M(x,y,z)$ 的矢量，称为矢径 $\boldsymbol{r}$，得

$$\boldsymbol{r}=\boldsymbol{e}_x x+\boldsymbol{e}_y y+\boldsymbol{e}_z z \tag{1.1.6}$$
$$r=|\boldsymbol{r}|=\sqrt{x^2+y^2+z^2}$$

单位矢径：
$$\boldsymbol{e}_r=\frac{\boldsymbol{r}}{r}=\boldsymbol{e}_x\cos\alpha+\boldsymbol{e}_y\cos\beta+\boldsymbol{e}_z\cos\gamma \tag{1.1.7}$$

空间任一点对应于一个矢径 $\boldsymbol{r}$，反之，每个矢径对应着空间一点，所以矢径 $\boldsymbol{r}$ 又称为位置矢量。点 $M(x,y,z)$ 可以表示为 $M(\boldsymbol{r})$。

图 1.1.1 中，起点为 $P(x',y',z')$、终点为 $Q(x,y,z)$ 的空间任一矢量，称为距离矢量 $\boldsymbol{R}$，得

$$\begin{aligned}\boldsymbol{R}&=\boldsymbol{r}-\boldsymbol{r}'=\boldsymbol{e}_x(x-x')+\boldsymbol{e}_y(y-y')+\boldsymbol{e}_z(z-z')\\ R&=|\boldsymbol{R}|=\sqrt{(x-x')^2+(y-y')^2+(z-z')^2}\end{aligned} \tag{1.1.8}$$

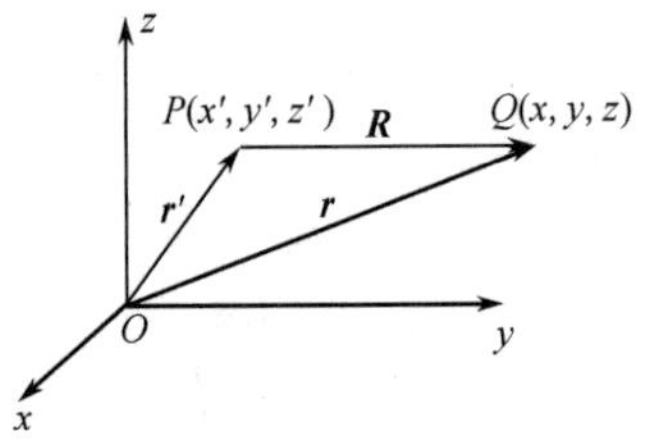

图 1.1.1　距离矢量

在电磁场理论中经常用带撇的坐标变量表示源点，不带撇的坐标变量表示场点。所以，距离矢量 $\boldsymbol{R}$ 称为从源点到场点的距离矢量，如图 1.1.1 所示。

空间任一长度元矢量称为线元矢量，在直角坐标系中表示为

$$\begin{aligned}\mathrm{d}\boldsymbol{l}&=\boldsymbol{e}_x\mathrm{d}x+\boldsymbol{e}_y\mathrm{d}y+\boldsymbol{e}_z\mathrm{d}z\\ \mathrm{d}l&=|\mathrm{d}\boldsymbol{l}|=\sqrt{(\mathrm{d}x)^2+(\mathrm{d}y)^2+(\mathrm{d}z)^2}\end{aligned} \tag{1.1.9}$$

1.1.3　矢量的基本代数运算

1. 矢量的加减运算

矢量 $\boldsymbol{A}$ 加矢量 $\boldsymbol{B}$，其和 $\boldsymbol{S}=\boldsymbol{A}+\boldsymbol{B}$ 仍然为矢量。矢量的加法运算满足平行四边形或三角形法则。

如图 1.1.2 所示，通过平移，使得矢量 $\boldsymbol{A}$、$\boldsymbol{B}$ 的起点相重合，其和 $\boldsymbol{S}$ 是以 $\boldsymbol{A}$、$\boldsymbol{B}$ 为邻边的平行四边形的对角线矢量。这就是矢量定义中的平行四边形法则。

如图 1.1.3 所示，使得 $\boldsymbol{B}$ 的起点与 $\boldsymbol{A}$ 的终点相重合，其和 $\boldsymbol{S}$ 的起点为 $\boldsymbol{A}$ 的起点，$\boldsymbol{S}$ 的终点为 $\boldsymbol{B}$ 的终点。这就是矢量定义中的三角形法则。

矢量的减法运算可以看成加法运算的变形，利用关系式 $\boldsymbol{A}-\boldsymbol{B}=\boldsymbol{A}+(-\boldsymbol{B})$，可以将减法运算转化为加法运算。如图 1.1.4 所示，通过平移，使得矢量 $\boldsymbol{A}$、$\boldsymbol{B}$ 的起点相重合，则由 $\boldsymbol{B}$ 的终点指向 $\boldsymbol{A}$ 的终点的矢量就是 $\boldsymbol{A}-\boldsymbol{B}$。

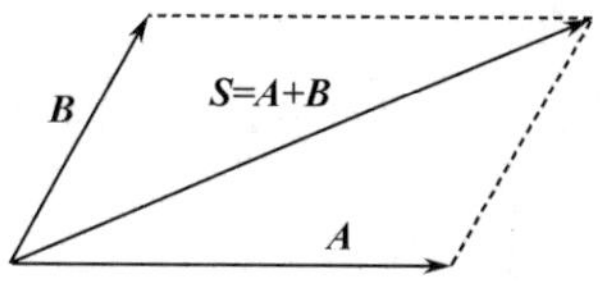

图 1.1.2 平行四边形法则

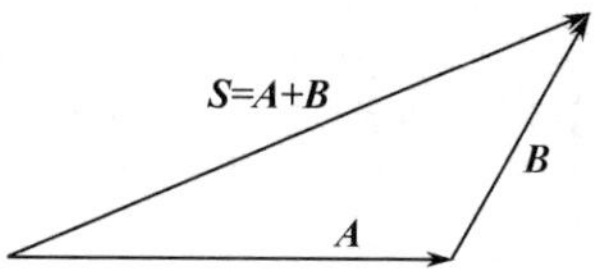

图 1.1.3 三角形法则

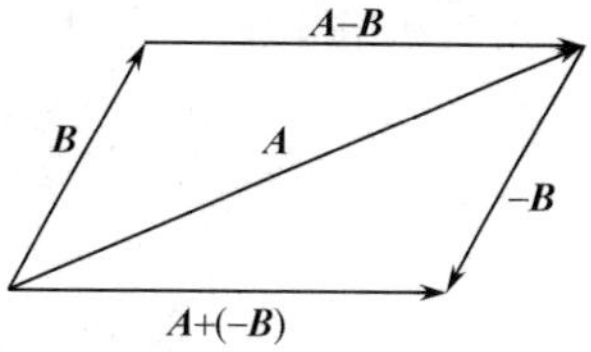

图 1.1.4 矢量求差

2. 矢量的乘法运算

矢量代数中包含 3 种乘法运算：标乘、点乘和叉乘。

(1) 标乘

矢量 **A** 与标量 u 之间的乘积称为矢量的标乘。在直角坐标系中，若 $\boldsymbol{A}=\boldsymbol{e}_xA_x+\boldsymbol{e}_yA_y+\boldsymbol{e}_zA_z$，则

$$u\boldsymbol{A}\equiv\boldsymbol{A}u=\boldsymbol{e}_xuA_x+\boldsymbol{e}_yuA_y+\boldsymbol{e}_zuA_z \tag{1.1.10}$$

(2) 点乘

两矢量 **A** 和 **B** 的模与它们之间夹角余弦的乘积，称为矢量 **A** 和 **B** 的点乘，也称标积、点积、数量积或内积。点乘满足交换率。

$$\boldsymbol{A}\cdot\boldsymbol{B}=\boldsymbol{B}\cdot\boldsymbol{A}=AB\cos(\boldsymbol{A},\boldsymbol{B}) \tag{1.1.11}$$

在直角坐标系中，$\boldsymbol{A}=\boldsymbol{e}_xA_x+\boldsymbol{e}_yA_y+\boldsymbol{e}_zA_z$，$\boldsymbol{B}=\boldsymbol{e}_xB_x+\boldsymbol{e}_yB_y+\boldsymbol{e}_zB_z$，则

$$\boldsymbol{A}\cdot\boldsymbol{B}=A_xB_x+A_yB_y+A_zB_z \tag{1.1.12}$$

两矢量点乘的结果是标量。若 $(\boldsymbol{A},\boldsymbol{B})=90°$，则 $\boldsymbol{A}\cdot\boldsymbol{B}=0$，常用此式判断两矢量是否正交。

(3) 叉乘

矢量 **A** 叉乘矢量 **B** 的结果仍然是矢量，又称为矢量积、叉积或外积。

矢量 **A** 叉乘 **B** 的结果是一矢量，模等于 **A**、**B** 的模的乘积再乘上它们之间夹角的正弦，方向由右手螺旋法则确定。

$$|\boldsymbol{A}\times\boldsymbol{B}|=AB\sin(\boldsymbol{A},\boldsymbol{B}) \tag{1.1.13}$$

从上式可以看出，矢量 **A** 叉乘矢量 **B** 的模事实上就是矢量 **A** 和矢量 **B** 所围四边形的面积。在直角坐标系中，用行列式形式可表示为

$$\boldsymbol{A}\times\boldsymbol{B}=\begin{vmatrix}\boldsymbol{e}_x & \boldsymbol{e}_y & \boldsymbol{e}_z\\ A_x & A_y & A_z\\ B_x & B_y & B_z\end{vmatrix} \tag{1.1.14}$$

由上式可以看出，叉乘不满足交换率。

$$\boldsymbol{A}\times\boldsymbol{B}=-\boldsymbol{B}\times\boldsymbol{A}$$

这也可以从右手螺旋法则验证，等式两边分别代表了所围四边形的两个方向相反的法向。若 $(\boldsymbol{A},\boldsymbol{B})=0°$，则 $\boldsymbol{A}\times\boldsymbol{B}=0$，常用此式判断两矢量是否平行。

3. 混合积与三重矢积

由于矢量 **B** 叉乘矢量 **C** 的模是两个矢量所围四边形的面积，所以如下混合积则代表了矢量 **A**、**B**、**C** 所围平行六面体的体积，即

$$[\boldsymbol{ABC}]=\boldsymbol{A}\cdot(\boldsymbol{B}\times\boldsymbol{C}) \tag{1.1.15}$$

混合积运算满足轮换性质，即

$$[\boldsymbol{ABC}]=[\boldsymbol{BCA}]=[\boldsymbol{CAB}]=\begin{vmatrix}A_x & A_y & A_z\\ B_x & B_y & B_z\\ C_x & C_y & C_z\end{vmatrix} \tag{1.1.16}$$

若混合积为 0，则三矢量共面。

三重矢积的定义式为 $\boldsymbol{A}\times(\boldsymbol{B}\times\boldsymbol{C})$，除了按叉乘运算进行展开，还有另外一个有用的关系式，即

$$\boldsymbol{A}\times(\boldsymbol{B}\times\boldsymbol{C})=\boldsymbol{B}(\boldsymbol{A}\cdot\boldsymbol{C})-\boldsymbol{C}(\boldsymbol{A}\cdot\boldsymbol{B}) \tag{1.1.17}$$

1.1.4 矢量函数的微分与积分

1. 矢量函数的定义

对于定义域中的每个自变量，都有相应的矢量函数 $\boldsymbol{A}$ 的某个确定量(大小和方向都确定的一个矢量)和它对应，则矢量 $\boldsymbol{A}$ 称为该自变量的矢量函数。

例如静电场中，对于自由空间中位于坐标原点的点电荷 q，在其周围空间产生的电场可以表示为

$$\boldsymbol{E}(\boldsymbol{r})=\frac{q}{4\pi\varepsilon_0}\frac{\boldsymbol{r}}{|\boldsymbol{r}|^3}=\frac{q}{4\pi\varepsilon_0}\frac{\boldsymbol{e}_x x+\boldsymbol{e}_y y+\boldsymbol{e}_z z}{(x^2+y^2+z^2)^{\frac{3}{2}}} \tag{1.1.18}$$

式中，矢径 $\boldsymbol{r}$ 或坐标变量 (x,y,z) 是矢量函数 $\boldsymbol{E}$ 的自变量。或者说，电场强度 $\boldsymbol{E}$ 是空间位置的矢量函数。

2. 矢量函数的微分

与标量函数一样，在矢量函数中也常常遇到求导数和微分的问题。对矢量函数求导数，即求矢量函数对时间和空间等自变量的变化率。矢量函数求导数的运算法则与标量函数求导数相类似。

(1) 定义：对矢量函数 $\boldsymbol{F}(u)$，有

$$\frac{\mathrm{d}\boldsymbol{F}(u)}{\mathrm{d}u}=\lim_{\Delta u\to 0}\frac{\Delta\boldsymbol{F}}{\Delta u}=\lim_{\Delta u\to 0}\frac{\boldsymbol{F}(u+\Delta u)-\boldsymbol{F}(u)}{\Delta u} \tag{1.1.19}$$

由上式可以看出，常矢量的导数为 0，变矢量的一阶导数仍然为矢量。

(2) 对标量函数 $f(u)$ 与矢量函数 $\boldsymbol{F}(u)$ 的乘积 $f\boldsymbol{F}$，有

$$\begin{aligned}\frac{\mathrm{d}(f\boldsymbol{F})}{\mathrm{d}u}&=\lim_{\Delta u\to 0}\frac{(f+\Delta f)(\boldsymbol{F}+\Delta\boldsymbol{F})-f\boldsymbol{F}}{\Delta u}\\&=f\lim_{\Delta u\to 0}\frac{\Delta\boldsymbol{F}}{\Delta u}+\boldsymbol{F}\lim_{\Delta u\to 0}\frac{\Delta f}{\Delta u}+\lim_{\Delta u\to 0}\frac{\Delta\boldsymbol{F}}{\Delta u}\Delta f\end{aligned} \tag{1.1.20}$$

当 $\Delta u\to 0$ 时，上式右端第三项趋于 0，所以

$$\frac{\mathrm{d}(f\boldsymbol{F})}{\mathrm{d}u}=f\frac{\mathrm{d}\boldsymbol{F}}{\mathrm{d}u}+\boldsymbol{F}\frac{\mathrm{d}f}{\mathrm{d}u} \tag{1.1.21}$$

(3) 对多变量函数 $\boldsymbol{F}(u_1,u_2,u_3\cdots)$ 和 $f(u_1,u_2,u_3\cdots)$ 求偏导数，有

$$\frac{\partial(f\boldsymbol{F})}{\partial u_i}=f\frac{\partial\boldsymbol{F}}{\partial u_i}+\boldsymbol{F}\frac{\partial f}{\partial u_i}\quad(i=1,2,\cdots) \tag{1.1.22}$$

$$\frac{\partial^2\boldsymbol{F}}{\partial u_i\partial u_j}=\frac{\partial^2\boldsymbol{F}}{\partial u_j\partial u_i}\quad(i\neq j) \tag{1.1.23}$$

(4) 对矢量函数 $\boldsymbol{E}(x,y,z)=\boldsymbol{e}_xE_x(x,y,z)+\boldsymbol{e}_yE_y(x,y,z)+\boldsymbol{e}_zE_z(x,y,z)$，有

$$\frac{\partial\boldsymbol{E}}{\partial x}=\boldsymbol{e}_x\frac{\partial E_x}{\partial x}+\boldsymbol{e}_y\frac{\partial E_y}{\partial x}+\boldsymbol{e}_z\frac{\partial E_z}{\partial x} \tag{1.1.24}$$

(5) 在圆柱坐标系和球坐标系中，由于一些坐标单位矢量不是常矢量，而是坐标变量的函数，在求导数时要特别注意，不能随意将坐标单位矢量提到微分符号之外。

例如，对矢量函数 $\boldsymbol{E}(\rho,\phi,z)=\boldsymbol{e}_\rho E_\rho+\boldsymbol{e}_\phi E_\phi+\boldsymbol{e}_z E_z$，有

$$\frac{\partial\boldsymbol{E}}{\partial\rho}\neq\boldsymbol{e}_\rho\frac{\partial E_\rho}{\partial\rho}+\boldsymbol{e}_\phi\frac{\partial E_\phi}{\partial\rho}+\boldsymbol{e}_z\frac{\partial E_z}{\partial\rho}$$

由于直角坐标系的坐标单位矢量均为常矢量，与坐标变量无关，所以，一般采用将圆柱坐标系和球坐标系中的坐标单位矢量化成直角坐标系的坐标单位矢量形式，这样，可以将直角坐标系的坐标单位矢量提到微分符号之外。

(6) 由于各种坐标系中的坐标单位矢量均不随时间变化，矢量函数对时间 t 求偏导数时，可以将它们作为常矢量提到偏微分符号之外。

例如，在球坐标系中，有

$$\frac{\partial \boldsymbol{E}}{\partial t}=\frac{\partial}{\partial t}(\boldsymbol{e}_r E_r+\boldsymbol{e}_\theta E_\theta+\boldsymbol{e}_\phi E_\phi)=\boldsymbol{e}_r\frac{\partial E_r}{\partial t}+\boldsymbol{e}_\theta\frac{\partial E_\theta}{\partial t}+\boldsymbol{e}_\phi\frac{\partial E_\phi}{\partial t} \tag{1.1.25}$$

3. 矢量函数的积分

积分和微分互为逆运算。一般标量函数积分的运算法则对矢量函数同样适用。

$$\int \boldsymbol{A}(t)\,\mathrm{d}t=\boldsymbol{B}(t)+\boldsymbol{C} \tag{1.1.26}$$

但是，在圆柱坐标系和球坐标系中，对矢量函数求积分时，仍需注意：有些坐标单位矢量不是常矢量，不能随意将坐标单位矢量提到积分运算符号之外。一般情况下，坐标单位矢量可能是积分变量的函数。

例如，在球坐标系中，有

$$\int_0^{2\pi}\boldsymbol{e}_r\,\mathrm{d}\phi\neq\boldsymbol{e}_r\int_0^{2\pi}\mathrm{d}\phi=\boldsymbol{e}_r 2\pi$$

与矢量函数的求导运算一样，由于直角坐标系的坐标单位矢量均为常矢量，与坐标变量无关，所以，一般采用将圆柱坐标系和球坐标系中的坐标单位矢量化成直角坐标系的坐标单位矢量形式，这样，可以将直角坐标系的坐标单位矢量提到积分符号之外。

$$\int_0^{2\pi}\boldsymbol{e}_\rho\,\mathrm{d}\phi=\int_0^{2\pi}(\boldsymbol{e}_x\cos\phi+\boldsymbol{e}_y\sin\phi)\,\mathrm{d}\phi=\boldsymbol{e}_x\int_0^{2\pi}\cos\phi\,\mathrm{d}\phi+\boldsymbol{e}_y\int_0^{2\pi}\sin\phi\,\mathrm{d}\phi=0$$

【例 1-1】 求 $\boldsymbol{A}=a\boldsymbol{e}_\rho$ 在 $0\to 2\pi$ 区间对 ϕ 的定积分，其中 a 为常数。

解： $$\int_0^{2\pi}\boldsymbol{A}\,\mathrm{d}\phi=\int_0^{2\pi}a\boldsymbol{e}_\rho\,\mathrm{d}\phi=\int_0^{2\pi}a(\boldsymbol{e}_x\cos\phi+\boldsymbol{e}_y\sin\phi)\,\mathrm{d}\phi$$

$$=\boldsymbol{e}_x a\sin\phi\big|_0^{2\pi}-\boldsymbol{e}_y a\cos\phi\big|_0^{2\pi}=0$$

【例 1-2】 求 $\boldsymbol{A}=r_0\boldsymbol{e}_r$ 在 $r=r_0$ 球面上的面积分。

解：

$$\int_S \boldsymbol{A}\,\mathrm{d}S=\int_0^{2\pi}\int_0^{\pi}r_0\boldsymbol{e}_r r_0^2\sin\theta\,\mathrm{d}\theta\,\mathrm{d}\phi$$

将 $\boldsymbol{e}_r=\boldsymbol{e}_x\sin\theta\cos\phi+\boldsymbol{e}_y\sin\theta\sin\phi+\boldsymbol{e}_z\cos\theta$ 代入上式，有

$$\int_S \boldsymbol{A}\,\mathrm{d}S=\boldsymbol{e}_x\int_0^{2\pi}\int_0^{\pi}r_0^3\sin^2\theta\cos\phi\,\mathrm{d}\theta\,\mathrm{d}\phi+\boldsymbol{e}_y\int_0^{2\pi}\int_0^{\pi}r_0^3\sin^2\theta\sin\phi\,\mathrm{d}\theta\,\mathrm{d}\phi+\boldsymbol{e}_z\int_0^{2\pi}\int_0^{\pi}r_0^3\sin\theta\cos\theta\,\mathrm{d}\theta\,\mathrm{d}\phi$$

$$=0$$

1.1.5 场论

1. 场的概念

在一个空间区域中，某物理量的分布可以用一个空间位置和时间的函数来描述。若某个物理量在某区域中每一点处、在每一时刻都有确定值，则在该区域中就存在该物理量的场，该物理量称为场量。概括来讲，场是表征空间区域中各点物理量的时空分布函数。

物理量可能是一个标量或矢量，因而，场也可能是一个标量场或矢量场。根据场所表示的物理量随时间变化的情况，可分为静态场和时变场。静态场是指仅由空间位置确定，不随时间变化的场；时变场是指同时随空间位置和时间变化的场，又称为动态场；变化缓慢的时变场可称为准静态场或似稳场。比如，电场分为静电场和时变电场，缓慢变化的电场为准静电场。

学习矢量分析的主要目的在于研究标量场和矢量场的性质，也就是各个标量或矢量的空间位置函数的特点，表现为梯度、散度和旋度等运算。

需要注意，场的性质是它自己的属性，和坐标系的引进无关。引入或选择某种坐标系是为了便于通过数学方法来研究场的性质。本章所讨论的场的一些概念虽然是在所选用的坐标系下建立的，但可以证明它们和坐标系的选取无关。

2. 标量场

如果所研究的量是标量，则物理量的空间分布对应于标量场，即每一时刻、每一位置都对应一个标量值，如温度场、密度场、气压场和电位场。若自变量是坐标(x,y,z)和时间 t，则静态标量场记为 $u=u(x,y,z)$，时变标量场记为 $u=u(x,y,z,t)$。

3. 矢量场

如果所研究的量是矢量，则物理量的空间分布对应于矢量场，即每一时刻、每一位置都对应一个矢量值，如速度场、加速度场、重力场、电场和磁场。若自变量是坐标(x,y,z)和时间 t，则静态矢量场记为 $\boldsymbol{A}=\boldsymbol{A}(x,y,z)$，时变矢量场记为 $\boldsymbol{A}=\boldsymbol{A}(x,y,z,t)$。

1.2 标量场的方向导数与梯度

假设有一个标量 u，它是空间位置的函数，可以将其写成 $u=u(x,y,z)$，这样的场称为标量场，如房间里的温度场等。为了考察标量场在空间的分布和规律，引入等值面、等值线、方向导数和梯度的概念。

1.2.1 标量场的等值面和等值线

对于一个标量函数 $u=u(x,y,z)=u(\boldsymbol{r})$，若令

$$u(x,y,z)=C \quad (C\text{ 为任意常数}) \tag{1.2.1}$$

该方程为曲面方程，称为给定标量函数的等值面方程。取不同的 C 值，就有不同的等值面，在同一等值面上尽管坐标(x,y,z)取值不同，但函数值是相同的，如等温面、等电位面等。

根据标量场的定义，空间每一点上只对应于一个场函数的确定值。因此，充满整个标量场所在空间的许许多多等值面互不相交。或者说，场中的一个点只能在一个等值面上。

对于二维标量函数 $V=V(x,y)$，则

$$V(x,y)=C \quad (C\text{ 为任意常数}) \tag{1.2.2}$$

称为等值线方程。同样，同一标量场的等值线也是互不相交的，如等高线、等位线等。

1.2.2 方向导数

标量场的等值面和等值线给出的是物理量在场中总的分布情况。要想知道标量函数在场中各点附近沿每一方向的变化情况，还需引入方向导数的概念。

我们知道，函数 $u=u(x,y,z)$的偏导数$\frac{\partial u}{\partial x}$、$\frac{\partial u}{\partial y}$、$\frac{\partial u}{\partial z}$，表示该函数沿坐标轴方向的变化率，这些

变化率是函数沿特殊方向的方向导数。但在实际问题中，往往需要知道函数沿任意确定方向的变化率，以及沿什么方向函数的变化率最大。例如，要预报某地的风向和风力，必须知道气压在该处沿某些方向的变化率。因此引入标量函数在空间某一点沿某一给定方向的方向导数的概念。

函数 $u=u(x,y,z)$ 在给定点 M_0(图 1.2.1)上沿某一方向对距离的变化率为

$$\left.\frac{\partial u}{\partial l}\right|_{M_0}=\lim_{\Delta l\to 0}\frac{u(M)-u(M_0)}{\Delta l} \tag{1.2.3}$$

首先假定函数 $u=u(x,y,z)$ 在 M_0 点可微，如图 1.2.2 所示，根据高等数学中多元函数的全增量和全微分关系，有

$$\begin{aligned}\Delta u&=u(M)-u(M_0)\\&=u(x+\Delta x,y+\Delta y,z+\Delta z)-u(x,y,z)\\&=\frac{\partial u}{\partial x}\Delta x+\frac{\partial u}{\partial y}\Delta y+\frac{\partial u}{\partial z}\Delta z+o(\Delta l)\end{aligned} \tag{1.2.4}$$

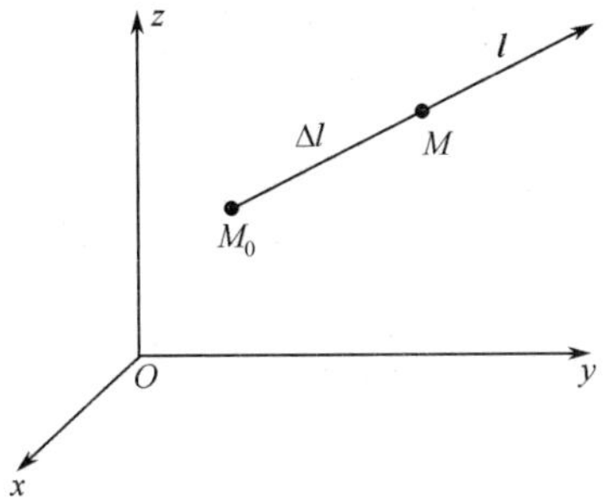

图 1.2.1　方向导数的定义

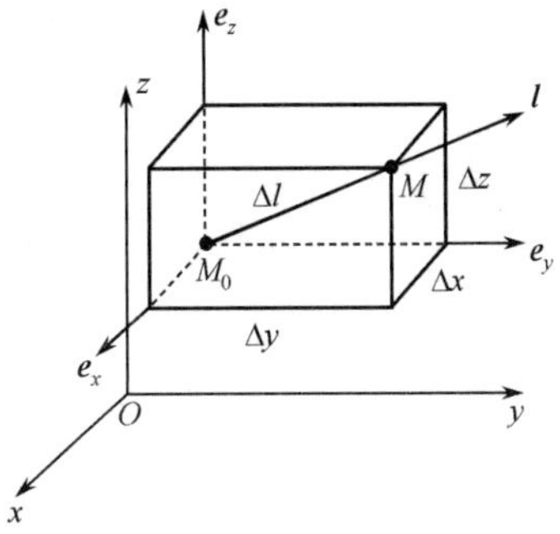

图 1.2.2　直角坐标中方向导数的计算

因为 $\Delta x=\Delta l\cos\alpha,\Delta y=\Delta l\cos\beta,\Delta z=\Delta l\cos\gamma$，所以

$$\begin{aligned}\left.\frac{\partial u}{\partial l}\right|_{M_0}&=\lim_{\Delta l\to 0}\frac{u(M)-u(M_0)}{\Delta l}\\&=\left.\frac{\partial u}{\partial x}\right|_{M_0}\cos\alpha+\left.\frac{\partial u}{\partial y}\right|_{M_0}\cos\beta+\left.\frac{\partial u}{\partial z}\right|_{M_0}\cos\gamma\end{aligned} \tag{1.2.5}$$

对空间任一点，有

$$\frac{\partial u}{\partial l}=\frac{\partial u}{\partial x}\cos\alpha+\frac{\partial u}{\partial y}\cos\beta+\frac{\partial u}{\partial z}\cos\gamma \tag{1.2.6}$$

若 $\frac{\partial u}{\partial l}>0$，则 $u(M)>u(M_0)$，说明沿 $\boldsymbol{l}$ 方向函数 u 是增加的；

若 $\frac{\partial u}{\partial l}<0$，则 $u(M)<u(M_0)$，说明沿 $\boldsymbol{l}$ 方向函数 u 是减小的；

若 $\frac{\partial u}{\partial l}=0$，则 $u(M)=u(M_0)$，说明沿 $\boldsymbol{l}$ 方向函数 u 是不变的。

1.2.3　梯度

方向导数是函数 $u=u(x,y,z)$ 在给定点、沿某一确定方向对距离的变化率。然而，从空间一点出发有无穷多个方向，函数 u 沿其中哪个方向的变化率最大，这个最大变化率又是多少，这就是我们要研究的标量场的梯度问题。

1. 梯度(gradient)的定义

下面给出 3 个表达式：

方向导数 $$\frac{\partial u}{\partial l}=\frac{\partial u}{\partial x}\cos\alpha+\frac{\partial u}{\partial y}\cos\beta+\frac{\partial u}{\partial z}\cos\gamma \tag{1.2.7}$$

方向单位矢量 $$\boldsymbol{e}_l=\boldsymbol{e}_x\cos\alpha+\boldsymbol{e}_y\cos\beta+\boldsymbol{e}_z\cos\gamma \tag{1.2.8}$$

定义 $$\boldsymbol{G}=\boldsymbol{e}_x\frac{\partial u}{\partial x}+\boldsymbol{e}_y\frac{\partial u}{\partial y}+\boldsymbol{e}_z\frac{\partial u}{\partial z} \tag{1.2.9}$$

比较上面三式，可以看出 3 个表达式之间存在如下关系：

$$\frac{\partial u}{\partial l}=\boldsymbol{G}\cdot\boldsymbol{e}_l=|\boldsymbol{G}|\cos(\boldsymbol{G},\boldsymbol{e}_l) \tag{1.2.10}$$

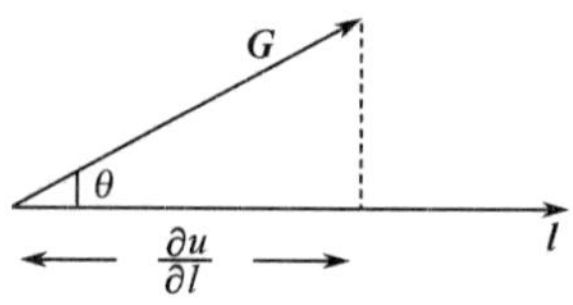

图 1.2.3 梯度的定义

如图 1.2.3 所示。$\boldsymbol{e}_l$ 是从给定点引出的沿该方向的单位矢量，而定义的矢量 $\boldsymbol{G}$ 只与函数 u 有关而与$\boldsymbol{e}_l$ 无关。当选择$\boldsymbol{e}_l$ 的方向与 $\boldsymbol{G}$ 的方向一致时，方向导数$\frac{\partial u}{\partial l}$取得最大值，$\left.\frac{\partial u}{\partial l}\right|_{\max}=|\boldsymbol{G}|$。

因此 $\boldsymbol{G}$ 具有这样的性质：① $\boldsymbol{G}$ 的方向就是方向导数最大的方向；② $\boldsymbol{G}$ 的模就等于这个最大的方向导数值。$\boldsymbol{G}$ 称为函数 $u(x,y,z)$在给定点的梯度，记作：$\mathrm{grad}u=\boldsymbol{G}$。

在直角坐标系中，有

$$\mathrm{grad}u=\boldsymbol{e}_x\frac{\partial u}{\partial x}+\boldsymbol{e}_y\frac{\partial u}{\partial y}+\boldsymbol{e}_z\frac{\partial u}{\partial z} \tag{1.2.11}$$

为了表示方便，引入一个哈密顿(Hamilton)算子

$$\nabla=\boldsymbol{e}_x\frac{\partial}{\partial x}+\boldsymbol{e}_y\frac{\partial}{\partial y}+\boldsymbol{e}_z\frac{\partial}{\partial z} \tag{1.2.12}$$

∇既是一个微分算子，又可以看成一个矢量，所以称为矢量微分算子。它只有与标量或矢量函数在一起时才有意义。

$$\mathrm{grad}u=\nabla u=\boldsymbol{e}_x\frac{\partial u}{\partial x}+\boldsymbol{e}_y\frac{\partial u}{\partial y}+\boldsymbol{e}_z\frac{\partial u}{\partial z} \tag{1.2.13}$$

2. 梯度的性质

(1) 一个标量函数 u 的梯度为一个矢量函数，其方向为函数 u 变化率最大的方向，模等于函数 u 在该点的最大变化率的数值，梯度总是指向 u 增大的方向。

(2) 函数 u 在给定点沿$\boldsymbol{e}_l$ 方向的方向导数等于 u 的梯度在$\boldsymbol{e}_l$ 方向上的投影，即

$$\frac{\partial u}{\partial l}=(\nabla u)\cdot\boldsymbol{e}_l \tag{1.2.14}$$

(3) 标量场中任一点的梯度的方向为过该点等值面的法线方向。

由高等数学可知，一个曲面 $u(x,y,z)=C$ 上任一点的法向矢量和∇u 方向一致，所以，单位法向矢量为 $\boldsymbol{e}_{\mathrm{n}}=\frac{\nabla u}{|\nabla u|}$。

(4) 梯度的线积分与积分路径无关，即

$$\int_{aP_1b}(\nabla u)\cdot\mathrm{d}\boldsymbol{l}=\int_{aP_2b}(\nabla u)\cdot\mathrm{d}\boldsymbol{l}=u(b)-u(a)$$

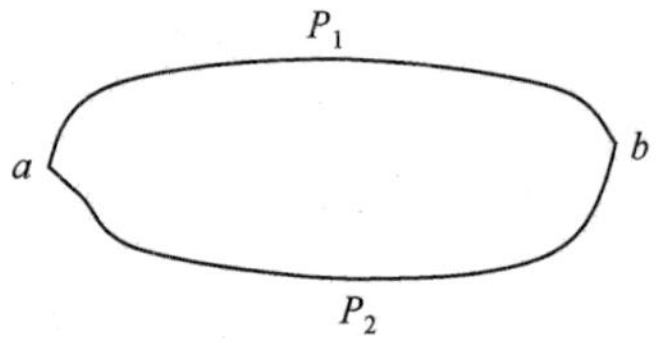

图 1.2.4 任意两条积分路径

证明：如图 1.2.4 所示，任取两条积分路径 aP_1b 和 aP_2b，有

$$\int_{aP_1b}(\nabla u)\cdot \mathrm{d}\boldsymbol{l} = \int_{aP_1b}(\nabla u)\cdot \boldsymbol{e}_{\mathrm{n}}\mathrm{d}\boldsymbol{l} = \int_{aP_1b}\frac{\partial u}{\partial l}\mathrm{d}l = \int_a^b \mathrm{d}u = u(b)-u(a)$$

同样
$$\int_{aP_2b}(\nabla u)\cdot \mathrm{d}\boldsymbol{l} = u(b)-u(a)$$

所以，$\int_{aP_1b}(\nabla u)\cdot \mathrm{d}\boldsymbol{l} = \int_{aP_2b}(\nabla u)\cdot \mathrm{d}\boldsymbol{l} = u(b)-u(a)$，问题得证。

推论：标量函数的梯度沿任意闭合路径的线积分恒等于0，即

$$\oint_l (\nabla u)\cdot \mathrm{d}\boldsymbol{l} = 0$$

3. 梯度的基本运算公式

梯度的运算法则与一般函数求导数的法则类似。

(1) $\nabla C=0$（C 为常数）

(2) $\nabla(Cu)=C\nabla u$（C 为常数）

(3) $\nabla(u\pm v)=\nabla u\pm\nabla v$

(4) $\nabla(uv)=u\nabla v+v\nabla u$

(5) $\nabla\left(\dfrac{u}{v}\right)=\dfrac{1}{v^2}(v\nabla u-u\nabla v)$

(6) $\nabla f(u)=f'(u)\nabla u$

4. 梯度在圆柱坐标系和球坐标系中的计算式

通过坐标变换或引入广义正交曲线坐标系的概念，可以得出圆柱坐标系和球坐标系中标量函数梯度的计算公式。

圆柱坐标系中的梯度计算式为

$$\nabla u=\boldsymbol{e}_\rho \frac{\partial u}{\partial \rho}+\boldsymbol{e}_\phi \frac{1}{\rho}\cdot\frac{\partial u}{\partial \phi}+\boldsymbol{e}_z \frac{\partial u}{\partial z} \tag{1.2.15}$$

球坐标系中的梯度计算式为

$$\nabla u=\boldsymbol{e}_r \frac{\partial u}{\partial r}+\boldsymbol{e}_\theta \frac{1}{r}\cdot\frac{\partial u}{\partial \theta}+\boldsymbol{e}_\phi \frac{1}{r\sin\theta}\cdot\frac{\partial u}{\partial \phi} \tag{1.2.16}$$

【例 1-3】 R 表示空间点(x,y,z)和点(x',y',z')之间的距离，证明：(1)$\nabla\left(\dfrac{1}{R}\right)=-\dfrac{\boldsymbol{R}}{R^3}$；(2)$\nabla\left(\dfrac{1}{R}\right)=-\nabla'\left(\dfrac{1}{R}\right)$，符号$\nabla'$表示对$x'$、$y'$、$z'$的微分，即$\nabla'=\boldsymbol{e}_x\dfrac{\partial}{\partial x'}+\boldsymbol{e}_y\dfrac{\partial}{\partial y'}+\boldsymbol{e}_z\dfrac{\partial}{\partial z'}$。

证明：

(1)
$$\begin{aligned}\nabla\left(\frac{1}{R}\right)&=\nabla[(x-x')^2+(y-y')^2+(z-z')^2]^{-1/2}\\&=\boldsymbol{e}_x\frac{\partial}{\partial x}[(x-x')^2+(y-y')^2+(z-z')^2]^{-1/2}+\\&\quad\boldsymbol{e}_y\frac{\partial}{\partial y}[(x-x')^2+(y-y')^2+(z-z')^2]^{-1/2}+\\&\quad\boldsymbol{e}_z\frac{\partial}{\partial z}[(x-x')^2+(y-y')^2+(z-z')^2]^{-1/2}\\&=\frac{-[\boldsymbol{e}_x(x-x')+\boldsymbol{e}_y(y-y')+\boldsymbol{e}_z(z-z')]}{[(x-x')^2+(y-y')^2+(z-z')^2]^{3/2}}\end{aligned}$$

所以，$\nabla\left(\dfrac{1}{R}\right)=-\dfrac{\boldsymbol{R}}{R^3}=-\dfrac{\boldsymbol{e}_R}{R^2}$。

(2) $$\nabla'\left(\frac{1}{R}\right)=\nabla'[(x-x')^2+(y-y')^2+(z-z')^2]^{-1/2}$$
$$=\boldsymbol{e}_x\frac{\partial}{\partial x'}[(x-x')^2+(y-y')^2+(z-z')^2]^{-1/2}+$$
$$\boldsymbol{e}_y\frac{\partial}{\partial y'}[(x-x')^2+(y-y')^2+(z-z')^2]^{-1/2}+$$
$$\boldsymbol{e}_z\frac{\partial}{\partial z'}[(x-x')^2+(y-y')^2+(z-z')^2]^{-1/2}$$
$$=\frac{[\boldsymbol{e}_x(x-x')+\boldsymbol{e}_y(y-y')+\boldsymbol{e}_z(z-z')]}{[(x-x')^2+(y-y')^2+(z-z')^2]^{3/2}}$$

所以，$\nabla'\left(\frac{1}{R}\right)=\frac{\boldsymbol{R}}{R^3}=\frac{\boldsymbol{e}_R}{R^2}$。

比较发现
$$\nabla\left(\frac{1}{R}\right)=-\nabla'\left(\frac{1}{R}\right)$$

【例 1-4】 求一个二维标量场 $u=y^2-x$ 的等值线方程和梯度∇u。

解：等值线方程为
$$y^2-x=C \quad (C\text{ 为任意常数})$$

梯度为
$$\nabla u=\boldsymbol{e}_x\frac{\partial u}{\partial x}+\boldsymbol{e}_y\frac{\partial u}{\partial y}+\boldsymbol{e}_z\frac{\partial u}{\partial z}=-\boldsymbol{e}_x+\boldsymbol{e}_y 2y$$

【例 1-5】 求函数 $u=\sqrt{x^2+y^2+z^2}$ 在点 $M(1,0,1)$ 沿 $\boldsymbol{l}=\boldsymbol{e}_x+\boldsymbol{e}_y2+\boldsymbol{e}_z2$ 方向的方向导数。

解：
$$\frac{\partial u}{\partial x}=\frac{x}{\sqrt{x^2+y^2+z^2}},\frac{\partial u}{\partial y}=\frac{y}{\sqrt{x^2+y^2+z^2}},\frac{\partial u}{\partial z}=\frac{z}{\sqrt{x^2+y^2+z^2}}$$

在点 $M(1,0,1)$，有$\frac{\partial u}{\partial x}=\frac{1}{\sqrt{2}},\frac{\partial u}{\partial y}=0,\frac{\partial u}{\partial z}=\frac{1}{\sqrt{2}}$，则
$$\boldsymbol{e}_l=\frac{\boldsymbol{l}}{|\boldsymbol{l}|}=\frac{1}{\sqrt{1^2+2^2+2^2}}(\boldsymbol{e}_x+\boldsymbol{e}_y2+\boldsymbol{e}_z2)=\boldsymbol{e}_x\frac{1}{3}+\boldsymbol{e}_y\frac{2}{3}+\boldsymbol{e}_z\frac{2}{3}$$

所以 $\cos\alpha=\frac{1}{3},\cos\beta=\frac{2}{3},\cos\gamma=\frac{2}{3}$，因此有
$$\left.\frac{\partial u}{\partial l}\right|_{M_0}=\left.\frac{\partial u}{\partial x}\right|_{M_0}\cos\alpha+\left.\frac{\partial u}{\partial y}\right|_{M_0}\cos\beta+\left.\frac{\partial u}{\partial z}\right|_{M_0}\cos\gamma$$
$$=\frac{1}{\sqrt{2}}\times\frac{1}{3}+\frac{1}{\sqrt{2}}\times\frac{2}{3}=\frac{1}{\sqrt{2}}$$

1.3 矢量场的通量与散度

矢量场的散度反映的是矢量场中场与通量源之间的关系，所以，在提出散度概念之前，必须首先引入矢量线和通量的概念。

1.3.1 矢量场的矢量线(力线)

1. 定义

矢量场中的一些曲线，曲线上每一点的切线方向代表该点矢量场的方向，该点矢量场的大小

由附近矢量线的密度来确定。

同一矢量场中每一点均有唯一的一条矢量线通过，矢量线互不相交。如图 1.3.1 所示，假设点 M 有两条矢量线通过，则点 M 在矢量场中的矢量有两个方向 $\boldsymbol{F}_1$ 和 $\boldsymbol{F}_2$，这与矢量线定义中的切线方向代表该点矢量场方向矛盾，所以说，同一矢量场中每一点均有唯一的一条矢量线通过。

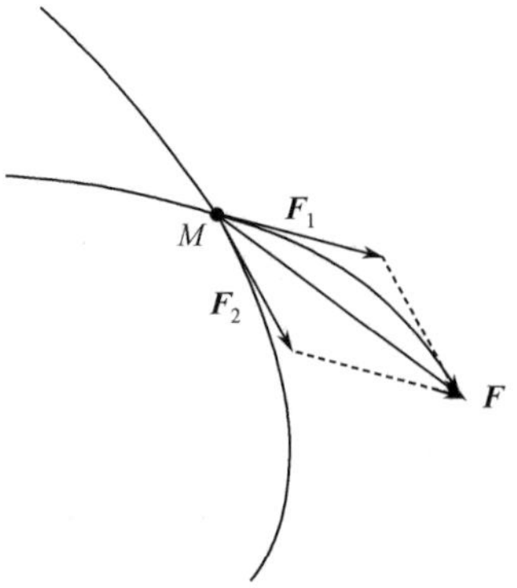

图 1.3.1　证明矢量线互不相交示意图

矢量场可以用矢量线形象地描述出来，如电力线和磁力线就是描述电场强度和磁场强度的矢量线。

2. 矢量线方程

根据矢量线的定义，可以很容易地得到矢量线方程。矢量线上任一点的切向长度(线)元矢量 $\mathrm{d}\boldsymbol{l}$ 与该点的矢量场 $\boldsymbol{F}$ 的方向平行，即

$$\boldsymbol{F}\times\mathrm{d}\boldsymbol{l}=0 \tag{1.3.1}$$

前面已经学过，空间任一线元矢量可以表示为

$$\mathrm{d}\boldsymbol{l}=\boldsymbol{e}_x\mathrm{d}x+\boldsymbol{e}_y\mathrm{d}y+\boldsymbol{e}_z\mathrm{d}z \tag{1.3.2}$$

因为

$$\boldsymbol{F}=\boldsymbol{e}_xF_x+\boldsymbol{e}_yF_y+\boldsymbol{e}_zF_z \tag{1.3.3}$$

由 $\boldsymbol{F}\times\mathrm{d}\boldsymbol{l}=0$，在直角坐标系中展开得

$$\boldsymbol{F}\times\mathrm{d}\boldsymbol{l}=\begin{vmatrix}\boldsymbol{e}_x & \boldsymbol{e}_y & \boldsymbol{e}_z\\ F_x & F_y & F_z\\ \mathrm{d}x & \mathrm{d}y & \mathrm{d}z\end{vmatrix}=\boldsymbol{e}_x(F_y\mathrm{d}z-F_z\mathrm{d}y)+\boldsymbol{e}_y(F_z\mathrm{d}x-F_x\mathrm{d}z)+\boldsymbol{e}_z(F_x\mathrm{d}y-F_y\mathrm{d}x)=0$$

所以 $F_y\mathrm{d}z=F_z\mathrm{d}y$，$F_z\mathrm{d}x=F_x\mathrm{d}z$，$F_x\mathrm{d}y=F_y\mathrm{d}x$，因此得

$$\frac{F_x}{\mathrm{d}x}=\frac{F_y}{\mathrm{d}y}=\frac{F_z}{\mathrm{d}z} \tag{1.3.4}$$

上式即 $\boldsymbol{F}$ 的矢量线方程，通过求解该微分方程可以得出通解，并绘出矢量线。

1.3.2　矢量场的通量

1. 定义

矢量 $\boldsymbol{F}$ 在场中某一曲面 S 上的面积分，称为该矢量场通过此曲面的通量(图 1.3.2)，即

$$\Psi=\int_S\boldsymbol{F}\cdot\mathrm{d}\boldsymbol{S}=\int_S\boldsymbol{F}\cdot\boldsymbol{e}_\mathrm{n}\mathrm{d}S=\int_S F_\mathrm{n}\mathrm{d}S=\int_S F\cos\theta\mathrm{d}S \tag{1.3.5}$$

矢量场的通量可以理解为流体的流量。例如，流体在某范围内流动时，流体的速度 $\boldsymbol{v}$ 确定了一个速度场，$\boldsymbol{v}$ 穿过某面积的通量表示单位时间内穿过此面积的流体体积，即穿过此面积的流量。

$$\Psi=\int_S\boldsymbol{v}\cdot\mathrm{d}\boldsymbol{S}$$

2. 通量的特性

(1) 通量的正负与面积元单位法向矢量方向的选取有关。矢量 $\boldsymbol{F}$ 通过面积元矢量 $\mathrm{d}\boldsymbol{S}$ 的通量元为

$$\mathrm{d}\Psi=\boldsymbol{F}\cdot\boldsymbol{e}_\mathrm{n}\mathrm{d}S=F\cos\theta\mathrm{d}S$$

式中，面积元单位法向矢量可以取两个相反的方向，得到的通量元为一正一负。在电磁场理论中，一般规定：由凹面指向凸面为正方向。

(2) 通量可以定性地认为是穿过曲面 S 的矢量线总数，所以被积函数 $\boldsymbol{F}$ 可以理解为通量面密度，它的模 F 等于在某点与 $\boldsymbol{F}$ 垂直的单位面积上穿过的矢量线的数目。

(3) 如果曲面 S 为闭合曲面，则通过闭合曲面 S 的总通量为

$$\Psi = \oint_S \boldsymbol{F} \cdot \mathrm{d}\boldsymbol{S} = \oint_S \boldsymbol{F} \cdot \boldsymbol{e}_\mathrm{n} \mathrm{d}S \tag{1.3.6}$$

对于闭合曲面，在电磁场理论中，一般规定面积元的单位法向矢量 $\boldsymbol{e}_\mathrm{n}$ 由面内指向面外，如图 1.3.3所示。对 M_1 点，$\theta_1 < 90°$，$\mathrm{d}\Psi > 0$；对 M_2 点，$\theta_2 > 90°$，$\mathrm{d}\Psi < 0$。所以，由闭合曲面 S 内穿出的通量为正，由闭合曲面 S 外穿入的通量为负。对整个闭合曲面 S，有：

① 当 $\Psi > 0$ 时，穿出 S 的矢量线多于穿入 S 的矢量线，此时 S 内必有发出矢量线的源，称为正源；

② 当 $\Psi < 0$ 时，穿入 S 的矢量线多于穿出 S 的矢量线，此时 S 内必有吸收矢量线的沟，称为负源；

③ 当 $\Psi = 0$ 时，穿出 S 的矢量线等于穿入 S 的矢量线，此时 S 内正源和负源的代数和为 0，或者没有源。

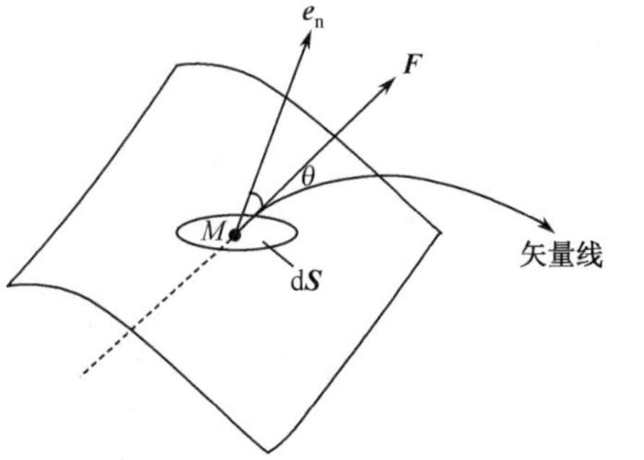

图 1.3.2　矢量场的通量

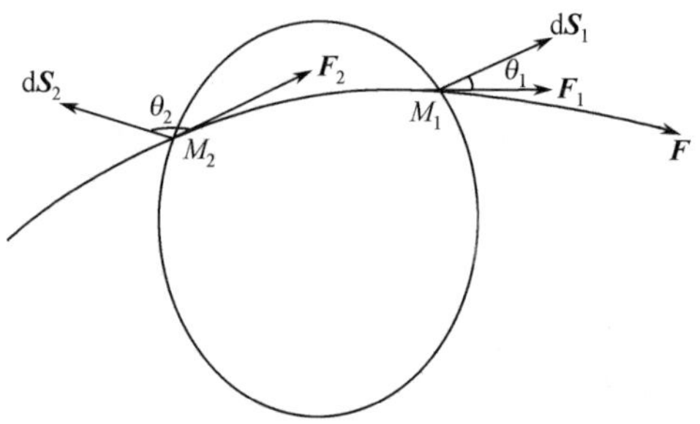

图 1.3.3　通过闭合曲面的通量

(4) 通量可以叠加：如果一闭合曲面 S 上任一点的矢量场为 $\boldsymbol{F} = \boldsymbol{F}_1 + \boldsymbol{F}_2 + \cdots + \boldsymbol{F}_n = \sum_{i=1}^{n} \boldsymbol{F}_i$，则通过 S 的矢量场 $\boldsymbol{F}$ 的通量为

$$\Psi = \oint_S \boldsymbol{F} \cdot \mathrm{d}\boldsymbol{S} = \oint_S \left(\sum_{i=1}^{n} \boldsymbol{F}_i \right) \cdot \mathrm{d}\boldsymbol{S} = \sum_{i=1}^{n} \oint_S \boldsymbol{F}_i \cdot \mathrm{d}\boldsymbol{S} = \sum_{i=1}^{n} \Psi_i \tag{1.3.7}$$

1.3.3　散度

矢量场 $\boldsymbol{F}$ 通过闭合曲面 S 的通量，反映曲面所包围区域内场与通量源的关系。而要了解场中每一点上场与源的关系，就需要引入矢量场散度的概念，所以散度与通过闭合曲面通量的关系是局部和整体的关系。

1. 散度(divergence)定义

设有矢量场 $\boldsymbol{F}$，在场中任一点 M 作一包围该点的任意闭合曲面 S，并使 S 所限定的体积 ΔV 以任意方式趋于 0。如果极限 $\lim\limits_{\Delta V \to 0} \dfrac{\oint_S \boldsymbol{F} \cdot \mathrm{d}\boldsymbol{S}}{\Delta V}$ 存在，则称此极限为矢量场 $\boldsymbol{F}$ 在 M 点的散度，即

$$\mathrm{div}\boldsymbol{F} = \lim_{\Delta V \to 0} \frac{\oint_S \boldsymbol{F} \cdot \mathrm{d}\boldsymbol{S}}{\Delta V} \tag{1.3.8}$$

散度的定义与坐标系的选取无关，在空间任一点 M 上：

① 若 $\mathrm{div}\boldsymbol{F} > 0$，则该点有发出矢量线的正源；

② 若 $\mathrm{div}\boldsymbol{F} < 0$，则该点有吸收矢量线的负源；

③ 若 $\mathrm{div}\boldsymbol{F} = 0$，则该点无源。

④ 若在某一区域内的所有点上，矢量场的散度都等于 0，则称该区域内的矢量场为无源场。

2. 散度在直角坐标系中的表达式

利用散度的定义式，可以推导其在直角坐标系中的表达式。对于矢量场 $\boldsymbol{F}=\boldsymbol{e}_xF_x+\boldsymbol{e}_yF_y+\boldsymbol{e}_zF_z$，有

$$\mathrm{div}\boldsymbol{F}=\frac{\partial F_x}{\partial x}+\frac{\partial F_y}{\partial y}+\frac{\partial F_z}{\partial z}=\nabla\cdot\boldsymbol{F} \tag{1.3.9}$$

即矢量场 $\boldsymbol{F}$ 的散度为它在直角坐标系中 3 个分量分别对各自坐标变量的偏导数之和。一个矢量函数的散度为标量函数。

3. 散度的基本公式

(1) $\nabla\cdot\boldsymbol{C}=0$（$\boldsymbol{C}$ 为常矢量）

(2) $\nabla\cdot(C\boldsymbol{F})=C\nabla\cdot\boldsymbol{F}$（$C$ 为常数）

(3) $\nabla\cdot(\boldsymbol{F}\pm\boldsymbol{G})=\nabla\cdot\boldsymbol{F}\pm\nabla\cdot\boldsymbol{G}$

(4) $\nabla\cdot(u\boldsymbol{F})=u\nabla\cdot\boldsymbol{F}+\boldsymbol{F}\cdot\nabla u$

(5) $\nabla\cdot(\boldsymbol{F}\times\boldsymbol{G})=\boldsymbol{G}\cdot\nabla\times\boldsymbol{F}-\boldsymbol{F}\cdot\nabla\times\boldsymbol{G}$

4. 散度在圆柱坐标系和球坐标系中的表达式

对于圆柱坐标系中的矢量场 $\boldsymbol{F}=\boldsymbol{e}_\rho F_\rho+\boldsymbol{e}_\phi F_\phi+\boldsymbol{e}_zF_z$，其散度计算式为

$$\nabla\cdot\boldsymbol{F}=\frac{1}{\rho}\cdot\frac{\partial}{\partial\rho}(\rho F_\rho)+\frac{1}{\rho}\cdot\frac{\partial F_\phi}{\partial\phi}+\frac{\partial F_z}{\partial z} \tag{1.3.10}$$

对于球坐标系中的矢量场 $\boldsymbol{F}=\boldsymbol{e}_rF_r+\boldsymbol{e}_\theta F_\theta+\boldsymbol{e}_\phi F_\phi$，其散度计算式为

$$\nabla\cdot\boldsymbol{F}=\frac{1}{r^2\sin\theta}\left[\frac{\partial}{\partial r}(r^2\sin\theta F_r)+\frac{\partial}{\partial\theta}(r\sin\theta F_\theta)+\frac{\partial}{\partial\phi}(rF_\phi)\right] \tag{1.3.11}$$

1.3.4 高斯散度定理

高斯散度定理：任何一个矢量 $\boldsymbol{F}$ 穿出任意闭合曲面 S 的通量，总可以表示为 $\boldsymbol{F}$ 的散度在该曲面所围体积 V 的积分，即

$$\oint_S\boldsymbol{F}\cdot\mathrm{d}\boldsymbol{S}=\int_V\nabla\cdot\boldsymbol{F}\mathrm{d}V \tag{1.3.12}$$

高斯散度定理（高斯定理）在高等数学中又称为高-奥公式。该定理适用于被封闭曲面 S 包围的任何体积 V。其中 $\mathrm{d}\boldsymbol{S}$ 的方向总是取其外法线方向，即垂直于表面 $\mathrm{d}\boldsymbol{S}$ 而从体积内指向体积外的方向。

【例 1-6】 位置矢量（矢径）$\boldsymbol{r}$ 是一个矢量场，计算穿过一个球心在坐标原点、半径为 a 的球面的 $\boldsymbol{r}$ 的通量，并计算 $\nabla\cdot\boldsymbol{r}$。

解：因为在 $r=a$ 的球面上，$\boldsymbol{r}$ 的大小处处相同，且处处与球面元垂直（与面积元单位法向矢量同向），所以

$$\Psi=\oint_S\boldsymbol{r}\cdot\mathrm{d}\boldsymbol{S}=\oint_S r\mathrm{d}S=\oint_S a\mathrm{d}S=a\cdot4\pi a^2=4\pi a^3$$

因为 $\boldsymbol{r}=\boldsymbol{e}_xx+\boldsymbol{e}_yy+\boldsymbol{e}_zz$，所以

$$\nabla\cdot\boldsymbol{r}=\frac{\partial x}{\partial x}+\frac{\partial y}{\partial y}+\frac{\partial z}{\partial z}=3$$

【例 1-7】 已知 $\mathbf{A}=\boldsymbol{e}_xx^2+\boldsymbol{e}_yxy+\boldsymbol{e}_zyz$，以每边为单位长度的立方体为例验证高斯散度定理。此立方体位于直角坐标系的第一象限内，其中一个顶点在坐标原点上，如图 1.3.4 所示。

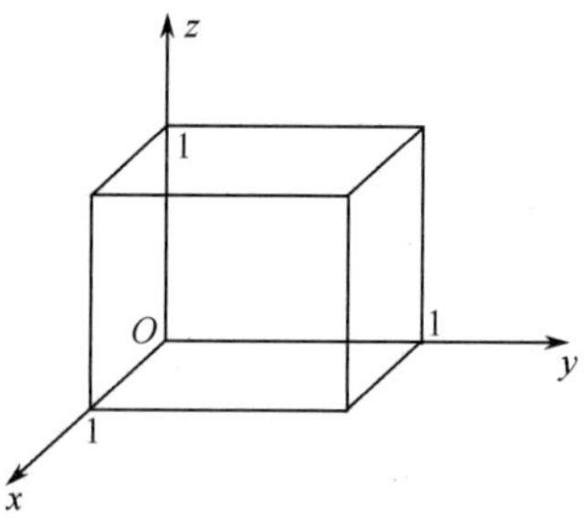

图 1.3.4　例 1-7 用图

解：首先计算 6 个面上的面积分。

（1）前面，$x=1$，$\mathrm{d}\boldsymbol{S}=\boldsymbol{e}_x\mathrm{d}y\mathrm{d}z$，所以

$$\int_{\text{前面}}\boldsymbol{A}\cdot\mathrm{d}\boldsymbol{S}=\iint_{\text{前面}}x^2\mathrm{d}y\mathrm{d}z=\int_0^1\int_0^1\mathrm{d}y\mathrm{d}z=1$$

（2）后面，$x=0$，$\mathrm{d}\boldsymbol{S}=-\boldsymbol{e}_x\mathrm{d}y\mathrm{d}z$，所以

$$\int_{\text{后面}}\boldsymbol{A}\cdot\mathrm{d}\boldsymbol{S}=-\iint_{\text{后面}}x^2\mathrm{d}y\mathrm{d}z=0$$

（3）左面，$y=0$，$\mathrm{d}\boldsymbol{S}=-\boldsymbol{e}_y\mathrm{d}x\mathrm{d}z$，所以

$$\int_{\text{左面}}=\boldsymbol{A}\cdot\mathrm{d}\boldsymbol{S}=-\iint_{\text{左面}}xy\mathrm{d}x\mathrm{d}z=0$$

（4）右面，$y=1$，$\mathrm{d}\boldsymbol{S}=\boldsymbol{e}_y\mathrm{d}x\mathrm{d}z$，所以

$$\int_{\text{右面}}\boldsymbol{A}\cdot\mathrm{d}\boldsymbol{S}=\iint_{\text{右面}}xy\mathrm{d}x\mathrm{d}z=\int_0^1\int_0^1x\mathrm{d}x\mathrm{d}z=\frac{1}{2}$$

（5）顶面，$z=1$，$\mathrm{d}\boldsymbol{S}=\boldsymbol{e}_z\mathrm{d}x\mathrm{d}y$，所以

$$\int_{\text{顶面}}\boldsymbol{A}\cdot\mathrm{d}\boldsymbol{S}=\iint_{\text{顶面}}yz\mathrm{d}x\mathrm{d}y=\int_0^1\int_0^1y\mathrm{d}x\mathrm{d}y=\frac{1}{2}$$

（6）底面，$z=0$，$\mathrm{d}\boldsymbol{S}=-\boldsymbol{e}_z\mathrm{d}x\mathrm{d}y$，所以

$$\int_{\text{底面}}\boldsymbol{A}\cdot\mathrm{d}\boldsymbol{S}=-\iint_{\text{底面}}yz\mathrm{d}x\mathrm{d}y=0$$

所以$\oint_S\boldsymbol{A}\cdot\mathrm{d}\boldsymbol{S}=1+0+0+\frac{1}{2}+\frac{1}{2}+0=2$。

因为$\nabla\cdot\boldsymbol{A}=\frac{\partial}{\partial x}(x^2)+\frac{\partial}{\partial y}(xy)+\frac{\partial}{\partial z}(yz)=3x+y$，所以

$$\int_V\nabla\cdot\boldsymbol{A}\mathrm{d}V=\int_0^1\int_0^1\int_0^1(3x+y)\mathrm{d}x\mathrm{d}y\mathrm{d}z=2$$

因此有

$$\oint_S\boldsymbol{A}\cdot\mathrm{d}\boldsymbol{S}=\int_V\nabla\cdot\boldsymbol{A}\mathrm{d}V$$

矢量的闭合曲面面积分等于矢量散度的体积分。

1.4　矢量场的环量与旋度

矢量场中的源，一般分为散度源和旋度源两种。上一节已经利用通量和散度描述了场与源之间的关系。如果矢量场的散度大于 0，则场中存在发出矢量线的源，将这种源称为散度源（或称通量源）。下面介绍另一种形式的源——旋度源（或称旋涡源）的场与源之间的关系。首先引入环量的概念。

1.4.1　矢量的环量

在矢量场 $\boldsymbol{F}$ 中，从一点开始沿着某一指定的曲线 l 到另一点，$\boldsymbol{F}$ 沿曲线 l 的线积分表示为：$\int_l\boldsymbol{F}\cdot\mathrm{d}\boldsymbol{l}=\int_lF\cos\theta\mathrm{d}l$，其中 θ 是 $\boldsymbol{F}$ 与线元矢量 $\mathrm{d}\boldsymbol{l}$ 的夹角。如果路径 l 为闭合曲线，此时的线积分变为：$\oint_l\boldsymbol{F}\cdot\mathrm{d}\boldsymbol{l}=\oint_lF\cos\theta\mathrm{d}l$，称为矢量场 $\boldsymbol{F}$ 的环量。如图 1.4.1 所示。

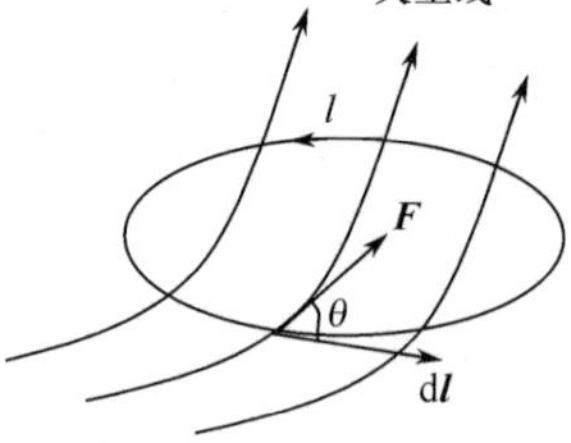

图 1.4.1　矢量的环量

环量的定义：矢量 $\boldsymbol{F}$ 沿某一闭合曲线(闭合路径)的线积分，称为该矢量沿此闭合曲线的环量，即

$$\Gamma=\oint_l \boldsymbol{F}\cdot \mathrm{d}\boldsymbol{l}=\oint_l F\cos\theta \mathrm{d}l \tag{1.4.1}$$

环量是一个标量，它的大小和正负不仅与矢量场 $\boldsymbol{F}$ 的分布有关，而且与所选取的积分路径有关。所以，有必要对闭合路径作出正向规定：沿回路走一圈时，回路所围面积始终在我们的左方，则为回路的正向。

下面还以流体为例，流体的速度 $\boldsymbol{v}$ 可能有两种情况：一是环流 $\oint_l \boldsymbol{v}\cdot \mathrm{d}\boldsymbol{l}=0$，说明沿闭合路径 l 没有旋涡流动；另一种是 $\oint_l \boldsymbol{v}\cdot \mathrm{d}\boldsymbol{l}\neq 0$，说明流体沿闭合路径 l 作旋涡流动。

如果某一矢量场的环量不等于 0，则必有产生这种场的旋涡源。例如在电磁场中，磁场强度沿围绕电流的闭合路径的环量不等于 0，由恒定磁场中的安培环路定理：$\oint_l \boldsymbol{H}\cdot \mathrm{d}\boldsymbol{l}=\sum I$，可知电流就是产生磁场的旋涡源。如果在一个矢量场中沿任何闭合路径的环量恒等于 0，则在这个场中不可能有旋涡源，这种类型的场称为保守场或无旋场，如静电场和重力场等。

1.4.2 矢量的旋度

与通量和散度的关系一样，环量与旋度(rotation)的关系也是整体与局部的关系。旋度表示矢量场中每一点上的场与旋涡源之间的关系。

1. 旋度的定义

在矢量场 $\boldsymbol{F}$ 中的点 M 处，任取一个单位矢量 $\boldsymbol{e}_{\mathrm{n}}$，再过 M 点作一微小面积元 ΔS，在 M 点上 ΔS 与 $\boldsymbol{e}_{\mathrm{n}}$ 垂直，闭合曲线 l 的环绕方向与 $\boldsymbol{e}_{\mathrm{n}}$ 构成右手螺旋关系，当保持 $\boldsymbol{e}_{\mathrm{n}}$ 不变而使 $\Delta S\to 0$(缩至 M 点)，如下极限：$\lim\limits_{\Delta S\to 0}\dfrac{\oint_l \boldsymbol{F}\cdot \mathrm{d}\boldsymbol{l}}{\Delta S}$，称为在点 M 处矢量场 $\boldsymbol{F}$ 沿 $\boldsymbol{e}_{\mathrm{n}}$ 方向上的环量面密度(单位面积的环量)。它是一个标量，显然，环量面密度与 M 点的坐标和 $\boldsymbol{e}_{\mathrm{n}}$ 的方向有关，因为过 M 点可以作无穷多个 $\boldsymbol{e}_{\mathrm{n}}$，对应就有无穷多个 ΔS，尽管 ΔS 的大小可取为一样，但环量 $\oint_l \boldsymbol{F}\cdot \mathrm{d}\boldsymbol{l}$ 是不同的。

根据上面矢量场 $\boldsymbol{F}$ 沿 $\boldsymbol{e}_{\mathrm{n}}$ 方向上环量面密度的定义，可以认为，存在一个矢量 $\boldsymbol{A}$，它在 $\boldsymbol{e}_{\mathrm{n}}$ 方向上的分量为 $\lim\limits_{\Delta S\to 0}\dfrac{\oint_l \boldsymbol{F}\cdot \mathrm{d}\boldsymbol{l}}{\Delta S}$，即 $\boldsymbol{A}\cdot\boldsymbol{e}_{\mathrm{n}}=\lim\limits_{\Delta S\to 0}\dfrac{\oint_l \boldsymbol{F}\cdot \mathrm{d}\boldsymbol{l}}{\Delta S}$，如图 1.4.2 所示。将 $\boldsymbol{A}$ 定义为矢量场 $\boldsymbol{F}$ 在 M 点的旋度，即

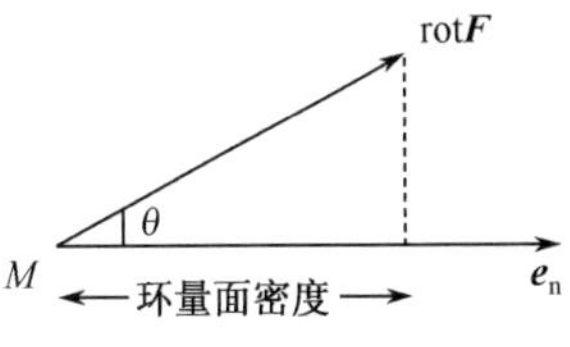

图 1.4.2 旋度的定义

$$\boldsymbol{A}=\mathrm{rot}\boldsymbol{F} \text{ 或 } \boldsymbol{A}=\mathrm{curl}\boldsymbol{F}$$

$$(\mathrm{rot}\boldsymbol{F})\cdot\boldsymbol{e}_{\mathrm{n}}=\lim_{\Delta S\to 0}\frac{\oint_l \boldsymbol{F}\cdot \mathrm{d}\boldsymbol{l}}{\Delta S} \tag{1.4.2}$$

矢量场的旋度是一个矢量，其大小等于各个方向上环量面密度的最大值，其方向为当面积的取向使得环量面密度呈最大时该面积的法线方向。旋度只与该点的 $\boldsymbol{F}$ 有关，而与该点引出的 $\boldsymbol{e}_{\mathrm{n}}$ 无关。

2. 旋度在直角坐标系中的表达式

对于 $\boldsymbol{F}=\boldsymbol{e}_x F_x+\boldsymbol{e}_y F_y+\boldsymbol{e}_z F_z$，有

$$\mathrm{rot}\boldsymbol{F}=\nabla\times\boldsymbol{F}=\begin{vmatrix}\boldsymbol{e}_x & \boldsymbol{e}_y & \boldsymbol{e}_z\\ \dfrac{\partial}{\partial x} & \dfrac{\partial}{\partial y} & \dfrac{\partial}{\partial z}\\ F_x & F_y & F_z\end{vmatrix}$$

$$=\boldsymbol{e}_x\left(\frac{\partial F_z}{\partial y}-\frac{\partial F_y}{\partial z}\right)+\boldsymbol{e}_y\left(\frac{\partial F_x}{\partial z}-\frac{\partial F_z}{\partial x}\right)+\boldsymbol{e}_z\left(\frac{\partial F_y}{\partial x}-\frac{\partial F_x}{\partial y}\right) \tag{1.4.3}$$

3. 旋度与散度的区别

(1) 矢量场的旋度为矢量函数;矢量场的散度为标量函数。

(2) 旋度表示场中各点的场与旋涡源的关系。如果在矢量场所存在的全部空间内,场的旋度处处为 0,则这种场不可能有旋涡源,因而称它为无旋场或保守场;散度表示场中各点的场与通量源的关系。如果在矢量场所存在的全部空间内,场的散度处处为 0,则这种场不可能有通量源,因而称它为管形场(无头无尾)或无源场。静电场是无旋场,磁场是管形场。

(3) 旋度描述的是场分量沿着与它垂直方向上的变化规律;散度描述的是场分量沿着各自方向上的变化规律。

4. 旋度的基本运算公式

(1) $\nabla\times\boldsymbol{C}=0$($\boldsymbol{C}$ 为常矢量)

(2) $\nabla\times(C\boldsymbol{F})=C\nabla\times\boldsymbol{F}$($C$ 为常数)

(3) $\nabla\times(\boldsymbol{F}\pm\boldsymbol{G})=\nabla\times\boldsymbol{F}\pm\nabla\times\boldsymbol{G}$

(4) $\nabla\times(u\boldsymbol{F})=u\nabla\times\boldsymbol{F}+\nabla u\times\boldsymbol{F}$

(5) $\nabla\times(\boldsymbol{F}\times\boldsymbol{G})=(\boldsymbol{G}\cdot\nabla)\boldsymbol{F}-(\boldsymbol{F}\cdot\nabla)\boldsymbol{G}-\boldsymbol{G}(\nabla\cdot\boldsymbol{F})+\boldsymbol{F}(\nabla\cdot\boldsymbol{G})$

5. 旋度在圆柱坐标系和球坐标系中的表达式

在圆柱坐标系中,对于 $\boldsymbol{F}=\boldsymbol{e}_\rho F_\rho+\boldsymbol{e}_\phi F_\phi+\boldsymbol{e}_z F_z$,其旋度计算式为

$$\nabla\times\boldsymbol{F}=\frac{1}{\rho}\begin{vmatrix}\boldsymbol{e}_\rho & \rho\boldsymbol{e}_\phi & \boldsymbol{e}_z\\ \dfrac{\partial}{\partial\rho} & \dfrac{\partial}{\partial\phi} & \dfrac{\partial}{\partial z}\\ F_\rho & \rho F_\phi & F_z\end{vmatrix} \tag{1.4.4}$$

在球坐标系中,对于 $\boldsymbol{F}=\boldsymbol{e}_r F_r+\boldsymbol{e}_\theta F_\theta+\boldsymbol{e}_\phi F_\phi$,其旋度计算式为

$$\nabla\times\boldsymbol{F}=\frac{1}{r^2\sin\theta}\begin{vmatrix}\boldsymbol{e}_r & r\boldsymbol{e}_\theta & r\sin\theta\boldsymbol{e}_\phi\\ \dfrac{\partial}{\partial r} & \dfrac{\partial}{\partial\theta} & \dfrac{\partial}{\partial\phi}\\ F_r & rF_\theta & r\sin\theta F_\phi\end{vmatrix} \tag{1.4.5}$$

1.4.3 斯托克斯定理

斯托克斯定理:矢量 $\boldsymbol{F}$ 的旋度$\nabla\times\boldsymbol{F}$ 在任意曲面 S 上的通量,等于 $\boldsymbol{F}$ 沿该曲面周界 l 的环量,即

$$\int_S(\nabla\times\boldsymbol{F})\cdot\mathrm{d}\boldsymbol{S}=\oint_l\boldsymbol{F}\cdot\mathrm{d}\boldsymbol{l} \tag{1.4.6}$$

斯托克斯定理将一矢量旋度的面积分变换为该矢量的线积分,或者作相反的变换。与高斯散度定理一样,斯托克斯定理在矢量分析中也是一个重要的恒等式,在电磁场理论中常用它来推导其他的定理和关系式,例如微分和积分形式表达式的转换。

【例 1-8】 已知 $\boldsymbol{F}=-\boldsymbol{e}_x y+\boldsymbol{e}_y x$,求 $\boldsymbol{F}$ 沿闭合曲线 l 的环量,并验证斯托克斯定理。l 的参量方程是:$x=a\cos^3\theta$,$y=a\sin^3\theta$,为一条星形线。

解:由闭合曲线 l 的参量方程,在直角坐标系下画出示意图,如图 1.4.3 所示。

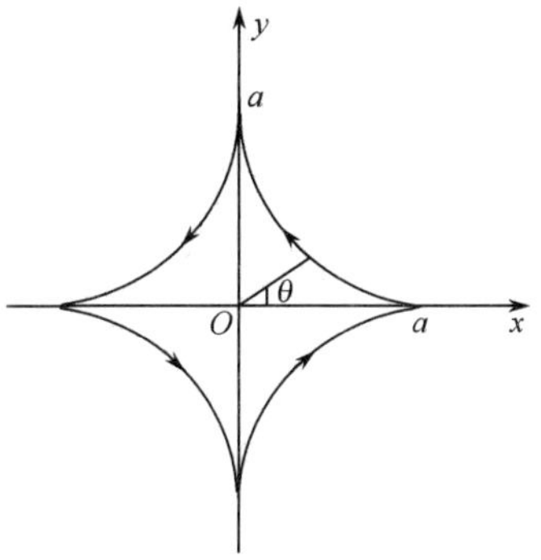

图 1.4.3　例 1-8 图

(1) 计算 $\oint_l \boldsymbol{F}\cdot \mathrm{d}\boldsymbol{l}$ 。

$$\Gamma=\oint_l \boldsymbol{F}\cdot \mathrm{d}\boldsymbol{l}=\oint_l(-\boldsymbol{e}_x y+\boldsymbol{e}_y x)\cdot(\boldsymbol{e}_x \mathrm{d}x+\boldsymbol{e}_y \mathrm{d}y)$$
$$=\oint_l(-y\mathrm{d}x+x\mathrm{d}y)$$

由闭合曲线 l 的参量方程得

$$\mathrm{d}x=\mathrm{d}(a\cos^3\theta)=-3a\cos^2\theta\sin\theta\mathrm{d}\theta,\ \mathrm{d}y=\mathrm{d}(a\sin^3\theta)=3a\sin^2\theta\cos\theta\mathrm{d}\theta$$

沿闭合曲线 l 一周即参变量 θ 从 0 变到 2π,所以有

$$\Gamma=\oint_l \boldsymbol{F}\cdot \mathrm{d}\boldsymbol{l}=\int_0^{2\pi}(3a^2\cos^2\theta\sin^4\theta+3a^2\sin^2\theta\cos^4\theta)\mathrm{d}\theta=\frac{3}{4}\pi a^2$$

(2) 计算 $\int_S(\nabla\times \boldsymbol{F})\cdot \mathrm{d}\boldsymbol{S}$ 。由于

$$\nabla\times\boldsymbol{F}=\begin{vmatrix}\boldsymbol{e}_x & \boldsymbol{e}_y & \boldsymbol{e}_z\\ \dfrac{\partial}{\partial x} & \dfrac{\partial}{\partial y} & \dfrac{\partial}{\partial z}\\ -y & x & 0\end{vmatrix}=\boldsymbol{e}_z 2$$

所以　$\int_S(\nabla\times \boldsymbol{F})\cdot \mathrm{d}\boldsymbol{S}=\iint_S(\boldsymbol{e}_z 2)\cdot(\boldsymbol{e}_z \mathrm{d}x\mathrm{d}y)=2\iint_S \mathrm{d}x\mathrm{d}y$　($\iint_S \mathrm{d}x\mathrm{d}y$ 为星形线所围的面积)

由闭合曲线 l 的参量方程可得:$x^{\frac{2}{3}}+y^{\frac{2}{3}}=a^{\frac{2}{3}}$,所以

$$\int_S(\nabla\times \boldsymbol{F})\cdot \mathrm{d}\boldsymbol{S}=2\iint_S \mathrm{d}x\mathrm{d}y=2\times 4\int_0^a \mathrm{d}x\int_0^{(a^{\frac{2}{3}}-x^{\frac{2}{3}})^{\frac{3}{2}}}\mathrm{d}y=8\int_0^a(a^{\frac{2}{3}}-x^{\frac{2}{3}})^{\frac{3}{2}}\mathrm{d}x$$

再用参量方程代换积分元得

$$(a^{\frac{2}{3}}-x^{\frac{2}{3}})^{\frac{3}{2}}=a(1-\cos^2\theta)^{\frac{3}{2}}$$
$$\mathrm{d}x=\mathrm{d}(a\cos^3\theta)=-3a\cos^2\theta\sin\theta\mathrm{d}\theta$$

当 $x=0$ 时,$\theta=\frac{\pi}{2}$;当 $x=a$ 时,$\theta=0$。所以有

$$\int_S(\nabla\times \boldsymbol{F})\cdot \mathrm{d}\boldsymbol{S}=-8\int_{\frac{\pi}{2}}^0 3a^2(1-\cos^2\theta)^{\frac{3}{2}}\cos^2\theta\sin\theta\mathrm{d}\theta$$
$$=24a^2\int_0^{\frac{\pi}{2}}\sin^4\theta(1-\sin^2\theta)\mathrm{d}\theta=\frac{3}{4}\pi a^2$$

即 $\int_S(\nabla\times \boldsymbol{F})\cdot \mathrm{d}\boldsymbol{S}=\oint_l \boldsymbol{F}\cdot \mathrm{d}\boldsymbol{l}=\frac{3}{4}\pi a^2$,验证完毕。

【例 1-9】 求位置矢量 $\boldsymbol{r}$ 沿折线 l 的环量,其中 l 由 $0\leqslant x\leqslant a$、$0\leqslant y\leqslant b$、$z=0$ 组成。

解:如图 1.4.4 所示。

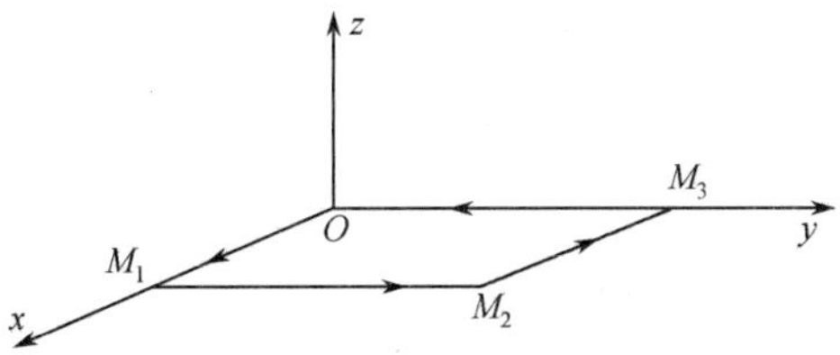

图 1.4.4　例 1-9 图

因为 $\boldsymbol{r}=\boldsymbol{e}_x x+\boldsymbol{e}_y y+\boldsymbol{e}_z z$，$\mathrm{d}\boldsymbol{l}=\boldsymbol{e}_x \mathrm{d}x+\boldsymbol{e}_y \mathrm{d}y+\boldsymbol{e}_z \mathrm{d}z$，所以

$$\Gamma=\int_{OM_1}\boldsymbol{r}\cdot\mathrm{d}\boldsymbol{l}+\int_{M_1M_2}\boldsymbol{r}\cdot\mathrm{d}\boldsymbol{l}+\int_{M_2M_3}\boldsymbol{r}\cdot\mathrm{d}\boldsymbol{l}+\int_{M_3O}\boldsymbol{r}\cdot\mathrm{d}\boldsymbol{l}$$

$$\int_{OM_1}\boldsymbol{r}\cdot\mathrm{d}\boldsymbol{l}=\int_{OM_1}x\mathrm{d}x+y\mathrm{d}y+z\mathrm{d}z=\int_{OM_1}x\mathrm{d}x=\int_0^a x\mathrm{d}x=\frac{a^2}{2}$$

$$\int_{M_1M_2}\boldsymbol{r}\cdot\mathrm{d}\boldsymbol{l}=\int_{M_1M_2}x\mathrm{d}x+y\mathrm{d}y+z\mathrm{d}z=\int_{M_1M_2}y\mathrm{d}y=\int_0^b y\mathrm{d}y=\frac{b^2}{2}$$

$$\int_{M_2M_3}\boldsymbol{r}\cdot\mathrm{d}\boldsymbol{l}=\int_{M_2M_3}x\mathrm{d}x+y\mathrm{d}y+z\mathrm{d}z=\int_{M_2M_3}x\mathrm{d}x=\int_a^0 x\mathrm{d}x=-\frac{a^2}{2}$$

$$\int_{M_3O}\boldsymbol{r}\cdot\mathrm{d}l=\int_{M_3O}x\mathrm{d}x+y\mathrm{d}y+z\mathrm{d}z=\int_{M_3O}y\mathrm{d}y=\int_b^0 y\mathrm{d}y=-\frac{b^2}{2}$$

所以 $\Gamma=0$。

1.5 哈密顿算子与矢量恒等式

通过前面的学习我们已经知道，场函数包括标量函数和矢量函数。梯度是针对标量函数进行的运算，标量函数的梯度为矢量函数。而矢量函数可以进行散度和旋度运算，一个矢量函数的散度为标量函数，其旋度仍然为矢量函数。下面要介绍矢量恒等式。矢量函数的恒等式有很多，在此只介绍一些在电磁场理论中经常用到的恒等式。

1.5.1 哈密顿算子及其一阶微分恒等式

在直角坐标系中，哈密顿算子的表达式为

$$\nabla=\boldsymbol{e}_x\frac{\partial}{\partial x}+\boldsymbol{e}_y\frac{\partial}{\partial y}+\boldsymbol{e}_z\frac{\partial}{\partial z}\tag{1.5.1}$$

它既是一个微分算子，又可以看成一个矢量，所以称为矢量微分算子，具有矢量和微分的双重性质。同时要注意，单独的一个哈密顿算子本身没有什么意义，只有当它作用在标量函数或矢量函数上时才有意义。

- 算子∇与标量函数 u 相乘，即∇u，得到此标量函数的梯度；
- 算子∇与矢量函数 $\boldsymbol{F}$ 的点乘，即$\nabla\cdot\boldsymbol{F}$，得到此矢量函数的散度；
- 算子∇与矢量函数 $\boldsymbol{F}$ 的叉乘，即$\nabla\times\boldsymbol{F}$，得到此矢量函数的旋度。

在矢量恒等式中，有时要用到运算式

$$\begin{aligned}\boldsymbol{A}\cdot\nabla&=(\boldsymbol{e}_xA_x+\boldsymbol{e}_yA_y+\boldsymbol{e}_zA_z)\cdot\left(\boldsymbol{e}_x\frac{\partial}{\partial x}+\boldsymbol{e}_y\frac{\partial}{\partial y}+\boldsymbol{e}_z\frac{\partial}{\partial z}\right)\\&=A_x\frac{\partial}{\partial x}+A_y\frac{\partial}{\partial y}+A_z\frac{\partial}{\partial z}\end{aligned}\tag{1.5.2}$$

它仍然为一个算子，是一个标量微分算子，$\boldsymbol{A}\cdot\nabla\neq\nabla\cdot\boldsymbol{A}$。

由哈密顿算子∇构成的一阶微分恒等式有很多，详见附录 A，下面来证明其中一个：

$$\nabla\cdot(\boldsymbol{A}\times\boldsymbol{B})=\boldsymbol{B}\cdot(\nabla\times\boldsymbol{A})-\boldsymbol{A}\cdot(\nabla\times\boldsymbol{B})\tag{1.5.3}$$

证明：∇运算实际上为微分运算，如标量函数中$(fg)'=f'g+fg'$，其中上角撇表示求一阶导数。

根据∇的微分性质，并按乘积的微分法则，有

$$\nabla\cdot(\boldsymbol{A}\times\boldsymbol{B})=\nabla\cdot(\boldsymbol{A}_\mathrm{c}\times\boldsymbol{B})+\nabla\cdot(\boldsymbol{A}\times\boldsymbol{B}_\mathrm{c})$$

其中，c 为常数符号，表示将相应的矢量看成常矢量。

为了去掉常数符号，必须将假设的常矢量提到∇的前面。

利用轮换恒等式：$\boldsymbol{a}\cdot(\boldsymbol{b}\times\boldsymbol{c})=\boldsymbol{c}\cdot(\boldsymbol{a}\times\boldsymbol{b})=\boldsymbol{b}\cdot(\boldsymbol{c}\times\boldsymbol{a})$，根据$\nabla$的矢量性质，有

$$\nabla\cdot(\boldsymbol{A}_c\times\boldsymbol{B})=-\nabla\cdot(\boldsymbol{B}\times\boldsymbol{A}_c)=-\boldsymbol{A}_c\cdot(\nabla\times\boldsymbol{B})$$

$$\nabla\cdot(\boldsymbol{A}\times\boldsymbol{B}_c)=\boldsymbol{B}_c\cdot(\nabla\times\boldsymbol{A})$$

所以$\nabla\cdot(\boldsymbol{A}\times\boldsymbol{B})=\boldsymbol{B}_c\cdot(\nabla\times\boldsymbol{A})-\boldsymbol{A}_c\cdot(\nabla\times\boldsymbol{B})$。将假设的常矢量还原，有

$$\nabla\cdot(\boldsymbol{A}\times\boldsymbol{B})=\boldsymbol{B}\cdot(\nabla\times\boldsymbol{A})-\boldsymbol{A}\cdot(\nabla\times\boldsymbol{B})$$

1.5.2 哈密顿算子及其二阶微分恒等式

在微分运算中，我们学习过二阶偏导数，同样，两个哈密顿算子∇可以构成多种二阶微分恒等式。下面介绍比较常用的几种。

(1) $\nabla\times\nabla u\equiv 0$ (1.5.4)

证明：$\nabla u=\boldsymbol{e}_x\dfrac{\partial u}{\partial x}+\boldsymbol{e}_y\dfrac{\partial u}{\partial y}+\boldsymbol{e}_z\dfrac{\partial u}{\partial z}$，所以

$$\nabla\times\nabla u=\begin{vmatrix}\boldsymbol{e}_x & \boldsymbol{e}_y & \boldsymbol{e}_z\\ \dfrac{\partial}{\partial x} & \dfrac{\partial}{\partial y} & \dfrac{\partial}{\partial z}\\ \dfrac{\partial u}{\partial x} & \dfrac{\partial u}{\partial y} & \dfrac{\partial u}{\partial z}\end{vmatrix}=\boldsymbol{e}_x\left(\frac{\partial^2 u}{\partial y\partial z}-\frac{\partial^2 u}{\partial z\partial y}\right)+\boldsymbol{e}_y\left(\frac{\partial^2 u}{\partial z\partial x}-\frac{\partial^2 u}{\partial x\partial z}\right)+\boldsymbol{e}_z\left(\frac{\partial^2 u}{\partial x\partial y}-\frac{\partial^2 u}{\partial y\partial x}\right)=0$$

结论：

① 标量函数梯度的旋度恒等于 0。

② 如果一个矢量函数的旋度等于 0，则这个矢量函数可以用一个标量函数的梯度来表示。如果$\nabla\times\boldsymbol{A}\equiv 0$，则$\boldsymbol{A}=-\nabla\varphi$。此处梯度前面的负号是为了与静电场中电位和电场强度的关系相统一，$\boldsymbol{E}=-\nabla\varphi$。

(2) $\nabla\cdot(\nabla\times\boldsymbol{F})\equiv 0$ (1.5.5)

证明：因为$\nabla\times\boldsymbol{F}=\boldsymbol{e}_x\left(\dfrac{\partial F_z}{\partial y}-\dfrac{\partial F_y}{\partial z}\right)+\boldsymbol{e}_y\left(\dfrac{\partial F_x}{\partial z}-\dfrac{\partial F_z}{\partial x}\right)+\boldsymbol{e}_z\left(\dfrac{\partial F_y}{\partial x}-\dfrac{\partial F_x}{\partial y}\right)$，所以

$$\nabla\cdot(\nabla\times\boldsymbol{F})=\frac{\partial}{\partial x}\left(\frac{\partial F_z}{\partial y}-\frac{\partial F_y}{\partial z}\right)+\frac{\partial}{\partial y}\left(\frac{\partial F_x}{\partial z}-\frac{\partial F_z}{\partial x}\right)+\frac{\partial}{\partial z}\left(\frac{\partial F_y}{\partial x}-\frac{\partial F_x}{\partial y}\right)=0$$

结论：

① 矢量函数旋度的散度恒等于 0。

② 如果一个矢量函数的散度等于 0，则这个矢量函数可以用另一个矢量函数的旋度来表示。如果$\nabla\cdot\boldsymbol{A}\equiv 0$，则$\boldsymbol{A}=\nabla\times\boldsymbol{B}$。

(3) $\nabla\cdot\nabla u=\nabla^2 u$ (1.5.6)

证明：$\nabla\cdot\nabla u=\left(\boldsymbol{e}_x\dfrac{\partial}{\partial x}+\boldsymbol{e}_y\dfrac{\partial}{\partial y}+\boldsymbol{e}_z\dfrac{\partial}{\partial z}\right)\cdot\left(\boldsymbol{e}_x\dfrac{\partial u}{\partial x}+\boldsymbol{e}_y\dfrac{\partial u}{\partial y}+\boldsymbol{e}_z\dfrac{\partial u}{\partial z}\right)=\dfrac{\partial^2 u}{\partial x^2}+\dfrac{\partial^2 u}{\partial y^2}+\dfrac{\partial^2 u}{\partial z^2}\triangleq\nabla^2 u$

∇^2称为拉普拉斯算子，当∇^2作用在标量函数上时，称为标量拉普拉斯算子；当∇^2作用在矢量函数上时，称为矢量拉普拉斯算子。两者是本质上不同的两种二阶微分算子。

(4) $\nabla^2\boldsymbol{F}=\nabla(\nabla\cdot\boldsymbol{F})-\nabla\times(\nabla\times\boldsymbol{F})$ (1.5.7)

$\nabla^2\boldsymbol{F}=\boldsymbol{e}_x\nabla^2 F_x+\boldsymbol{e}_y\nabla^2 F_y+\boldsymbol{e}_z\nabla^2 F_z$，为矢量场的拉普拉斯运算。

证明：$\nabla\times\boldsymbol{F}=\boldsymbol{e}_x\left(\dfrac{\partial F_z}{\partial y}-\dfrac{\partial F_y}{\partial z}\right)+\boldsymbol{e}_y\left(\dfrac{\partial F_x}{\partial z}-\dfrac{\partial F_z}{\partial x}\right)+\boldsymbol{e}_z\left(\dfrac{\partial F_y}{\partial x}-\dfrac{\partial F_x}{\partial y}\right)$

所以

$$\nabla\times(\nabla\times\boldsymbol{F})=\boldsymbol{e}_x\left[\frac{\partial}{\partial y}\left(\frac{\partial F_y}{\partial x}-\frac{\partial F_x}{\partial y}\right)-\frac{\partial}{\partial z}\left(\frac{\partial F_x}{\partial z}-\frac{\partial F_z}{\partial x}\right)\right]+$$

$$\boldsymbol{e}_y\left[\frac{\partial}{\partial z}\left(\frac{\partial F_z}{\partial y}-\frac{\partial F_y}{\partial z}\right)-\frac{\partial}{\partial x}\left(\frac{\partial F_y}{\partial x}-\frac{\partial F_x}{\partial y}\right)\right]+$$

$$\boldsymbol{e}_z\left[\frac{\partial}{\partial x}\left(\frac{\partial F_x}{\partial z}-\frac{\partial F_z}{\partial x}\right)-\frac{\partial}{\partial y}\left(\frac{\partial F_z}{\partial y}-\frac{\partial F_y}{\partial z}\right)\right]$$

上式右边第一项展开为

$$\frac{\partial^2 F_y}{\partial y\partial x}-\frac{\partial^2 F_x}{\partial y^2}-\frac{\partial^2 F_x}{\partial z^2}+\frac{\partial^2 F_z}{\partial z\partial x}=\left(\frac{\partial^2 F_x}{\partial x^2}+\frac{\partial^2 F_y}{\partial y\partial x}+\frac{\partial^2 F_z}{\partial z\partial x}\right)-\left(\frac{\partial^2 F_x}{\partial x^2}+\frac{\partial^2 F_x}{\partial y^2}+\frac{\partial^2 F_x}{\partial z^2}\right)$$

$$=\frac{\partial}{\partial x}(\nabla\cdot\boldsymbol{F})-\nabla^2 F_x$$

同理，第二项和第三项分别为$\frac{\partial}{\partial y}(\nabla\cdot\boldsymbol{F})-\nabla^2 F_y$，$\frac{\partial}{\partial z}(\nabla\cdot\boldsymbol{F})-\nabla^2 F_z$，所以

$$\nabla\times(\nabla\times\boldsymbol{F})=\left[\boldsymbol{e}_x\frac{\partial}{\partial x}(\nabla\cdot\boldsymbol{F})+\boldsymbol{e}_y\frac{\partial}{\partial y}(\nabla\cdot\boldsymbol{F})+\boldsymbol{e}_z\frac{\partial}{\partial z}(\nabla\cdot\boldsymbol{F})\right]-[\boldsymbol{e}_x\nabla^2 F_x+\boldsymbol{e}_y\nabla^2 F_y+\boldsymbol{e}_z\nabla^2 F_z]$$

$$=\nabla(\nabla\cdot\boldsymbol{F})-\nabla^2\boldsymbol{F}$$

由此得$\nabla^2\boldsymbol{F}=\nabla(\nabla\cdot\boldsymbol{F})-\nabla\times(\nabla\times\boldsymbol{F})$。

1.5.3 无旋场、无散场和调和场

在场论中有几类特殊的场具有重要意义，它们分别是无旋场、无散场和调和场。下面对这几类场的特性分别进行讨论。

1. 无旋场

无旋场又称为保守场或位场。

定义：如果在某区域中，矢量场 $\boldsymbol{A}$ 的旋度恒为零，即

$$\nabla\times\boldsymbol{A}=0$$

则称 $\boldsymbol{A}$ 为该区域中的无旋场。

由斯托克斯定理，$\int_S(\nabla\times\boldsymbol{A})\cdot\mathrm{d}\boldsymbol{S}=\oint_l\boldsymbol{A}\cdot\mathrm{d}\boldsymbol{l}=0$，如果 $\boldsymbol{A}$ 是无旋场，则 $\boldsymbol{A}$ 在场中沿任一闭合回路的线积分（环量）为 0。由无旋场的这一性质可以得到一个推论：一个无旋的矢量场，在某区域中的线积分值与积分路径无关，而仅仅由积分的起点和终点坐标完全确定。

2. 无散场

无散场又称为管形场或无源场。

定义：如果在某区域中，矢量场 $\boldsymbol{B}$ 的散度恒为零，即

$$\nabla\cdot\boldsymbol{B}=0$$

则称 $\boldsymbol{B}$ 为该区域中的无散场。

由高斯散度定理，$\int_V\nabla\cdot\boldsymbol{B}\mathrm{d}V=\oint_S\boldsymbol{B}\cdot\mathrm{d}\boldsymbol{S}=0$，如果 $\boldsymbol{B}$ 是无散场，则 $\boldsymbol{B}$ 在场中对任一闭合曲面的面积分（通量）为 0。

3. 调和场

一般来说，对一个有具体物理意义的矢量场，总可以在全部空间中找到其散度不为零或旋度不为零或散度和旋度均不为零的区域，即总是存在产生矢量场的某种源。但是，在空间的某个局部区域中，存在该矢量场的散度和旋度都等于零的情况。

定义：如果在某区域中，矢量场 $\boldsymbol{A}$ 的散度和旋度都等于零，即

$$\nabla\times\boldsymbol{A}=0,\nabla\cdot\boldsymbol{A}=0$$

则称 $\boldsymbol{A}$ 为该区域中的调和场。

由于调和场是无旋场，所以在该区域中可以引入一个标量函数 φ，使得

$$\boldsymbol{A}=-\nabla\varphi$$

同时，调和场又是无散场，所以有

$$\nabla\cdot\boldsymbol{A}=-\nabla\cdot\nabla\varphi=0$$

在直角坐标系中，得

$$\nabla^2\varphi=\frac{\partial^2\varphi}{\partial x^2}+\frac{\partial^2\varphi}{\partial y^2}+\frac{\partial^2\varphi}{\partial z^2}=0$$

上式在数学中称为拉普拉斯(Laplace)方程，拉普拉斯方程的解称为调和函数。这就是将散度和旋度同时为零的矢量场称为调和场的由来。

1.6 亥姆霍兹定理

在前面讨论散度和旋度时得出结论：一个矢量场 $\boldsymbol{F}$ 的散度 $\nabla\cdot\boldsymbol{F}$，唯一地确定场中任一点的通量源；一个矢量场 $\boldsymbol{F}$ 的旋度 $\nabla\times\boldsymbol{F}$，唯一地确定场中任一点的旋涡源。由此可以设想，如果仅仅知道矢量场 $\boldsymbol{F}$ 的散度，或仅仅知道矢量场 $\boldsymbol{F}$ 的旋度，或知道矢量场 $\boldsymbol{F}$ 的散度和旋度，能否唯一地确定这个矢量场呢？由此引出了亥姆霍兹(Helmholtz)定理，这其实是一个偏微分方程的定解问题。

亥姆霍兹定理：在空间有限区域 V 内的任一矢量场 $\boldsymbol{F}$ 的性质由它的散度、旋度确定，在有界空间，场分布还会受到边界条件的影响。边界条件指限定体积 V 的闭合曲面 S 上的矢量场分布。对于无界区域，假定矢量场的散度和旋度在无穷远处均为 0。

也就是说，在空间有限区域 V 内的任一矢量场 $\boldsymbol{F}$，如果已知它的散度、旋度和边界条件，则这个矢量场就唯一地被确定，而且这个矢量场可以表示成两部分之和，即

$$\boldsymbol{F}=\boldsymbol{F}_1+\boldsymbol{F}_2\text{（无旋场＋无源场）}\tag{1.6.1}$$

$\boldsymbol{F}_1$ 和 $\boldsymbol{F}_2$ 满足 $\begin{cases}\nabla\times\boldsymbol{F}_1=0\\\nabla\cdot\boldsymbol{F}_1=g\end{cases}$，$\begin{cases}\nabla\cdot\boldsymbol{F}_2=0\\\nabla\times\boldsymbol{F}_2=\boldsymbol{G}\end{cases}$

令 $\boldsymbol{F}_1=-\nabla\varphi$，$\boldsymbol{F}_2=\nabla\times\boldsymbol{A}$，得

$$\boldsymbol{F}=-\nabla\varphi+\nabla\times\boldsymbol{A}\tag{1.6.2}$$

当已知一个矢量场的散度和旋度时，则矢量场可由上式唯一地确定。

亥姆霍兹定理的意义非常重要，它规定了我们研究电磁场理论的一条主线。无论是静态电磁场还是时变电磁场问题，都需要研究电磁场场量的散度、旋度和边界条件。电磁场场量的散度和旋度构成了电磁场的基本方程。

【例 1-10】 已知矢量函数

$$\boldsymbol{F}=\boldsymbol{e}_x(3y-c_1z)+\boldsymbol{e}_y(c_2x-2z)-\boldsymbol{e}_z(c_3y+z)$$

(1) 如果 $\boldsymbol{F}$ 是无旋的，确定常数 c_1、c_2 和 c_3。

(2) 确定其负梯度等于 $\boldsymbol{F}$ 的标量函数 φ。

解：(1)对于无旋的 $\boldsymbol{F}$，$\nabla\times\boldsymbol{F}=0$，即

$$\nabla\times\boldsymbol{F}=\begin{vmatrix}\boldsymbol{e}_x & \boldsymbol{e}_y & \boldsymbol{e}_z\\ \dfrac{\partial}{\partial x} & \dfrac{\partial}{\partial y} & \dfrac{\partial}{\partial z}\\ 3y-c_1z & c_2x-2z & -(c_3y+z)\end{vmatrix}$$

$$=\boldsymbol{e}_x(-c_3+2)-\boldsymbol{e}_yc_1+\boldsymbol{e}_z(c_2-3)=0$$

所以 $c_1=0$，$c_2=3$，$c_3=2$。

(2) 由 $\boldsymbol{F}=-\nabla\varphi=-\boldsymbol{e}_x\frac{\partial\varphi}{\partial x}-\boldsymbol{e}_y\frac{\partial\varphi}{\partial y}-\boldsymbol{e}_z\frac{\partial\varphi}{\partial z}=\boldsymbol{e}_x 3y+\boldsymbol{e}_y(3x-2z)-\boldsymbol{e}_z(2y+z)$得

$$\begin{cases}\dfrac{\partial\varphi}{\partial x}=-3y\\ \dfrac{\partial\varphi}{\partial y}=-3x+2z\\ \dfrac{\partial\varphi}{\partial z}=2y+z\end{cases}$$

对第一式进行关于 x 的部分积分得

$$\varphi=-3xy+f_1(y,z)$$

其中，$f_1(y,z)$是关于 y 和 z 的待定函数。

同样，对第二式和第三式，有

$$\varphi=-3xy+2yz+f_2(x,z)$$

$$\varphi=2yz+\frac{z^2}{2}+f_3(x,y)$$

观察以上三式，便可知所求的标量位函数具有下述形式：

$$\varphi=-3xy+2yz+\frac{z^2}{2}+c\quad(c\text{ 为任意常数})$$

其中，常数 c 可以根据实际情况下的边界条件来确定。

【例 1-11】 证明：如果仅仅已知一个矢量场 $\boldsymbol{F}$ 的散度，不能唯一地确定这个矢量场。

证明：设$\nabla\cdot\boldsymbol{F}=u$。因为$\nabla\cdot(\nabla\times\boldsymbol{A})\equiv 0$，所以

$$\nabla\cdot(\boldsymbol{F}+\nabla\times\boldsymbol{A})=u$$

因此，$\boldsymbol{F}$ 和 $\boldsymbol{F}+\nabla\times\boldsymbol{A}$ 都是$\nabla\cdot\boldsymbol{F}=u$ 的解，而 $\boldsymbol{A}$ 可以为任意矢量，即$\nabla\cdot\boldsymbol{F}=u$ 不能唯一地确定矢量场 $\boldsymbol{F}$。

【例 1-12】 证明：如果仅仅已知一个矢量场 $\boldsymbol{F}$ 的旋度，不能唯一地确定这个矢量场。

证明：假设$\nabla\times\boldsymbol{F}=\boldsymbol{A}$。因为$\nabla\times\nabla u\equiv 0$，所以

$$\nabla\times(\boldsymbol{F}+\nabla u)=\boldsymbol{A}$$

因此，$\boldsymbol{F}$ 和 $\boldsymbol{F}+\nabla u$ 都是$\nabla\times\boldsymbol{F}=\boldsymbol{A}$ 的解，而 u 可以为任意标量，即$\nabla\times\boldsymbol{F}=\boldsymbol{A}$ 不能唯一地确定矢量场 $\boldsymbol{F}$。

1.7 知识点拓展

1.7.1 格林定理

格林定理又称为格林恒等式，是英国数学家乔治·格林于 1828 年提出来的原始的数学定理。然而，从矢量分析的角度，可以从高斯散度定理简洁明快地推导出格林恒等式。

若令高斯散度定理

$$\int_V \nabla\cdot\boldsymbol{A}\mathrm{d}V=\oint_S\boldsymbol{A}\cdot\mathrm{d}\boldsymbol{S}$$

中的矢量函数

$$\boldsymbol{A}=\phi\,\nabla\psi$$

其中，ϕ、ψ 都是二阶偏导数连续的标量函数。

根据散度运算常用公式：$\nabla\cdot(u\boldsymbol{F})=u\nabla\cdot\boldsymbol{F}+\boldsymbol{F}\cdot\nabla u$，所以有

$$\nabla\cdot\boldsymbol{A}=\nabla\cdot(\phi\,\nabla\psi)=\phi\,\nabla^2\psi+\nabla\psi\cdot\nabla\phi$$

将上式代入高斯散度定理，得

$$\int_V(\phi\,\nabla^2\psi+\nabla\psi\cdot\nabla\phi)\mathrm{d}V=\oint_S\phi\,\nabla\psi\cdot\mathrm{d}\boldsymbol{S} \tag{1.7.1}$$

而

$$\oint_S\phi\,\nabla\psi\cdot\mathrm{d}\boldsymbol{S}=\oint_S\phi\,\nabla\psi\cdot\boldsymbol{e}_\mathrm{n}\mathrm{d}S=\oint_S\phi\,\frac{\partial\psi}{\partial n}\mathrm{d}S$$

$$\int_V(\phi\,\nabla^2\psi+\nabla\psi\cdot\nabla\phi)\mathrm{d}V=\oint_S\phi\,\frac{\partial\psi}{\partial n}\mathrm{d}S \tag{1.7.2}$$

上式就是格林第一恒等式或称格林第一定理。将上式中的 ϕ 和 ψ 对调，得到

$$\int_V(\psi\,\nabla^2\phi+\nabla\phi\cdot\nabla\psi)\mathrm{d}V=\oint_S\psi\,\frac{\partial\phi}{\partial n}\mathrm{d}S$$

将上式与式(1.7.2)相减，得

$$\int_V(\psi\,\nabla^2\phi-\phi\,\nabla^2\psi)\mathrm{d}V=\oint_S\left(\psi\,\frac{\partial\varphi}{\partial n}-\phi\,\frac{\partial\psi}{\partial n}\right)\mathrm{d}S \tag{1.7.3}$$

上式就是格林第二恒等式或称格林第二定理。格林恒等式是证明电磁场理论中某些重要定理的强有力的数学工具。

1.7.2 柱贝塞尔函数

在电磁场理论中，特别是在利用分离变量法求解拉普拉斯方程等电磁场方程时，通过引入数学物理方法中的特殊函数[2]可以简化求解过程，同时使得解析解表达式更为简练，便于找寻解的规律并分析问题的本质。

在圆柱坐标系中对拉普拉斯方程进行分离变量法求解，经常会遇到如下形式的方程

$$\frac{\mathrm{d}^2R(x)}{\mathrm{d}x^2}+\frac{1}{x}\,\frac{\mathrm{d}R(x)}{\mathrm{d}x}+\left(1-\frac{n^2}{x^2}\right)R(x)=0 \tag{1.7.4}$$

称为柱贝塞尔方程，简称贝塞尔方程。因为上述方程为二阶微分方程，存在两个线性无关解。贝塞尔方程的两个解可以用两个无穷级数表示为

$$\mathrm{J}_n(x)=\sum_{m=0}^{\infty}\frac{(-1)^m\left(\dfrac{x}{2}\right)^{n+2m}}{m!(n+m)!} \tag{1.7.5}$$

$$\mathrm{N}_n(x)=\frac{2}{\pi}\mathrm{J}_n(x)\left(\gamma+\ln\frac{x}{2}\right)-\frac{1}{\pi}\sum_{m=0}^{n-1}\frac{(n-m-1)!}{m!}\left(\frac{x}{2}\right)^{2m-n}+$$

$$\frac{1}{\pi}\sum_{m=0}^{\infty}(-1)^{m+1}\frac{1}{m!(n+m)!}\left(\frac{x}{2}\right)^{n+2m}\left(1+\frac{1}{2}+\cdots+\frac{1}{m}+1+\frac{1}{2}+\cdots+\frac{1}{n+m}\right) \tag{1.7.6}$$

其中 $\gamma\approx0.5772$，为欧拉常数。$\mathrm{J}_n(x)$称为 n 阶第一类柱贝塞尔函数；$\mathrm{N}_n(x)$称为 n 阶第二类柱贝塞尔函数(又称为柱诺依曼函数)。附录 D 中表 D.1 列出了 $\mathrm{J}_n(x)$的几个实根，$\mathrm{J}_n(x)$和 $\mathrm{N}_n(x)$都有无穷个实根。柱贝塞尔函数是工程数学中重要的特殊函数，在物理学和工程上有重要用途。对任意自变量和各种阶数柱贝塞尔函数的值，可以通过专门的柱贝塞尔函数表或柱贝塞尔函数曲线直接得到。

附录 D 中图 D.1 和图 D.2 分别表示几个低阶数的 $\mathrm{J}_n(x)$和 $\mathrm{N}_n(x)$的图形。可以看出，$\mathrm{J}_n(x)$

和 $N_n(x)$ 的值都正负交替地变化，且有 $|J_n(x)|<1$。当 $x=0$ 时，除 $J_0(0)=1$ 外，所有 $J_n(0)=0$。而所有阶次的 $N_n(0)\to\infty$，所以，包含 $x=0$ 的区域的解中都不应包含 $N_n(x)$。

知识点总结

电磁场是分布在三维空间的矢量场，矢量分析是研究电磁场空间分布及变化规律的重要数学工具。本章主要介绍了描述矢量场的数学工具，包括矢量的概念及 3 种常用坐标系下矢量的表示方法，矢量的加减、点乘与叉乘，矢量函数的微分与积分。同时，对标量场和矢量场的性质进行了讨论，包括标量场的方向导数与梯度，矢量场的通量与散度、环量与旋度等；还介绍了高斯散度定理、斯托克斯定理。最后，介绍了重要矢量恒等式和亥姆霍兹定理，讨论了无旋场、无散场、调和场这几类特殊的场的特性。亥姆霍兹定理不仅给出了矢量场的源和场之间的定量关系，而且揭示了研究矢量场散度和旋度的重要性。

本章知识点图谱如图 1.1 所示。

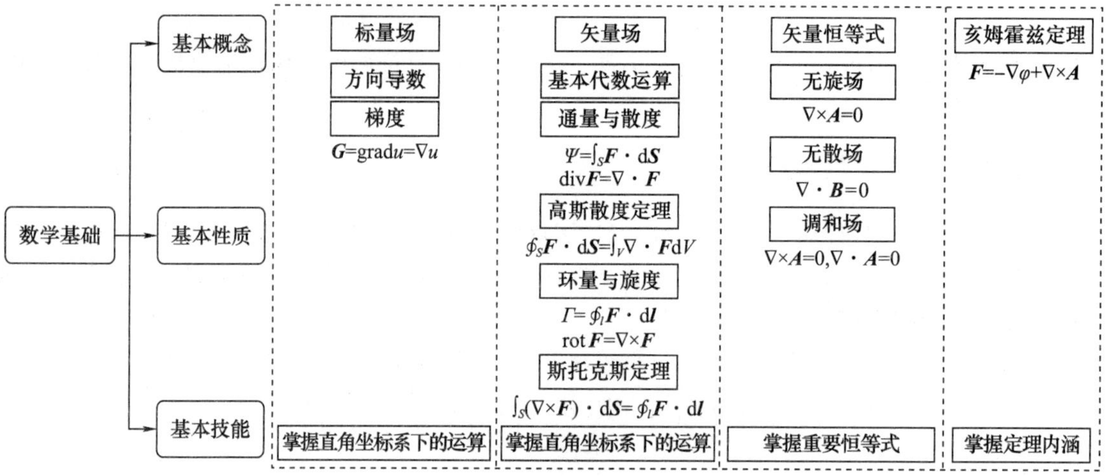

图 1.1　数学基础知识点图谱

(1) 矢量的基本代数运算

标乘：若 $\boldsymbol{A}=\boldsymbol{e}_xA_x+\boldsymbol{e}_yA_y+\boldsymbol{e}_zA_z$，则

$$u\boldsymbol{A}\equiv\boldsymbol{A}u=\boldsymbol{e}_xuA_x+\boldsymbol{e}_yuA_y+\boldsymbol{e}_zuA_z$$

点乘：$\boldsymbol{A}\cdot\boldsymbol{B}=\boldsymbol{B}\cdot\boldsymbol{A}=AB\cos(\boldsymbol{A},\boldsymbol{B})$

$$\boldsymbol{A}\cdot\boldsymbol{B}=A_xB_x+A_yB_y+A_zB_z$$

叉乘：$|\boldsymbol{A}\times\boldsymbol{B}|=AB\sin(\boldsymbol{A},\boldsymbol{B})$

$$\boldsymbol{A}\times\boldsymbol{B}=\begin{vmatrix}\boldsymbol{e}_x & \boldsymbol{e}_y & \boldsymbol{e}_z\\ A_x & A_y & A_z\\ B_x & B_y & B_z\end{vmatrix}$$

混合积：$[\boldsymbol{ABC}]=\boldsymbol{A}\cdot(\boldsymbol{B}\times\boldsymbol{C})$

三重矢积：$\boldsymbol{A}\times(\boldsymbol{B}\times\boldsymbol{C})$

(2) 标量场的方向导数与梯度

方向导数：标量场的方向导数表示的是标量函数 $u=u(x,y,z)$ 在给定点、沿某一方向对距离的变化率。直角坐标系中 $u=u(x,y,z)$ 过点 M_0 沿 l 方向的方向导数为

$$\left.\frac{\partial u}{\partial l}\right|_{M_0}=\frac{\partial u}{\partial l}\cos\alpha+\frac{\partial u}{\partial l}\cos\beta+\frac{\partial u}{\partial l}\cos\gamma$$

梯度：在标量场中，将最大变化率矢量 $\boldsymbol{G}$ 定义为标量场 $u=u(x,y,z)$ 在 P 点处的梯度。在直角坐标系中，有

$$\boldsymbol{G}=\mathrm{grad}u=\boldsymbol{e}_x\frac{\partial u}{\partial x}+\boldsymbol{e}_y\frac{\partial u}{\partial y}+\boldsymbol{e}_z\frac{\partial u}{\partial z}$$

(3) 矢量场的通量与散度

通量：矢量场 $\boldsymbol{F}$ 在某一闭合曲面 S 上的面积分，称为该矢量场通过此曲面的通量，即

$$\Psi=\int_S\boldsymbol{F}\cdot\mathrm{d}\boldsymbol{S}=\int_S\boldsymbol{F}\cdot\boldsymbol{e}_{\mathrm{n}}\mathrm{d}S=\int_S F_{\mathrm{n}}\mathrm{d}S=\int_S F\cos\theta\mathrm{d}S$$

散度：表示从空间某点的单位体积内散发出来的矢量场 $\boldsymbol{F}$ 的通量，也反映了矢量场 $\boldsymbol{F}$ 在该点通量源的强度，即

$$\mathrm{div}\boldsymbol{F}=\lim_{\Delta V\to 0}\frac{\oint_S\boldsymbol{F}\cdot\mathrm{d}\boldsymbol{S}}{\Delta V}$$

在直角坐标系中，对于 $\boldsymbol{F}=\boldsymbol{e}_xF_x+\boldsymbol{e}_yF_y+\boldsymbol{e}_zF_z$，它的散度为

$$\mathrm{div}\boldsymbol{F}=\frac{\partial F_x}{\partial x}+\frac{\partial F_y}{\partial y}+\frac{\partial F_z}{\partial z}=\nabla\cdot\boldsymbol{F}$$

高斯散度定理：任何一个矢量 $\boldsymbol{F}$ 穿出任意闭合曲面 S 的通量，总可以表示为 $\boldsymbol{F}$ 的散度在该曲面所围体积 V 的积分，即

$$\oint_S\boldsymbol{F}\cdot\mathrm{d}\boldsymbol{S}=\int_V\nabla\cdot\boldsymbol{F}\mathrm{d}V$$

(4) 矢量场的环量与旋度

环量：矢量场 $\boldsymbol{F}$ 沿某一闭合曲线(闭合路径)的线积分，称为该矢量场沿此闭合曲线的环量，即

$$\Gamma=\oint_l\boldsymbol{F}\cdot\mathrm{d}\boldsymbol{l}=\oint_l F\cos\theta\mathrm{d}l$$

旋度：矢量场的旋度是一个矢量，其大小等于各个方向上环量面密度的最大值，其方向为当面积的取向使得环量面密度呈最大时该面积的法线方向。它描述了矢量场 $\boldsymbol{F}$ 在该点的涡旋源强度。

在直角坐标系中，对于 $\boldsymbol{F}=\boldsymbol{e}_xF_x+\boldsymbol{e}_yF_y+\boldsymbol{e}_zF_z$，它的旋度为

$$\begin{aligned}\mathrm{rot}\boldsymbol{F}=\nabla\times\boldsymbol{F}&=\begin{vmatrix}\boldsymbol{e}_x & \boldsymbol{e}_y & \boldsymbol{e}_z\\ \dfrac{\partial}{\partial x} & \dfrac{\partial}{\partial y} & \dfrac{\partial}{\partial z}\\ F_x & F_y & F_z\end{vmatrix}\\ &=\boldsymbol{e}_x\left(\frac{\partial F_z}{\partial y}-\frac{\partial F_y}{\partial z}\right)+\boldsymbol{e}_y\left(\frac{\partial F_x}{\partial z}-\frac{\partial F_z}{\partial x}\right)+\boldsymbol{e}_z\left(\frac{\partial F_y}{\partial x}-\frac{\partial F_x}{\partial y}\right)\end{aligned}$$

斯托克斯定理：矢量场 $\boldsymbol{F}$ 的旋度 $\nabla\times\boldsymbol{F}$ 在任意曲面 S 上的通量，等于 $\boldsymbol{F}$ 沿该曲面周界 l 的环量，即

$$\int_S(\nabla\times\boldsymbol{F})\cdot\mathrm{d}\boldsymbol{S}=\oint_l\boldsymbol{F}\cdot\mathrm{d}\boldsymbol{l}$$

(5) 3 种特殊的场

无旋场：在某区域中，旋度恒为零的矢量场 $\boldsymbol{A}$，即 $\nabla\times\boldsymbol{A}=0$，称为无旋场，又称保守场或位场。

无散场：在某区域中，散度恒为零的矢量场 $\boldsymbol{B}$，即 $\nabla\cdot\boldsymbol{B}=0$，称为无散场，又称管形场或无源场。

调和场：在某区域中，散度和旋度都等于零的矢量场 $\boldsymbol{A}$，即 $\nabla\times\boldsymbol{A}=0$，$\nabla\cdot\boldsymbol{A}=0$，则称 $\boldsymbol{A}$ 为该区域中的调和场。

(6) 亥姆霍兹定理

在空间有限区域 V 内的任一矢量场 $\boldsymbol{F}$，由它的散度、旋度和边界条件唯一地确定。边界条件指限定体积 V 的闭合曲面 S 上的矢量场分布。对于无界区域，假定矢量场的散度和旋度在无穷远处均为 0。

习　题　1

1.1　分别给出两个矢量 $\boldsymbol{A}=\boldsymbol{e}_x x_a+\boldsymbol{e}_y y_a+\boldsymbol{e}_z z_a$ 和 $\boldsymbol{B}=\boldsymbol{e}_x x_b+\boldsymbol{e}_y y_b+\boldsymbol{e}_z z_b$ 相互平行的条件和相互垂直的条件。

1.2　已知 3 个矢量分别为 $\boldsymbol{A}=3\boldsymbol{e}_x+2\boldsymbol{e}_y-\boldsymbol{e}_z$，$\boldsymbol{B}=3\boldsymbol{e}_x-4\boldsymbol{e}_y-5\boldsymbol{e}_z$，$\boldsymbol{C}=\boldsymbol{e}_x-\boldsymbol{e}_y+\boldsymbol{e}_z$，求以下各量：

(1) $\boldsymbol{A}\pm\boldsymbol{B}$，$\boldsymbol{B}\pm\boldsymbol{C}$，$\boldsymbol{A}\pm\boldsymbol{C}$　　(2) $\boldsymbol{A}\cdot\boldsymbol{B}$，$\boldsymbol{B}\cdot\boldsymbol{C}$，$\boldsymbol{A}\cdot\boldsymbol{C}$　　(3) $\boldsymbol{A}\times\boldsymbol{B}$，$\boldsymbol{B}\times\boldsymbol{C}$，$\boldsymbol{A}\times\boldsymbol{C}$

1.3　证明直角坐标系中的坐标单位矢量 $\boldsymbol{e}_x$ 与球坐标系中的坐标单位矢量 $\boldsymbol{e}_r$、$\boldsymbol{e}_\theta$、$\boldsymbol{e}_\phi$ 的关系为：$\boldsymbol{e}_x=\boldsymbol{e}_r\sin\theta\cos\phi+\boldsymbol{e}_\theta\cos\theta\cos\phi-\boldsymbol{e}_\phi\sin\phi$。

1.4　在直角坐标系中，求点 $A(1,2,3)$ 指向点 $B(-3,6,4)$ 的单位矢量和两点间的距离。

1.5　在球坐标系中，求点 $M\left(6,\frac{2\pi}{3},\frac{2\pi}{3}\right)$ 与点 $N\left(4,\frac{\pi}{3},0\right)$ 之间的距离。

1.6　已知两个矢量 $\boldsymbol{A}=-\boldsymbol{e}_x+\boldsymbol{e}_y+\boldsymbol{e}_z$，$\boldsymbol{B}=\boldsymbol{e}_x-\boldsymbol{e}_y+\boldsymbol{e}_z$，求 $\boldsymbol{A}$ 和 $\boldsymbol{B}$ 之间的夹角。

1.7　已知 $\boldsymbol{A}=12\boldsymbol{e}_x+9\boldsymbol{e}_y+\boldsymbol{e}_z$，$\boldsymbol{B}=a\boldsymbol{e}_x+b\boldsymbol{e}_y$，若 $\boldsymbol{B}$ 垂直 $\boldsymbol{A}$ 且 $\boldsymbol{B}$ 的模为 1，试确定 a、b。

1.8　假如两个矢量 $\boldsymbol{A}=\boldsymbol{e}_x-2\boldsymbol{e}_y+\boldsymbol{e}_z$，$\boldsymbol{B}=3\boldsymbol{e}_x+5\boldsymbol{e}_y-5\boldsymbol{e}_z$，问平行于和垂直于 $\boldsymbol{A}$、$\boldsymbol{B}$ 的矢量各为多少？

1.9　求下列矢量中两两之间的夹角：

$$\boldsymbol{A}=4\boldsymbol{e}_x-2\boldsymbol{e}_y+2\boldsymbol{e}_z,\ \boldsymbol{B}=\boldsymbol{e}_x-\boldsymbol{e}_y+\boldsymbol{e}_z,\ \boldsymbol{C}=\boldsymbol{e}_x+3\boldsymbol{e}_y+\sqrt{6}\,\boldsymbol{e}_z$$

1.10　设 $\boldsymbol{F}=-\boldsymbol{e}_x\sin\theta+\boldsymbol{e}_y 6\cos\theta-\boldsymbol{e}_z 8$，求 $\boldsymbol{S}=\dfrac{1}{2}\displaystyle\int_0^{2\pi}\left(\boldsymbol{F}\times\frac{\mathrm{d}\boldsymbol{F}}{\mathrm{d}\theta}\right)\mathrm{d}\theta$。

1.11　已知 $\boldsymbol{F}=t^2x\boldsymbol{e}_x+2ty\boldsymbol{e}_y+z\boldsymbol{e}_z$，求 $\displaystyle\int_0^1\boldsymbol{F}\mathrm{d}t$。

1.12　对上题的 $\boldsymbol{F}$，设 Γ 如题图 1.1 所示，求 $\displaystyle\oint_\Gamma\boldsymbol{F}\cdot\mathrm{d}\boldsymbol{l}$。

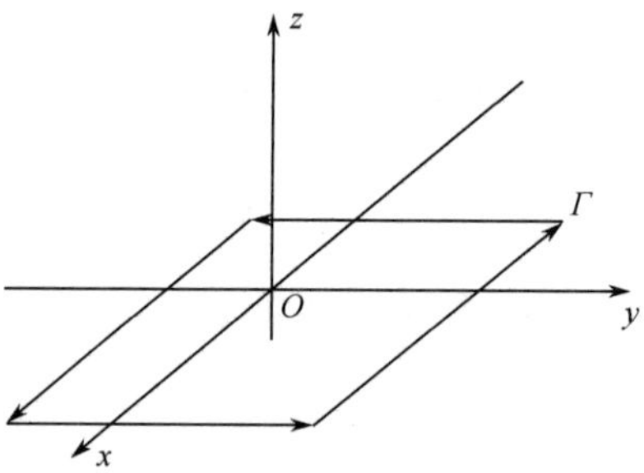

题图 1.1

1.13　已知 $\boldsymbol{A}$ 的分量分别为 $A_x=y\dfrac{\partial f}{\partial z}-z\dfrac{\partial f}{\partial y}$，$A_y=z\dfrac{\partial f}{\partial x}-x\dfrac{\partial f}{\partial z}$，$A_z=x\dfrac{\partial f}{\partial y}-y\dfrac{\partial f}{\partial x}$，其中 f

是 x,y,z 的函数，还有 $\boldsymbol{r}=\boldsymbol{e}_x x+\boldsymbol{e}_y y+\boldsymbol{e}_z z$，证明：

$$\boldsymbol{A}=\boldsymbol{r}\times\nabla f,\boldsymbol{A}\cdot\boldsymbol{r}=0,\boldsymbol{A}\cdot\nabla f=0$$

1.14　证明 $\dfrac{\partial \boldsymbol{e}_\phi}{\partial \phi}=-\boldsymbol{e}_\theta\cos\theta-\boldsymbol{e}_r\sin\theta$。

1.15　设 $\boldsymbol{r}=\boldsymbol{e}_x x+\boldsymbol{e}_y y+\boldsymbol{e}_z z$，$r=|\boldsymbol{r}|$，$n$ 为正整数，求 $\nabla r,\nabla r^n,\nabla f(r)$。

1.16　求函数 $\psi=x^2yz$ 的梯度及 ψ 在点 $M(2,3,1)$ 沿一个指定方向的方向导数，此方向上的单位矢量 $\boldsymbol{e}_l=\boldsymbol{e}_x\dfrac{3}{\sqrt{50}}+\boldsymbol{e}_y\dfrac{4}{\sqrt{50}}+\boldsymbol{e}_z\dfrac{5}{\sqrt{50}}$。

1.17　求下列各函数的梯度：

(1) $f=ax^2y+by^3z$　　(2) $f=a\rho^2\sin\phi+b\rho z\cos^2\phi$　　(3) $f=\dfrac{a}{r}+br\sin\theta\cos\phi$

1.18　已知 $\boldsymbol{r}=\boldsymbol{e}_x x+\boldsymbol{e}_y y+\boldsymbol{e}_z z$，$\boldsymbol{e}_r=\dfrac{\boldsymbol{r}}{r}$，求 $\nabla\cdot\boldsymbol{r},\nabla\cdot\boldsymbol{e}_r,\nabla\cdot(\boldsymbol{C}r)$，$\boldsymbol{C}$ 为常矢量。

1.19　求 $\nabla\cdot\boldsymbol{A}$ 在给定点的值：

(1) $\boldsymbol{A}=\boldsymbol{e}_x x^2+\boldsymbol{e}_y y^2+\boldsymbol{e}_z z^2$ 在点 $M(1,0,-1)$；

(2) $\boldsymbol{A}=\boldsymbol{e}_x 4x-\boldsymbol{e}_y 2xy+\boldsymbol{e}_z z^2$ 在点 $M(1,1,3)$；

(3) $\boldsymbol{A}=xyz\boldsymbol{r}$ 在点 $M(1,3,2)$，式中的 $\boldsymbol{r}=\boldsymbol{e}_x+\boldsymbol{e}_y+\boldsymbol{e}_z$。

1.20　在球坐标系中，设矢量场 $\boldsymbol{F}=f(r)\boldsymbol{r}$，试证明：当 $\nabla\cdot\boldsymbol{F}=0$ 时，$f(r)=\dfrac{C}{r^3}$，C 为任意常数。

1.21　证明恒等式 $\nabla\cdot(u\boldsymbol{F})=u(\nabla\cdot\boldsymbol{F})+\boldsymbol{F}\cdot\nabla u$，式中 u 为标量函数，$\boldsymbol{F}$ 为矢量函数。

1.22　用 $\boldsymbol{A}=x\boldsymbol{e}_x+y\boldsymbol{e}_y+z\boldsymbol{e}_z=r\boldsymbol{e}_r$ 对题图 1.2 所示的长方体验证高斯散度定理。

$$\int_S \boldsymbol{A}\cdot d\boldsymbol{S}=\int_V \nabla\cdot\boldsymbol{A}dV$$

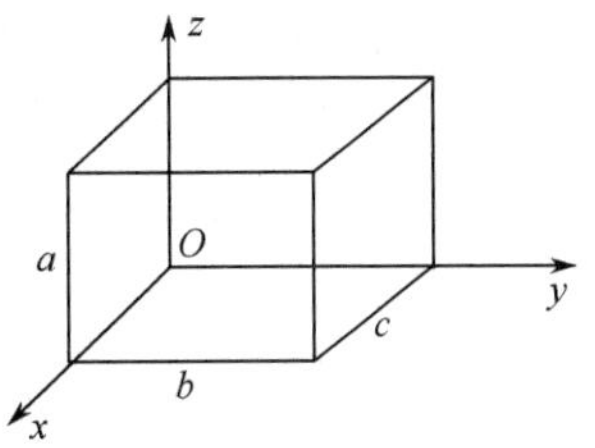

题图 1.2

1.23　求下列矢量的旋度：

(1) $\boldsymbol{A}=x^2y\boldsymbol{e}_x+y^2z\boldsymbol{e}_y+z^2x\boldsymbol{e}_z$

(2) $\boldsymbol{A}=\boldsymbol{e}_x P(x)+\boldsymbol{e}_y Q(y)+\boldsymbol{e}_z R(z)$

1.24　应用斯托克斯定理证明：

$$\oint_l f d\boldsymbol{l}=-\int_S \nabla f\times d\boldsymbol{S}$$

（提示：令 $\boldsymbol{A}=\boldsymbol{C}f$，其中 $\boldsymbol{C}$ 是任意的恒定单位矢量。）

1.25　设 $\boldsymbol{r}=\boldsymbol{e}_x x+\boldsymbol{e}_y y+\boldsymbol{e}_z z$，$r=|\boldsymbol{r}|$，$\boldsymbol{C}$ 为常矢量，求：

(1) $\nabla\times\boldsymbol{r}$　　(2) $\nabla\times[f(r)\boldsymbol{r}]$　　(3) $\nabla\times[f(r)\boldsymbol{C}]$　　(4) $\nabla\cdot[\boldsymbol{r}\times f(r)\boldsymbol{C}]$

1.26　证明恒等式 $\nabla\times(u\boldsymbol{F})=u\nabla\times\boldsymbol{F}+\nabla u\times\boldsymbol{F}$，式中 u 为标量函数，$\boldsymbol{F}$ 为矢量函数。

1.27　求 $\boldsymbol{A}=xyz(\boldsymbol{e}_x+\boldsymbol{e}_y+\boldsymbol{e}_z)$ 在点 $M(1,2,3)$ 的旋度。

1.28　求 $\boldsymbol{A}=\boldsymbol{e}_x x+\boldsymbol{e}_y x^2-\boldsymbol{e}_z y^2 z$ 沿 xOy 平面上的一个边长为 2 的正方形回路的线积分，此正方形的两个边分别与 x 轴和 y 轴相重合；再求 $\nabla\times\boldsymbol{A}$ 对此回路所包围的面积的积分，验证斯托克斯定理。

1.29　试用斯托克斯定理证明矢量场 ∇f 沿任意闭合路径的线积分恒等于零，即

$$\oint_l \nabla f\cdot d\boldsymbol{l}\equiv 0$$

第 2 章　静　态　场

特定源激励下的电磁场往往是空间和时间的四维矢量函数，对这种复杂的电磁问题进行分析是比较困难的。当场源（电荷或电流）的坐标、幅度、相位及方向都相对于观察者静止不变时，所激发的电场、磁场也不随时间变化，这种场称为静态电磁场（简称静态场）。静态场包括静止电荷产生的静电场、在导电介质中恒定运动的电荷产生的恒定电流场、恒定电流又产生的恒定磁场。这 3 种静态场是可以相互独立存在的。

本章包括静电场、恒定电流场及恒定磁场 3 部分内容，从库仑定律、安培力定律出发获得 3 种静态场的基本方程，并对介质特性、边界条件、位函数、基本电路元件以及能量和力分别进行介绍。相关内容也可以参考文献[3-13]内的相关论述。

2.1　静　电　场

2.1.1　电荷及电荷密度

由大学物理知道，产生电场的源是电荷，而空间位置固定、电量不随时间变化的电荷产生的电场，称为静电场。自然界中存在两种电荷：正电荷和负电荷。带电体所带电量的多少称为电荷量，单位是库仑（C），它与物质的质量、体积一样，是物质的一种基本属性。迄今为止能检测到的最小电荷量是 $e=1.602\times10^{-19}$C。物质中质子带正电，其电荷量为 e；电子带负电，其电荷量为 $-e$。任何带电体的电荷量都只能是最小电荷量的整数倍，也就是说，严格讲带电体上的电荷是以离散的方式分布的。

在研究宏观电磁现象时，人们所关心的研究对象（如天线、电路、飞机及宇宙飞船等）的尺寸远远大于单个电子的尺寸，所以上述研究对象上往往聚集了大量的电荷，它们所产生的场是带电体上大量微观带电粒子的总体效应。因此，在实际电场分析中可以忽略电荷的微观离散效应，而认为电荷是以一定形式连续分布在带电体上，并用电荷密度来描述这种分布。

1. 体电荷密度

一般情况下，电荷连续分布于体积 V' 内，可用体电荷密度 $\rho(\boldsymbol{r}')$ 描述其分布，其中 $\boldsymbol{r}'$ 表示该源点的位置矢量。设体积元 $\Delta V'$ 内的电荷量为 Δq，若 $\Delta q/\Delta V'$ 存在，则该体积内任一点处的体电荷密度定义为

$$\rho(\boldsymbol{r}')=\lim_{\Delta V'\to0}\frac{\Delta q}{\Delta V'}=\frac{\mathrm{d}q}{\mathrm{d}V'} \tag{2.1.1}$$

式中，$\Delta V'\to0$ 应理解为宏观意义上的无穷小，若理解为一般数学上的无穷小，则 $\Delta V'$ 内将只包含少量的离散带电粒子，这就成为一个微观意义下的电荷分布问题，宏观意义上的电荷密度的概念将不再适用。体电荷密度的单位为$\mathrm{C/m^3}$。根据微积分的关系，利用体电荷密度 $\rho(\boldsymbol{r}')$ 求出体积 V' 内的总电荷量为

$$q=\int_{V'}\rho(\boldsymbol{r}')\mathrm{d}V' \tag{2.1.2}$$

2. 面电荷密度

在某些特殊场合，电荷密度的空间分布在某个方向非常薄，这时认为电荷分布在一个没有厚度的曲面上，用面电荷密度用 $\rho_S(\boldsymbol{r}')$ 描述，从而可以大大简化分析过程。设面积元 $\Delta S'$ 上的电荷量为 Δq，则该曲面上一点处的面电荷密度定义为

$$\rho_S(\boldsymbol{r}')=\lim_{\Delta S'\to 0}\frac{\Delta q}{\Delta S'}=\frac{\mathrm{d}q}{\mathrm{d}S'} \tag{2.1.3}$$

面电荷密度的单位为 $\mathrm{C/m^2}$。同样面积 S' 上总电荷量也可由面电荷密度积分获得

$$q=\int_{S'}\rho_S(\boldsymbol{r}')\mathrm{d}S' \tag{2.1.4}$$

3. 线电荷密度

如果电荷连续分布于横截面积可以忽略的细线 l' 上，可用线电荷密度 $\rho_l(\boldsymbol{r}')$ 描述其分布。设长度元 $\Delta l'$ 上的电荷量为 Δq，则该细线上任一点处的线电荷密度定义为

$$\rho_l(\boldsymbol{r}')=\lim_{\Delta l'\to 0}\frac{\Delta q}{\Delta l'}=\frac{\mathrm{d}q}{\mathrm{d}l'} \tag{2.1.5}$$

线电荷密度的单位为 C/m。细线 l' 上的总电荷量为

$$q=\int_{l'}\rho_l(\boldsymbol{r}')\mathrm{d}l' \tag{2.1.6}$$

4. 点电荷

更进一步，如果电荷分布在一个非常小的空间内，电荷所占体积可以忽略不计，则认为电荷分布在一个几何点上。实际应用中，当带电体的尺寸远小于观察点至带电体的距离时，带电体的形状及其中的电荷分布已无关紧要，就可将带电体抽象为一个几何点模型，称为点电荷。点电荷的概念在电磁理论中占有很重要的地位，可以在一些电场分析中大大简化分析和计算难度，又不会带来较大的误差。

设电荷 q 分布于半径为 a，球心在 r' 处的小球体 $\Delta V'$ 内。当 $a\to 0(\Delta V'\to 0)$ 时，电荷密度趋于无穷大，但对于整个空间，电荷的总电量仍为 q。点电荷的这种密度分布可用数学上的 $\delta(\boldsymbol{r},\boldsymbol{r}')$ 函数来描述。

$$\rho(\boldsymbol{r})=q\delta(\boldsymbol{r}-\boldsymbol{r}') \tag{2.1.7}$$

式中

$$\delta(\boldsymbol{r}-\boldsymbol{r}')=\begin{cases}0, & \boldsymbol{r}\neq\boldsymbol{r}'\\ \infty, & \boldsymbol{r}=\boldsymbol{r}'\end{cases}$$

且

$$\int_{V'}\delta(\boldsymbol{r}-\boldsymbol{r}')\mathrm{d}V'=\begin{cases}0, & \boldsymbol{r}\neq\boldsymbol{r}'\\ 1, & \boldsymbol{r}=\boldsymbol{r}'\end{cases}$$

应该指出，这里用 δ 函数作为点电荷密度分布的一种表示形式，是在较远观察点处对电荷源的一种数学近似描述，当观察点距离电荷源很近时，点电荷的模型往往不再适用。

2.1.2 库仑定律与电场强度

1. 库仑定律

1785 年，法国科学家库仑以点电荷模型为基础通过著名的“扭秤实验”总结出自由空间内两个点电荷间的作用力为

$$\boldsymbol{F}_{12}=\boldsymbol{e}_R\frac{q_1q_2}{4\pi\varepsilon_0R^2}=\frac{q_1q_2}{4\pi\varepsilon_0R^3}\boldsymbol{R} \tag{2.1.8}$$

这就是著名的库仑定律。式中,$\boldsymbol{F}_{12}$表示点电荷 q_1 对点电荷 q_2 的作用力(称为静电力或库仑力),$\boldsymbol{e}_R$ 表示由 q_1 指向 q_2 的单位矢量,而距离矢量 $\boldsymbol{R}=\boldsymbol{e}_R R=\boldsymbol{r}_2-\boldsymbol{r}_1$,如图 2.1.1 所示。$\varepsilon_0\approx\frac{1}{36\pi}\times10^{-9}\mathrm{F/m}\approx8.85\times10^{-12}\mathrm{F/m}$,称为真空(或自由空间)介电常数。$\boldsymbol{F}_{12}$的单位为 N(牛顿)。由于使用了点电荷模型,库仑定律的适用条件是两个带电体尺寸远小于二者之间的距离。

库仑定律说明了两个点电荷之间存在力的作用,而电荷之间的作用力是通过电荷周围的一种特殊物质——电场传递的。实验表明,任何电荷都在自己周围空间产生电场,而电场对处在其中的任何其他电荷都有作用力。

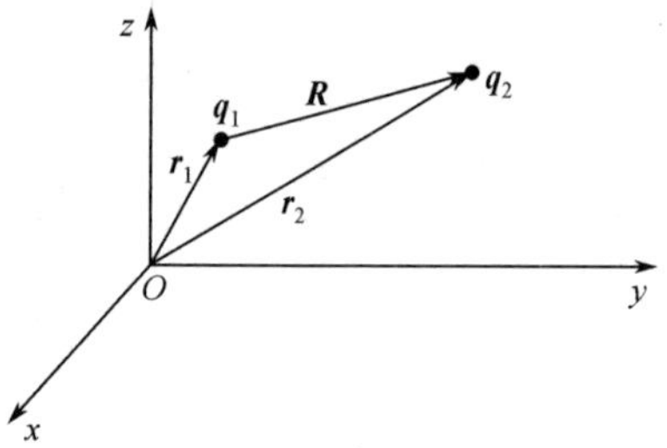

图 2.1.1　点电荷作用力示意图

2. 点电荷的电场强度

为了定量研究电荷所产生的静电场,以点电荷 q_1 为激励源,取另一个电荷量比 q_1 小得多的试验电荷 q_2,将两个电荷放置于空间内一定距离处,如图 2.1.1 所示,由于 $q_2\to0$,q_2 本身所产生的静电场可忽略不计。根据库仑定律,q_2 受到的作用力为

$$\boldsymbol{F}=\frac{q_1q_2}{4\pi\varepsilon_0}\frac{\boldsymbol{r}_2-\boldsymbol{r}_1}{|\boldsymbol{r}_2-\boldsymbol{r}_1|^3}\tag{2.1.9}$$

可见,此作用力 $\boldsymbol{F}$ 与试验电荷 q_2 的比值仅与产生电场的源 q_1 及试验电荷所在点的位置有关,故可以用它来描述电场。因此,电场强度的定义为

$$\boldsymbol{E}=\lim_{q_2\to0}\frac{\boldsymbol{F}}{q_2}\tag{2.1.10}$$

从而自由空间内$\boldsymbol{r}_1$ 处点电荷 q 在$\boldsymbol{r}_2$ 处所产生的电场强度为

$$\boldsymbol{E}(\boldsymbol{r}_2)=\frac{q}{4\pi\varepsilon_0R^3}\boldsymbol{R}=\frac{q}{4\pi\varepsilon_0}\frac{\boldsymbol{r}_2-\boldsymbol{r}_1}{|\boldsymbol{r}_2-\boldsymbol{r}_1|^3}\tag{2.1.11}$$

可见,电场强度 $\boldsymbol{E}$ 是一个矢量函数。点电荷的电场强度的大小等于单位正电荷在该点所受电场力的大小,其方向与正电荷在该点所受电场力的方向一致。电场强度的单位是 V/m(伏/米)。为了更好表述相关公式变量的概念,教材后续采用$\boldsymbol{r}'$表示源点位置,$\boldsymbol{r}$ 表示场点位置。

从式(2.1.11)可以看出:

① 电场强度的大小表示单位正电荷在该点所受的电场力,电场强度的方向与单位正电荷的受力方向一致;

② 电场强度是空间坐标的函数,所以是一种场;

③ $\boldsymbol{E}$ 是矢量,所以静电场是矢量场,既有大小,又有方向;

④ $\boldsymbol{E}$ 的大小与电荷量 q 成正比,因而电场关于源满足(矢量)叠加原理;

⑤ 产生电场的源是电荷,是一个标量函数;

⑥ 由于点电荷模型要求带电体尺寸远小于观察点到源点的距离,所以上述公式对点电荷的近距离场分析不适用。

3. 多电荷的电场强度

对于由 N 个点电荷产生的电场,根据式(2.1.11)中电场强度与点电荷量的正比关系,可利用叠加原理得到场点 $\boldsymbol{r}$ 处的电场强度等于各个点电荷单独产生的电场强度的矢量和,即

$$\boldsymbol{E}(\boldsymbol{r})=\frac{1}{4\pi\varepsilon_0}\sum_{i=1}^{N}\frac{q_i}{|\boldsymbol{r}-\boldsymbol{r}_i'|^3}(\boldsymbol{r}-\boldsymbol{r}_i')\tag{2.1.12}$$

相距很小距离 d 的两个等值异号点电荷所组成的电荷系统称为电偶极子,这是电磁场中非常重要的一个概念。其产生的静电场就可以通过式(2.1.12)叠加获得,其中定义电偶极矩矢量

$\boldsymbol{p}=q\boldsymbol{d}$，方向由负电荷指向正电荷。

4. 连续分布电荷激励的静电场

对于电荷分别以体电荷密度、面电荷密度和线电荷密度连续分布的带电体，将带电体分割成很多小的带电单元，当带电单元所占空间足够小时，每个带电单元可近似看作一点电荷，然后可利用式(2.1.12)计算其电场强度。

以体电荷密度为例，若电荷按体电荷密度 $\rho(\boldsymbol{r}')$ 分布在体积 V' 内，如图 2.1.2 所示，则离散的小体积 $\Delta V'_i$ 所带电荷量为 $\Delta q_i=\rho(\boldsymbol{r}')\Delta V'_i$。根据式(2.1.12)，场点 $\boldsymbol{r}$ 的电场强度为

$$\boldsymbol{E}(\boldsymbol{r})=\frac{1}{4\pi\varepsilon_0}\lim_{\substack{\Delta V'_i\to 0\\ N\to\infty}}\sum_{i=1}^{N}\frac{\rho(\boldsymbol{r}')\Delta V'_i}{|\boldsymbol{r}-\boldsymbol{r}'_i|^3}(\boldsymbol{r}-\boldsymbol{r}'_i)$$

根据体积分定义，上式右端实际上定义了一个体积分，故可写为

$$\boldsymbol{E}(\boldsymbol{r})=\frac{1}{4\pi\varepsilon_0}\int_{V'}\frac{\boldsymbol{r}-\boldsymbol{r}'}{|\boldsymbol{r}-\boldsymbol{r}'|^3}\rho(\boldsymbol{r}')\mathrm{d}V' \qquad (2.1.13a)$$

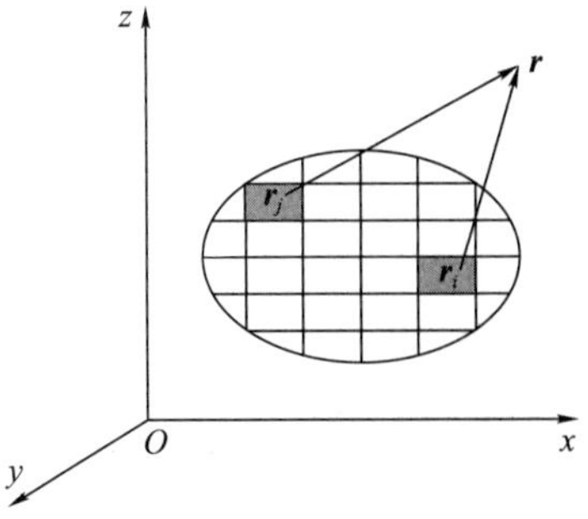

图 2.1.2　连续分布电荷的离散化处理示意图

同样可以导出电荷分别按面电荷密度 $\rho_S(\boldsymbol{r}')$ 和线电荷密度 $\rho_l(\boldsymbol{r}')$ 连续分布时，场点 $\boldsymbol{r}$ 处的电场强度计算公式分别为

$$\boldsymbol{E}(\boldsymbol{r})=\frac{1}{4\pi\varepsilon_0}\int_{S'}\frac{\boldsymbol{r}-\boldsymbol{r}'}{|\boldsymbol{r}-\boldsymbol{r}'|^3}\rho_S(\boldsymbol{r}')\mathrm{d}S' \qquad (2.1.13b)$$

$$\boldsymbol{E}(\boldsymbol{r})=\frac{1}{4\pi\varepsilon_0}\int_{l'}\frac{\boldsymbol{r}-\boldsymbol{r}'}{|\boldsymbol{r}-\boldsymbol{r}'|^3}\rho_l(\boldsymbol{r}')\mathrm{d}l' \qquad (2.1.13c)$$

原则上，若已知空间的电荷密度分布，通过式(2.1.13)完全可以求出自由空间内的静电场分布，然而实际情况中，电荷密度分布比较复杂，采用上述方法求解，积分处理比较困难，一般只能求解部分简单电荷分布的静电场问题。

2.1.3　电介质的极化

前面介绍的电场强度计算表达式(2.1.13)适用于真空或自由空间的情况。当所关心的区域存在其他物质时，由于静电场与物质之间存在相互作用，该式将不再适用，需要进一步推广。

从微观角度分析，某些物质中电子和原子核结合得非常紧密，电子被原子核紧紧地束缚住，没有自由电子或自由离子。进一步，根据物质中各个原子的分布特征，把物质的分子分为无极分子和有极分子两类。无极分子的正、负电荷分布往往比较对称，中心重合，因此对外产生的合成电场为零，不显示电特性。有极分子的正、负电荷分布至少在某个方向上不对称，从而电荷中心不重合，可以等效为相距很近的正电荷中心与负电荷中心组成的电偶极子。单个有极分子能够对外产生电场，但在无外加电场作用下，物质中的有极分子在做杂乱无章的热运动，从宏观上看，物质对外产生的合成电场也为零，与无极分子一样对外不显示电特性。

在外加电场的作用下，根据库仑定律，无论是无极分子还是有极分子，其正电荷沿电场方向移动，负电荷逆电场方向移动，导致正负电荷中心不再重合，形成许多排列方向与外加电场大体一致的电偶极子，因而它们对外产生的电场不再为 0。

把这种因为外加电场作用下，物质所产生的电荷称为束缚电荷或极化电荷，相应的物质叫电介质，这种现象叫电介质的极化。

图 2.1.3 以水分子为例，描述了有极分子在外加电场作用下发生位移的极化现象。水分子由带两个负电荷的氧离子和两个各带一个正电荷的氢离子构成。在外加电场作用下，氧离子逆电场方向移动，而氢离子顺电场方向移动，从而使得水分子成为有序排列的电偶极子模型。外加

电场越大，电偶极子排列越整齐。

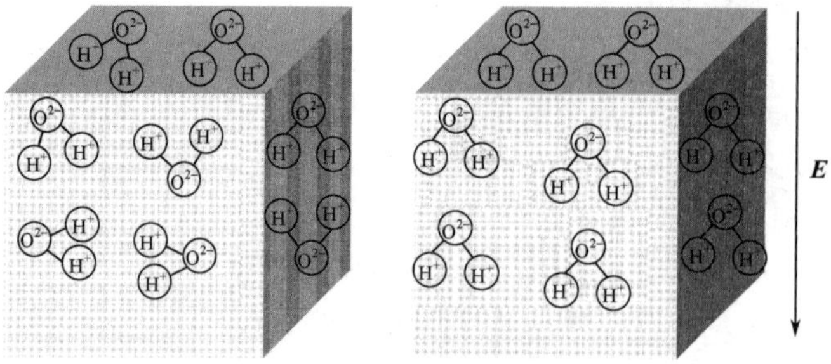

图 2.1.3　水分子在外加电场作用下的极化现象

这些电偶极子的有向排列产生的电场与外加电场叠加，从而改变了空间内总的电场分布。也就是说，电介质对电场的影响可归结为极化电荷产生的附加电场的影响，因此，电介质内的总电场强度 $\boldsymbol{E}$ 可视为自由电荷产生的外加电场 $\boldsymbol{E}_0$ 与极化电荷产生的附加电场 $\boldsymbol{E}'$ 的叠加，即

$$\boldsymbol{E}=\boldsymbol{E}_0+\boldsymbol{E}'$$

为了分析计算极化电荷产生的附加电场 $\boldsymbol{E}'$，需进一步了解电介质的极化特性。研究表明，不同电介质的极化程度是不一样的，从而引入电极化强度来描述电介质的极化程度。将单位体积中的电偶极矩的矢量和称为电极化强度，表示为

$$\boldsymbol{P}=\lim_{\Delta V'\to 0}\frac{\sum_i \boldsymbol{p}_i}{\Delta V'}$$

式中，$\boldsymbol{p}_i=q_i\boldsymbol{d}_i$ 为体积元 $\Delta V'$ 中第 i 个分子的电偶极矩。这样，电介质的极化现象可以采用电极化强度 $\boldsymbol{P}$ 这个宏观矢量函数表示。若电介质的某区域内各点的 $\boldsymbol{P}$ 相同，则称该区域是均匀极化的，否则就是非均匀极化的。

对于一类最简单的电介质，其电极化强度与外加电场成正比，且各个方向上的性能一样，称为线性各向同性的简单电介质，其电极化强度 $\boldsymbol{P}$ 与电介质中的合成电场强度 $\boldsymbol{E}$ 成正比，表示为

$$\boldsymbol{P}(\boldsymbol{r})=\chi_e\varepsilon_0\boldsymbol{E}(\boldsymbol{r}) \tag{2.1.14}$$

式中，χ_e 称为电介质的电极化率，是一个无量纲的正实数。

另外，应用极化体电荷密度 ρ_P 和极化面电荷密度 ρ_{SP} 表征电介质的特性也是比较方便的，而且极化电荷密度与电极化强度之间满足如下关系[3-4]

$$\rho_P=-\nabla\cdot\boldsymbol{P} \tag{2.1.15a}$$

$$\rho_{SP}=\boldsymbol{P}\cdot\boldsymbol{e}_n \tag{2.1.15b}$$

因此电介质中的电偶极子产生的场可看成极化体电荷密度和极化面电荷密度产生的电场强度的和，即

$$\boldsymbol{E}'(\boldsymbol{r})=\frac{1}{4\pi\varepsilon_0}\int_{V'}\frac{\boldsymbol{r}-\boldsymbol{r}'}{|\boldsymbol{r}-\boldsymbol{r}'|^3}\rho_P(\boldsymbol{r}')\mathrm{d}V'+\frac{1}{4\pi\varepsilon_0}\oint_{S'}\frac{\boldsymbol{r}-\boldsymbol{r}'}{|\boldsymbol{r}-\boldsymbol{r}'|^3}\rho_{SP}(\boldsymbol{r}')\mathrm{d}S' \tag{2.1.16}$$

2.1.4　静电场基本方程

亥姆霍兹定理指出，任一矢量场的特性可由它的散度、旋度描述。因此，要了解静电场，需先讨论它的散度和旋度。

1. 静电场的旋度

以不包含任何其他电介质的自由空间场分布为例，利用 $\nabla\left(\frac{1}{R}\right)=-\frac{\boldsymbol{R}}{R^3}$，体电荷分布激励下

的静电场表达式(2.1.13a)可写为

$$\boldsymbol{E}(\boldsymbol{r})=-\frac{1}{4\pi\varepsilon_0}\int_{V'}\rho(\boldsymbol{r}')\,\nabla\left(\frac{1}{R}\right)\mathrm{d}V' \tag{2.1.17}$$

方程两边同时取旋度得

$$\nabla\times\boldsymbol{E}(\boldsymbol{r})=\nabla\times\left[-\frac{1}{4\pi\varepsilon_0}\int_{V'}\rho(\boldsymbol{r}')\,\nabla\left(\frac{1}{R}\right)\mathrm{d}V'\right] \tag{2.1.18}$$

式中，旋度运算$\nabla\times$是关于场点坐标$\boldsymbol{r}$的运算，与源点坐标$\boldsymbol{r}'$无关，积分运算是关于源点坐标$\boldsymbol{r}'$的运算，与场点坐标$\boldsymbol{r}$无关，所以二者可以交换运算顺序，其表达式可写为

$$\nabla\times\boldsymbol{E}(\boldsymbol{r})=-\frac{1}{4\pi\varepsilon_0}\int_{V'}\rho(\boldsymbol{r}')\,\nabla\times\nabla\frac{1}{R}\mathrm{d}V'$$

上式右边的$\dfrac{1}{R}$是一个连续标量函数，而根据式(1.5.4)可知，任何一个标量函数的梯度再求旋度恒等于0，故上式右边恒为0，则得

$$\nabla\times\boldsymbol{E}=0 \tag{2.1.19}$$

此结果表明，自由空间的静电场是无旋场。可以证明，区域包含电介质的情况下，静电场的旋度同样等于零。

2. 自由空间内静电场的散度

同样在不包含任何其他电介质的自由空间，对式(2.1.17)两边取散度，由于散度运算$\nabla\cdot$是对场点坐标$\boldsymbol{r}$的运算，与源点坐标$\boldsymbol{r}'$无关，积分运算是关于源点坐标$\boldsymbol{r}'$的运算，与场点坐标$\boldsymbol{r}$无关，所以散度符号可以移到积分号内，并且由拉普拉斯算子$\nabla^2\varphi=\nabla\cdot\nabla\varphi$得

$$\nabla\cdot\boldsymbol{E}(\boldsymbol{r})=-\frac{1}{4\pi\varepsilon_0}\int_{V'}\rho(\boldsymbol{r}')\,\nabla^2\left(\frac{1}{R}\right)\mathrm{d}V'$$

利用关系式$\nabla^2\left(\dfrac{1}{R}\right)=-4\pi\delta(\boldsymbol{r}-\boldsymbol{r}')$，上式变为

$$\nabla\cdot\boldsymbol{E}(\boldsymbol{r})=\frac{1}{\varepsilon_0}\int_{V'}\rho(\boldsymbol{r}')\delta(\boldsymbol{r}-\boldsymbol{r}')\mathrm{d}V' \tag{2.1.20}$$

再利用δ函数的筛选性，有

$$\int_{V'}\rho(\boldsymbol{r}')\delta(\boldsymbol{r}-\boldsymbol{r}')\mathrm{d}V'=\begin{cases}0, & \boldsymbol{r}'\neq\boldsymbol{r}\\ \rho(\boldsymbol{r}), & \boldsymbol{r}'=\boldsymbol{r}\end{cases}$$

则由式(2.1.20)得

$$\nabla\cdot\boldsymbol{E}(\boldsymbol{r})=\begin{cases}0, & \boldsymbol{r}'\notin V\\ \dfrac{1}{\varepsilon_0}\rho(\boldsymbol{r}), & \boldsymbol{r}'\in V\end{cases}$$

因为已假设电荷分布在区域V内，故可将上式写为

$$\nabla\cdot\boldsymbol{E}=\frac{\rho}{\varepsilon_0} \tag{2.1.21}$$

这就是高斯散度定理的微分形式，它表明空间任一点电磁场的散度与该处的体电荷密度有关，静电场是一个有散场，静电荷是静电场的通量源。高斯散度定理是静电场的基本定理。式(2.1.19)和式(2.1.21)共同构成了静电场的基本方程，表明了静电场是一个有散无旋场的基本性质。

3. 电位移和电介质中的高斯散度定理

在关心区域中存在电介质时，区域内会激励起二次场，使得总场分布发生变化，所以式(2.1.21)将不再适用。由于二次场的源可以由电介质内的极化体电荷密度和极化面电荷密度

表示，所以电介质内的电场可视为自由电荷和极化电荷在真空中产生的电场的叠加，即 $\boldsymbol{E}=\boldsymbol{E}_0+\boldsymbol{E}'$，对于包含电介质的区域，式(2.1.21)中的总电荷密度为 $\rho+\rho_P$，则将真空中的高斯散度定理推广到电介质中，有

$$\nabla\cdot\boldsymbol{E}(\boldsymbol{r})=\frac{\rho+\rho_P}{\varepsilon_0}\tag{2.1.22}$$

将式(2.1.15a)代入式(2.1.22)中，得

$$\nabla\cdot[\varepsilon_0\boldsymbol{E}(\boldsymbol{r})]=\rho-\nabla\cdot\boldsymbol{P}\tag{2.1.23}$$

将方程右边电极化强度的散度项移到方程的左边并合并得

$$\nabla\cdot[\varepsilon_0\boldsymbol{E}(\boldsymbol{r})+\boldsymbol{P}(\boldsymbol{r})]=\rho\tag{2.1.24}$$

可见，矢量 $[\varepsilon_0\boldsymbol{E}(\boldsymbol{r})+\boldsymbol{P}(\boldsymbol{r})]$ 的散度仅与自由体电荷密度 ρ 有关，把这一矢量称为电位移，表示为

$$\boldsymbol{D}(\boldsymbol{r})=\varepsilon_0\boldsymbol{E}(\boldsymbol{r})+\boldsymbol{P}(\boldsymbol{r})\tag{2.1.25}$$

这样，式(2.1.24)变为

$$\nabla\cdot\boldsymbol{D}(\boldsymbol{r})=\rho\tag{2.1.26}$$

这就是电介质中高斯散度定理的微分形式。它表明电介质内任一点的电位移的散度等于该点的自由体电荷密度，即 $\boldsymbol{D}$ 的通量源是自由电荷。电位移线从正的自由电荷出发而终止于负的自由电荷，与极化电荷没有关系；而电场强度线从正电荷出发，终止于负电荷，并不区分极化电荷还是自由电荷；电极化强度线从负极化电荷出发，终止于正的极化电荷，而与自由电荷无关。图 2.1.4给出了两块带电平板间加载一块介质后电场强度 $\boldsymbol{E}(\boldsymbol{r})$线、电位移 $\boldsymbol{D}(\boldsymbol{r})$线及电极化强度 $\boldsymbol{P}(\boldsymbol{r})$线，以示区别。

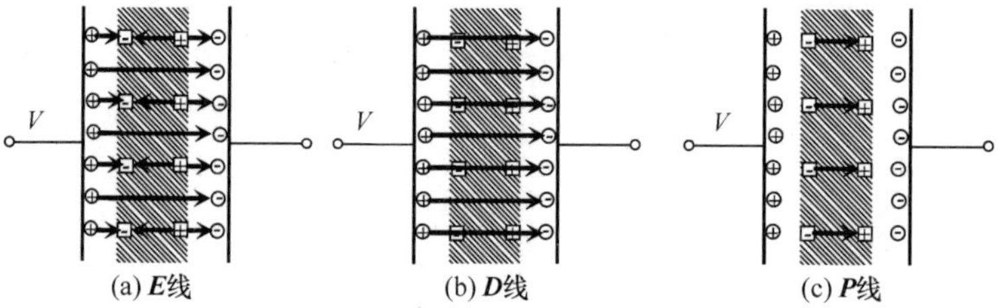

图 2.1.4　$\boldsymbol{E},\boldsymbol{D},\boldsymbol{P}$ 线示意图

4. 基本方程的积分形式

将式(2.1.19)两边关于任意曲面 S 进行积分，并利用斯托克斯定理 $\int_S\nabla\times\boldsymbol{E}\cdot\mathrm{d}\boldsymbol{S}=\oint_l\boldsymbol{E}\cdot\mathrm{d}\boldsymbol{l}$，得

$$\oint_l\boldsymbol{E}\cdot\mathrm{d}\boldsymbol{l}=0\tag{2.1.27}$$

上式表明，静电场 $\boldsymbol{E}$ 沿任意闭合路径 l 的积分恒等于 0。所以将单位正电荷沿静电场中任意闭合路径移动一周，电场力不做功，静电场是一个保守场。

同样，对式(2.1.26)两边取体积分并应用高斯散度定理 $\oint_S\boldsymbol{A}\cdot\mathrm{d}\boldsymbol{S}=\int_V\nabla\cdot\boldsymbol{A}\mathrm{d}V$，得

$$\oint_S\boldsymbol{D}\cdot\mathrm{d}\boldsymbol{S}=\int_V\rho\mathrm{d}V\tag{2.1.28}$$

或

$$\oint_S\boldsymbol{D}\cdot\mathrm{d}\boldsymbol{S}=q\tag{2.1.29}$$

这就是电介质中高斯散度定理的积分形式。方程右端的电荷为闭合面所包围的自由电荷。它表明电位移穿过任一闭合面的电通量等于该闭合面包围的自由电荷代数和。由此式还可以看出，

电位移 $\boldsymbol{D}$ 的单位是 $\mathrm{C/m^2}$，由于电位移的面积分称为电通量，所以电位移又叫电通密度。

如果电荷分布具有一定的对称性，则事先可以判断出电位移也具有一定的对称性(可以找到经过关心场点的闭合面，在该闭合面上，电场大小恒定，方向确定)，就可以利用式(2.1.29)很方便地计算电位移和电场强度。

式(2.1.27)和式(2.1.29)共同构成了静电场基本方程的积分形式。需要指出的是，静电场的基本方程有积分与微分两种形式，微分方程表示的是空间某一点上的场值特性，只适用于场和源在该点为连续函数的情况，而积分形式表示的是某一区间内的场值特性，既适用于场和源在空间为连续函数的情况，也适用于场和源在空间不连续的情况(仅仅要求可积)。

5. 静电场的本构关系与介电常数

对于所有的电介质，式(2.1.25)都是成立的。若是线性各向同性的简单电介质，将 $\boldsymbol{P}(\boldsymbol{r})=\chi_e\varepsilon_0\boldsymbol{E}(\boldsymbol{r})$ 代入式(2.1.25)，得

$$\begin{aligned}\boldsymbol{D}(\boldsymbol{r})&=\varepsilon_0\boldsymbol{E}(\boldsymbol{r})+\chi_e\varepsilon_0\boldsymbol{E}(\boldsymbol{r})=(1+\chi_e)\varepsilon_0\boldsymbol{E}(\boldsymbol{r})\\&=\varepsilon_r\varepsilon_0\boldsymbol{E}(\boldsymbol{r})=\varepsilon\boldsymbol{E}(\boldsymbol{r})\end{aligned}\tag{2.1.30}$$

式中，$\varepsilon_r\varepsilon_0=\varepsilon$ 称为电介质的介电常数，单位为 F/m(法拉/米)；$\varepsilon_r=1+\chi_e$ 称为电介质的相对介电常数，无量纲。式(2.1.30)称为电位移和电场强度的本构关系。此方程表明，在线性各向同性电介质中，$\boldsymbol{D}$ 和 $\boldsymbol{E}$ 的方向相同，大小成正比。工程中常用相对介电常数表示电介质的极化特性，附录 B 给出了部分电介质的相对介电常数近似值。

顺便指出，前面所说的都是简单电介质，实际电介质可以根据其性质不同进行如下分类。

① 均匀电介质是指其介电常数 ε 处处相等，不是空间坐标的函数；非均匀电介质则指 ε 是空间坐标的函数。

② 线性电介质是指 ε 与 $\boldsymbol{E}$ 的大小无关；反之，则是非线性电介质。

③ 色散电介质是指介质特性是时间或空间导数的函数，否则是非色散电介质。

④ 稳定介质指介质特性不是时间的函数。

⑤ 各向同性电介质是指 ε 与 $\boldsymbol{E}$ 的方向无关，ε 是标量，$\boldsymbol{D}$ 和 $\boldsymbol{E}$ 的方向相同；各向异性电介质是指 $\boldsymbol{D}$ 和 $\boldsymbol{E}$ 的方向不同，介电常数是一个张量，表示为 $\boldsymbol{\varepsilon}$。这时，$\boldsymbol{D}$ 和 $\boldsymbol{E}$ 的关系可写为

$$\boldsymbol{D}=\boldsymbol{\varepsilon}\cdot\boldsymbol{E}\ \text{或}\ \begin{bmatrix}D_x\\D_y\\D_z\end{bmatrix}=\begin{bmatrix}\varepsilon_{xx}&\varepsilon_{xy}&\varepsilon_{xz}\\\varepsilon_{yx}&\varepsilon_{yy}&\varepsilon_{yz}\\\varepsilon_{zx}&\varepsilon_{zy}&\varepsilon_{zz}\end{bmatrix}\begin{bmatrix}E_x\\E_y\\E_z\end{bmatrix}$$

【例 2-1】 半径为 a、介电常数为 ε 的球形电介质内的电极化强度为 $\boldsymbol{P}=\boldsymbol{e}_r\dfrac{k}{r}$，式中的 k 为常数。(1)计算极化体电荷密度和极化面电荷密度；(2)计算电介质球内的自由体电荷密度；(3)根据高斯散度定理求电介质球内外的电场强度。

解：(1)电介质球内的极化体电荷密度为

$$\rho_P=-\nabla\cdot\boldsymbol{P}=-\frac{1}{r^2}\frac{\mathrm{d}}{\mathrm{d}r}(r^2P_r)=-\frac{1}{r^2}\frac{\mathrm{d}}{\mathrm{d}r}\left(r^2\ \frac{k}{r}\right)=-\frac{k}{r^2}$$

在 $r=a$ 处的极化面电荷密度为

$$\rho_{SP}=\boldsymbol{P}\cdot\boldsymbol{e}_n=\boldsymbol{e}_r\frac{k}{r}\cdot\boldsymbol{e}_r\bigg|_{r=a}=\frac{k}{a}$$

(2) 因 $\boldsymbol{D}=\varepsilon_0\boldsymbol{E}+\boldsymbol{P}$，故

$$\nabla\cdot\boldsymbol{D}=\nabla\cdot(\varepsilon_0\boldsymbol{E}+\boldsymbol{P})=\varepsilon_0\ \nabla\cdot\boldsymbol{E}+\nabla\cdot\boldsymbol{P}=\varepsilon_0\ \nabla\cdot\frac{\boldsymbol{D}}{\varepsilon}+\nabla\cdot\boldsymbol{P}$$

即

$$\left(1-\frac{\varepsilon_0}{\varepsilon}\right)\nabla\cdot\boldsymbol{D}=\nabla\cdot\boldsymbol{P}$$

而$\nabla\cdot\boldsymbol{D}=\rho$，故电介质球内的自由体电荷密度为

$$\rho=\nabla\cdot\boldsymbol{D}=\frac{\varepsilon}{\varepsilon-\varepsilon_0}\nabla\cdot\boldsymbol{P}=\frac{\varepsilon}{\varepsilon-\varepsilon_0}\frac{k}{r^2}$$

(3) 应用高斯散度定理积分表达式$\oint_S\boldsymbol{D}\cdot d\boldsymbol{S}=q$求解电位移，当体电荷密度和电场具有一定的对称性时，电位移在所选择的闭合面上大小恒定，电位移方向与闭合面法向要么一致要么垂直，则积分过程非常简单，从而可以对某些特定的具有对称性的场分布问题进行求解。

针对本例中自由体电荷密度分布情况，电位移具有明显的对称性，可以事先判断出电位移的方向必然在r的方向上，而且在特定半径的球面上，电位移的大小恒定。所以

① 当场点到电荷球心的距离$r<a$，取半径为r的同心球面，应用高斯散度定理得

$$\oint_S\boldsymbol{D}\cdot d\boldsymbol{S}=4\pi r^2D_r=\int_{V'}\rho dV'=\int_0^r\int_0^\pi\int_0^{2\pi}\frac{\varepsilon}{\varepsilon-\varepsilon_0}\frac{k}{r^2}r^2\sin\theta dr d\theta d\phi=\frac{4\pi kr\varepsilon}{\varepsilon-\varepsilon_0}$$

所以

$$D_r=\frac{\varepsilon k}{(\varepsilon-\varepsilon_0)r},E_r=\frac{k}{(\varepsilon-\varepsilon_0)r}$$

由于高斯散度定理中的自由电荷是闭合面所包围的电荷，所以对电荷密度的体积分是在半径为r的球内积分。

② 场点半径$r>a$，取半径为r的球面，应用高斯散度定理得

$$4\pi r^2D_r=\frac{k\varepsilon}{\varepsilon-\varepsilon_0}4\pi a,D_r=\frac{\varepsilon}{\varepsilon-\varepsilon_0}\frac{a}{r^2},E_r=\frac{\varepsilon_r}{\varepsilon-\varepsilon_0}\frac{a}{r^2}$$

2.1.5 位函数与泊松方程

1. 电位和电位差

由静电场的基本方程$\nabla\times\boldsymbol{E}=0$和矢量恒等式$\nabla\times\nabla u=0$可知，电场强度$\boldsymbol{E}$可以表示为某个标量函数$\varphi$的梯度，即

$$\boldsymbol{E}(\boldsymbol{r})=-\nabla\varphi(\boldsymbol{r})\tag{2.1.31}$$

式中，标量函数$\varphi(\boldsymbol{r})$称为静电场的位函数，简称为电位，单位为V(伏特)。

对于点电荷的电场，有

$$\boldsymbol{E}(\boldsymbol{r})=\frac{q}{4\pi\varepsilon}\cdot\frac{\boldsymbol{r}-\boldsymbol{r}'}{|\boldsymbol{r}-\boldsymbol{r}'|^3}=-\nabla\left(\frac{q}{4\pi\varepsilon}\cdot\frac{1}{|\boldsymbol{r}-\boldsymbol{r}'|}\right)\tag{2.1.32}$$

与式(2.1.31)比较，可得到点电荷q产生的电场的位函数为

$$\varphi(\boldsymbol{r})=\frac{q}{4\pi\varepsilon|\boldsymbol{r}-\boldsymbol{r}'|}+C\tag{2.1.33}$$

式中，C为常数。

应用叠加原理，根据式(2.1.33)可得到多点电荷、线电荷、面电荷及体电荷产生的电场的位函数分别为

$$\varphi(\boldsymbol{r})=\frac{1}{4\pi\varepsilon}\sum_{i=1}^{N}\frac{q_i}{|\boldsymbol{r}-\boldsymbol{r}_i'|}+C\tag{2.1.34}$$

$$\varphi(\boldsymbol{r})=\frac{1}{4\pi\varepsilon}\int_{l'}\frac{\rho_l(\boldsymbol{r}')}{|\boldsymbol{r}-\boldsymbol{r}_i'|}dl'+C\tag{2.1.35}$$

$$\varphi(\boldsymbol{r})=\frac{1}{4\pi\varepsilon}\int_{S'}\frac{\rho_S(\boldsymbol{r}')}{|\boldsymbol{r}-\boldsymbol{r}_i'|}dS'+C\tag{2.1.36}$$

$$\varphi(\boldsymbol{r})=\frac{1}{4\pi\varepsilon}\int_{V'}\frac{\rho(\boldsymbol{r}')}{|\boldsymbol{r}-\boldsymbol{r}_i'|}\mathrm{d}V'+C \tag{2.1.37}$$

根据标量函数梯度的性质及 1.2.1 节所讲述的等值面或等值线的定义可知，$\boldsymbol{E}$ 线垂直于等电位面，且总是指向电位下降最快的方向。

若已知电荷密度分布，则可利用式(2.1.34)～式(2.1.37)求得位函数 $\varphi(\boldsymbol{r})$，再利用 $\boldsymbol{E}(\boldsymbol{r})=-\nabla\varphi(\boldsymbol{r})$ 求得电场强度 $\boldsymbol{E}(\boldsymbol{r})$，这样做常常比利用式(2.1.13)直接求 $\boldsymbol{E}(\boldsymbol{r})$ 要简单些。

在 $\boldsymbol{E}(\boldsymbol{r})=-\nabla\varphi(\boldsymbol{r})$ 的两边点乘 $\mathrm{d}\boldsymbol{l}$，得

$$\boldsymbol{E}(\boldsymbol{r})\cdot\mathrm{d}\boldsymbol{l}=-\nabla\varphi(\boldsymbol{r})\cdot\mathrm{d}\boldsymbol{l}=-\frac{\partial\varphi(\boldsymbol{r})}{\partial l}\mathrm{d}l=-\mathrm{d}\varphi(\boldsymbol{r})$$

对上式两边从 P 点到 Q 点沿任意路径进行积分，得

$$\int_P^Q\boldsymbol{E}(\boldsymbol{r})\cdot\mathrm{d}\boldsymbol{l}=-\int_P^Q\mathrm{d}\varphi(\boldsymbol{r})=\varphi(P)-\varphi(Q)$$

式中，左边表示将单位正电荷从 P 点移动到 Q 点电场力所做的功，而右端是 P、Q 点之间的电位差。可见，P、Q 点之间的电位差 $\varphi(P)-\varphi(Q)$ 的物理意义是把一个单位正电荷从 P 点沿任意路径移动到 Q 点的过程中电场力所做的功。

为了使电场中每一点的电位具有确定的值，必须选定场中某一固定点作为电位参考点，即规定该固定点的电位为零。例如，若选定 Q 点为电位参考点，即规定 $\varphi(Q)=0$，则 P 点的电位为

$$\varphi(P)=\int_P^Q\boldsymbol{E}\cdot\mathrm{d}\boldsymbol{l} \tag{2.1.38}$$

若场源电荷分布在有限区域，通常选定无限远处为电位参考点，此时有

$$\varphi(P)=\int_P^\infty\boldsymbol{E}\cdot\mathrm{d}\boldsymbol{l} \tag{2.1.39}$$

所以，P 点的电位表示将单位正电荷从 P 点移动到无穷远处电场力所做的功。

2. 电位的微分方程

在均匀、线性和各向同性的电介质中，ε 是一个常数。将 $\boldsymbol{E}(\boldsymbol{r})=-\nabla\varphi(\boldsymbol{r})$ 代入 $\nabla\cdot\boldsymbol{D}(\boldsymbol{r})=\rho(\boldsymbol{r})$ 中，得

$$\nabla\cdot\boldsymbol{D}(\boldsymbol{r})=\nabla\cdot(\varepsilon\boldsymbol{E}(\boldsymbol{r}))=-\varepsilon\,\nabla\cdot\nabla\varphi(\boldsymbol{r})=\rho(\boldsymbol{r})$$

故

$$\nabla^2\varphi(\boldsymbol{r})=-\frac{\rho(\boldsymbol{r})}{\varepsilon} \tag{2.1.40}$$

即电位满足标量泊松方程。若 $\boldsymbol{r}$ 处无自由电荷，即 $\rho=0$，则 $\varphi(\boldsymbol{r})$ 在 $\boldsymbol{r}$ 处满足拉普拉斯方程

$$\nabla^2\varphi(\boldsymbol{r})=0 \tag{2.1.41}$$

应用泊松方程或拉普拉斯方程可以对一些简单的电磁问题进行求解，如平板电容器中的场分布问题以及带电圆柱体和球的静电场分布问题。

【例 2-2】 电偶极子是相距很小距离 d 的两个等值异号的点电荷组成的电荷系统，如图 2.1.5所示，试求电偶极子的电位及电场强度。

解：将坐标系原点 O 与偶极子中心重合，并使电偶极子的轴与 z 轴重合，则空间任一点 $P(r,\theta,\phi)$ 处的电位等于两个电荷的电位叠加，即

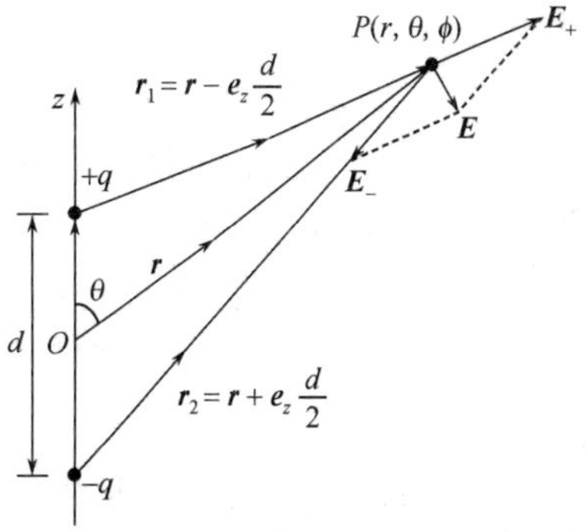

图 2.1.5　电偶极子

$$\varphi(\boldsymbol{r})=\frac{q}{4\pi\varepsilon_0}\left(\frac{1}{r_1}-\frac{1}{r_2}\right)=\frac{q}{4\pi\varepsilon_0}\frac{r_2-r_1}{r_1r_2}$$

式中

$$r_1=\sqrt{r^2+(d/2)^2-rd\cos\theta},r_2=\sqrt{r^2+(d/2)^2+rd\cos\theta}$$

对远离电偶极子的场点，$r\gg d$，根据泰勒级数展开式得

$$r_1\approx r-\frac{d}{2}\cos\theta,r_2\approx r+\frac{d}{2}\cos\theta$$

$$r_2-r_1\approx d\cos\theta,r_1r_2\approx r^2$$

故

$$\varphi(\boldsymbol{r})=\frac{qd\cos\theta}{4\pi\varepsilon_0 r^2}=\frac{\boldsymbol{p}\cdot\boldsymbol{r}}{4\pi\varepsilon_0 r^3} \tag{2.1.42}$$

其中，矢量 $\boldsymbol{p}$ 就是前面提到的电偶极矩，$\boldsymbol{p}=q\boldsymbol{d}$。应用球坐标中的梯度公式，可得到电偶极子的远区电场强度为

$$\begin{aligned}\boldsymbol{E}(\boldsymbol{r})&=-\nabla\varphi(\boldsymbol{r})=-\left(\boldsymbol{e}_r\frac{\partial\varphi}{\partial r}+\boldsymbol{e}_\theta\frac{1}{r}\frac{\partial\varphi}{\partial\theta}+\boldsymbol{e}_\phi\frac{1}{r\sin\theta}\frac{\partial\varphi}{\partial\phi}\right)\\&=\frac{p}{4\pi\varepsilon_0 r^3}(\boldsymbol{e}_r 2\cos\theta+\boldsymbol{e}_\theta\sin\theta)\end{aligned} \tag{2.1.43}$$

本题也可以直接通过多电荷系统的电场强度表达式(2.1.12)求解，读者可以尝试求解或参考相关书籍[3]，并与本题的求解方法进行对比。通过比较会发现，本题中通过位函数的求解方法大大简化了分析过程。

【例 2-3】 半径为 a 的带电导体球，已知球体电位为 U(无穷远处的电位为 0)，试计算球外空间的位函数。

解:球外空间的电位满足拉普拉斯方程，已知边界条件是 $r=a,\varphi=U,r\to\infty,\varphi=0$。因电位及其电场均具有对称性，即 $\varphi=\varphi(r)$，故拉普拉斯方程为

$$\nabla^2\varphi=\frac{1}{r^2}\frac{\mathrm{d}}{\mathrm{d}r}r^2\frac{\mathrm{d}\varphi}{\mathrm{d}r}=0$$

直接解此常微分方程可得到其通解为

$$\varphi=-\frac{C_1}{r}+C_2$$

由于 $r\to\infty,\varphi=0$，故 $C_2=0$。为了确定常数 C_1，利用边界条件 $r=a,\varphi=U$ 得

$$U=-\frac{C_1}{a},C_1=-aU$$

因此

$$\varphi=\begin{cases}\dfrac{aU}{r}, & r\geqslant a\\ U, & r\leqslant a\end{cases}$$

众所周知，带电体是一个等电位体，故上式中 $r\leqslant a$ 区域内的电位处处等于 U。电场强度 $\boldsymbol{E}(\boldsymbol{r})$ 为

$$\boldsymbol{E}(\boldsymbol{r})=-\nabla\varphi(\boldsymbol{r})=-\boldsymbol{e}_r\frac{\partial\varphi}{\partial r}=\begin{cases}\boldsymbol{e}_r\dfrac{aU}{r^2}, & r>a\\ 0, & r<a\end{cases}$$

2.1.6 静电场的边界条件

在电场问题分析中，常常会碰到包含许多不同介质的计算区域，这些介质都会对电场分布产

生影响，并且如 2.1.3 节中讲到的，这种影响可以采用极化体电荷密度和极化面电荷密度表示。2.1.5 节通过引入电位移和相对介电常数的概念，代替了极化体电荷密度的影响。极化面电荷密度及导体表面上感应的自由电荷的作用则可以通过本节将要讲到的边界条件替代，从而进一步简化问题的分析。把静电场矢量 $\boldsymbol{E}$、$\boldsymbol{D}$ 在不同介质分界面上各自满足的关系称为静电场的边界条件。

静电场的边界条件必须由静电场的基本方程导出。由于在不同介质分界面上，介质的介电常数 ε 发生突变，静电场某些分量也可能随之发生突变，使得基本方程的微分形式在这些不连续点处失去意义，无法对其进行分析。因此，本节中将需要根据基本方程的积分形式来导出相应的边界条件。另外，为了使得到的边界条件不受所采用的坐标系的限制，可将场矢量在分界面上分解为与分界面垂直的法向分量和平行于分界面的切向分量，并对法向分量和切向分量所满足的边界条件分别进行处理。

1. 电位移 $\boldsymbol{D}$ 的边界条件

在如图 2.1.6 中的两种不同介质分界面上，取一个很小的圆柱面，由于圆柱底面半径很小，可以认为场在底面 S_1、S_2 上是均匀的。高度 Δh 相对于 S_1、S_2 为无穷小，则在此圆柱面上应用式(2.1.28)进行积分，圆柱侧面的贡献可忽略不计，仅圆柱上下底面对积分有贡献。进一步假设介质有损耗，分界面上存在的自由面电荷密度为 ρ_S，则得

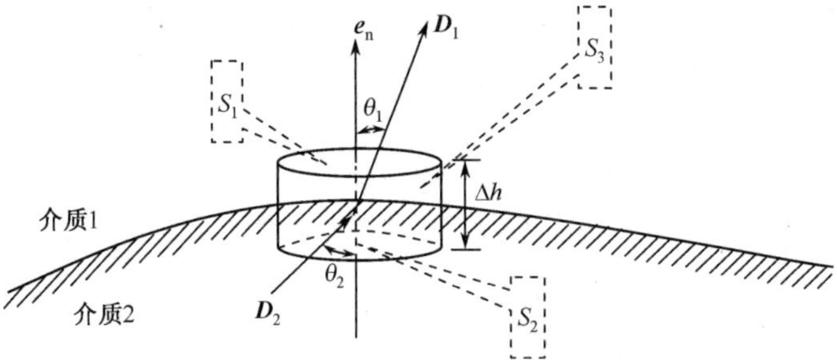

图 2.1.6　电位移 $\boldsymbol{D}$ 的边界条件

$$\oint_S \boldsymbol{D}\cdot \mathrm{d}\boldsymbol{S} = \int_{S_1} \boldsymbol{D}\cdot \mathrm{d}\boldsymbol{S} + \int_{S_2} \boldsymbol{D}\cdot \mathrm{d}\boldsymbol{S} + \int_{S_3} \boldsymbol{D}\cdot \mathrm{d}\boldsymbol{S}$$
$$= \int_{S_1} \boldsymbol{D}\cdot \mathrm{d}\boldsymbol{S} + \int_{S_2} \boldsymbol{D}\cdot \mathrm{d}\boldsymbol{S} = \int_S \rho_S \mathrm{d}S \quad (S_1 = S_2 = S)$$

规定分界面单位法向矢量 $\boldsymbol{e}_\mathrm{n}$ 的方向为介质 2 指向介质 1，则圆柱上底面单位法向矢量为 $\boldsymbol{e}_\mathrm{n}$，圆柱下底面单位法向矢量为 $-\boldsymbol{e}_\mathrm{n}$，上式可简化为

$$(\boldsymbol{D}_1 - \boldsymbol{D}_2)\cdot \boldsymbol{e}_\mathrm{n} S = \rho_S S$$

故

$$\boldsymbol{e}_\mathrm{n}\cdot(\boldsymbol{D}_1 - \boldsymbol{D}_2) = \rho_S \quad 或 \quad D_{1\mathrm{n}} - D_{2\mathrm{n}} = \rho_S \tag{2.1.44}$$

上式表明，电位移的法向分量在介质分界面上是不连续的，其差值为分界面上的自由面电荷密度。

2. 电场强度 $\boldsymbol{E}$ 的边界条件

将式(2.1.27)应用到如图 2.1.7 所示的矩形有向闭合路径 $abcda$，同样假设线段 ab 和 cd 很小，切向电场在此路径上恒定。当 $\Delta h \to 0$ 时，线段 bc 和 da 对积分 $\oint_l \boldsymbol{E}\cdot \mathrm{d}\boldsymbol{l}$ 的贡献可以忽略，规定分界面单位切向矢量 $\boldsymbol{e}_\mathrm{t}$ 的方向为 $b \to a$，可得

$$\oint_l \boldsymbol{E} \cdot \mathrm{d}\boldsymbol{l} \approx \int_a^b \boldsymbol{E}_1 \cdot \mathrm{d}\boldsymbol{l} + \int_c^d \boldsymbol{E}_2 \cdot \mathrm{d}\boldsymbol{l} = \int_{\Delta l} (\boldsymbol{E}_1 - \boldsymbol{E}_2) \cdot \boldsymbol{e}_t \mathrm{d}l = 0$$

故得

$$\boldsymbol{e}_n \times (\boldsymbol{E}_1 - \boldsymbol{E}_2) = 0 \quad \text{或} \quad E_{1t} - E_{2t} = 0 \tag{2.1.45}$$

表明介质分界面两侧电场强度 $\boldsymbol{E}$ 的切向分量是连续的。

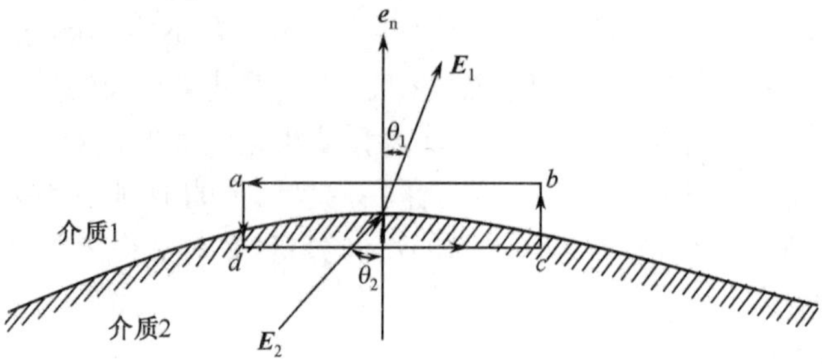

图 2.1.7　$\boldsymbol{E}$ 的边界条件

式(2.1.44)和式(2.1.45)即法向电位移和切向电场强度满足的边界条件。

3. 两种特殊情况下的边界条件

(1) 理想导体表面上的边界条件

设介质 1 为理想介质,介质 2 为电导率无穷大的理想导体。由大学物理可知,理想导体内部不存在电场,因此 $\boldsymbol{E}_2 = 0$,理想导体所带的电荷只分布于导体表面。因此,理想导体表面上的边界条件简化为

$$\boldsymbol{e}_n \times \boldsymbol{E}_1 = 0 \tag{2.1.46}$$

$$\boldsymbol{e}_n \cdot \boldsymbol{D}_1 = \rho_S \tag{2.1.47}$$

对于电性能很好的所谓良导体(如银、铜、铝等金属),达到静电平衡后,导体表面同样可以采用式(2.1.46)和式(2.1.47)表示。由此可以发现,良导体表面只有法向静电场,没有切向静电场。

(2) 理想介质表面上的边界条件

导电性能很差的绝缘体(如聚苯乙烯、陶瓷等),为了简化场问题的分析计算,通常将绝缘体视为理想介质。设材料 1 和材料 2 是两种介电常数不同的绝对不导电的理想介质,它们的分界面上不可能存在自由面电荷($\rho_S = 0$)。因此,分界面上的边界条件为

$$\boldsymbol{e}_n \times (\boldsymbol{E}_1 - \boldsymbol{E}_2) = 0 \quad \text{或} \quad E_{1t} - E_{2t} = 0 \tag{2.1.48}$$

$$\boldsymbol{e}_n \cdot (\boldsymbol{D}_1 - \boldsymbol{D}_2) = 0 \quad \text{或} \quad D_{1n} - D_{2n} = 0 \tag{2.1.49}$$

由式(2.1.48)和式(2.1.49)可以发现,由于电位移和电场强度之间相差一个介电常数,所以介质分界面两侧法向电位移连续而法向电场不连续。同样,由于切向电场连续,所以切向电位移不连续。这种不连续是由介电常数突变或极化面电荷密度导致的。这与图 2.1.4 的电场强度线与电位移线示意图是一致的。利用 $E_{1t} = E_{2t}$ 和 $D_{1n} = D_{2n}$,即 $\varepsilon_1 E_{1n} = \varepsilon_2 E_{2n}$,得

$$\frac{E_{1t}}{\varepsilon_1 E_{1n}} = \frac{E_{2t}}{\varepsilon_2 E_{2n}}$$

即

$$\frac{\tan\theta_1}{\tan\theta_2} = \frac{\varepsilon_1}{\varepsilon_2} \tag{2.1.50}$$

其中,θ_1,θ_2 分别为电场矢量在上下介质内与分界面法向的夹角。可以看出,电场穿过理想介质分界面,其方向将发生改变,且角度改变的大小与两种介质的介电常数比值有关。

至此，把静电场的边界条件总结归纳如下：

① 在两种介质的分界面上，$\boldsymbol{E}$ 的切向分量是连续的。

② 在两种介质的分界面上，如果存在自由面电荷密度，使 $\boldsymbol{D}$ 的法向分量不连续，其不连续量由式(2.1.44)确定。若分界面上不存在自由面电荷密度，则 $\boldsymbol{D}$ 的法向分量是连续的，如式(2.1.49)所示。

4. 位函数满足的边界条件

以上介绍的都是以场量表示的边界条件，而实际应用中往往还要用到位函数满足的边界条件形式。

设 P_1 和 P_2 是介质分界面两侧、紧贴分界面的相邻两点，其电位分别为 φ_1 和 φ_2，电压 $\varphi_1-\varphi_2$ 可以由电场强度的线积分得到，即 $\varphi_2-\varphi_1=\boldsymbol{E}\cdot\Delta\boldsymbol{l}$。由于在两种介质中 $\boldsymbol{E}$ 均为有限值，当 P_1 和 P_2 都无限贴近分界面，即其间距 $\Delta l\rightarrow 0$ 时，$\varphi_1-\varphi_2\rightarrow 0$，因此分界面两侧的电位是相等的，即

$$\varphi_2=\varphi_1 \tag{2.1.51}$$

又 $\boldsymbol{e}_{\mathrm{n}}\cdot(\boldsymbol{D}_1-\boldsymbol{D}_2)=\rho_S$，$\boldsymbol{D}=\varepsilon\boldsymbol{E}=-\varepsilon\nabla\varphi$，可导出

$$\varepsilon_1\frac{\partial\varphi_1}{\partial n}-\varepsilon_2\frac{\partial\varphi_2}{\partial n}=-\rho_S \tag{2.1.52}$$

若分界面上不存在自由面电荷，即 $\rho_S=0$，则上式变为

$$\varepsilon_1\frac{\partial\varphi_1}{\partial n}=\varepsilon_2\frac{\partial\varphi_2}{\partial n} \tag{2.1.53}$$

若第二种介质为导体，因达到静电平衡后导体内部的电场为零，导体为等电位体，故导体表面上，电位的边界条件为

$$\begin{cases}\varphi=C\\ \varepsilon\dfrac{\partial\varphi}{\partial n}=-\rho_S\end{cases} \tag{2.1.54}$$

以上涉及的边界条件往往又叫衔接条件，是在两种不同介质分界面上场所满足的条件。另外，还包括场的其他一些常用边界条件。以位函数为例，包括：第一类边界条件，即电位在边界上是常数，$\varphi=C$；第二类边界条件，电位的法向导数是常数，$\frac{\partial\varphi}{\partial n}=C$；第三类边界条件，$\varphi+\beta\frac{\partial\varphi}{\partial n}=C$，其中 β 也是常数。当然，电位还满足参考点电位条件，一般情况下，$\lim\limits_{r\to\infty}r\varphi=C$。

【例 2-4】 半径为 a 的带电导体球，已知球体表面均匀分布的面电荷密度为 ρ_S（无穷远处电位为零），试计算球外空间的位函数和电场强度。

解：本题有多种求解方法。由于导体内部没有电场，整个球体是一个等电位体，所以主要任务是求解导体球外部的电位和场分布。

方法 1：电场积分方程方法

采用球坐标系，如图 2.1.8 所示，场点 P 处的电场强度为

$$\boldsymbol{E}(\boldsymbol{r})=\frac{1}{4\pi\varepsilon_0}\int_0^{2\pi}\mathrm{d}\phi'\int_0^{\pi}\rho_S\frac{1}{R^2}\boldsymbol{e}_R a^2\sin\theta'\mathrm{d}\theta'$$

由于面元 $\mathrm{d}S'$ 产生的电场与其 ϕ 相差 180° 的面元产生的电场大小相等，二者的合成场只有 r 方向。所以

$$E_r(r)=\frac{1}{4\pi\varepsilon_0}\int_0^{2\pi}\mathrm{d}\phi'\int_0^{\pi}\rho_S\frac{1}{R^2}a^2\sin\theta'\cos\alpha\mathrm{d}\theta'$$

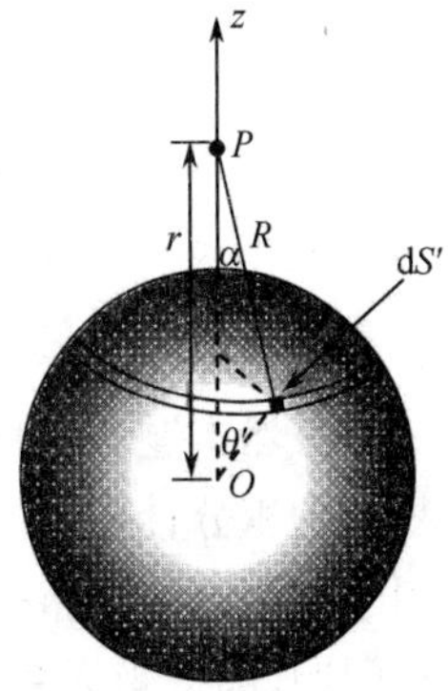

图 2.1.8 电场积分示意图

又因为 $\cos\alpha=\frac{r^2+R^2-a^2}{2Rr}$，$\cos\theta'=\frac{r^2+a^2-R^2}{2ar}$，$\sin\theta'\mathrm{d}\theta'=-d\cos\theta'=\frac{R\mathrm{d}R}{ar}$，

θ'的积分上下限 0 和180°对应于 dR 的 $R-a$ 和 $R+a$，所以

$$E_r(r)=\frac{\rho_S a^2}{2\varepsilon_0}\int_{r-a}^{r+a}\frac{1}{R^2}\frac{r^2+R^2-a^2}{2Rr}\frac{R}{ar}\mathrm{d}R=\frac{\rho_S a^2}{4\varepsilon_0 ar^2}\int_{r-a}^{r+a}\frac{r^2+R^2-a^2}{R^2}\mathrm{d}R$$

$$=\frac{\rho_S a^2}{4\varepsilon_0 ar^2}\left(R-\frac{r^2-a^2}{R}\right)\Bigg|_{r-a}^{r+a}=\frac{\rho_S a^2}{\varepsilon_0 r^2}$$

$$\varphi=\int_r^{\infty}E_r\mathrm{d}r=\int_r^{\infty}\frac{\rho_S a^2}{\varepsilon_0 r^2}\mathrm{d}r=\frac{\rho_S a^2}{r\varepsilon_0}$$

方法 2：常微分方程方法

位函数满足如下方程

$$\nabla^2\varphi=\frac{1}{r^2}\frac{\mathrm{d}}{\mathrm{d}r}r^2\frac{\mathrm{d}\varphi}{\mathrm{d}r}=0$$

所以位函数的解为

$$\varphi=-\frac{C_1}{r}+C_2$$

利用边界条件$-\varepsilon_0\left.\frac{\partial\varphi}{\partial r}\right|_S=\rho_S,\varphi|_{r\to\infty}=0$，得

$$C_2=0,C_1=-\frac{a^2\rho_S}{\varepsilon_0},\varphi=\frac{a^2\rho_S}{r\varepsilon_0}$$

所以

$$\boldsymbol{E}(\boldsymbol{r})=-\nabla\varphi=\boldsymbol{e}_r\frac{a^2\rho_S}{r^2\varepsilon_0}$$

方法 3：高斯散度定理

采用球坐标系，可以判断出电场方向为矢径方向，大小只与矢径有关，所以

$$\oint\boldsymbol{D}\cdot\mathrm{d}\boldsymbol{S}=q,D_r4\pi r^2=4\pi a^2\rho_S$$

$$E_r=\frac{a^2\rho_S}{\varepsilon_0 r^2}$$

$$\varphi=\int_r^{\infty}E_r\mathrm{d}r=\int_r^{\infty}\frac{\rho_S a^2}{\varepsilon_0 r^2}\mathrm{d}r=\frac{\rho_S a^2}{r\varepsilon_0}$$

方法 4：位函数积分方法

$$\varphi(\boldsymbol{r})=-\frac{1}{4\pi\varepsilon_0}\int_0^{2\pi}\mathrm{d}\phi'\int_0^{\pi}\rho_S\frac{1}{R}a^2\sin\theta'\mathrm{d}\theta'$$

因为 $\cos\theta'=\frac{r^2+a^2-R^2}{2ar}$，$\sin\theta'\mathrm{d}\theta'=-\mathrm{d}\cos\theta'=\frac{R\mathrm{d}R}{ar}$，所以

$$\varphi(\boldsymbol{r})=\frac{\rho_S a^2}{2\varepsilon_0}\int_{r-a}^{r+a}\frac{1}{R}\frac{R\mathrm{d}R}{ar}=\frac{\rho_S a^2}{r\varepsilon_0}$$

$$\boldsymbol{E}(\boldsymbol{r})=-\nabla\varphi=\boldsymbol{e}_r\frac{a^2\rho_S}{r^2\varepsilon_0}$$

虽然本题有 4 种求解方法，但是各种方法的难易程度差别很大。方法 1 和方法 4 涉及较为复杂的积分计算，尤其是方法 1 直接对场进行积分还涉及一些矢量运算，方法 2 和方法 3 充分利用了电荷密度分布的球对称性，大大简化了分析过程。受此启发，对直角坐标系下的平面电荷分布问题、圆柱坐标系下的圆柱及同轴线中的电荷密度分布问题、球坐标系下的球电荷密度分布问题进行分析，应优先考虑采用其对称性，通过高斯散度定理或解常微分方程方法能够有效简化分析过程。

【例 2-5】 两块无限大接地导体平行板分别置于 $x=0$ 和 $x=a$ 处，在两板之间的 $x=b$ 处有一面电荷密度为 ρ_S 的均匀电荷分布，如图 2.1.9 所示。求两导体平行板之间的电位和电场强度。

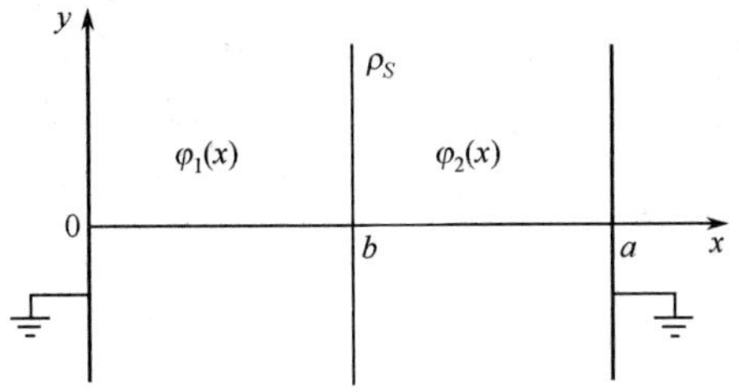

图 2.1.9　两块无限大接地导体平行板

解：在两块无限大接地导体平行板之间，除 $x=b$ 处有均匀面电荷分布外，其余空间均无电荷分布，故位函数满足一维拉普拉斯方程

$$\frac{\mathrm{d}^2\varphi_1(x)}{\mathrm{d}x^2}=0,0<x<b;\quad \frac{\mathrm{d}^2\varphi_2(x)}{\mathrm{d}x^2}=0,b<x<a$$

方程的解为

$$\varphi_1(x)=C_1x+D_1,\varphi_2(x)=C_2x+D_2$$

利用边界条件，得

$$\varphi_1(x)\big|_{x=0}=0,\varphi_2(x)\big|_{x=a}=0,\varphi_1(x)\big|_{x=b}=\varphi_2(x)\big|_{x=b},\left[\frac{\partial\varphi_2(x)}{\partial x}-\frac{\partial\varphi_1(x)}{\partial x}\right]_{x=b}=-\frac{\rho_S}{\varepsilon_0}$$

于是有

$$D_1=0,C_2a+D_2=0$$

$$C_1b+D_1=C_2b+D_2,C_2-C_1=-\frac{\rho_S}{\varepsilon_0}$$

由此解得

$$C_1=-\frac{\rho_S(b-a)}{\varepsilon_0 a},D_1=0$$

$$C_2=-\frac{\rho_S b}{\varepsilon_0 a},D_2=\frac{\rho_S b}{\varepsilon_0}$$

最后得

$$\varphi_1(x)=\frac{\rho_S(a-b)}{\varepsilon_0 a}x,0\leqslant x\leqslant b$$

$$\varphi_2(x)=\frac{\rho_S b}{\varepsilon_0 a}(a-x),b\leqslant x\leqslant a$$

$$\boldsymbol{E}_1(x)=-\nabla\varphi_1(x)=-\boldsymbol{e}_x\frac{\mathrm{d}\varphi_1(x)}{\mathrm{d}x}=-\boldsymbol{e}_x\frac{\rho_S(a-b)}{\varepsilon_0 a}$$

$$\boldsymbol{E}_2(x)=-\nabla\varphi_2(x)=-\boldsymbol{e}_x\frac{\mathrm{d}\varphi_2(x)}{\mathrm{d}x}=\boldsymbol{e}_x\frac{\rho_S b}{\varepsilon_0 a}$$

2.1.7　静电场中的电容、能量与力

1. 电容

电容是导体系统的一种基本属性，它是描述导体系统存储电荷能力的物理量。存储电荷的系统就叫电容器。最简单的电容器就是如图 2.1.10 所示的两块导体（阴极和阳极）中间夹着一

块绝缘介质构成的电子元件。我们定义导体系统的电容为任意导体上的总电荷与两导体之间的电位差之比，即

$$C=\frac{q}{U} \tag{2.1.55}$$

电容的单位是 F(法拉)。需要强调的是，电容的大小只是导体系统的物理尺度、形状及周围电介质的特征参数的函数，与电荷量、电位差无关。

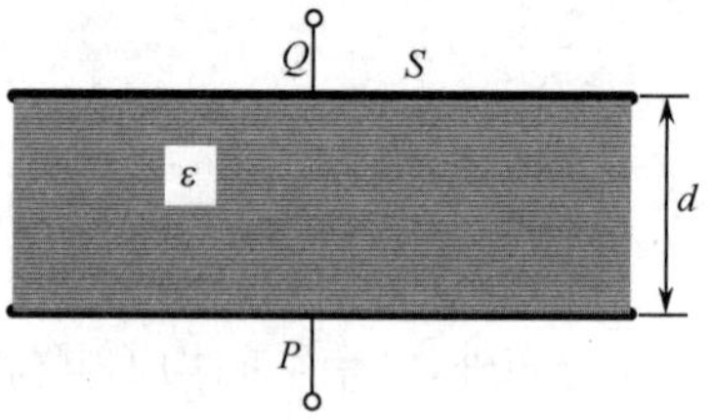

图 2.1.10　平板电容示意图

虽然电容器的大小与其所带电荷多少及电压大小无关，但仍然可以通过式(2.1.55)求解电容。如图 2.1.10 所示的平板电容器，上下平板面积为 S，距离为 d，填充介质为 ε，当 $S\gg d$ 时，可以忽略边缘电场的作用。

设上平板电压为 U，在板间将会产生一个方向向下的均匀电场，由

$$\int_Q^P \boldsymbol{E}\cdot \mathrm{d}\boldsymbol{l}=Ed=U$$

得

$$E=\frac{U}{d}$$

根据导体表面边界条件可知，在上极板上，有 $D_{\mathrm{n}}=\varepsilon\frac{U}{d}=\rho_S$，极板上电荷密度均匀分布，所以上极板上的总电荷为 $q=S\rho_S=\varepsilon\frac{SU}{d}$。根据式(2.1.55)可以得到

$$C=\frac{q}{U}=\varepsilon\frac{S}{d}$$

本题也可以先假设已知平板上电荷为 q，从而通过电场强度或电位移求得电压，再利用式(2.1.55)求得电容，读者不妨试试。由上式可以发现，电容与 ε、S 成正比，而与 d 成反比。

在电子与电气工程中常用的传输线，如平行板线、平行双线、同轴线等，都属于双导体系统。通常，这类传输线的纵向尺寸远大于横向尺寸，因而可作为平行平面电场(二维场)来研究，而传输线单位长度的电容成为重要的计算参数，其计算往往通过公式 $C=\frac{q}{U}$ 求解。计算步骤如下：

① 根据导体的几何形状，选取合适的坐标系；

② 假定导体上所带电荷为 q(或假定导体间电压为 U)；

③ 根据假定的电荷或假定电压求出 $\boldsymbol{E}$；

④ 求出导体间电压 U(或导体上所带电荷 q)；

⑤ 通过比值公式 $C=\frac{q}{U}$ 求出电容。

【例 2-6】 平行双传输线的结构如图 2.1.11 所示，导线的半径为 a，两导线轴线距离为 D，且 $D\gg a$，设周围介质为空气。试求传输线单位长度的电容。

解：设两导线单位长度带电量分别为 $+\rho_l$ 和 $-\rho_l$。由于 $D\gg a$，故可近似地认为电荷分别均匀分布在两导线的表面上。应用高斯散度定理，先求得单根导线所产生的电场，由于本题中单根导线的电荷分布及电场分布具有一定的对称性，采用圆柱坐标系和高斯散度定理，可以得到导线 1 所在 $y=0$、$0\leqslant x\leqslant a$ 上产生的电场为

$$\boldsymbol{E}=\frac{\rho_l}{2\pi\varepsilon_0\rho}\cdot\boldsymbol{e}_{\rho_1}$$

同理可以得到导线 2 在 $y=0$、$0\leqslant x\leqslant a$ 所产生的电场 $\boldsymbol{E}=\frac{\rho_l}{2\pi\varepsilon_0(D-\rho)}\cdot\boldsymbol{e}_{\rho_2}$。

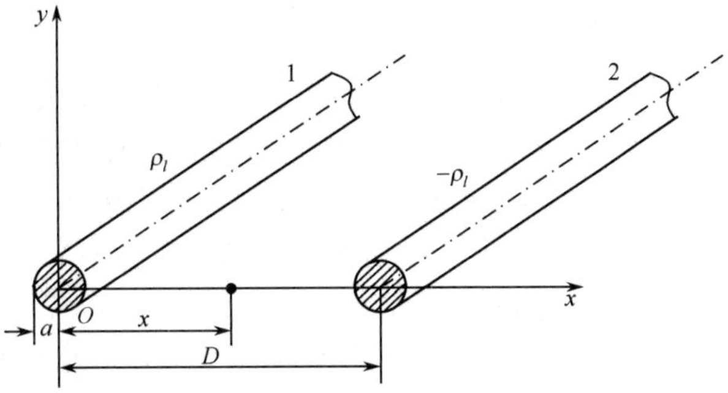

图 2.1.11　平行双传输线

由于 $\boldsymbol{e}_{\rho_1}=\boldsymbol{e}_x$ 而 $\boldsymbol{e}_{\rho_2}=-\boldsymbol{e}_x$，利用叠加定理，可得到两导线之间的平面上任一点 P 的电场强度为

$$\boldsymbol{E}(x)=\boldsymbol{e}_x\frac{\rho_l}{2\pi\varepsilon_0}\left(\frac{1}{x}-\frac{1}{D-x}\right)$$

两导线间的电位差为

$$U=\int_1^2\boldsymbol{E}\cdot\mathrm{d}\boldsymbol{l}=\int_a^{D-a}\boldsymbol{E}(x)\cdot\boldsymbol{e}_x\mathrm{d}x=\frac{\rho_l}{2\pi\varepsilon_0}\int_a^{D-a}\left(\frac{1}{x}-\frac{1}{D-x}\right)\mathrm{d}x$$

$$=\frac{\rho_l}{\pi\varepsilon_0}\ln\frac{D-a}{a}$$

故得平行双传输线单位长度的电容为

$$C=\frac{\rho_l}{U}=\frac{\pi\varepsilon_0}{\ln[(D-a)/a]}\approx\frac{\pi\varepsilon_0}{\ln D/a} \tag{2.1.56}$$

【例 2-7】 同轴线的内导体半径为 a，外导体的内半径为 b，内外导体间填充介电常数为 ε 的均匀电介质，如图 2.1.12 所示。试求同轴线单位长度的电容。

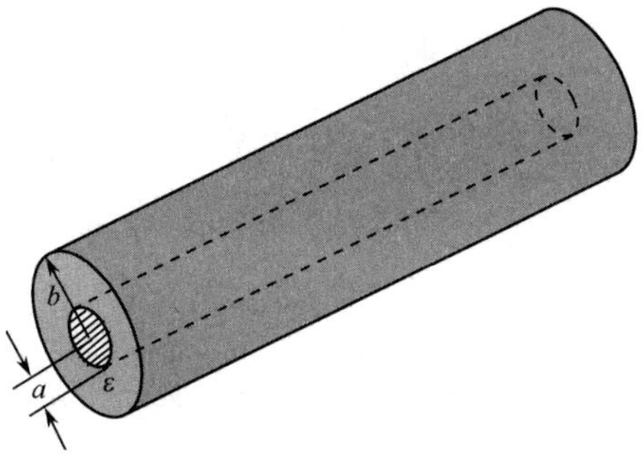

图 2.1.12　同轴线

解：设同轴线的内外导体单位长度带电量分别为 ρ_l 和 $-\rho_l$，应用高斯散度定理求得内外导体间任一点的电场强度为

$$\boldsymbol{E}(\rho)=\boldsymbol{e}_\rho\frac{\rho_l}{2\pi\varepsilon\rho}$$

内外导体间的电压为

$$U=\int_a^b\boldsymbol{E}(\rho)\cdot\boldsymbol{e}_\rho\mathrm{d}\rho=\frac{\rho_l}{2\pi\varepsilon}\int_a^b\frac{1}{\rho}\mathrm{d}\rho=\frac{\rho_l}{2\pi\varepsilon}\ln\frac{b}{a}$$

同轴线单位长度的电容为

$$C=\frac{\rho_l}{U}=\frac{2\pi\varepsilon}{\ln(b/a)} \tag{2.1.57}$$

在电子线路中，电容器的用途非常多，主要包括隔直、旁路（去耦）、耦合、频率调谐、储能等，这些功能在通信、广播及雷达等电路设计中有非常广泛的应用[10]。电容器可按照介质种类来划分，如空气介质电容器、云母电容器、纸介电容器、有机介质电容器、陶瓷电容器、电解电容器、铁电体电容器和双电层电容器等。不同介质的电容器，在结构、成本、特性、用途等方面都大不相同。在选择电容器时，需要对其电容、容量误差、损耗因数、等效串联电阻、工作温度范围和漏电流等参数进行考虑。大电容器（如 μF 以上量级）可通过多个电容器并联再整体封装获得。

当空间包括多个导体时，导体上的电压大小不仅与自身导体上的电荷有关，也会与周围其他所有导体上的电荷有关，所以在研究这一类问题时，必须将电容的概念进一步推广，引入分布电容的概念。分布电容可采用矩阵形式表示，包含自电容与互电容。分布电容在耦合带状线、屏蔽多芯电缆、高频（微波）高速电路设计及大规模集成电路设计中必须加以充分考虑。

2. 能量

静电场最基本的属性是对场中的静止电荷有力的作用，这表明静电场中有能量存在。电场能量来源于建立电荷系统的过程中外界提供的能量。

（1）静电场的能量

由于位函数等于将单位正电荷移到无穷远处电场力所做的功，代表着能量的概念。对于多导体组成的带电系统，其能量为

$$W_e=\frac{1}{2}\sum_{i=1}^{N}\varphi_i q_i \tag{2.1.58}$$

可以证明[3]，对于连续电荷分布的系统，其总能量为

$$W_e=\frac{1}{2}\int_{V'}\rho\varphi\mathrm{d}V' \tag{2.1.59}$$

电场能量的单位是 J（焦耳）。因为要讨论系统被充电并达到稳定后的电场能量，故应与充电过程无关。

如果电荷是以面电荷密度 ρ_S 分布在曲面 S' 上，则式（2.1.59）变为

$$W_e=\frac{1}{2}\int_{S'}\rho_S\varphi\mathrm{d}S' \tag{2.1.60}$$

注意：式（2.1.59）、式（2.1.60）中，φ 分别是电荷元 $\rho\mathrm{d}V'$、$\rho_S\mathrm{d}S'$ 所在点处的电位，积分遍及整个有电荷的区域。

（2）电场能量密度

将 $\rho=\nabla\cdot\boldsymbol{D}$ 代入式（2.1.59）并应用矢量公式 $\nabla\cdot(\varphi\boldsymbol{A})=\varphi\nabla\cdot\boldsymbol{A}+\boldsymbol{A}\cdot\nabla\varphi$，得

$$\begin{aligned}W_e&=\frac{1}{2}\int_{V'}(\nabla\cdot\boldsymbol{D})\varphi\mathrm{d}V'=\frac{1}{2}\int_{V'}[\nabla\cdot(\varphi\boldsymbol{D})-\nabla\varphi\cdot\boldsymbol{D}]\mathrm{d}V'\\&=\frac{1}{2}\oint_{S'}\varphi\boldsymbol{D}\cdot\mathrm{d}\boldsymbol{S}'+\frac{1}{2}\int_{V'}\boldsymbol{E}\cdot\boldsymbol{D}\mathrm{d}V'\end{aligned}$$

由于 $\varphi\infty\frac{1}{r}$，$D\infty\frac{1}{r^2}$ 而 $\mathrm{d}S\infty r^2$，可以证明[3]，在空间足够大的情况下，有

$$\frac{1}{2}\oint_{S'}\varphi\boldsymbol{D}\cdot\mathrm{d}\boldsymbol{S}'\rightarrow 0$$

则得

$$W_e=\frac{1}{2}\int_{V'}\boldsymbol{E}\cdot\boldsymbol{D}\mathrm{d}V' \tag{2.1.61}$$

对于线性各向同性介质，$\boldsymbol{D}=\varepsilon\boldsymbol{E}$，故上式可表示为

$$W_e = \frac{1}{2}\int_{V'}\varepsilon\boldsymbol{E}\cdot\boldsymbol{E}\mathrm{d}V' = \frac{1}{2}\int_{V'}\varepsilon\boldsymbol{E}^2\mathrm{d}V' \tag{2.1.62}$$

所以可以定义空间内电场能量密度为

$$w_e=\frac{1}{2}\boldsymbol{D}\cdot\boldsymbol{E}=\frac{1}{2}\varepsilon\boldsymbol{E}^2 \tag{2.1.63}$$

需要指出，虽然电场强度关于电荷是线性的，满足叠加原理，但是其平方项表达式——能量密度关于电荷密度是不满足叠加原理的。

3. 静电力

由于能量与力之间有密切的关系，可以借助前面介绍的能量概念，通过虚位移法来计算静电力。虚位移法的思想就是：假设静电场中某个导体移动一个很小的距离 $\mathrm{d}r_i$，考察系统能量的变化，根据能量守恒定律，电场力所做的功 $F_i\mathrm{d}r_i$ 加上系统能量的增加 $\mathrm{d}W_e$ 应等于各带电体相连接的外部源所提供的能量，即

$$\mathrm{d}W_S=F_i\mathrm{d}r_i+\mathrm{d}W_e \tag{2.1.64}$$

从而求得该导体所受的力。根据系统与外界连接情况，将静电力分析分为以下两种情况进行讨论。

(1) 孤立系统或恒电荷系统

此时外部没有提供能量，$\mathrm{d}W_S=0$，系统内部能量守恒。当第 i 个带电体发生虚位移时，由式(2.1.64)得

$$F_i\mathrm{d}r_i=-\mathrm{d}W_e\big|_{q=\text{常量}}$$

故得

$$F_i=-\frac{\partial W_e}{\partial r_i}\bigg|_{q=\text{常量}} \tag{2.1.65}$$

式中，“－”号表明此时电场力做功是靠减少系统的电场能量来实现的，因为系统与外电源断开，没有提供能量。

一般情况下，在孤立系统中，$F_i=-\nabla W_e\big|_{q=\text{常量}}$，表明电场力的方向指向能量下降最快的方向。

(2) 假设各带电体的电位保持不变(恒电动势系统)

假设所有导体都与外界电源相连，从而所有导体都保持恒定电位，当第 i 个导体发生微小位移时，根据能量的公式，外部电压源供给的能量的增加量为

$$\mathrm{d}W_S = \mathrm{d}\Big(\sum_{i=1}^{N}q_i\varphi_i\Big)= \sum_{i=1}^{N}\varphi_i\mathrm{d}q_i$$

可见，外部电压源向系统提供的能量只有一半用于静电能量的增加，另一半则用于电场力做功，即电场力做功等于静电能量的增量

$$F_i\mathrm{d}r_i=\mathrm{d}W_e\big|_{\varphi=\text{常量}}$$

故得

$$F_i=\frac{\partial W_e}{\partial r_i}\bigg|_{\varphi=\text{常量}} \tag{2.1.66}$$

同样，在常电位系统中，电场力的一般表达式为 $F_i=\nabla W_e\big|_{\varphi=\text{常量}}$，表明电场力的方向指向能量上升最快的方向。

以上两种情况得到的结果是相同的。因为事实上带电体并没有发生位移，电场分布当然也没有发生变化，由式(2.1.65)和式(2.1.66)求得的是所讨论的系统在当时状态下的电荷和电位所对应的静电力。

2.2 恒定电流场

2.2.1 电源电动势

当导体两端外接电源，导体中就会产生电流，而产生恒定电流的源只能是外加恒定电源。外加电源往往是将其他形式的能量(机械能、化学能、热能等)转化为电能的装置，所以严格地应用电磁场理论对包含外加电源的区域进行分析是非常困难的。幸运的是，无论是哪一种电源，其作用都是将电源内部的正负电荷分开，所以可以人为地建立一种外加电源的电模型，认为电源中存在一种力 $\boldsymbol{F}'$，使得正电荷向正极聚集而负电荷向负极聚拢，这个力是由外加电源内部的机械运动或化学反应导致的，而不是电荷间的静电力。图 2.2.1 所示为一个连接在电源上的电阻。假设电极 A、B 和导线没有能量损耗。电源和电阻中均存在由外加电源产生的恒定电流。恒定电流在导线或电阻内仍然呈空间分布形式，其仍然是一个场，即恒定电流场。

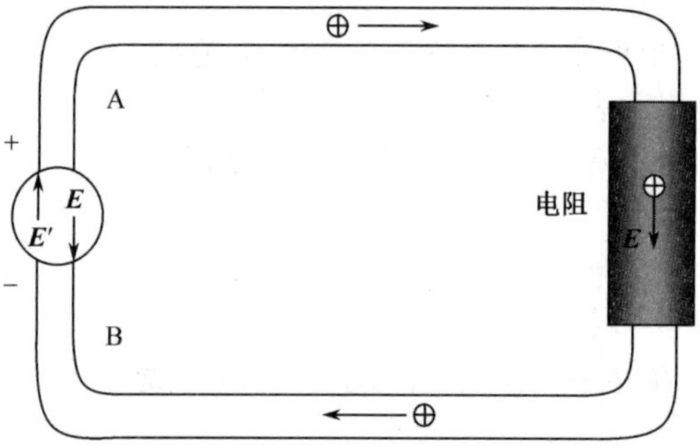

图 2.2.1　导电回路中的电场

2.2.2 电流及电流密度

电流是由电荷在外加电源电动势的作用下做定向运动形成的，设在 Δt 时间内通过某一截面 S 的电荷量为 Δq，当 $\Delta t \to 0$ 时，如果 $\dfrac{\Delta q}{\Delta t}$ 的极限存在，则通过该截面 S 上的电流定义为

$$I(t)=\lim_{\Delta t \to 0}\frac{\Delta q}{\Delta t}=\frac{\mathrm{d}q}{\mathrm{d}t} \tag{2.2.1}$$

电流与电荷量的多少及电荷的运动速度有关，单位为 A(安培)。若电荷的运动速度不随时间改变，则称该电流为恒定电流。

在宏观电磁理论研究中，常用到体电流密度模型、面电流密度模型和线电流模型来表征电流的特性。

1. 线电流

电荷在一个横截面积可以忽略的细线中做定向流动所形成的电流称为线电流，此时可以认为电流集中在细导线的轴线上面。长度元 $\mathrm{d}\boldsymbol{l}$ 中流过电流 I，将 $I\mathrm{d}\boldsymbol{l}$ 称为线电流元。线电流是电磁理论中的重要概念，数字电路中大量使用的数据线及低频电路板上各种引线上的电流均可看作线电流，从而可以简化分析过程。

2. 面电流密度

电荷在一个厚度可以忽略的薄导体层内定向运动所形成的电流称为面电流，可用面电流密度 $\boldsymbol{J}_S$ 来描述其分布，如图 2.2.2 所示。定义为与电流垂直方向上单位长度内的电流，即

$$\boldsymbol{J}_S=\boldsymbol{e}_I\lim_{\Delta l\to 0}\frac{\Delta I}{\Delta l}=\boldsymbol{e}_I\ \frac{\mathrm{d}I}{\mathrm{d}l} \tag{2.2.2}$$

面电流密度的单位是 A/m(安/米)。式中,$\boldsymbol{e}_I$ 为面电流方向单位矢量,可以由薄导体面的单位法向矢量 e_n 及有向曲线 $\mathrm{d}\boldsymbol{l}$ 表示,$\boldsymbol{e}_I=\boldsymbol{e}_n\times \mathrm{d}\boldsymbol{l}$。若已知面电流密度,则薄导体层上任意有向曲线 l 上的电流为

$$I=\int_l \boldsymbol{J}_S\cdot(\boldsymbol{e}_n\times \mathrm{d}\boldsymbol{l}) \tag{2.2.3}$$

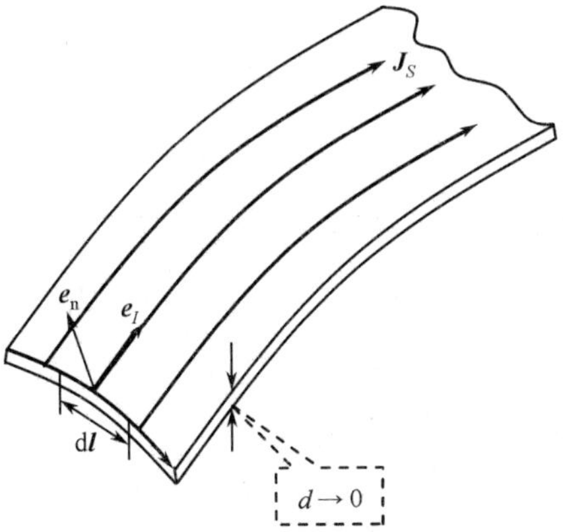

图 2.2.2　面电流密度

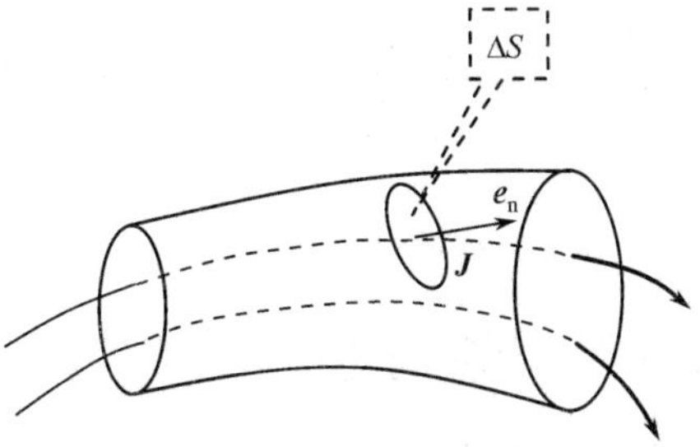

图 2.2.3　体电流密度

3. 体电流密度

一般情况下,电荷往往在某一体积内定向运动,它所形成的电流称为体电流。这时,导体内某一截面上不同点处电流的大小和方向都不同。为了描述该截面上电流的分布,引入体电流密度 $\boldsymbol{J}$,其定义为:空间任一点 $\boldsymbol{J}$ 的方向是该点上正电荷运动的方向,$\boldsymbol{J}$ 的大小等于在该点与 $\boldsymbol{J}$ 垂直的单位面积上的电流,即

$$\boldsymbol{J}=\boldsymbol{e}_n\lim_{\Delta S\to 0}\frac{\Delta I}{\Delta S}=\boldsymbol{e}_n\ \frac{\mathrm{d}I}{\mathrm{d}S} \tag{2.2.4}$$

体电流密度的单位是$\mathrm{A/m^2}$(安/平方米)。式中,$\boldsymbol{e}_n$ 为面积元 ΔS 的单位法向矢量,也是体电流密度 $\boldsymbol{J}$ 的方向,如图 2.2.3 所示。若已知体电流密度 $\boldsymbol{J}$,通过任意截面 S 的电流则为

$$I=\int_S \boldsymbol{J}\cdot \mathrm{d}\boldsymbol{S} \tag{2.2.5}$$

4. 电荷守恒定律

由于物质是守恒的,所以电荷也是守恒的,它既不能被创造,也不能被消失,只能从一个物体转移到另一个物体或者从物体的一部分转移到另一部分。也就是说,在一个孤立系统内,电荷与外界没有交换,正、负电荷的代数和在任何物理过程中始终保持不变,这就是电荷守恒定律。

电荷守恒定律可以通过数学形式来描述,单位时间内从闭合面 S 上流出的电荷可以用该面电流表示为$\oint_S \boldsymbol{J}\cdot \mathrm{d}\boldsymbol{S}$,根据电荷守恒定律,它应等于闭合面 S 所限定的体积 V 内的电荷减少量,即

$$\oint_S \boldsymbol{J}\cdot \mathrm{d}\boldsymbol{S}=-\frac{\mathrm{d}q}{\mathrm{d}t}=-\frac{\mathrm{d}}{\mathrm{d}t}\int_V \rho \mathrm{d}V \tag{2.2.6}$$

上式是电流连续性方程的积分形式。

如果单位时间内体积 V 中流入的电荷等于流出的电荷,电荷运动在空间内保持动态平衡,电荷总量不随时间改变,因此称这种电流为恒定电流,其电流密度必然满足

$$\oint_S \boldsymbol{J} \cdot \mathrm{d}\boldsymbol{S} = 0 \tag{2.2.7}$$

上式表明：恒定电流中，通过任意闭合面的净电荷为零。极限情况下，将闭合面收缩成一个点，则上式可以写成 $\sum I = 0$，此即电路分析中常用的基尔霍夫电流定理。

一般假设闭合面 S 所限定的体积 V 不随时间变化，则式(2.2.6)变为

$$\oint_S \boldsymbol{J} \cdot \mathrm{d}\boldsymbol{S} = -\int_V \frac{\mathrm{d}\rho}{\mathrm{d}t}\mathrm{d}V \tag{2.2.8}$$

应用高斯散度定理，$\oint_S \boldsymbol{J} \cdot \mathrm{d}\boldsymbol{S} = \int_V \nabla\cdot \boldsymbol{J}\mathrm{d}V$，式(2.2.8)可写为

$$\int_V \left(\nabla\cdot \boldsymbol{J} + \frac{\mathrm{d}\rho}{\mathrm{d}t}\right)\mathrm{d}V = 0 \tag{2.2.9}$$

因闭合面 S 是任意取的，因此它所限定的体积 V 也是任意的。由式(2.2.9)得

$$\nabla \cdot \boldsymbol{J} + \frac{\mathrm{d}\rho}{\mathrm{d}t} = 0 \tag{2.2.10}$$

此式称为电流连续性方程的微分形式。对于恒定电流，有 $\nabla \cdot \boldsymbol{J} = 0$。

2.2.3 介质的传导特性

任何物质都是由带正、负电荷的粒子组成的。不同的物质，粒子和粒子之间的作用力差别很大，在电磁场的作用下表现出来的宏观效应也是千差万别的。对 2.1.3 节中讲述的电介质，粒子间作用力很大，在电场作用下，带电粒子不能自由运动，只能做微小的位移，宏观上主要表现为极化现象；导体中，由于电子与原子核间的作用力很小，即使在微弱的电场作用下，电子也能够产生定向运动，此时传导特性成为主要现象。

在静电场作用下的孤立导体，当电荷分布达到静电平衡后，导体内部电场为零，导体为一个等电位体。当导体外接电源后，导电介质内部有许许多多能自由运动的带电粒子(自由电子或正、负粒子)，它们在外电场的作用下可以做宏观定向运动而形成电流，称这种电流为传导电流，此时导体中的电场将不再为零。恒定的外加电源将在导体中产生恒定电流和恒定电场。对于线性各向同性的导电介质，介质内任一点的恒定电流密度 $\boldsymbol{J}$ 和恒定电场强度 $\boldsymbol{E}$ 满足如下本构关系

$$\boldsymbol{J} = \sigma\boldsymbol{E} \tag{2.2.11}$$

取很小的圆柱导体，体积为 V，底面面积为 S，其法线方向为 $\boldsymbol{e}_{\mathrm{n}}$，高为 l，其轴向方向为 $\boldsymbol{e}_{l}$，在 V 内对式(2.2.11)两边同时进行体积分，得

$$\iiint_V \boldsymbol{J}\mathrm{d}V = \boldsymbol{e}_{\mathrm{n}}\int_l \mathrm{d}l\iint_S \boldsymbol{J} \cdot \mathrm{d}\boldsymbol{S} = \boldsymbol{e}_{\mathrm{n}}\int_l I\mathrm{d}l = \boldsymbol{e}_{\mathrm{n}}Il$$

$$\iiint_V \sigma\boldsymbol{E}\mathrm{d}V = \boldsymbol{e}_{l}\iint_S \mathrm{d}S\int_l \sigma\boldsymbol{E} \cdot \mathrm{d}\boldsymbol{l} = \boldsymbol{e}_{l}\sigma SU$$

由于 $\boldsymbol{e}_{\mathrm{n}} = \boldsymbol{e}_{l}$，所以

$$U = \frac{l}{\sigma S}I \tag{2.2.12}$$

定义 $R = \dfrac{l}{\sigma S}$ 为导电介质的电阻，式(2.2.12)就是经典的电压与电流之间满足的欧姆定律 $U = IR$，从而称式(2.2.11)为欧姆定律的微分形式。式中，比例系数 σ 称为介质的电导率，单位是 S/m(西门子/米)。电导率 σ 的大小与介质构成有关，附录B列出了部分材料的电导率。电导率是对某些材料导电特性的表述，满足式(2.2.11)的材料称为欧姆材料。

导体中电子以一定的速度运动，总会与周围的离子发生碰撞，从而使得速度发生改变，甚至

停止运动。要恢复电子的运动就必须给电子提供持续的能量，所以，要维持一个恒定电流场，必须要有恒定的外加电源提供能量。这从一方面也说明，导体中恒定电流场能量在不断地减少、衰减而转化为其他形式的能量，否则不需要源源不断地提供能量。在导电介质中，体积元 $\mathrm{d}V$ 内体电荷密度为 ρ 的电荷在电场力的作用下以平均速度 $\boldsymbol{v}$ 运动，则作用于电荷的电场力为 $\mathrm{d}\boldsymbol{F}=\rho\mathrm{d}V\boldsymbol{E}$。若在 $\mathrm{d}t$ 时间内，电荷的移动距离为 $\mathrm{d}\boldsymbol{l}$，则电场力所做的功为

$$\mathrm{d}W_{\mathrm{e}}=\mathrm{d}\boldsymbol{F}\cdot\mathrm{d}\boldsymbol{l}=\rho\mathrm{d}V\boldsymbol{E}\cdot\boldsymbol{v}\mathrm{d}t$$

由于电流密度 $\boldsymbol{J}=\boldsymbol{e}_{\mathrm{n}}\dfrac{\mathrm{d}I}{\mathrm{d}S}=\boldsymbol{e}_{\mathrm{n}}\dfrac{\mathrm{d}q}{\mathrm{d}t\mathrm{d}S}=\boldsymbol{e}_{\mathrm{n}}\dfrac{\rho\mathrm{d}S\mathrm{d}l}{\mathrm{d}t\mathrm{d}S}=\boldsymbol{e}_{\mathrm{n}}\rho\dfrac{\mathrm{d}l}{\mathrm{d}t}=\rho\boldsymbol{v}$，故电场对体积元 $\mathrm{d}V$ 内的电荷提供的功率为

$$\mathrm{d}P=\frac{\mathrm{d}W_{\mathrm{e}}}{\mathrm{d}t}=\boldsymbol{J}\cdot\boldsymbol{E}\mathrm{d}V \tag{2.2.13}$$

则电场对单位体积提供的功率为

$$p=\frac{\mathrm{d}P}{\mathrm{d}V}=\boldsymbol{J}\cdot\boldsymbol{E} \tag{2.2.14}$$

同样对式(2.2.13)两边同时进行体积分，可以得到任意体积内外加电源提供的功率为 $P=IU$，外加电场提供的功率以热的形式消耗在导电介质的电阻上，所以导电介质总是耗费电场能量的，故又叫有耗介质。电导率越大，损耗越大。这就是著名的焦耳定律，式(2.2.14)称为焦耳定律的微分形式。

对于线性各向同性的导体，$\boldsymbol{J}$ 和 $\boldsymbol{E}$ 的关系满足式(2.2.11)，则式(2.2.14)也可表示为

$$p=\sigma\boldsymbol{E}\cdot\boldsymbol{E}=\sigma E^2 \tag{2.2.15}$$

而体积 V 内消耗的总功率为

$$P=\int_V\sigma E^2\mathrm{d}V \tag{2.2.16}$$

附录 B 的表 B.1 中大部分导体的电导率都很大，其导电性能优良，称之为良导体，如果电导率 $\sigma=\infty$，则称为理想导体，一般可以将良导体作为理想导体来近似，从而简化运算；附录 B 的表 B.2所列介质的电导率都很小，可以忽略不计，所以又称为绝缘体；而介于导体和绝缘体之间的介质一般叫有耗介质，其中，如硅、锗等，其价电子总数的一部分可在晶格间自由活动，从而具有一定的导电特性，称为半导体，在外加静电场作用下，其自由电子也会运动，并到达半导体表面形成静电平衡，半导体内部没有静电场，其情形与静电场中处于静电平衡的导体相同。

以上讲述的都是导体内部的电流分布形式，电流还有一种形式存在，它存在于自由空间中，电荷在自由空间运动形成的电流叫运流电流，其大小可以表示为电荷密度与速度的乘积，$\boldsymbol{J}=\rho\boldsymbol{v}$。运流电流与传导电流有很大的区别，它不能达到静电上的电荷中性，更特别的是，它不需要依赖导体维持电荷的流动，因此也不满足欧姆定律。

2.2.4　恒定电流场基本方程

要确保导电介质中的电场恒定，任意闭合面内的电荷必须保持动态平衡，不能有电荷的增减($\partial q/\partial t=0$)，否则就会导致电场发生变化。也就是说，要在导电介质中维持一恒定电流场，由任意闭合面(净)流出的传导电流应为零。这样，电流连续性方程就退化为

$$\oint_S\boldsymbol{J}\cdot\mathrm{d}\boldsymbol{S}=0 \tag{2.2.17}$$

这就是恒定电流场中电流密度通量所满足的基本方程。如前面电流连续性方程中所描述的，式(2.2.17)所表达的物理意义与电路中的基尔霍夫电流定理的表述含义完全吻合。

同样，必须考虑电流密度或电场强度满足的环量特性。如果所取积分路线不经过电源，由于整个积分路径上只存在库仑场，故有

$$\oint_l \boldsymbol{E} \cdot \mathrm{d}\boldsymbol{l} = 0 \tag{2.2.18}$$

由高斯散度定理和斯托克斯定理，式(2.2.17)、式(2.2.18)可写成如下微分形式

$$\nabla \cdot \boldsymbol{J}=0 \tag{2.2.19}$$

$$\nabla \times \boldsymbol{E}=0 \tag{2.2.20}$$

式(2.2.17)、式(2.2.18)和式(2.2.19)、式(2.2.20)分别为恒定电流场基本方程的积分形式和微分形式。它说明在不考虑外加电源的非库仑场的作用下，电场强度 $\boldsymbol{E}$ 的旋度等于零，恒定电流场仍为一个保守场。同时说明 $\boldsymbol{J}$ 线是无头无尾的闭合曲线，因此恒定电流场只能在闭合导体中流动。导体中只要有一处断开，恒定电流场就不存在了。恒定电流场用电流密度和电场强度表示，所以恒定电流场又叫恒定电场。

2.2.5 位函数与拉普拉斯方程

1. 位函数

与静电场一样，由于恒定电流场的旋度为零，所以也可以用一个标量位函数的负梯度表示恒定电场的大小，即

$$\boldsymbol{E}=-\nabla\varphi$$

2. 拉普拉斯方程

将 $\boldsymbol{J}=\sigma\boldsymbol{E}=-\sigma\nabla\varphi$ 代入式(2.2.19)中，可以得到均匀导电介质中电位所满足的拉普拉斯方程为

$$\nabla^2\varphi=0 \tag{2.2.21}$$

由于无法采用电磁场理论分析恒定电流场的有源部分，只能分析无源区域，所有不存在恒定电流场的泊松方程。

3. 跨步电压

在电力系统中的接地体或断裂的搭地电力线附近，将会有大电流在土壤中流动而在地面形成变化剧烈的电位分布，当有人在地面上行走时，两脚间形成很高的电压，称为跨步电压。当跨步电压超过安全值时，会对人体造成伤害，甚至可能达到致命的程度。将跨步电压超过安全值达到对生命造成危险的范围称为危险区。

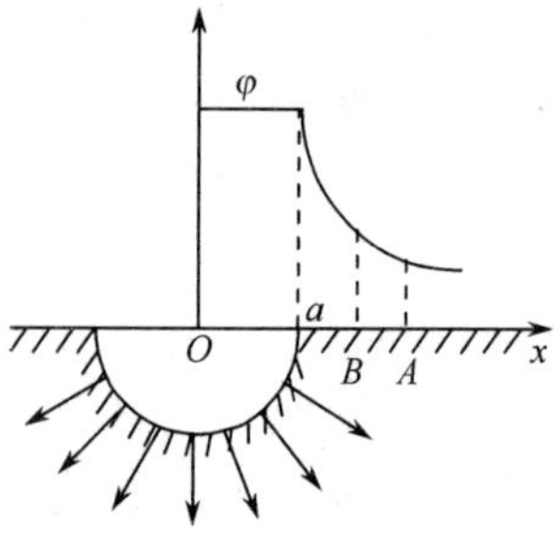

图 2.2.4　跨步电压

下面以半球形接地线附近地面上的电位分布为例，确定危险区的半径。半球的半径为 a，如图 2.2.4 所示。如果由接地体流入大地的总电流为 I，则在距球心 r 处的电流密度 $J=\dfrac{I}{2\pi r^2}$，场强 $E=\dfrac{J}{\sigma}=\dfrac{I}{2\pi\sigma r^2}$，电位 $\varphi(a)=\int_a^\infty \dfrac{I}{2\pi\sigma r^2}\mathrm{d}r=\dfrac{I}{2\pi\sigma a}$。电位分布曲线如图 2.2.4 所示，在半球上，导体球是等电位体，电位恒定，在观察点距球心的距离 $r>a$ 的区域，电位与距离呈反比关系衰减。

设地面上 A、B 两点之间的距离为 b，等于人的两脚的跨步距离。令 A 点与接地体中心的距离为 l，接地体中心与 B 点相距 $l-b$，则跨步电压为

$$U_{BA}=\int_{l-b}^{l}\frac{I}{2\pi\sigma r^2}\mathrm{d}r=\frac{I}{2\pi\sigma}\left(\frac{1}{l-b}-\frac{1}{l}\right)$$

若对人体有危险的临界电压为 U_0，当 $U_{BA}=U_0$ 时，A 点就成为危险区的边界，即危险区是以 O 为中心、以 l 为半径的圆面积。

由于一般情况下，$l \gg b$，所以

$$U_0 = \frac{I}{2\pi\sigma}\left(\frac{1}{l-b} - \frac{1}{l}\right) \approx \frac{Ib}{2\pi\sigma l^2}$$

即可得

$$l = \sqrt{\frac{Ib}{2\pi\sigma U_0}} \tag{2.2.22}$$

上式表明了与危险区半径 l 有关的量。

应该指出，实际上直接危及生命的不是电压，而是通过人体的电流。当通过人体的工频电流超过 8mA 时，有可能发生危险，超过 30mA 时将危及生命，而电流的大小不仅与跨步电压有关，还与人体本身的电阻有关，分析将相对比较困难。

2.2.6 恒定电流场的边界条件

与静电场一样，在两种不同导电介质的分界面上，由于物质特性发生突变，场量也会随之突变，故必须了解分界面上场强的衔接条件。设在分界面上无外加电源存在，则根据恒定电场环量为零 $\oint_l \boldsymbol{E} \cdot \mathrm{d}\boldsymbol{l} = 0$ 的条件，仿照图 2.1.7 所示的方法，在分界面上取很小的闭合环，可以推导得到

$$E_{1\mathrm{t}} = E_{2\mathrm{t}} \tag{2.2.23}$$

说明电场强度 $\boldsymbol{E}$ 在分界面上的切向分量是连续的。

同样，仿照图 2.1.6，在分界面两侧取一很小的闭合圆柱面，并根据 $\oint_S \boldsymbol{J} \cdot \mathrm{d}\boldsymbol{S} = 0$ 进行积分，可以得到

$$J_{1\mathrm{n}} = J_{2\mathrm{n}} \tag{2.2.24}$$

说明电流密度 $\boldsymbol{J}$ 在分界面上的法向分量是连续的。

由式(2.2.23)和式(2.2.24)可以得到，在两种不同导电介质分界面上由位函数 φ 表示的衔接条件为

$$\varphi_1 = \varphi_2 \tag{2.2.25}$$

和

$$\sigma_1 \frac{\partial \varphi_1}{\partial n} = \sigma_2 \frac{\partial \varphi_2}{\partial n} \tag{2.2.26}$$

如果介质是各向同性的，即 $\boldsymbol{J}$ 与 $\boldsymbol{E}$ 的方向一致，如图 2.2.5 所示，式(2.2.23)和式(2.2.24)可分别写成

$$E_1 \sin\theta_1 = E_2 \sin\theta_2$$

$$\sigma_1 E_1 \cos\theta_1 = \sigma_2 E_2 \cos\theta_2$$

两式相除即得

$$\frac{\tan\theta_1}{\tan\theta_2} = \frac{\sigma_1}{\sigma_2} \tag{2.2.27}$$

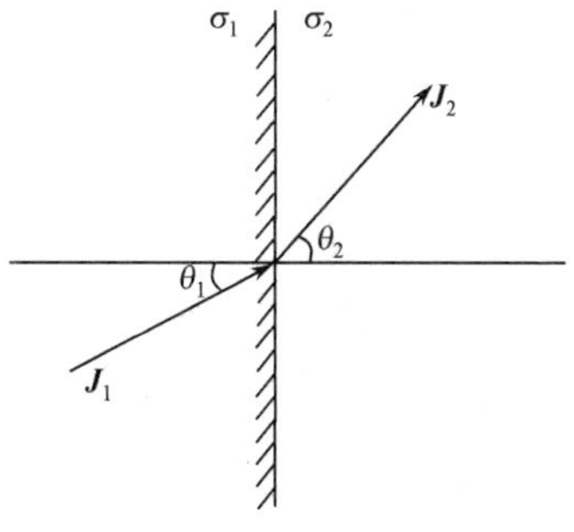

图 2.2.5 电流线的折射

下面考察一些特殊情况，若第一种介质是良导体，第二种介质是不良导体，即 $\sigma_1 \gg \sigma_2$，对照式(2.2.27)可知，除 $\theta_1 = 90°$ 外，在其他情况下，不论恒定电流场的入射角度 θ_1 大小如何，折射角度 θ_2 都会很小。也就是说，在靠近分界面处，不良导体内的电流密度线可近似看成与分界面近似垂直。例如，钢($\sigma_1 = 5 \times 10^6$ S/m)与土壤($\sigma_2 = 10^2$ S/m)的分界面上，当 $\theta_1 = 89°59'50''$ 时，$\theta_2 = 8''$。

如果介质 2 为理想介质，即 $\sigma_2 = 0$，则导体内外的电流及电场分布将呈现一些特殊的性质。在导体内部，由于外部理想介质中不存在恒定电流，即 $\boldsymbol{J}_2 = 0$，由式(2.2.24)可知 $J_{1\mathrm{n}} = J_{2\mathrm{n}} = 0$。

又因为 $J_{1n}=\sigma_1 E_{1n}$，则 $E_{1n}=0$，说明导体一侧只能存在切向分量的电流和切向分量的电场强度，即 $E_1=E_{1t}=\frac{J_{1t}}{\sigma_1}=\frac{J_1}{\sigma_1}$。因此一根细导线上通有恒定电流时，不论导线如何弯曲，导线内的电流密度线也将同样沿弯曲路径流动。

在导体外侧，虽然理想介质中 $\boldsymbol{J}_2=0$，但理想介质中的恒定电场强度 $\boldsymbol{E}_2$ 并不一定为零。因为 $\boldsymbol{J}_2=\sigma_2\boldsymbol{E}_2$，由于 $\sigma_2=0$，导致 $\boldsymbol{J}_2=0$，但 $\boldsymbol{E}_2$ 仍可以不等于零。这个场是由导体表面电荷引起的，所以导体周围电介质中的电场可以应用相应的静电场的边界条件加以理解，由于存在面电荷，分界面上应满足 $\rho_S=D_{2n}=\varepsilon_2 E_{2n}$。在导体外的理想介质中，不仅电场强度的法向分量存在，而且由式(2.2.23)得 $E_{2t}=E_{1t}\neq 0$，可知电场强度的切向分量也存在。综上所述，在两种不同导电介质的分界面处，设区域 1 的电导率为 σ_1，介电常数为 ε_1，区域 2 的电导率为 σ_2，介电常数为 ε_2，则电位移和电流密度的法向分量的衔接条件分别为

$$D_{2n}-D_{1n}=\rho_S \quad 或 \quad \varepsilon_2 E_{2n}-\varepsilon_1 E_{1n}=\rho_S$$

$$J_{2n}-J_{1n}=0 \quad 或 \quad \sigma_2 E_{2n}-\sigma_1 E_{1n}=0$$

由此得出，分界面上的面电荷密度为

$$\rho_S=\left(\varepsilon_2-\varepsilon_1\frac{\sigma_2}{\sigma_1}\right)E_{2n}=\left(\varepsilon_2\frac{\sigma_1}{\sigma_2}-\varepsilon_1\right)E_{1n} \tag{2.2.28}$$

若 $\frac{\sigma_2}{\sigma_1}=\frac{\varepsilon_2}{\varepsilon_1}$，则 $\rho_S=0$，此时法向电位移和法向电流都连续，切向电场也连续。

根据经典电磁理论，在恒定电流场情况下，金属导体中以带电粒子的传导特性为主，介质极化现象不明显，可以近似认为金属导体的介电常数 $\varepsilon\approx\varepsilon_0$，因此，两种不同金属导体分界面上的面电荷密度为

$$\rho_S=\left(1-\frac{\sigma_2}{\sigma_1}\right)\varepsilon_0 E_{2n}=\left(\frac{\sigma_1}{\sigma_2}-1\right)\varepsilon_0 E_{1n} \tag{2.2.29}$$

2.2.7 有耗介质的电阻

工程上，电容器和同轴线中的漏电阻及高频印制板电路中的损耗是极其重要的电性能参数。如何计算这些器件的漏电导(其倒数又称漏电阻或绝缘电阻)，成为恒定电流场中的一个重要问题。

1. 漏电导

根据欧姆定律，漏电导的定义是流经导电介质的电流与导电介质两端电压之比，即

$$G=\frac{I}{U} \tag{2.2.30}$$

当导体形状较规则或有某种对称关系时，类似于前面讲解的电容的求解方法，可先假设已知电流，然后求得电流密度和恒定电场强度，再由电场强度线积分获得电压，并最终求得目标的电导。当恒定电流场与静电场的边界条件相同时，利用漏电导计算公式与电容计算公式的相似性，将静电场中的各量分别用恒定电流场的对应量代换。

$$C=\frac{Q}{U}=\frac{\int_S \boldsymbol{D}\cdot \mathrm{d}\boldsymbol{S}}{\int_l \boldsymbol{E}\cdot \mathrm{d}\boldsymbol{l}}=\frac{\varepsilon\int_S \boldsymbol{E}\cdot \mathrm{d}\boldsymbol{S}}{\int_l \boldsymbol{E}\cdot \mathrm{d}\boldsymbol{l}}$$

$$G=\frac{I}{U}=\frac{\int_S \boldsymbol{J}\cdot \mathrm{d}\boldsymbol{S}}{\int_l \boldsymbol{E}\cdot \mathrm{d}\boldsymbol{l}}=\frac{\sigma\int_S \boldsymbol{E}\cdot \mathrm{d}\boldsymbol{S}}{\int_l \boldsymbol{E}\cdot \mathrm{d}\boldsymbol{l}}$$

两式相比得

$$\frac{C}{G}=\frac{\varepsilon}{\sigma} \tag{2.2.31}$$

故在求电容公式中将 ε 代换为 σ，即得相应漏电导的公式；反之亦然。

【例 2-8】 同轴电缆是常用的设备，由内外导体组成。为了结构支撑和结构小型化，在内外导体间往往会填充一层或多层介质。由于介质都或多或少存在损耗，导致内外导体间存在漏电阻，而单位长度同轴线的漏电阻大小成为衡量同轴线性能的一个重要指标。设内外导体的半径分别为 R_1、R_2，长度为 l，中间介质的电导率为 σ，介电常数为 ε，如图 2.2.6 所示。

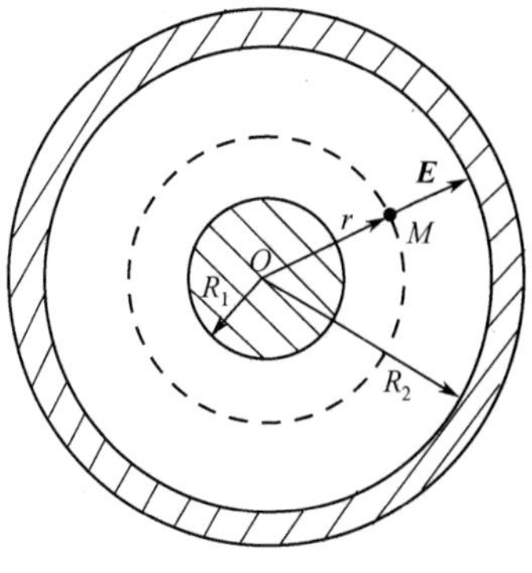

图 2.2.6　同轴电缆

解： 设电缆的长度 l 远大于截面半径，忽略其端部边缘效应，并设漏电流为 I，则两电极（内外导体）间任一点 M 的漏电流密度为

$$J_r=\frac{I}{2\pi rl}$$

故电场强度为

$$E_r=\frac{J_r}{\sigma}=\frac{I}{2\pi rl\sigma}$$

内外两导体间的电压为

$$U=\int_{R_1}^{R_2}\frac{I}{2\pi rl\sigma}\mathrm{d}\rho=\frac{I}{2\pi l\sigma}\ln\frac{R_2}{R_1}$$

从而得漏电导为

$$G=\frac{I}{U}=\frac{2\pi l\sigma}{\ln\frac{R_2}{R_1}}$$

相对的绝缘电阻为

$$R=\frac{1}{G}=\frac{1}{2\pi l\sigma}\ln\frac{R_2}{R_1}$$

通过高斯积分可以方便获得同轴电缆内外导体间的电容为

$$C=\frac{2\pi\varepsilon l}{\ln\frac{R_2}{R_1}}$$

由 $\frac{C}{G}=\frac{\varepsilon}{\sigma}$，同样可以得到内外导体间的漏电导和绝缘电阻分别为

$$G=\frac{2\pi l\sigma}{\ln\frac{R_2}{R_1}},\quad R=\frac{1}{2\pi\sigma l}\ln\frac{R_2}{R_1}$$

由本题可以看出，要有效降低同轴电缆的漏电阻，必须选择好的填充介质，尽量降低电导率，并且在不影响其他电性能参数设计的情况下，减小内外导体的线径比也是可行的有效措施。

【例 2-9】 前面讲解的平板电容器，两个极板间都会填充一定的介质，从而可以提高电容量，但介质又会有一定的损耗，从而使得电容器有不同程度的漏电现象。设平板面积为 S，距离为 d，$S\gg d$，填充介质的介电常数为 ε，电导率为 σ，求电容器的漏电阻。

解： 本题可以有多种求解方法。

方法 1：解常微分方程法

假设平板为理想导体，假设上下导体之间的电压为 U，根据恒定电流场的拉普拉斯方程

(2.2.21)，板间电位满足如下一维常微分方程

$$\frac{\mathrm{d}^2\varphi}{\mathrm{d}z^2}=0$$

从而可以得到解的一般形式为

$$\varphi=az+b$$

由边界条件 $\varphi|_{z=0}=0, \varphi|_{z=d}=U$，可以得到

$$\varphi=\frac{z}{d}U$$

$$E_z=-\frac{1}{d}U$$

$$I=\int_S \sigma\frac{U}{d}\mathrm{d}S=\frac{U}{d}S\sigma$$

$$G=\frac{I}{U}=\sigma\frac{S}{d}, R=\frac{U}{I}=\frac{d}{\sigma S}$$

方法 2：通过类比的方法

由于平板电容器的电容为

$$G=\frac{Q}{U}=\varepsilon\frac{S}{d}$$

所以，通过类比的方法可以直接得到漏电阻和漏电导分别为

$$G=\frac{I}{U}=\sigma\frac{S}{d}, R=\frac{U}{I}=\frac{d}{\sigma S}$$

2. 接地电阻

工程上常将电气设备的一部分和大地直接连接，称为接地。如果是为了保护工作人员及电气设备的安全而接地，称为保护接地，如电力系统和大功率电气系统等强电环境中，设备的有效接地就是保护接地。如果是为消除电气设备的导电部分对地电压的升高而接地，称为工作接地，如精密测试仪器设备等，虽然工作电压不高，但仍然需要有效接地。为了有效接地，将金属导体埋入地里，并将设备中需要接地的部分与该导体连接，这种埋在地里的导体或导体系统称为接地体。连接电力设备与接地体的导线称为接地线。接地体与接地线总称接地装置。

接地电阻就是电流由接地装置流入大地再经大地流向另一接地体或向远处扩散所遇到的电阻，包括接地线与接地体本身的电阻、接地体与大地之间的接触电阻以及大地电阻。其中大地电阻相对要大得多，因此，接地电阻主要是指大地电阻。

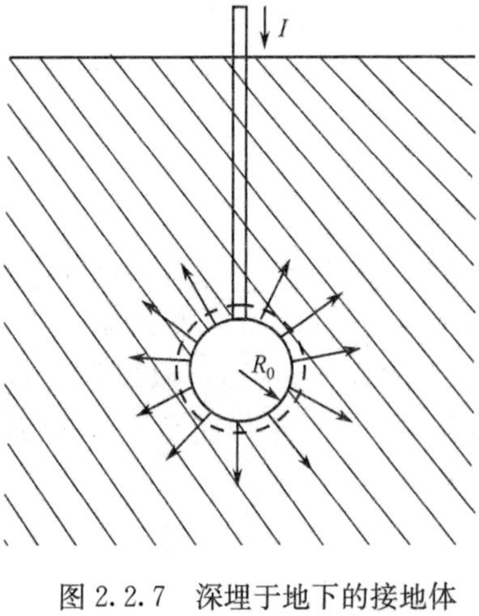

图 2.2.7　深埋于地下的接地体的 $\boldsymbol{J}$ 线分布

如同例 2-8 中的求解方法一样，假设设备流向接地线的电流为 I，研究地中电流密度和电场强度的分布，从而获得观察点电压并最终求得接地电阻。在分析时，不考虑土壤电导率的不均匀性，并且认为接地体深埋于地下，不考虑地面与空气分界面上电导率的突变影响，电流密度以球心为中心向四周均匀扩散，其 $\boldsymbol{J}$ 线的分布如图 2.2.7 所示。设电流 I 进入土壤达到某点，则该点的 $J=\frac{I}{4\pi r^2}, E=\frac{J}{\sigma}=\frac{I}{4\pi\sigma r^2}, U_{球\infty}=\int_a^\infty \frac{I}{4\pi\sigma r^2}\mathrm{d}r=\frac{I}{4\pi\sigma a}$，则接地电阻 $R=\frac{U_{球\infty}}{I}=\frac{1}{4\pi\sigma a}$。

根据接地电阻的公式，为了有效减小接地电阻，必须增加土壤的电导率并增加接地体与土壤的接触面积。实际工程中，一般要求接地电阻小于 0.5Ω。

2.2.8 恒定电流场与静电场的比拟

静电场、恒定磁场和恒定电流场这 3 种场的场方程、位函数、边界条件有很多类似之处。如果在某种条件下，两种场的方程、边界条件都具有相同的形式，则两种场的场量、介质参数之间构成一对一的对偶关系。若两种场的边界条件也相同，则对两种场的求解就成为同一个数学问题，解具有相同的形式。此时，只需求出一种场的解，再将解中的物理量用其对偶量替换，就得到另一种场的解。这种求解场的方法称为比拟法。

表 2.2.1 中列出电源外部均匀导体中的恒定电流场与均匀、无源（$\rho_S=0$）介质中的静电场的方程、边界条件（用 $\boldsymbol{E}_S$、φ_S 分别表示静电场的电场强度和电位）。

表 2.2.1　恒定电流场与静电场的比较

	均匀导体中的恒定电流场（电源外部）	均匀介质中的静电场（无源区域，$\rho=0$）
场方程	$\oint_l \boldsymbol{E}\cdot d\boldsymbol{l}=0,\nabla\times\boldsymbol{E}=0$ $\oint_S \boldsymbol{J}\cdot d\boldsymbol{S}=0,\nabla\cdot\boldsymbol{J}=0$	$\oint_l \boldsymbol{E}_S\cdot d\boldsymbol{l}=0,\nabla\times\boldsymbol{E}_S=0$ $\oint_S \boldsymbol{D}\cdot d\boldsymbol{S}=0,\nabla\cdot\boldsymbol{D}=0$
本构关系	$\boldsymbol{J}=\sigma\boldsymbol{E}$	$\boldsymbol{D}=\varepsilon\boldsymbol{E}_S$
位函数	$\boldsymbol{E}=-\nabla\varphi$ $\nabla^2\varphi=0$	$\boldsymbol{E}_S=-\nabla\varphi_S$ $\nabla^2\varphi_S(\boldsymbol{r})=0$
边界条件	$J_{1n}=J_{2n}$ $E_{1t}=E_{2t}$ $\varphi_1=\varphi_2$ $\sigma_1\dfrac{\partial\varphi_1}{\partial n}=\sigma_2\dfrac{\partial\varphi_2}{\partial n}$	$D_{1n}=D_{2n}$ $E_{S1t}=E_{S2t}$ $\varphi_{S1}=\varphi_{S2}$ $\varepsilon_1\dfrac{\partial\varphi_{S1}}{\partial n}=\varepsilon_2\dfrac{\partial\varphi_{S2}}{\partial n}$

从表中可以看出，电源外部均匀导体中的恒定电流场和均匀、无源介质中的静电场之间存在如下 4 组对偶物理量

$$\boldsymbol{E}\Leftrightarrow\boldsymbol{E}_S,\boldsymbol{J}\Leftrightarrow\boldsymbol{D},\varphi\Leftrightarrow\varphi_S,\sigma\Leftrightarrow\varepsilon \tag{2.2.32}$$

若两种场的边界形状相同，且不同介质分界面处的介质参数满足 $\sigma_1/\sigma_2=\varepsilon_1/\varepsilon_2$，则两种场就具有相同的边界条件。求出二者中任意一种场的解，再直接按式(2.2.32)进行变量代换，都可得到另一种场的解，这就是比拟法。

2.3 恒 定 磁 场

2.2.2 节详细讲述了电流及电流密度，讲述了有耗介质中的电流也是一种场。实验表明，两段电流之间也存在力的作用，从而证明了电流还可以激励出另外一种场，即磁场。恒定电流激发恒定磁场。

2.3.1 安培力定律与磁感应强度

1. 安培力定律

如图 2.3.1 所示的真空中存在两个静止的细导线回路 C_1 和 C_2，它们分别载有恒定电流 I_1 和 I_2，实验表明，两个回路之间存在力的作用，而这个力除了 2.1 节讲到的静电力，还包括一种

特殊的力。1820 年，法国著名的物理学家安培通过实验总结出回路 C_1 对回路 C_2 的这种作用力 $\boldsymbol{F}_{12}$ 为

$$\boldsymbol{F}_{12} = \frac{\mu_0}{4\pi}\oint_{C_2}\oint_{C_1} \frac{I_2 \mathrm{d}\boldsymbol{l}_2 \times (I_1 \mathrm{d}\boldsymbol{l}_1 \times \boldsymbol{e}_R)}{\boldsymbol{R}^2} \tag{2.3.1}$$

这就是安培力定律。式中，$\mu_0 = 4\pi\times10^{-7}$ H/m（亨/米）为真空磁导率；电流元 $I_1\mathrm{d}\boldsymbol{l}_1$ 的位置矢量为 $\boldsymbol{r}_1$，电流元 $I_2\mathrm{d}\boldsymbol{l}_2$ 的位置矢量为 $\boldsymbol{r}_2$；两电流元之间的距离为 R，矢量表示为

$$\boldsymbol{R} = \boldsymbol{e}_R R = \boldsymbol{r}_2 - \boldsymbol{r}_1 = \boldsymbol{e}_R |\boldsymbol{r}_2 - \boldsymbol{r}_1|$$

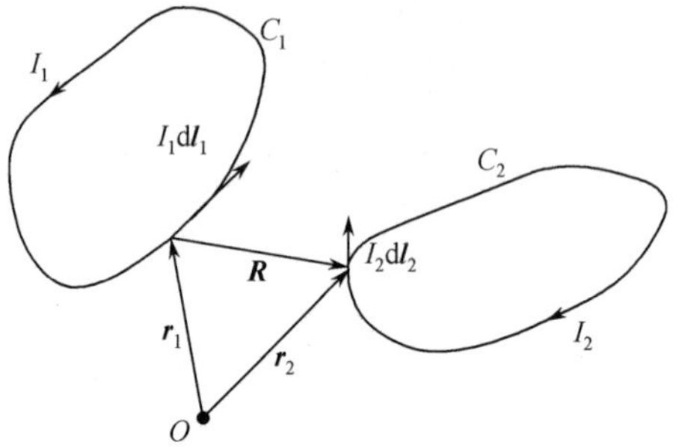

图 2.3.1　两个电流回路间的相互作用力

可以证明，载流回路 C_2 对载流回路 C_1 的作用力 $\boldsymbol{F}_{21} = -\boldsymbol{F}_{12}$，即满足牛顿力学的第三定律。

2. 磁感应强度

同样，如同静电场中电荷之间的相互作用力是通过电荷周围的静电场传递一样，两个闭合电流线圈之间的作用力也是通过其周围的场传递的，这个场称作磁场。按照宏观电磁场理论的观点，电流 I_1 在其周围产生磁场，该磁场对 I_2 的作用力为 $\boldsymbol{F}_{12}$。根据这一观点，将式(2.3.1)改写为

$$\boldsymbol{F}_{12} = \oint_{C_2} I_2 \mathrm{d}\boldsymbol{l}_2 \times \left[\frac{\mu_0}{4\pi}\oint_{C_1} \frac{I_1 \mathrm{d}\boldsymbol{l}_1 \times (\boldsymbol{r}_2 - \boldsymbol{r}_1)}{|\boldsymbol{r}_2 - \boldsymbol{r}_1|^3}\right] \tag{2.3.2}$$

假设实验电流源 $I_2\mathrm{d}\boldsymbol{l}_2$ 所产生的磁场相对于 $I_1\mathrm{d}\boldsymbol{l}_1$ 产生的磁场为无穷小，则可将式中方括号内的积分函数视为电流 I_1 在电流元 $I_2\mathrm{d}\boldsymbol{l}_2$ 所在点产生的磁场，称为磁感应强度，表示为

$$\boldsymbol{B}_{12} = \frac{\mu_0}{4\pi}\oint_{C_1} \frac{I_1 \mathrm{d}\boldsymbol{l}_1 \times (\boldsymbol{r}_2 - \boldsymbol{r}_1)}{|\boldsymbol{r}_2 - \boldsymbol{r}_1|^3} \tag{2.3.3}$$

磁感应强度 $\boldsymbol{B}$ 的单位是 T（特斯拉），或 $\mathrm{Wb/m^2}$（韦伯/平方米）。它一个矢量场，与回路 C_1 的位置和形状以及电流的大小和方向有关。磁感应强度与电流方向和位置矢量三者相互垂直，且满足右手螺旋关系。

对比式(2.3.2)和式(2.3.3)可以看出，闭合电流回路 C_2 所受的力可写为如下简化形式

$$\boldsymbol{F}_{12} = \oint_{C_2} I_2 \mathrm{d}\boldsymbol{l}_2 \times \boldsymbol{B}_{12} \tag{2.3.4}$$

电流源 $I_2\mathrm{d}\boldsymbol{l}_2$ 所受的力$\boldsymbol{F}_{12}$与电流源 $I_2\mathrm{d}\boldsymbol{l}_2$ 以及磁感应强度$\boldsymbol{B}_{12}$的方向相互垂直，并满足右手螺旋关系。

将此定义应用到任意电流回路 C，回路上任一电流元 $I\mathrm{d}\boldsymbol{l}'$所在的点称为源点，其位置矢量用 $\boldsymbol{r}'$表示；需要计算磁感应强度 $\boldsymbol{B}$ 的点称为场点，其位置矢量用 $\boldsymbol{r}$ 表示，则得

$$\boldsymbol{B}(\boldsymbol{r}) = \frac{\mu_0}{4\pi}\oint_{C} \frac{I\mathrm{d}\boldsymbol{l}' \times (\boldsymbol{r} - \boldsymbol{r}')}{|\boldsymbol{r} - \boldsymbol{r}'|^3} \tag{2.3.5}$$

回路 C 上的任一电流元 $I\mathrm{d}\boldsymbol{l}'$所产生的磁感应强度可表示为

$$\mathrm{d}\boldsymbol{B}(\boldsymbol{r})=\frac{\mu_0}{4\pi}\frac{I\mathrm{d}\boldsymbol{l}'\times(\boldsymbol{r}-\boldsymbol{r}')}{|\boldsymbol{r}-\boldsymbol{r}'|^3} \tag{2.3.6}$$

式(2.3.5)和式(2.3.6)分别称为积分形式和微分形式的毕奥-萨伐尔定律。

对于体电流密度为$\boldsymbol{J}(\boldsymbol{r}')$的体分布电流和面电流密度为$\boldsymbol{J}_S(\boldsymbol{r}')$的面分布电流，所产生的磁感应强度分别为

$$\boldsymbol{B}(\boldsymbol{r})=\frac{\mu_0}{4\pi}\int_{V'}\frac{\boldsymbol{J}(\boldsymbol{r}')\times(\boldsymbol{r}-\boldsymbol{r}')}{|\boldsymbol{r}-\boldsymbol{r}'|^3}\mathrm{d}V' \tag{2.3.7}$$

$$\boldsymbol{B}(\boldsymbol{r})=\frac{\mu_0}{4\pi}\int_{S'}\frac{\boldsymbol{J}_S(\boldsymbol{r}')\times(\boldsymbol{r}-\boldsymbol{r}')}{|\boldsymbol{r}-\boldsymbol{r}'|^3}\mathrm{d}S' \tag{2.3.8}$$

理论上，可以通过式(2.3.5)、式(2.3.7)和式(2.3.8)由已知电流分布计算磁感应强度，但是，由于它们都是矢量积分，只有形状简单的载流体才能利用这些公式得到解析结果。从以上磁感应强度公式可以看出：

① $\boldsymbol{B}(\boldsymbol{r})$表示单位线电流元所受的磁场力；

② $\boldsymbol{B}(\boldsymbol{r})$是坐标的函数，所以是一种场；

③ $\boldsymbol{B}(\boldsymbol{r})$是一种矢量场，既有大小又有方向；

④ 产生$\boldsymbol{B}(\boldsymbol{r})$的源是电流密度，它是一个矢量函数；

⑤ 电流密度$\boldsymbol{J}(\boldsymbol{r}')$、位置矢量$\boldsymbol{R}(\boldsymbol{r},\boldsymbol{r}')$和磁感应强度$\boldsymbol{B}(\boldsymbol{r})$满足右手螺旋关系；

⑥ 磁感应强度大小与电流密度大小成正比，磁场关于电流源满足叠加原理。

【例 2-10】 如图 2.3.2 所示的线电流圆环，圆环的半径为a，流过的电流为I，计算电流圆环轴线上任一点的磁感应强度。

解：为计算方便，采用圆柱坐标系，线电流圆环位于xOy平面上，则所求场点为$P(0,0,z)$。

圆环上的电流元为$I\mathrm{d}\boldsymbol{l}'=\boldsymbol{e}_\phi Ia\,\mathrm{d}\phi'$，其位置矢量为$\boldsymbol{r}'=\boldsymbol{e}_r a$，而场点$P$的位置矢量为$\boldsymbol{r}=\boldsymbol{e}_z z$，故得

$$\boldsymbol{r}-\boldsymbol{r}'=\boldsymbol{e}_z z-\boldsymbol{e}_r a,\ |\boldsymbol{r}-\boldsymbol{r}'|=(z^2+a^2)^{1/2}$$

则
$$\begin{aligned}I\mathrm{d}\boldsymbol{l}'\times(\boldsymbol{r}-\boldsymbol{r}')&=\boldsymbol{e}_\phi Ia\,\mathrm{d}\phi'\times(\boldsymbol{e}_z z-\boldsymbol{e}_r a)\\&=\boldsymbol{e}_r Iaz\,\mathrm{d}\phi'+\boldsymbol{e}_z Ia^2\mathrm{d}\phi'\end{aligned}$$

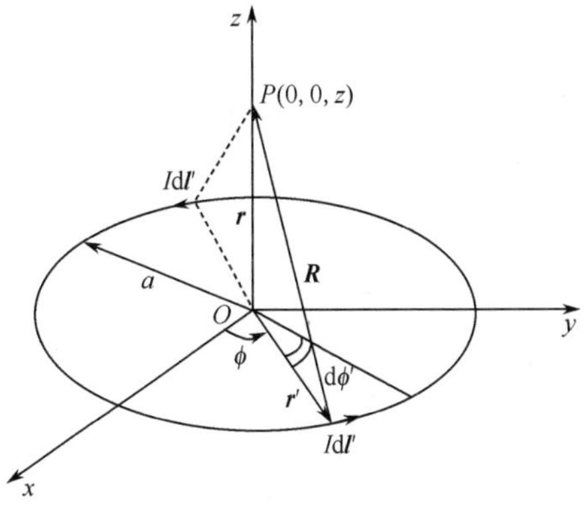

图 2.3.2 线电流圆环

由于对称性，圆环上各对称点处的电流元在场点P产生的磁感应强度的水平分量相互抵消，产生的磁场只有轴向分量。由式(2.3.5)，得轴线上任一点$P(0,0,z)$的轴向磁感应强度大小为

$$B_z(z)=\frac{\mu_0 Ia}{4\pi}\int_0^{2\pi}\frac{a}{(z^2+a^2)^{3/2}}\mathrm{d}\phi'=\frac{\mu_0 Ia^2}{2(z^2+a^2)^{3/2}}$$

当圆环半径$a\to 0$时，此电流圆环就成为磁偶极子，与电偶极子的概念一样，磁偶极子也是电磁场中的一个重要概念。其中，电流与圆环面积的乘积称为磁矩，磁矩的方向为圆环面的法向，即$\boldsymbol{p}_\mathrm{m}=IS=\boldsymbol{e}_\mathrm{n}I\pi a^2$。

2.3.2 磁介质的磁化

前面通过电偶极子的模型研究了物质的电极化现象，这是物质在静电场中表现出来的效应。本节介绍物质在恒定磁场中表现出来的效应，研究物质的磁效应时，将物质称为磁介质。我们知道，电子在自己的轨道上以恒定速度绕原子核运动，形成一个环形电流，它相当于一个磁偶极子。

另外，电子和原子核本身还要自旋，这种自旋形成的电流也相当于一个磁偶极子，将其磁偶极矩称为自旋磁矩。通常可以忽略原子的自旋，只考虑轨道磁矩的影响，由于这种电流限制在原子周围，所以称为束缚电流或磁化电流。磁化电流的磁偶极矩称为分子磁矩，表示为

$$\boldsymbol{p}_{\mathrm{m}}=I\Delta\boldsymbol{S} \tag{2.3.9}$$

式中，I 为分子电流；$\Delta\boldsymbol{S}=\boldsymbol{e}_{\mathrm{n}}\Delta S$ 为分子电流所围的面积元矢量，其方向与 I 流动的方向成右手螺旋关系。

不存在外加磁场时，磁介质中各个分子磁矩的取向是杂乱无章的，其合成磁矩几乎为零，即 $\sum\boldsymbol{p}_{\mathrm{m}}\approx 0$，对外不显磁性。当有外磁场作用时，根据安培力定律，分子磁矩趋向于沿外加磁场的方向，其合成磁矩不为零，即 $\sum\boldsymbol{p}_{\mathrm{m}}\neq 0$，对外显示磁性，这就是磁介质的磁化。

与物质的电极化一样，磁介质与外加磁场也存在相互作用：外加磁场使磁介质中的分子磁矩沿外加磁场方向，磁介质被磁化；同时，被磁化的磁介质要产生附加磁场，从而使原来的磁场分布发生变化。

所以，磁介质中的磁感应强度 $\boldsymbol{B}$ 也可看作在真空中传导电流产生的磁感应强度 $\boldsymbol{B}_0$ 和磁化电流产生的磁感应强度 $\boldsymbol{B}'$ 的叠加，即

$$\boldsymbol{B}=\boldsymbol{B}_0+\boldsymbol{B}'$$

把磁介质中分子磁矩的密度称为磁化强度 $\boldsymbol{M}$，用它来描述磁介质磁化的程度，有

$$\boldsymbol{M}=\lim_{\Delta V\to 0}\frac{\sum\limits_i\boldsymbol{p}_{\mathrm{m}i}}{\Delta V} \tag{2.3.10}$$

式中，$\boldsymbol{p}_{\mathrm{m}i}$ 表示体积 ΔV 内第 i 个分子磁矩。$\boldsymbol{M}$ 是一个宏观的矢量函数，单位是 A/m（安培/米）。若磁介质的某区域内各点的 $\boldsymbol{M}$ 相同，称为均匀磁化，否则称为非均匀磁化。

磁介质被磁化后，其内部和表面可能出现宏观电流分布，这就是磁化电流。正如电介质被极化后的极化电荷密度与电极化强度密切相关那样，磁介质的磁化电流也与磁化强度密切相关。磁介质内磁化体电流密度和磁化面电流密度与磁化强度的关系为

$$\boldsymbol{J}_M=\nabla\times\boldsymbol{M} \tag{2.3.11}$$

$$\boldsymbol{J}_{SM}=\boldsymbol{M}\times\boldsymbol{e}_{\mathrm{n}} \tag{2.3.12}$$

式中，$\boldsymbol{e}_{\mathrm{n}}$ 为磁介质表面的单位法向矢量。

2.3.3 恒定磁场基本方程

与静电场一样，由于恒定磁场是矢量场，其性质也由它的散度和旋度方程确定。

1. 恒定磁场的散度

对式(2.3.7)两边同时求散度，利用 $\frac{\boldsymbol{r}-\boldsymbol{r}'}{|\boldsymbol{r}-\boldsymbol{r}'|^3}=-\nabla\left(\frac{1}{|\boldsymbol{r}-\boldsymbol{r}'|}\right)$ 得

$$\nabla\cdot\boldsymbol{B}(\boldsymbol{r})=-\frac{\mu_0}{4\pi}\nabla\cdot\int_{V'}\boldsymbol{J}(\boldsymbol{r}')\times\nabla\left(\frac{1}{|\boldsymbol{r}-\boldsymbol{r}'|}\right)\mathrm{d}V' \tag{2.3.13}$$

由于上式右边的散度是关于场点 $\boldsymbol{r}$ 的运算而积分是关于源点 $\boldsymbol{r}'$ 的，所以二者可以交换运算顺序，即

$$\nabla\cdot\boldsymbol{B}(\boldsymbol{r})=-\frac{\mu_0}{4\pi}\int_{V'}\nabla\cdot\left[\boldsymbol{J}(\boldsymbol{r}')\times\nabla\left(\frac{1}{|\boldsymbol{r}-\boldsymbol{r}'|}\right)\right]\mathrm{d}V'$$

利用矢量恒等式 $\nabla\cdot(\boldsymbol{A}\times\boldsymbol{B})=\boldsymbol{B}\cdot\nabla\times\boldsymbol{A}-\boldsymbol{A}\cdot\nabla\times\boldsymbol{B}$，上式可写为

$$\nabla\cdot\boldsymbol{B}(\boldsymbol{r})=\frac{\mu_0}{4\pi}\int_{V'}\left[\nabla\frac{1}{|\boldsymbol{r}-\boldsymbol{r}'|}\cdot\nabla\times\boldsymbol{J}(\boldsymbol{r}')-\boldsymbol{J}(\boldsymbol{r}')\cdot\nabla\times\nabla\left(\frac{1}{|\boldsymbol{r}-\boldsymbol{r}'|}\right)\right]\mathrm{d}V'$$

进一步，由于上式右边方括号内算符∇是对场点坐标进行运算的，而$\boldsymbol{J}(\boldsymbol{r}')$仅是源点坐标的函数，所以$\nabla\times\boldsymbol{J}(\boldsymbol{r}')=0$，并且由$\nabla\times\nabla\varphi=0$，有

$$\nabla\cdot\boldsymbol{B}(\boldsymbol{r})=0 \tag{2.3.14}$$

此结果表明磁感应强度$\boldsymbol{B}$的散度恒为0，即磁场是一个无通量源的矢量场。这与静电场所表现出来的性质大不相同。可以证明，上式在有磁介质存在的情况下同样适用。

2. 恒定磁场的旋度

对式(2.3.7)两边取旋度，参照文献[3]可以推导出磁感应强度的旋度满足的表达式为

$$\nabla\times\boldsymbol{B}(\boldsymbol{r})=\mu_0\boldsymbol{J}(\boldsymbol{r}') \tag{2.3.15}$$

所以，恒定磁场是有旋场，恒定电流是产生恒定磁场的旋涡源。式(2.3.15)称为安培环路定理的微分形式。由2.1节讨论可知，静电场是有散无旋场，产生通量场的源是标量形式的电荷，电力线起始于正电荷而终止于负电荷。而恒定磁场是有旋无散场，产生环量场的源是矢量形式的电流密度，磁力线是一簇闭合的曲线，无起始和终止位置。我们将会看到，静电场和恒定磁场所满足的基本方程不同，其表现出来的性质也会有很大的差异。

3. 磁场强度和磁介质中的安培环路定理

前面已经介绍，当计算区域包括磁介质时，由于磁介质磁化而产生的磁化电流会激发二次场，从而影响原来磁场的大小与分布，所以在这种情况下，式(2.3.15)已经不再适用，需要进一步的推广。前面分析了磁介质的磁化和磁化后的磁介质产生的宏观磁效应这两个方面的问题，磁化电流就是把这两个方面的问题联系起来的物理量。因此，包含磁介质情况下，空间磁场相当于电流密度$\boldsymbol{J}$和磁化电流$\boldsymbol{J}_M$在无界的真空中产生的磁场的叠加。将真空中的安培环路定理推广到磁介质中，得

$$\nabla\times\boldsymbol{B}=\mu_0(\boldsymbol{J}+\boldsymbol{J}_M) \tag{2.3.16}$$

即考虑磁化电流也是产生磁场的旋涡源。将式(2.3.11)代入式(2.3.16)，可得

$$\nabla\times\left[\frac{\boldsymbol{B}(\boldsymbol{r})}{\mu_0}-\boldsymbol{M}(\boldsymbol{r})\right]=\boldsymbol{J}(\boldsymbol{r}) \tag{2.3.17}$$

引入包含磁化效应的物理量——磁场强度$\boldsymbol{H}$，即令

$$\boldsymbol{H}=\frac{\boldsymbol{B}}{\mu_0}-\boldsymbol{M} \tag{2.3.18}$$

磁场强度的单位为A/m(安培/米)。则式(2.3.17)变为

$$\nabla\times\boldsymbol{H}(\boldsymbol{r})=\boldsymbol{J}(\boldsymbol{r}) \tag{2.3.19}$$

这是磁介质中安培环路定理的微分形式，它表明磁介质内某点的磁场强度$\boldsymbol{H}$的旋度等于该点的电流密度$\boldsymbol{J}$。

4. 基本方程的积分形式

对式(2.3.19)两边取面积分，得

$$\int_S \nabla\times\boldsymbol{H}(\boldsymbol{r})\cdot\mathrm{d}\boldsymbol{S}=\int_S\boldsymbol{J}(\boldsymbol{r}')\cdot\mathrm{d}\boldsymbol{S}=\sum I$$

应用斯托克斯定理$\int_S \nabla\times\boldsymbol{H}(\boldsymbol{r})\cdot\mathrm{d}\boldsymbol{S}=\oint_l\boldsymbol{H}(\boldsymbol{r})\cdot\mathrm{d}\boldsymbol{l}$，上式可以表示为磁场强度的环量形式

$$\oint_l\boldsymbol{H}(\boldsymbol{r})\cdot\mathrm{d}\boldsymbol{l}=\sum I \tag{2.3.20}$$

上式表明，恒定磁场的磁场强度在任意闭合曲线上的环量等于与闭合曲线交链的恒定电流的代数和。式(2.3.20)称为安培环路定理的积分形式。

对(2.3.14)两边进行体积分并利用高斯散度定理$\int_V \nabla\cdot\boldsymbol{F}\mathrm{d}V=\oint_S\boldsymbol{F}\cdot\mathrm{d}\boldsymbol{S}$，得

$$\int_V \nabla \cdot \boldsymbol{B}(\boldsymbol{r}) \mathrm{d}V = \oint_S \boldsymbol{B}(\boldsymbol{r}) \cdot \mathrm{d}\boldsymbol{S} = 0 \tag{2.3.21}$$

即穿过任意闭合面的磁感应强度的通量等于0，由于磁力线是无头无尾的闭合线，有多少磁力线穿进闭合面，就有多少磁力线穿出闭合面。将式(2.3.21)称为磁通连续性原理的积分形式，相应地，将式(2.3.14)称为磁通连续性原理的微分形式。磁通连续性原理表明自然界中无孤立的磁荷存在。由于磁感应强度的面积分称为磁通，所以磁感应强度 $\boldsymbol{B}(\boldsymbol{r})$ 也称为磁通密度。

如果磁场强度 $\boldsymbol{H}(\boldsymbol{r})$ 具有一定的对称性，从而可以找到一条闭合曲线，在此曲线上磁场大小恒定而方向与闭合曲线的方向平行或垂直，从而可以利用式(2.3.20)对部分恒定磁场问题进行求解。

5. 磁介质的本构关系

对所有的磁介质，式(2.3.18)都是成立的。如果磁化强度与外加磁场强度成正比(线性关系)，且各个方向关系相同(各向同性)，则称为线性各向同性简单磁介质，磁化强度 $\boldsymbol{M}$ 与磁场强度 $\boldsymbol{H}$ 之间存在如下正比关系

$$\boldsymbol{M} = \chi_m \boldsymbol{H} \tag{2.3.22}$$

式中，χ_m 称为磁介质的磁化率，是一个无量纲的常数。不同的磁介质有不同的磁化率。

将式(2.3.22)代入式(2.3.18)，得 $\boldsymbol{H} = \dfrac{\boldsymbol{B}}{\mu_0} - \chi_m \boldsymbol{H}$，即

$$\boldsymbol{B} = (1+\chi_m)\mu_0 \boldsymbol{H} = \mu_r \mu_0 \boldsymbol{H} = \mu \boldsymbol{H} \tag{2.3.23}$$

此式称为简单磁介质的本构关系。式中，$\mu = \mu_r \mu_0$ 称为磁介质的磁导率，单位为 H/m(亨利/米)；$\mu_r = (1+\chi_m)$ 称为磁介质的相对磁导率，无量纲。真空中，$\chi_m = 0$，$\mu_r = 1$，无磁化效应，$\boldsymbol{M} = 0$，$\boldsymbol{B} = \mu_0 \boldsymbol{H}$。

若 $\chi_m < 0$，则称此磁介质为抗磁体，此时 $\mu_r < 1$；若 $\chi_m > 0$，则称磁介质为顺磁体，此时 $\mu_r > 1$。但无论是顺磁体还是抗磁体，它们的磁化效应都很弱，$\chi_m \approx 0$，$\mu_r \approx 1$，通常将其统称为非铁磁体。对于铁磁体，μ_r 可达几百、几千，甚至更大。表2.3.1列出部分材料的相对磁导率的近似值。

表2.3.1　部分材料的相对磁导率

材料	种类	μ_r	材料	种类	μ_r
铋	抗磁体	0.99983	2-81钼坡莫合金	铁磁体	130
金	抗磁体	0.99996	钴	铁磁体	250
银	抗磁体	0.99998	镍	铁磁体	600
铜	抗磁体	0.99999	锰锌铁氧化体	铁磁体	1500
水	抗磁体	0.99999	低碳钢	铁磁体	2000
空气	顺磁体	1.0000004	坡莫合金45	铁磁体	2500
铝	顺磁体	1.000021	铁	铁磁体	4000
钯	顺磁体	1.00082	铁镍合金	铁磁体	100000

对于各向异性磁介质，磁导率是一个张量，表示为 $\boldsymbol{\mu}$，此时 $\boldsymbol{B}$ 和 $\boldsymbol{H}$ 的关系式可写为

$$\boldsymbol{B} = \boldsymbol{\mu} \cdot \boldsymbol{H} \quad 或 \quad \begin{bmatrix} B_x \\ B_y \\ B_z \end{bmatrix} = \begin{bmatrix} \mu_{xx} & \mu_{xy} & \mu_{xz} \\ \mu_{yx} & \mu_{yy} & \mu_{yz} \\ \mu_{zx} & \mu_{zy} & \mu_{zz} \end{bmatrix} \begin{bmatrix} H_x \\ H_y \\ H_z \end{bmatrix}$$

如铁、钴、镍等铁磁材料，由于 $\boldsymbol{B}$ 和 $\boldsymbol{H}$ 间存在非线性关系，在电子电路设计中被大量使用。在一个特定的铁磁体中慢慢改变外加磁场的大小，构造特殊装置测量磁介质中的磁感应强度 $\boldsymbol{B}$ 的大小，会发现 $\boldsymbol{B}$ 和 $\boldsymbol{H}$ 之间满足如图2.3.3所示的曲线形式。随着 $\boldsymbol{H}$ 的增加，$\boldsymbol{B}$ 遵循先慢、后快、再慢的变化规律，直到最后曲线变得平坦。此时，降低外加磁场，磁介质内的磁感应强度 $\boldsymbol{B}$

随之降低，但 **B**-**H** 变化曲线并不与先前的上升曲线重合，下降明显缓慢，这种 **B**-**H** 变化的不可逆性称为磁滞作用。当外加磁场 **H** 下降为零时，仍然会在铁磁体中测到 **B**，称这种磁感应强度为剩余磁感应强度（剩磁），说明材料已经被磁化，如永久磁铁、直流电机就是这种剩磁的直接应用。进一步，将外加磁场反向并慢慢增加，会在某一点上测到 $\boldsymbol{B}=0$，这时外加磁场的大小为矫顽磁力。继续增加 **H**，**B** 会随之在反方向增加直到饱和，再将外加磁场降低至零并反向逐步增加，最终会形成如图 2.3.3所示的 **H**-**B** 磁滞曲线。这种磁滞作用在电器设计中被大量使用，当然有些情况下要避免磁滞，如交流变压器、感应电机等就需要尽量降低磁滞，从而降低损耗。

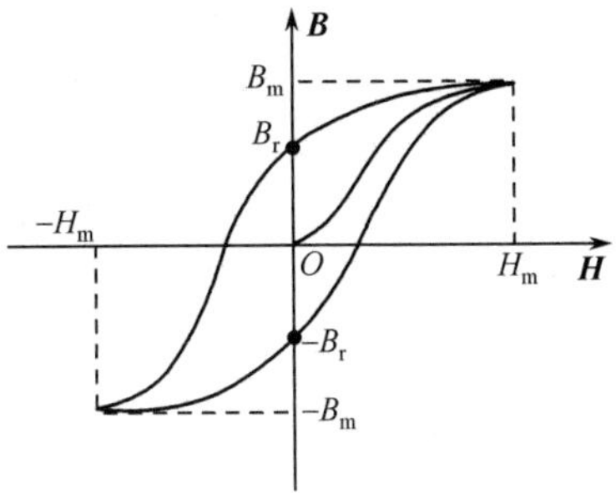

图 2.3.3　铁磁体的磁滞曲线

【例 2-11】 求真空中如图 2.3.4 所示的半径为 a 的无限长导体圆柱，通有电流 I，求导体圆柱外的磁场强度和磁感应强度。

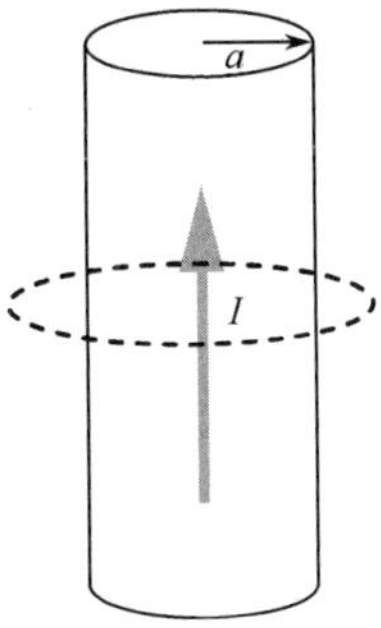

图 2.3.4　导体圆柱

解： 假设本题中电流沿 $+z$ 方向传播，由毕奥-萨伐尔定律可知，磁场必然在 $\boldsymbol{e}_\phi$ 方向，且在半径相等的圆周上大小相等，所以本题可以应用安培环路定理求解。

取通过场点的圆，其圆心与圆柱的轴线相交，则

$$\oint_l \boldsymbol{H}(\rho)\cdot \mathrm{d}\boldsymbol{l} = H_\phi(\rho)2\pi\rho = I$$

所以

$$H_\phi(\rho)=\frac{I}{2\pi\rho},B_\phi(\rho)=\frac{\mu_0 I}{2\pi\rho}$$

2.3.4　矢量磁位与泊松方程

在静电场中，根据静电场旋度为零的特点，我们定义了标量位函数 φ，从而在某些情况下可以大大简化静电场的分析过程。同样，根据恒定磁场的特征，也可以在磁场中引入位函数，以期达到简化分析的目的。

1. 矢量磁位

由于恒定磁场的散度为零（$\nabla\cdot\boldsymbol{B}=0$），应用矢量恒等式 $\nabla\cdot(\nabla\times\boldsymbol{A})=0$，可以找到一个矢量函数 **A**，令其旋度等于磁感应强度 **B**，即

$$\boldsymbol{B}=\nabla\times\boldsymbol{A} \tag{2.3.24}$$

式中，**A** 为矢量磁位，或称磁矢位，单位是 Wb/m（韦伯/米）。与标量电位不同的是，矢量磁位并没有一定的物理含义，只是在分析恒定磁场时构造出来的一个辅助变量。由式(2.3.24)定义的矢量磁位并不唯一确定，但这并不影响最终求解的磁感应强度。

将式(2.3.24)代入磁通表达式，并利用斯托克斯定理可以得到用矢量磁位表示的磁通表达式，从而给出了另外一种求解磁通的公式，即

$$\Phi=\int_S \boldsymbol{B}\cdot\mathrm{d}\boldsymbol{S}=\int_S \nabla\times\boldsymbol{A}\cdot\mathrm{d}\boldsymbol{S}=\oint_l \boldsymbol{A}\cdot\mathrm{d}\boldsymbol{l} \tag{2.3.25}$$

2. 矢量磁位的泊松方程

在均匀线性和各向同性的磁介质中，将 $\boldsymbol{H}=\frac{\boldsymbol{B}}{\mu}=\frac{1}{\mu}\nabla\times\boldsymbol{A}$ 代入 $\nabla\times\boldsymbol{H}=\boldsymbol{J}$，得

$$\nabla\times\nabla\times\boldsymbol{A}=\nabla(\nabla\cdot\boldsymbol{A})-\nabla^2\boldsymbol{A}=\mu\boldsymbol{J} \tag{2.3.26}$$

上式中涉及$\nabla \cdot \boldsymbol{A}$的运算，但式(2.3.24)只规定了$\boldsymbol{A}$的旋度，其散度并没有特殊说明。根据亥姆霍兹定理，要唯一确定矢量磁位$\boldsymbol{A}$，必须对$\boldsymbol{A}$的散度做一个规定。对于恒定磁场，一般规定

$$\nabla \cdot \boldsymbol{A}=0 \tag{2.3.27}$$

并称这种规定为库仑规范。在这种规范下，当已知磁感应强度的情况下，矢量磁位$\boldsymbol{A}$就被唯一确定。将库仑规范代入式(2.3.26)，可以得到

$$\nabla^2 \boldsymbol{A}=-\mu \boldsymbol{J} \tag{2.3.28}$$

上式称为矢量磁位$\boldsymbol{A}$的泊松方程。在无源区域($\boldsymbol{J}=0$)，有

$$\nabla^2 \boldsymbol{A}=0 \tag{2.3.29}$$

上式称为矢量磁位$\boldsymbol{A}$的拉普拉斯方程。正如在静电场部分说明的一样，当场具有一定的对称性时，式(2.3.29)将会简化为一维常微分方程，从而可以通过求解常微分方程的办法来求解恒定磁场。

3. 自由空间的矢量磁位积分表达式

在直角坐标系中，$\boldsymbol{A}=\boldsymbol{e}_x A_x+\boldsymbol{e}_y A_y+\boldsymbol{e}_z A_z$，$\boldsymbol{J}=\boldsymbol{e}_x J_x+\boldsymbol{e}_y J_y+\boldsymbol{e}_z J_z$，故式(2.3.28)可表示为

$$\nabla^2(\boldsymbol{e}_x A_x+\boldsymbol{e}_y A_y+\boldsymbol{e}_z A_z)=-\mu(\boldsymbol{e}_x J_x+\boldsymbol{e}_y J_y+\boldsymbol{e}_z J_z)$$

由于$\boldsymbol{e}_x$、$\boldsymbol{e}_y$和$\boldsymbol{e}_z$均为常矢量，故上式可分解为3个分量的泊松方程，即

$$\begin{cases}\nabla^2 A_x=-\mu J_x \\ \nabla^2 A_y=-\mu J_y \\ \nabla^2 A_z=-\mu J_z\end{cases} \tag{2.3.30}$$

式(2.3.30)所示的3个分量泊松方程与电位φ的泊松方程形式相同，可以确认它们的求解方法和所得到的解的形式也应相同，故可参照电位φ的形式直接写出矢量磁位各分量的积分表达式，即

$$\begin{cases}A_x=\dfrac{\mu}{4\pi}\displaystyle\int_{V'}\dfrac{J_x}{|\boldsymbol{r}-\boldsymbol{r}'|}\mathrm{d}V'+C_x \\ A_y=\dfrac{\mu}{4\pi}\displaystyle\int_{V'}\dfrac{J_y}{|\boldsymbol{r}-\boldsymbol{r}'|}\mathrm{d}V'+C_y \\ A_z=\dfrac{\mu}{4\pi}\displaystyle\int_{V'}\dfrac{J_z}{|\boldsymbol{r}-\boldsymbol{r}'|}\mathrm{d}V'+C_z\end{cases} \tag{2.3.31}$$

为了表述方便，将以上3个分量叠加即可得矢量磁位泊松方程的解为

$$\boldsymbol{A}=\frac{\mu}{4\pi}\int_{V'}\frac{\boldsymbol{J}}{|\boldsymbol{r}-\boldsymbol{r}'|}\mathrm{d}V'+\boldsymbol{C} \tag{2.3.32}$$

式中，$\boldsymbol{C}=\boldsymbol{e}_x C_x+\boldsymbol{e}_y C_y+\boldsymbol{e}_z C_z$为常矢量，它的存在不会影响磁感应强度$\boldsymbol{B}$。

类似地，可以给出面电流密度和线电流激励下的矢量磁位的积分表达式

$$\boldsymbol{A}=\frac{\mu}{4\pi}\int_{S'}\frac{\boldsymbol{J}_S}{|\boldsymbol{r}-\boldsymbol{r}'|}\mathrm{d}S'+\boldsymbol{C} \tag{2.3.33}$$

$$\boldsymbol{A}=\frac{\mu}{4\pi}\oint_{l'}\frac{I}{|\boldsymbol{r}-\boldsymbol{r}'|}\mathrm{d}\boldsymbol{l}'+\boldsymbol{C} \tag{2.3.34}$$

可见，电流元产生的矢量磁位$\mathrm{d}\boldsymbol{A}$的方向与电流元矢量方向平行，这是引入矢量磁位的优点之一。

4. 标量磁位

若所研究的空间不存在电流，即$\boldsymbol{J}=0$，则此空间内有$\nabla \times \boldsymbol{H}=0$。因此，也可将$\boldsymbol{H}$表示为一个标量函数的负梯度形式，即

$$\boldsymbol{H}=-\nabla \varphi_{\mathrm{m}} \tag{2.3.35}$$

式中，φ_m 称为标量磁位，或磁标位。

在均匀、线性和各向同性的介质中，将 $\boldsymbol{B}=\mu\boldsymbol{H}$，$\boldsymbol{H}=-\nabla\varphi_m$ 代入 $\nabla\cdot\boldsymbol{B}=0$ 中，得

$$\nabla\cdot\boldsymbol{B}=\nabla\cdot(\mu\boldsymbol{H})=-\mu\nabla\cdot(\nabla\varphi_m)=0$$

即

$$\nabla^2\varphi_m=0 \tag{2.3.36}$$

此为标量磁位所满足的拉普拉斯方程。需要指出的是，不存在标量磁位的泊松方程。因为 φ_m 存在的前提是无源区，不能应用 φ_m 对有源区域的恒定磁场进行求解。

【例 2-12】 无限长直导线上通过的恒定电流为 I，电流周围为自由空间，试求空间任一点的磁场强度。

解：假定直导线中电流沿 $+z$ 方向流动，本题至少可以有 3 种求解方法，分别介绍如下。

方法 1：应用毕奥-萨伐尔定律

在圆柱坐标系下，坐标原点设在场点所在平面内，如图 2.3.5所示，$I\mathrm{d}\boldsymbol{l}'=\boldsymbol{e}_zI\mathrm{d}z'$，$\boldsymbol{R}=\boldsymbol{e}_\rho\rho-\boldsymbol{e}_zz'$，所以 $I\mathrm{d}\boldsymbol{l}'\times\boldsymbol{R}=\boldsymbol{e}_\phi I\rho\mathrm{d}z'$，由式(2.3.3)得

$$\begin{aligned}\boldsymbol{B}(\rho)&=\boldsymbol{e}_\phi\frac{\mu_0}{4\pi}\int_{-\infty}^{\infty}\frac{I\rho\mathrm{d}z'}{(\rho^2+z'^2)^{3/2}}\\&=\boldsymbol{e}_\phi\frac{\mu_0 I}{2\pi\rho}\frac{z'}{(\rho^2+z'^2)^{1/2}}\bigg|_{z=0}^{z=\infty}\\&=\boldsymbol{e}_\phi\frac{\mu_0 I}{2\pi\rho}\end{aligned}$$

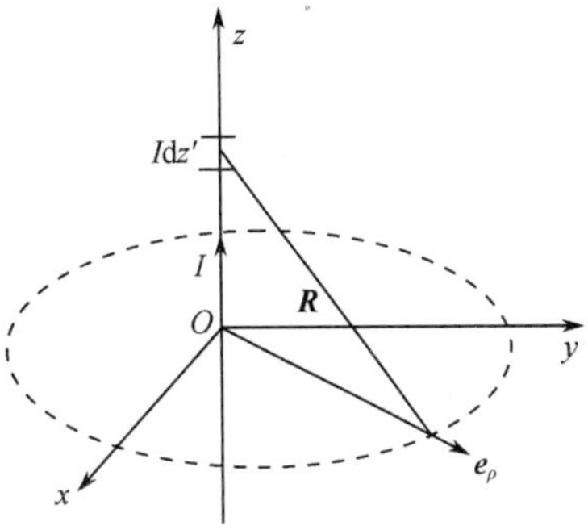

图 2.3.5 直导线电流激励下的恒定磁场

则

$$\boldsymbol{H}(\rho)=\frac{\boldsymbol{B}(\rho)}{\mu_0}=\boldsymbol{e}_\phi\frac{I}{2\pi\rho}$$

方法 2：应用矢量磁位的积分表达式(2.3.34)

$$\begin{aligned}\boldsymbol{A}&=\boldsymbol{e}_z\frac{\mu_0}{4\pi}\int_{-\infty}^{\infty}\frac{I}{|\rho-\rho'|}\mathrm{d}z'=\boldsymbol{e}_z\frac{\mu_0}{4\pi}\int_{-\infty}^{\infty}\frac{I}{(\rho^2+z'^2)^{1/2}}\mathrm{d}z'\\&=\boldsymbol{e}_z\frac{\mu_0 I}{4\pi}\ln\left[z'+\sqrt{z'+\rho}\right]\bigg|_{-\infty}^{\infty}\approx\boldsymbol{e}_z\frac{\mu_0 I}{2\pi}\ln\frac{\rho_0}{\rho}\end{aligned}$$

本题中设定无穷远处 $\boldsymbol{A}=0$ 时将引起 $\boldsymbol{A}$ 奇异，所以上式中设定 $\boldsymbol{r}=\boldsymbol{r}_0$ 处 $\boldsymbol{A}=0$，这样设定并不会引起磁感应强度发生任何变化，得

$$\boldsymbol{H}=\frac{1}{\mu_0}\nabla\times\boldsymbol{A}=\boldsymbol{e}_\phi\frac{I}{2\pi\rho}$$

方法 3：应用安培环路定理

对于题中的无限长载流直导线，可以事前判断出，磁场方向为 $\boldsymbol{e}_\phi$，而且在以导线为圆心的闭合圆周上，磁场大小恒定，所以可以利用安培环路定理 $\oint_C\boldsymbol{H}(\boldsymbol{r})\cdot\mathrm{d}\boldsymbol{l}=I$ 求解。因为

$$\oint_l\boldsymbol{H}\cdot\mathrm{d}\boldsymbol{l}=\boldsymbol{H}_\phi(\rho)2\pi\rho=I$$

所以

$$\boldsymbol{H}(\rho)=\boldsymbol{e}_\phi\frac{I}{2\pi\rho}$$

比较以上 3 种方法可以看出，当恒定磁场分布具有一定的对称性时，应用安培环路定理求解将非常方便。

2.3.5 恒定磁场的边界条件

1. 磁场强度 $\boldsymbol{H}$ 的边界条件

如同 2.1.6 节推导静电场中电场强度的边界条件一样，参照图 2.3.6，并采用相同的推导过程，有

$$\oint_l \boldsymbol{H}\cdot \mathrm{d}\boldsymbol{l} = (\boldsymbol{H}_1 - \boldsymbol{H}_2)\cdot \Delta \boldsymbol{l} = (\boldsymbol{H}_1 - \boldsymbol{H}_2)\cdot(\boldsymbol{e}_{\mathrm{p}}\times \boldsymbol{e}_{\mathrm{n}})\Delta l = \boldsymbol{e}_{\mathrm{n}}\times(\boldsymbol{H}_1 - \boldsymbol{H}_2)\cdot \boldsymbol{e}_{\mathrm{p}}\Delta l = \boldsymbol{J}_S\cdot \boldsymbol{e}_{\mathrm{p}}\Delta l$$

式中，有向闭合曲线 $dcba$ 与其面单位法向矢量 $\boldsymbol{e}_{\mathrm{p}}$ 满足右手螺旋关系，介质分界面单位法向矢量 $\boldsymbol{e}_{\mathrm{n}}$ 与 $\boldsymbol{e}_{\mathrm{p}}$ 及规定的单位切向矢量 $\boldsymbol{e}_{\mathrm{t}}$ 满足右手螺旋关系。得到介质分界面上磁场切向分量满足的边界条件为

$$\boldsymbol{e}_{\mathrm{n}}\times(\boldsymbol{H}_1-\boldsymbol{H}_2)=\boldsymbol{J}_S \qquad (2.3.37)$$

可将上式写为标量形式

$$H_{1\mathrm{t}}-H_{2\mathrm{t}}=J_S \qquad (2.3.38)$$

可见，磁场强度 $\boldsymbol{H}$ 在介质分界面上，其切向分量不连续。

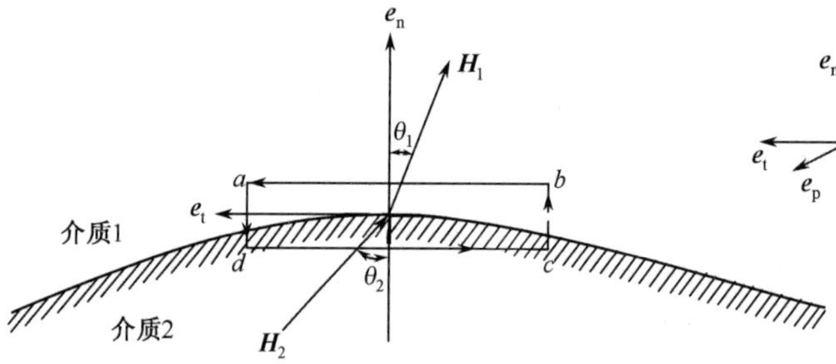

图 2.3.6　切向磁场边界条件

当两种介质的电导率为有限值时，在恒定磁场激励下，分界面上不可能存在面电流分布（$\boldsymbol{J}_S=0$），此时，$\boldsymbol{H}$ 的切向分量是连续的，即

$$\boldsymbol{e}_{\mathrm{n}}\times(\boldsymbol{H}_1-\boldsymbol{H}_2)=0 \quad 或 \quad H_{1\mathrm{t}}-H_{2\mathrm{t}}=0 \qquad (2.3.39)$$

2. 磁感应强度 $\boldsymbol{B}$ 的边界条件

同样参照图 2.3.7，可以得到法向磁感应强度满足的边界条件为

$$\boldsymbol{e}_{\mathrm{n}}\cdot(\boldsymbol{B}_1-\boldsymbol{B}_2)=0 \quad 或 \quad B_{1\mathrm{n}}=B_{2\mathrm{n}} \qquad (2.3.40)$$

介质表面磁感应强度的法向分量在分界面上是连续的。

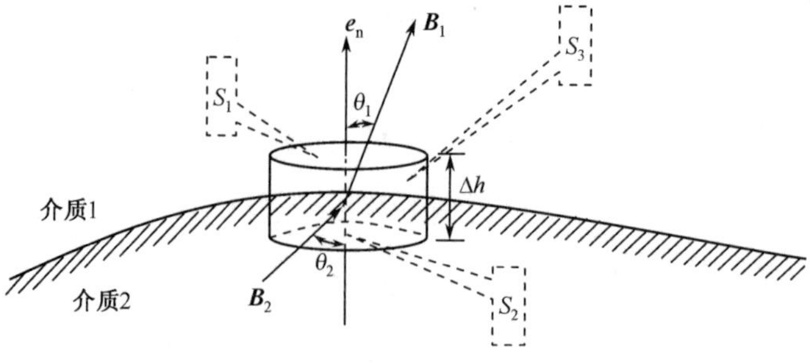

图 2.3.7　法向磁感应强度的边界条件

3. 位函数形式的边界条件

以上给出了切向磁场强度和法向磁感应强度满足的边界条件，由于在一些场合会应用位函

数求解恒定磁场问题，从而需要了解对应的位函数所满足的边界条件。不同介质分界面上矢量磁位 $\boldsymbol{A}$ 的边界条件为

$$\boldsymbol{e}_n\times\left(\frac{1}{\mu_1}\nabla\times\boldsymbol{A}_1-\frac{1}{\mu_2}\nabla\times\boldsymbol{A}_2\right)=\boldsymbol{J}_S \tag{2.3.41}$$

$$\boldsymbol{A}_1=\boldsymbol{A}_2 \tag{2.3.42}$$

在 $\boldsymbol{J}_S=0$ 的两种不同介质的分界面上，由边界条件 $\boldsymbol{e}_n\times(\boldsymbol{H}_1-\boldsymbol{H}_2)=0$ 和 $\boldsymbol{e}_n\cdot(\boldsymbol{B}_1-\boldsymbol{B}_2)=0$ 可导出标量磁位的边界条件为

$$\varphi_{m1}=\varphi_{m2} \tag{2.3.43}$$

$$\mu_1\frac{\partial\varphi_{m1}}{\partial n}=\mu_2\frac{\partial\varphi_{m2}}{\partial n} \tag{2.3.44}$$

4. 铁磁体分界面的边界条件、磁路

设恒定磁场在介质 1 中与分界面的夹角为 θ_1，在介质 2 中与分界面的夹角为 θ_2，如图 2.3.8 所示，在分界面上无 $\boldsymbol{J}_S$ 情况下，由式(2.3.39)和式(2.3.40)可以推导出介质分界面上磁场满足如下折射关系

$$\frac{\tan\theta_2}{\tan\theta_1}=\frac{\mu_2}{\mu_1}=\frac{\mu_{r2}}{\mu_{r1}}$$

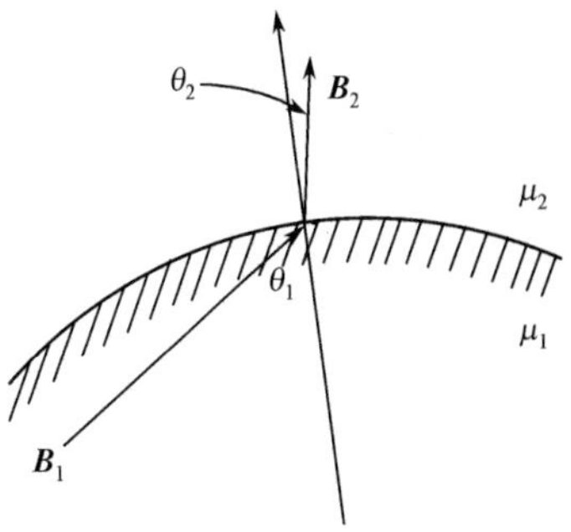

图 2.3.8　铁磁体边界面的折射关系

如果两种介质的磁导率相差悬殊，$\mu_{r2}\approx1$，而 μ_{r1} 可达数千甚至数十万，因而除 $\theta_1=\theta_2=0$ 的特殊情况外，一般总有 $\theta_2\ll\theta_1$，且常常是 $\theta_2\approx0°$，$\theta_1\approx90°$。这样铁磁体内 $\boldsymbol{B}$ 线几乎与分界面平行，而且也非常密集，$\boldsymbol{B}$ 在铁磁体外非常小，且几乎垂直于分界面。μ_{r1}越大，θ_1 越接近于 90°，$\boldsymbol{B}$ 线就越接近于与分界面平行，从而漏到外面的磁通越小。设 $\mu_{r1}=3000$，$\mu_{r2}=1$，可以计算得到，当 $\theta_1=88°$时，$\theta_2=33°$。极限情况下，如果 $\mu_{r2}\to\infty$，磁场将全部局限在铁磁体内部，不会有泄漏的磁场，这种介质称为理想导磁体。

上述这一情况与电流几乎全部集中在导体内部流动相似。由于电流流经的区域称为电路，故把能使磁通集中通过的区域，称为磁路。在电气工程或电力电子及电子通信领域，存在很多需要较强磁场或较大磁通的设备(如电机、变压器及各种电感线圈等)，目前较成熟的技术都采用了闭合或近似闭合的铁磁材料，即铁芯。绕在铁芯上的线圈通过较小的电流(励磁电流)，便能得到铁芯内较强的磁场，而周围非铁磁体中的磁场则很弱，可以忽略不计。

在许多实际问题中，计算铁芯内的主磁通或 $\boldsymbol{B}$ 是很重要的。但在一般情况下，要精确地求得铁芯内的磁场分布比较困难，因为磁场的分布与线圈和铁芯的形状密切相关。正是磁场聚集在铁芯中的特点，可以借鉴电路分析的办法，采用磁路对这些问题进行近似分析。

如图 2.3.9 所示的无分支闭合磁路，选取图中虚线所示的闭合曲线，应用安培环路定理有

$$\oint_l\boldsymbol{H}\cdot d\boldsymbol{l}=NI \tag{2.3.45}$$

其中，I 和 N 分别是线圈中的电流及匝数。因积分路径上各点的 $\boldsymbol{H}$(及 $\boldsymbol{B}$)与 $d\boldsymbol{l}$ 平行，故被积函数

$$\boldsymbol{H}\cdot d\boldsymbol{l}=\frac{\boldsymbol{B}}{\mu}\cdot d\boldsymbol{l}=\frac{B}{\mu}dl=\Phi\frac{1}{\mu}\frac{dl}{S}$$

其中，S 为铁芯的横截面积。将上式代入式(2.3.45)，注意到 Φ 对铁芯各截面为常数，得

$$\Phi\cdot\oint_l\frac{1}{\mu}\frac{dl}{S}=NI \tag{2.3.46}$$

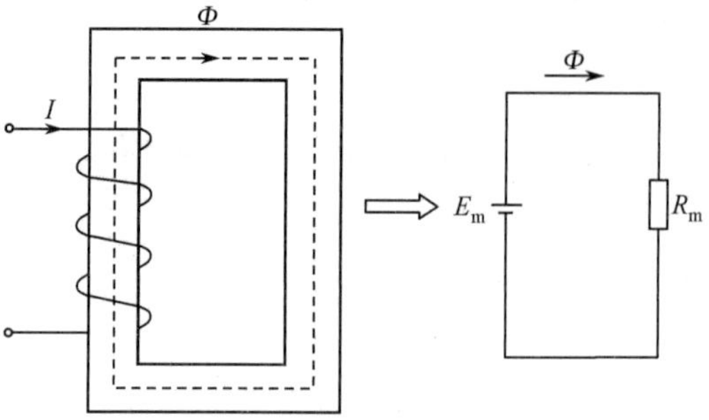

图 2.3.9　无分支闭合的磁路

对比一般导体的电阻公式 $R=\oint_l \frac{1}{\sigma}\frac{dl}{S}$，可把 $\oint_l \frac{1}{\mu}\frac{dl}{S}$ 称作这个无分支闭合磁路的磁阻，记为

$$R_m=\oint_l \frac{1}{\mu}\frac{dl}{S} \tag{2.3.47}$$

其中磁导率 μ 与电导率 σ 对应。把上式代入式(2.3.46)，得

$$\Phi\cdot R_m=NI$$

与全电路欧姆定律 $IR=U$ 对比，自然把 NI 称为磁路的磁动势，记作

$$U_m=NI \tag{2.3.48}$$

于是

$$\Phi\cdot R_m=U_m \tag{2.3.49}$$

从上面的描述可以看出，磁路与电路有很多的相似之处，表 2.3.2 列出了它们的对应关系。

表 2.3.2　电路与磁路的对比关系

	载体	激励源	阻抗	关系	流	流密度
电路	电导体	电动势 U	$R=\int_l \frac{1}{\sigma}\frac{dl}{S}$	$U=IR$	I	$\boldsymbol{J}$
磁路	磁导体	磁动势 $U_m=NI$	$R_m=\oint_l \frac{1}{\mu}\frac{dl}{S}$	$U_m=\Phi R_m$	Φ	$\boldsymbol{B}$

当然，与传导电流只在电路中流动不同，在磁路中，绝大部分 $\boldsymbol{B}$ 线是通过磁路(包括气隙)流通的，称为主磁通，用 Φ 表示；磁路外部也有 $\boldsymbol{B}$ 线，即穿出铁芯经过磁路周围非铁磁介质(包括空气)而闭合的磁通，通常称为漏磁通。正常情况下，漏磁通相对较小，工程上常忽略其影响，从而可以通过磁路的办法简化分析磁场分布问题。在不考虑漏磁通的情况下，电路中的基尔霍夫电流定理和基尔霍夫电压定理同样可以借鉴到磁路分析中，从而对串并联的复杂磁路进行分析，感兴趣的读者可以参考文献[6]。

高 μ_r 材料的另一个应用是用作磁屏蔽。在实际应用中(如做精密的磁场测量实验时)，有时需要把一部分空间屏蔽起来，免受外界磁场的干扰。采用铁磁体制作一个密闭的空腔，由于空腔内的磁导率 μ_0 远小于腔体壳的磁导率 μ，根据式(2.3.47)得，其磁阻远大于腔体壳的磁阻，于是来自外界的 $\boldsymbol{B}$ 线绝大部分将沿着空腔两侧的铁壳壁内"通过"，"进入"空腔内部的 $\boldsymbol{B}$ 线很少，从而达到磁屏蔽的目的。

【例 2-13】　无限长直导线上通过恒定电流 I，导线分别垂直或平行于介质分界面，如图 2.3.10所示，试求空间任一点的磁场强度和磁感应强度。

解：例 2-12 是求解自由空间无限长载流直导线的恒定磁场的例题，当磁场区域有磁导体存在时，由于磁化作用，场分布将会发生改变。

(1) 导线垂直于分界面

如图 2.3.10(a)所示，可以判断，无限长载流直导线产生的恒定磁场只有$\boldsymbol{e}_\phi$ 分量，而此分量在介质分界面上正好是切线方向，由于切向磁场连续，所以上下空间内磁场强度相同，应用安培环路定理可得

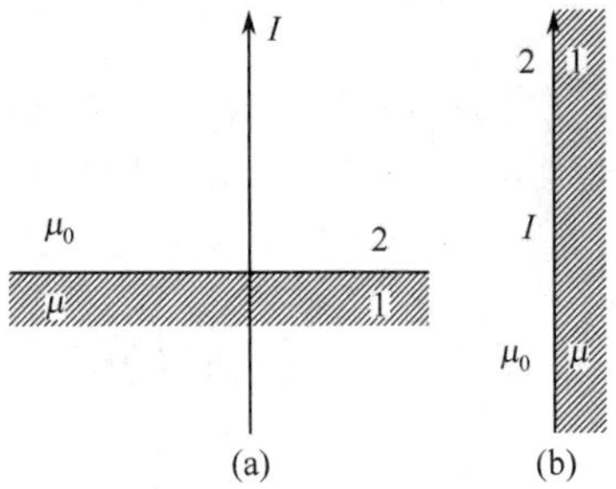

图 2.3.10　无限长直导线

$$\oint_l \boldsymbol{H}(\boldsymbol{r}) \cdot \mathrm{d}\boldsymbol{l} = 2\pi\rho H_\phi = I$$

即
$$H_\phi = \frac{I}{2\pi\rho}$$

所以上下区域的磁感应强度分别为

$$\boldsymbol{B}_2 = \boldsymbol{e}_\phi \frac{\mu_0 I}{2\pi\rho}, \boldsymbol{B}_1 = \boldsymbol{e}_\phi \frac{\mu I}{2\pi\rho}$$

(2) 导线平行于分界面

如图 2.3.10(b)所示，同样可以判断，无限长载流直导线产生的恒定磁场$\boldsymbol{H}_\phi$ 在介质分界面上与分界面相垂直，而法向磁场强度不连续，只有法向磁感应强度连续，所以安培环路定理中的闭合线积分区域必须分为左右两个半圆并分别积分，可以得到

$$\oint_l \boldsymbol{H}(\rho) \cdot \mathrm{d}\boldsymbol{l} = \pi\rho \frac{B_\phi}{\mu_0} + \pi\rho \frac{B_\phi}{\mu} = I$$

所以
$$B_\phi = \frac{I\mu_0\mu}{\pi\rho(\mu_0+\mu)}$$

从而左右空间磁场强度分别为

$$\boldsymbol{H}_2 = \boldsymbol{e}_\phi \frac{I\mu}{\pi\rho(\mu_0+\mu)}, \boldsymbol{H}_1 = \boldsymbol{e}_\phi \frac{I\mu_0}{\pi\rho(\mu_0+\mu)}$$

2.3.6 恒定磁场与静电场的比拟

静电场与恒定磁场之间存在着对偶关系。表 2.3.3 中列出无源($\rho=0$，$\boldsymbol{J}=0$)、线性各向同性均匀介质中这两种场的方程和边界条件。

表 2.3.3　静电场与恒定磁场的比较

	恒定磁场($\boldsymbol{J}=0$)	静电场($\rho=0$)
场方程	$\oint_l \boldsymbol{H} \cdot \mathrm{d}\boldsymbol{l} = 0, \nabla\times\boldsymbol{H} = 0$ $\oint_S \boldsymbol{B} \cdot \mathrm{d}\boldsymbol{S} = 0, \nabla\cdot\boldsymbol{B} = 0$	$\oint_l \boldsymbol{E} \cdot \mathrm{d}\boldsymbol{l} = 0, \nabla\times\boldsymbol{E} = 0$ $\oint_S \boldsymbol{D} \cdot \mathrm{d}\boldsymbol{S} = 0, \nabla\cdot\boldsymbol{D} = 0$
本构关系	$\boldsymbol{B}=\mu_0(\boldsymbol{M}+\boldsymbol{H})=\mu\boldsymbol{H}$	$\boldsymbol{D}=\varepsilon_0\boldsymbol{E}+\boldsymbol{P}=\varepsilon\boldsymbol{E}$
位函数	$\boldsymbol{H}=-\nabla\varphi_m$ $\nabla^2\varphi_m=0$	$\boldsymbol{E}=-\nabla\varphi$ $\nabla^2\varphi=0$
边界条件	$B_{1n}=B_{2n}$ $H_{1t}=H_{2t}$ $\varphi_{1m}=\varphi_{2m}$ $\mu_1\frac{\partial\varphi_{1m}}{\partial n}=\mu_2\frac{\partial\varphi_{2m}}{\partial n}$	$D_{1n}=D_{2n}$ $E_{1t}=E_{2t}$ $\varphi_1=\varphi_2$ $\varepsilon_1\frac{\partial\varphi_1}{\partial n}=\varepsilon_2\frac{\partial\varphi_2}{\partial n}$

从表 2.3.3 中可以看出，恒定磁场和静电场之间存在如下 5 组对偶物理量

$$\boldsymbol{H}\Leftrightarrow\boldsymbol{E},\boldsymbol{B}\Leftrightarrow\boldsymbol{D},\mu_0\boldsymbol{M}\Leftrightarrow\boldsymbol{P},\varphi_{\mathrm{m}}\Leftrightarrow\varphi,\mu\Leftrightarrow\varepsilon \tag{2.3.50}$$

因此，若恒定磁场和静电场具有等效的边界条件，即边界形状相同、边界处介质参数比值相同($\mu_1/\mu_2=\varepsilon_1/\varepsilon_2$)，就可以从静电场的解直接按式(2.3.50)进行变量代换，得到恒定磁场的解；反之亦然。

2.3.7 恒定磁场中的电感、能量与力

在线性各向同性均匀介质中，由式(2.3.5)、式(2.3.7)及式(2.3.8)可知，电流回路在空间产生的磁场与回路中的电流成正比，因此，穿过回路的磁通量(或磁链)也与回路中的电流成正比。把穿过回路的磁通量(或磁链)与回路中的电流的比值称为电感系数，简称电感。与静电场中定义的电容 C 相似，电感只与导体系统的几何参数和周围磁介质有关，与电流、磁通量无关。电感可分为自感和互感两部分。

1. 自感

设回路中的电流为 I，它所产生的磁场与自身回路交链的磁链为 Ψ，磁链 Ψ 与回路中的电流 I 成正比，其比值

$$L=\frac{\Psi}{I} \tag{2.3.51}$$

称为回路的自感系数，简称自感。自感的单位是 H(亨利)。

电感的计算同样可以模仿静电场中电容的计算方法，先假设已知线圈中的电流或磁链，通过求出磁场或矢量磁位分布获得线圈中的另一个参量，并代入式(2.3.51)求得电感，读者可以参考相关文献中的部分例题[3]。

在工程电路设计中，绕制螺旋线的电感可以通过如下近似公式计算[12]

$$L=\frac{\mu_0}{4\pi}w^2 d\Phi \tag{2.3.52}$$

式中，w 为螺线管线圈的匝数；d 为螺线管的直径；a 为螺线管的长度；Φ 为随比值 $\alpha=a/d$ 变化的数值，可查表获得[12]。

例如，如果螺线管的线圈直径 $d=10\mathrm{cm}$，长度 $a=50\mathrm{cm}$，匝数 $w=500$ 匝，在给定情况下，$\alpha=50/10=5$，$1/\alpha=0.2$，查表可得 $\Phi=1.816\mathrm{Wb}$，则螺线管的电感为

$$L=\frac{1}{4\pi}\times4\pi\times10^{-7}\times25\times10^4\times0.1\times1.816=4.54\times10^{-3}\,\mathrm{H}$$

在大规模集成电路设计中，往往会采用平面螺旋导线做电感，而平面圆盘形线圈的电感近似公式为

$$L=\frac{\mu_0}{8\pi}w^2 d\Psi \tag{2.3.53}$$

式中，w 为线圈的匝数；d 为线圈的平均直径，$d=(d_1+d_2)/2$；Ψ 为由比值 $\rho=r/d$ 决定的数值。

参考文献[12]，Ψ 可以由 ρ 的近似公式求得。在众多工程设计中，经常使用如上近似公式求解线圈的电感。

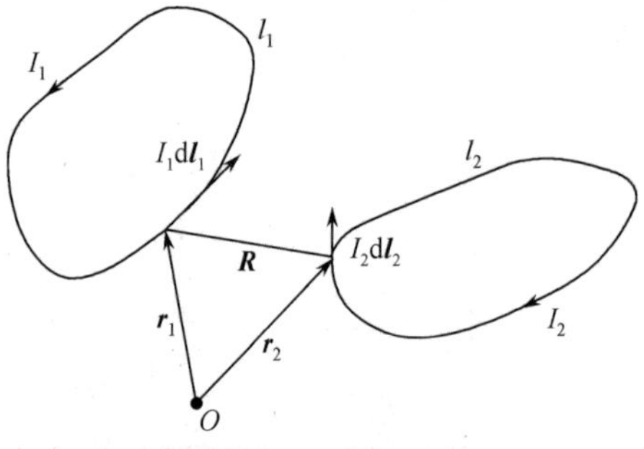

图 2.3.11 两回路间的互感

2. 互感

图 2.3.11 所示的两个导线回路 l_1 和 l_2，回路 l_1 中的电流 I_1 产生的磁场除了与回路 l_1 本身交链，还与回路 l_2 相交链。这种两个载流线圈之间的交链称为回路

l_1 与回路 l_2 间的互感磁链,用 Ψ_{21} 表示。对比自感定义式(2.3.51),定义比值

$$M_{21}=\frac{\Psi_{21}}{I_1} \tag{2.3.54}$$

为回路 l_1 对回路 l_2 间的互感系数,简称互感。互感的单位也是 H(亨利)。同理,回路 l_2 对回路 l_1 间的互感为

$$M_{12}=\frac{\Psi_{12}}{I_2} \tag{2.3.55}$$

同样可以假设已知通过线圈的电流,仿照求自感的办法,通过获得磁场或矢量磁位求出磁链,并利用式(2.3.55)求出互感。由矢量磁位的积分表达式(2.3.34)可知,电流 I_1 在回路 l_2 上的任一点产生的矢量磁位为

$$\boldsymbol{A}_1(\boldsymbol{r}_2)=\frac{\mu}{4\pi}\oint_{l_1}\frac{I_1\mathrm{d}\boldsymbol{l}_1}{|\boldsymbol{r}_2-\boldsymbol{r}_1|}$$

则由电流 I_1 产生磁场与回路 l_2 相交链的磁链为

$$\begin{aligned}\Psi_{12}&=\int_{S_2}\boldsymbol{B}_1\cdot\mathrm{d}\boldsymbol{S}_2=\oint_{l_2}\boldsymbol{A}_1\cdot\mathrm{d}\boldsymbol{l}_2\\&=\oint_{l_2}\left[\frac{\mu}{4\pi}\oint_{l_1}\frac{I_1\mathrm{d}\boldsymbol{l}_1}{|\boldsymbol{r}_2-\boldsymbol{r}_1|}\right]\mathrm{d}\boldsymbol{l}_2=\frac{\mu I_1}{4\pi}\oint_{l_2}\oint_{l_1}\frac{\mathrm{d}\boldsymbol{l}_1\cdot\mathrm{d}\boldsymbol{l}_2}{|\boldsymbol{r}_2-\boldsymbol{r}_1|}\end{aligned}$$

故

$$M_{21}=\frac{\Psi_{21}}{I_1}=\frac{\mu}{4\pi}\oint_{l_2}\oint_{l_1}\frac{\mathrm{d}\boldsymbol{l}_1\cdot\mathrm{d}\boldsymbol{l}_2}{|\boldsymbol{r}_2-\boldsymbol{r}_1|} \tag{2.3.56}$$

同样,可导出回路 l_2 对回路 l_1 电流的互感为

$$M_{12}=\frac{\Psi_{12}}{I_2}=\frac{\mu}{4\pi}\oint_{l_1}\oint_{l_2}\frac{\mathrm{d}\boldsymbol{l}_2\cdot\mathrm{d}\boldsymbol{l}_1}{|\boldsymbol{r}_1-\boldsymbol{r}_2|} \tag{2.3.57}$$

式(2.3.56)和式(2.3.57)称为纽曼公式,这是计算互感的一般公式。比较两式可看出,$M_{21}=M_{12}=M$,即两个导线回路之间只有一个互感值。电源电路设计中常用的变压器,以及通过例 2-15制作而成的电流钳,都是利用互感原理制作的。

【例 2-14】 两个互相平行且共轴的圆线圈 l_1 和 l_2,半径分别为 a_1 和 a_2,中心相距为 d,设 $a_1\ll d$(或 $a_2\ll d$),求两线圈之间的互感。

解:如图 2.3.12 所示,$\mathrm{d}l_1$ 和 $\mathrm{d}l_2$ 之间的夹角 $\theta=\phi_2-\phi_1$,$\mathrm{d}l_1=a_1\mathrm{d}\phi_1$,$\mathrm{d}l_2=a_2\mathrm{d}\phi_2$,考察图中三角形$\triangle ABC$ 和$\triangle OBC$,有

$$\begin{aligned}R&=|\boldsymbol{r}_2-\boldsymbol{r}_1|=[d^2+l_{BC}^2]\\&=[d^2+a_1^2+a_2^2-2a_1a_2\cos(\phi_2-\phi_1)]^{1/2}\end{aligned}$$

由纽曼公式得

$$\begin{aligned}M&=\frac{\mu_0}{4\pi}\oint_{l_1}\oint_{l_2}\frac{\mathrm{d}\boldsymbol{l}_2\cdot\mathrm{d}\boldsymbol{l}_1}{|\boldsymbol{r}_2-\boldsymbol{r}_1|}=\frac{\mu_0}{4\pi}\oint_{l_1}\oint_{l_2}\frac{\mathrm{d}l_2\mathrm{d}l_1\cos\theta}{|\boldsymbol{r}_2-\boldsymbol{r}_1|}\\&=\frac{\mu_0}{4\pi}\int_0^{2\pi}\int_0^{2\pi}\frac{a_1a_2\cos(\phi_2-\phi_1)\mathrm{d}\phi_2\mathrm{d}\phi_1}{[d^2+a_1^2+a_2^2-2a_1a_2\cos(\phi_2-\phi_1)]^{1/2}}\\&=\frac{\mu_0a_1a_2}{2}\int_0^{2\pi}\frac{\cos\theta\mathrm{d}\theta}{[d^2+a_1^2+a_2^2-2a_1a_2\cos\theta]^{1/2}}\end{aligned}$$

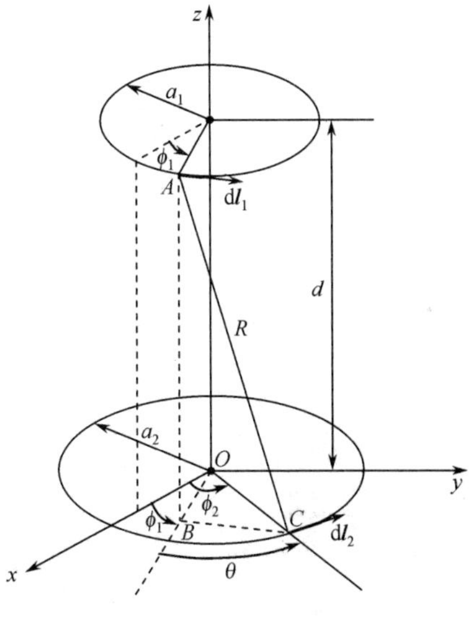

图 2.3.12 两个互相平行且共轴的圆线圈

一般情况下,上述积分只能用椭圆积分来表示。当$d\gg a_1$,则可进行近似

$$[d^2+a_1^2+a_2^2-2a_1a_2\cos\theta]^{-1/2}\approx[d^2+a_2^2]^{-1/2}\left[1-\frac{2a_1a_2\cos\theta}{d^2+a_2^2}\right]^{-1/2}$$

$$\approx[d^2+a_2^2]^{-1/2}\left[1+\frac{a_1a_2\cos\theta}{d^2+a_2^2}\right]^{-1/2}$$

可以得到

$$M\approx\frac{\mu_0a_1a_2}{2\sqrt{d^2+a_2^2}}\int_0^{2\pi}\left[1+\frac{a_1a_2\cos\theta}{d^2+a_2^2}\right]\cos\theta\mathrm{d}\theta=\frac{\mu_0\pi a_1^2a_2^2}{2\left[d^2+a_2^2\right]^{3/2}}$$

【例 2-15】 在电力系统中，经常需要使用一种叫电流钳的装置来测量线路中电流的大小。电流钳的原理图如图 2.3.13(a)所示，通过在铁芯上绕制多匝线圈，并将整个装置卡在大电流线路中，通过互感耦合，可以测到线圈中小电流的大小，从而反推得到原线路中大电流的值。已知铁芯的磁导率 $\mu\gg\mu_0$，磁环上绕有 N 匝线圈，求磁环的电感；如果磁环被切开一个小的缺口，如图 2.3.13(b)所示，则磁环的电感变为多少？

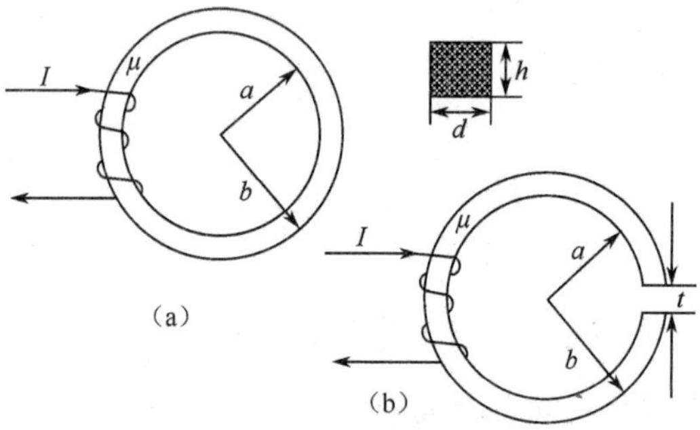

图 2.3.13 磁环示意图

解：假设线圈中通过电流为 I，在忽略漏磁的情况下，根据对称性，应用安培环路定理可得

$$\int_l \boldsymbol{H}(\boldsymbol{r})\cdot\mathrm{d}\boldsymbol{l}=H_\phi(\boldsymbol{r})2\pi r=NI$$

所以

$$H_\phi(\boldsymbol{r})=\frac{NI}{2\pi r},B_\phi(\boldsymbol{r})=\frac{\mu NI}{2\pi r}$$

假设磁环横截面积 $S=hd$ 很小，在横截面上磁场不发生变化，都等于半径为 r_0 的中心轴线上的磁场，则磁环内的磁通为

$$\Phi=\int_S B_\phi(\boldsymbol{r})\mathrm{d}S=\frac{\mu NI}{2\pi r_0}S$$

采用磁路的思想观察上式，可以发现磁动势和磁阻分别为 $U_\mathrm{m}=NI,R_\mathrm{m}=\frac{2\pi r_0}{\mu S}$。利用式(2.3.5)，可以得到电感为

$$L=\frac{\Phi}{I}=\frac{\mu N}{2\pi r_0}S$$

如果磁环上切开一个缺口，在磁环与缺口的分界面上必须满足边界条件，由于磁场垂直于分界面，所以磁感应强度连续，环路积分表示为

$$\int_l \boldsymbol{H}(\boldsymbol{r})\cdot\mathrm{d}\boldsymbol{l}=\frac{B_\phi}{\mu}(2\pi r-t)+\frac{B_\phi}{\mu_0}t=NI$$

同样认为磁场在磁环的横截面内不发生变化，所以上式可用磁通表示为

$$\frac{\Phi}{S\mu}(2\pi r-t)+\frac{\Phi}{S\mu_0}t=NI$$

所以电感的表达式为

$$L=\frac{\Phi}{I}=\frac{N}{\frac{1}{S\mu}(2\pi r-t)+\frac{1}{S\mu_0}t}$$

因为$\frac{2\pi r-t}{S\mu}$和$\frac{t}{S\mu_0}$分别表示磁环内部和缺口处的磁阻，所以本题是两个磁阻串联的磁路形式，由于 $\mu\gg\mu_0$，磁环缺口处的磁阻将比磁环本身的磁阻大得多，所以当磁环上切开一个缺口后，整个磁路的磁阻将急剧增加。

3. 磁场能量

由安培力定律可知，电流回路在恒定磁场中要受到磁场力的作用，表明恒定磁场中存储着能量。与静电场类似，磁场能量也是在建立电流的过程中由电源供给的。

可以证明[3]，如果系统中包含 N 个电流回路，系统中存储的磁场能量为

$$W_{\mathrm{m}}=\frac{1}{2}\sum_{j=1}^{N}I_j\Psi_j=\frac{1}{2}\sum_{j=1}^{N}\sum_{k=1}^{N}M_{kj}I_jI_k \tag{2.3.58}$$

例如，当 $N=1$ 时，$M_{11}=L_1$，$W_{\mathrm{m}}=\frac{1}{2}L_1I_1^2$；当 $N=2$ 时，$M_{11}=L_1$，$M_{22}=L_2$，$M_{12}=M_{21}=M$，故

$$W_{\mathrm{m}}=\frac{1}{2}L_1I_1^2+\frac{1}{2}L_2I_2^2+MI_1I_2$$

由此可见，由于磁场强度与电流成正比，满足叠加原理，而磁场能量与磁场强度为平方关系，所以系统的磁场能量与电流之间不是线性关系，并不满足叠加原理。

2.1.7 节详细讨论了静电场能量密度的概念，其表达式为 $w_{\mathrm{e}}=\frac{1}{2}\boldsymbol{D}\cdot\boldsymbol{E}$，从而在介质中存储的总电能为 $W_{\mathrm{e}}=\int_V\frac{1}{2}\boldsymbol{D}\cdot\boldsymbol{E}\mathrm{d}V$ 。进一步，利用 2.3.6 节讲到的恒定磁场与静电场的比拟关系，可以方便获得分布电流情况下整个空间内的磁场能量密度为

$$w_{\mathrm{m}}=\frac{1}{2}\boldsymbol{B}\cdot\boldsymbol{H}=\frac{\mu}{2}H^2=\frac{1}{2\mu}B^2 \tag{2.3.59}$$

从而系统中存储的总磁能为

$$W_{\mathrm{m}}=\int_V\frac{1}{2}\boldsymbol{B}\cdot\boldsymbol{H}\mathrm{d}V \tag{2.3.60}$$

4. 磁场力

两个载流回路间的磁场力可由安培力定律计算。但是我们常常希望与静电力的计算类似，用磁场能量的空间变化率来计算磁场力。同样可以采用静电场中的虚位移的方法获得恒定磁场内回路所受的力。系统能量与电流和磁链有关，下面分 I 不变和 Ψ 不变两种情况讨论。

(1) 假设两回路的磁链不变，即 $\Psi_1=$常数、$\Psi_2=$常数

由于回路 C_1 发生位移 Δx，两回路中的电流必定发生改变，这样才能维持两回路的磁链不变，由于 Ψ_1 和 Ψ_2 等于常数，两回路中都没有感应电动势，故与回路相连接的电源不对回路输入能量(假定导线的热损耗可以忽略)，所以回路 C_1 发生位移所需的机械功只有靠磁场释放能量来提供，即

$$\boldsymbol{F}_\chi=-\frac{\partial W_{\mathrm{m}}}{\partial\chi}\bigg|_{\Psi=\text{常量}} \tag{2.3.61}$$

一般表达形式为

$$\boldsymbol{F}=-\nabla W_{\mathrm{m}}\big|_{\Psi=\text{常量}}$$

(2) 假设两回路中的电流不改变，即 I_1＝常数、I_2＝常数

由于回路 C_1 发生位移 Δx，两回路中的磁链必定发生改变，因此两个回路中都有感应电动势。此时，外接电源必然要做功来克服感应电动势以保持 I_1 和 I_2 不变。电源所做的功为 $(I_1\Delta\Psi_1+I_2\Delta\Psi_2)=2\Delta W_m$，即外接电源输入能量的一半用于增加磁场能量，另一半则用于使回路 C_1 位移所需要的机械功，即

$$\boldsymbol{F}=\left.\frac{\partial W_m}{\partial \chi}\right|_{I=\text{常量}} \tag{2.3.62}$$

一般表达形式为

$$\boldsymbol{F}=\nabla W_m\big|_{I=\text{常量}}$$

因两个电流回路的磁场能量为

$$W_m=\frac{1}{2}L_1I_1^2+\frac{1}{2}L_2I_2^2+MI_1I_2$$

将其代入式(2.3.62)中，得

$$F_\chi=\left.\frac{\partial W_m}{\partial \chi}\right|_{I=\text{常量}}=I_1I_2\frac{\partial M}{\partial \chi} \tag{2.3.63}$$

上式表明，在 I_1 和 I_2 不变的情况下，磁场能量的改变(磁场力)仅由互感 M 的改变而引起。

应该指出，上面假设的 Ψ 不变和 I 不变是在一个回路发生位移下的两种假定情形，无论是假定 Ψ 不变还是 I 不变，求出的磁场力应是相同的。而且，针对不止两个回路的情形，其中任一回路的受力都可以按式(2.3.62)计算。

【例 2-16】 工程中常需要使用如图 2.3.14 所示的起重装置，该装置由铁轭(绕有 N 匝线圈的铁芯)和衔铁构成。铁轭和衔铁的横截面积均为 S，平均长度分别为 l_1 和 l_2。铁轭与衔铁之间有一很小的空气隙，其长度为 x。设线圈中的电流为 I，铁轭和衔铁的磁导率为 μ，若忽略漏磁和边缘效应，求铁轭对衔铁的吸引力。

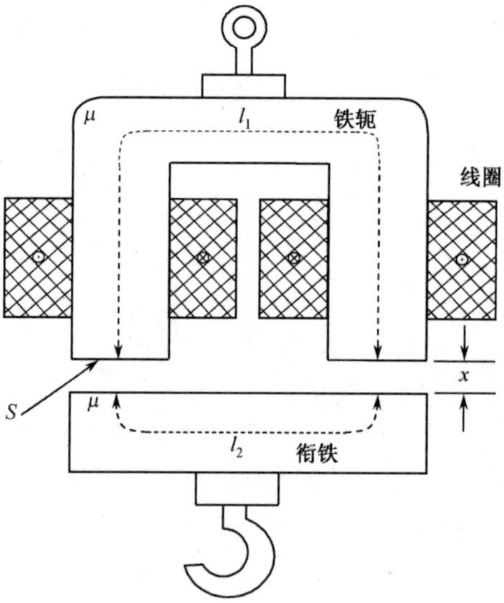

图 2.3.14　起重装置

解：忽略漏磁和边缘效应，作用在衔铁上的磁场力有减小空气隙的趋势，可通过式(2.3.61)或式(2.3.62)计算。首先根据安培环路定理，在图中虚线上进行闭合积分，得到

$$H(l_1+l_2)+2H_0x=NI$$

式中，H_0 是空气隙中的磁场强度。由于 $H=\frac{B}{\mu}$ 和 $H_0=\frac{B_0}{\mu_0}$，考虑到磁场垂直于铁磁体与空气隙的分界面，从而根据边界条件有 $B=B_0$，由上式可得到

$$B_0=\frac{\mu_0\mu NI}{(l_1+l_2)\mu_0+2\mu x}$$

(1) 若保持磁链 Ψ 不变，则 $\boldsymbol{B}$ 和 $\boldsymbol{H}$ 不变，存储在铁轭和衔铁中的磁场能量也不变，而空气隙中的磁场能量则要变化。于是作用在衔铁上的磁场力为

$$\begin{aligned}F_x&=-\frac{\partial W_{\mathrm{m}}}{\partial x}\bigg|_{\Psi=C}\\&=-\frac{\partial}{\partial x}\left[\frac{1}{2}\int\boldsymbol{B}\cdot\boldsymbol{H}\mathrm{d}V+\frac{1}{2}\int_{\text{气隙}}\boldsymbol{B}_0\cdot\boldsymbol{H}_0\mathrm{d}V\right]\\&=-\frac{1}{2}\frac{\partial}{\partial x}\int_0^x 2S\frac{B_0^2}{\mu_0}\mathrm{d}x=-\frac{SB_0^2}{\mu_0}\\&=-\frac{\mu_0\mu^2N^2I^2S}{[(l_1+l_2)\mu_0+2\mu x]^2}\end{aligned}$$

(2) 若系统中电流保持不变，则存储在系统中的磁场能量

$$W_{\mathrm{m}}=\frac{1}{2}NISB_0=\frac{\mu_0\mu SN^2I^2}{2[(l_1+l_2)\mu_0+2\mu x]}$$

同样得到铁轭对衔铁的吸引力为

$$F_x=\frac{\partial W_{\mathrm{m}}}{\partial x}\bigg|_{I=C}=-\frac{\mu_0\mu^2N^2I^2S}{[(l_1+l_2)\mu_0+2\mu x]^2}$$

2.4 知识点拓展

2.4.1 静电的应用

静电场是人类最早认识的一种场，也是目前应用很广泛的一种场[11]。

当带电粒子穿过两平行板间的均匀静电场时，由于静电场对带电体具有力的作用，可以实现对带电粒子的偏转，从而控制带电粒子的运动轨迹。有很多电子设备如阴极射线示波器、回旋加速器、喷墨打印机等，都是基于这种原理设计而成的。

如图 2.4.1 所示的阴极射线示波器通过阴极加热发射高速电子，在偏转区内，电子将根据水平偏转板和垂直偏转板内静电场的大小发生偏转，最终打到屏幕上需要的位置。偏转板内静电场的大小由板间电压决定，而板间电压由画面信号控制，从而人们在屏幕上可以看到需要的画面。

喷墨打印机是静电场的另外一个应用。如图 2.4.2 所示，由喷嘴喷出非常细微且大小一致的墨滴，这些墨滴在穿过可控电源下方的平板时，获得相应的电荷。同样，获得电荷的大小与平板内静电场的大小有关，产生静电场的外加电压直接由需要打印的字符信息控制。当带有电荷的墨滴穿过第二个带电平板时发生偏移，由于第二个平板加载电压一定，墨滴偏移量的大小只与墨滴所带电荷大小有关。当需要打印空白处时，只要使得墨滴不带电，喷射出的墨滴将在落入纸张前被储墨器回收。

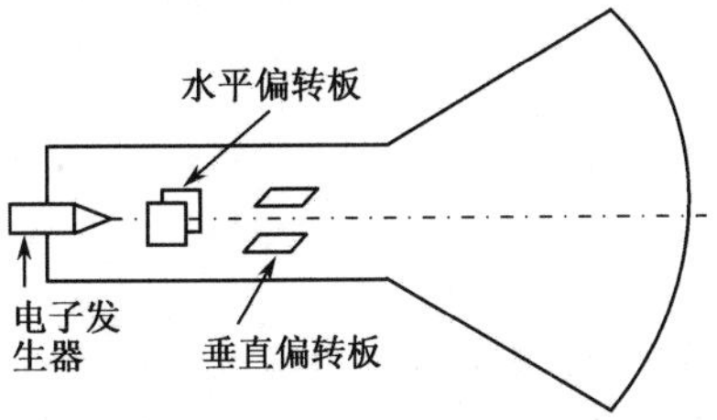

图 2.4.1　阴极射线示波器工作原理

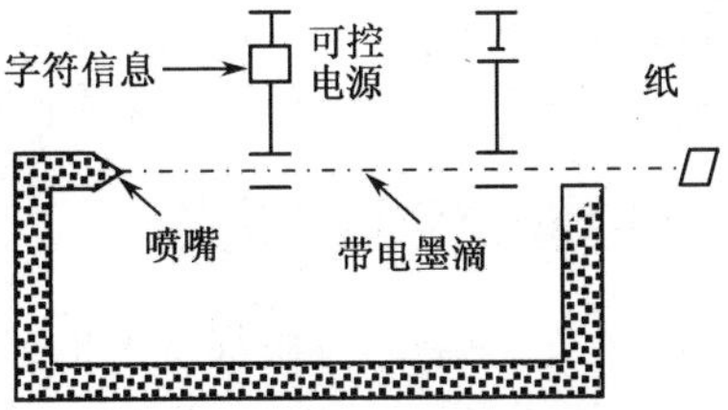

图 2.4.2　喷墨打印机工作原理

粉末静电喷涂是静电场的又一个典型应用。静电喷涂利用高压静电电晕电场原理，喷枪头上的金属导流杯接高压负极，被涂工件接地形成正极，在喷枪和工件之间形成较强的静电场。当运载气体（压缩空气）将粉末涂料从供粉桶经输粉管送到喷枪的导流杯时，由于导流杯接上高压负极产生电晕放电，其周围产生密集的电荷，粉末带上负电荷，在静电力和压缩空气的作用下，粉末均匀吸附在工件上，经加热，粉末熔融固化成均匀、平整、光滑的涂膜。静电喷涂技术在电冰箱、洗衣机、电风扇、煤气钢瓶、仪器仪表外壳等工业产品中应用得非常广泛。

高压静电在生物育种方面的研究也非常多，高压静电场处理作物种子，能有效影响种子的萌发及其他生理指标的变化，甚至引发 DNA 致畸或致损效应，从而改良或培育出优越的新品种。感兴趣的读者可以参考相关文献。

2.4.2 静电危害

静电原理已经得到广泛应用，但是静电也可能对人类产生很大的影响甚至会对我们的生活和生产带来危害[11]。

1. 静电起电

现实生活中，我们经常会遇到静电问题，并给我们的生活带来一些烦恼。要想了解静电的危害，首先必须了解静电产生原理和过程。静电产生又叫静电起电，常见的原因是两种材料的接触与分离。在接触、分离过程中产生电荷的转移，形成静电积累。转移电荷的多少与材料的费米能级、接触面积、分离速度、相对湿度等因素有关。静电起电的现象很多，例如当一个人在房间走动时，鞋底会与地面不断接触、分离产生静电；当电子元器件滑入或滑出包装盒时，电子元器件与包装盒反复接触、分离也会产生静电。人们通常遇到的摩擦起电其实就是两个物体接触面上不同接触点不断接触、分离的过程。对于金属导体，由于金属的导电性能强，摩擦本身的作用很小，只有最后分离的一瞬间对静电起电有作用。而绝缘体在整个摩擦过程都对静电起电有作用，并且摩擦的类型、摩擦时间、摩擦速度及接触面积等都对起电电量有影响。

严格的材料起电分析是非常困难的，要分金属-金属、绝缘体-绝缘体、半导体-半导体、金属-绝缘体、金属-半导体、绝缘体-半导体等多种情况分别讨论。比较成熟的是金属-金属的接触起电理论。1932 年，Kullrath 将金属粉末从铜管中高速吹出时，这个对地绝缘的装置产生了 0.26MV 的静电高压。

2. 静电危害

静电起电后，物体上积累了大量的静电荷，会在空间产生一个额外的强静电场，从而可能对周围物体产生危害。以电子技术领域为例，大规模集成电路（LSI）、超大规模集成电路（VLSI）、专用集成电路（ASIC）及超高速集成电路（UHSIC）已经广泛应用于各个领域，并且集成度越来越高，而其抗过压能力却有所下降。如 CMOS 的耐击穿电压已降到 80～100V，VMOS 的耐击穿电压已降到 30V，而千兆位的 DRAM 的耐压为 10～20V。但是这些器件在生产、运输、存储和使用过程中，由于强静电场的原因可能在器件内部产生高达数千甚至上万伏的电压，如果不采取措施，将会造成严重的损失。日本曾统计过，不合格的电子产品中有约 45％是由于静电危害造成的。在电子工业领域，全球每年因静电造成的损失高达数百亿美元。

2.4.3 恒定磁场的应用

大多数恒定磁场的应用都基于恒定磁场对带电运动粒子或载流导体的磁场力。大学物理中已经讲到，带正电荷 q 的粒子以速度 $\boldsymbol{v}$ 射入磁感应强度为 $\boldsymbol{B}$ 的恒定磁场中，带电粒子所受的力为 $\boldsymbol{F}=q\boldsymbol{v}\times\boldsymbol{B}$，同样电流元受到磁感应强度的作用力为 $\boldsymbol{F}=I\mathrm{d}\boldsymbol{l}\times\boldsymbol{B}$。回旋加速器、选速器和直流电动机等正是基于这两个公式设计而成的。

此处以回旋加速器为例说明恒定磁场的应用[9]。回旋加速器就是将电场产生装置和恒定磁场产生装置相结合对电子进行加速的，用于原子碰撞实验中研究原子内部结构。其结构原理如图 2.4.3所示。两个 D 形腔体外接交流电源，从而在两个腔体缝隙间建立相对均匀的电场，电子通过此缝隙，运动速度将会加快并进入一个腔体内。由于整个系统安放在均匀恒定磁场中，带电粒子切割磁力线，沿半圆形轨迹运动，到达该腔体的另一端，此时正好外加电源反向，从而外加电场反向，粒子在另一端的缝隙处再次加速并进入另外一个腔体，此时由于粒子运动速度加快，根据 $\boldsymbol{F}=q\boldsymbol{v}\times\boldsymbol{B}$ 可知，粒子的运动半径将会比原来大一些，同样粒子沿半圆运动回到该腔体的一端，电源再次反向并对粒子加速，如此反复。回旋加速器通过一个电子腔对粒子进行多次加速，并最终射出腔体外获得高速的粒子束。整个系统安装在密闭真空室中，避免粒子运动中与空气粒子碰撞产生能量损耗。

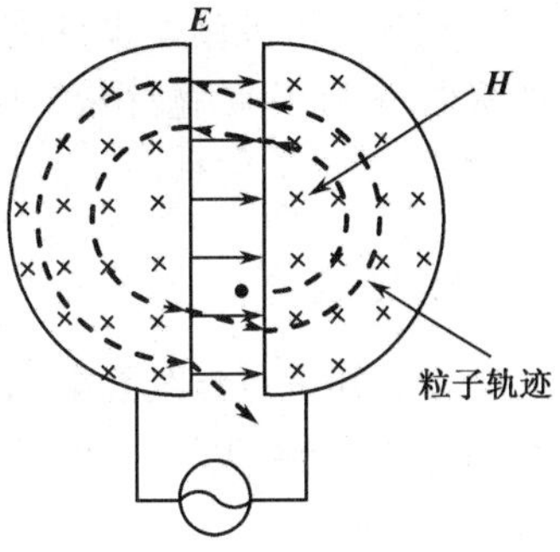

图 2.4.3　回旋加速器

2.4.4　微波暗室工作原理简介

在电磁场及微波技术研究领域，会涉及大量的如天线辐射性能、高频电路电磁性能及飞机等目标的散射特性的测量，如图 2.4.4 所示的微波暗室[13]是一种很方便的测量场所，它能够高效、精确地测量所测目标的各项电磁性能。而微波暗室本身的建造将会应用到大量的电磁场知识。

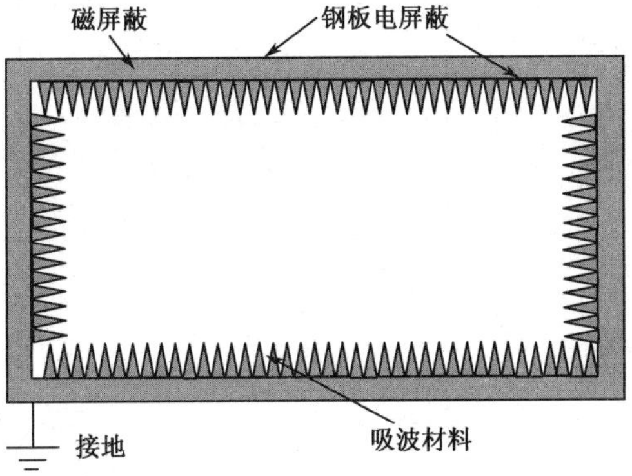

图 2.4.4　微波暗室工作原理图

① 由于人们所处的自然环境中存在大量各种形式的电磁场，通过微波暗室测量相关目标的电磁性能，首先需要将暗室内部与外部进行完全的电磁隔离，外部复杂的电磁环境就不会干扰到室内的测量工作。设计中，利用多块钢板焊接成一个包围整个暗室的金属壳，同时将金属壳良好接地（接地电阻必须很小，可由前面接地电阻的计算方法设计），从而形成电屏蔽。进一步在钢板夹层中采用铁磁体形成磁屏蔽，磁屏蔽的工作原理如 2.3.5 节所述。通过如上设计，暗室内部将是一个非常“干净”的空间，几乎没有外界的电磁干扰。

② 室内测量还需解决的问题是如何将入射到墙壁上的电磁波吸收掉，避免室内的多次反射，从而测量时给暗室内部提供一个相对简单的电磁环境，而吸收电磁波的有效途径就是使用吸波材料。目前微波暗室内常用的吸波材料就是采用尖锥状的泡沫（其中填入有耗的炭粉），人为构造了一种有一定电导率的材料，由焦耳定律知道，有耗介质中，电磁场能量会转化为热能损耗

掉，从而降低电磁波的反射。

实际上微波暗室设计是一个非常复杂的系统工程，其中接地电阻、电磁屏蔽性能、吸波材料的吸收率、工作带宽等众多性能指标，都是设计中必须加以考虑的重要因素。

知识点总结

本章知识点涉及静电场、恒定电流场和恒定磁场 3 类场的基本特性，包括表征参量、本构关系与介质特性、基本方程、泊松方程、边界条件、元件（电阻、电容、电感）、能量及力的概念，如表 2.1所示。

表 2.1　静态场知识点列表

	静电场	恒定电流场	恒定磁场
源	Q,ρ,ρ_S,ρ_l	/	$I,\boldsymbol{J},\boldsymbol{J}_S$
场量	$\boldsymbol{E},\boldsymbol{D}$	$\boldsymbol{J},\boldsymbol{E}$	$\boldsymbol{B},\boldsymbol{H}$
本构关系	$\boldsymbol{D}=\varepsilon\boldsymbol{E}$	$\boldsymbol{J}=\sigma\boldsymbol{E}$	$\boldsymbol{B}=\mu_0(\boldsymbol{M}+\boldsymbol{H})=\mu\boldsymbol{H}$
基本方程	$\oint_l \boldsymbol{E}\cdot \mathrm{d}\boldsymbol{l}=0,\nabla\times\boldsymbol{E}=0$ $\oint_S \boldsymbol{D}\cdot \mathrm{d}\boldsymbol{S}=q,\nabla\cdot\boldsymbol{D}=\rho$	$\oint_l \boldsymbol{E}\cdot \mathrm{d}\boldsymbol{l}=0,\nabla\times\boldsymbol{E}=0$ $\oint_S \boldsymbol{J}\cdot \mathrm{d}\boldsymbol{S}=0,\nabla\cdot\boldsymbol{J}=0$	$\oint_l \boldsymbol{H}\cdot \mathrm{d}\boldsymbol{l}=\sum I,\nabla\times\boldsymbol{H}=\boldsymbol{J}$ $\oint_S \boldsymbol{B}\cdot \mathrm{d}\boldsymbol{S}=0,\nabla\cdot\boldsymbol{B}=0$
位函数及泊松方程	$\boldsymbol{E}=-\nabla\varphi$ $\nabla^2\varphi(\boldsymbol{r})=-\dfrac{\rho(\boldsymbol{r})}{\varepsilon}$	$\boldsymbol{E}=-\nabla\varphi$ $\nabla^2\varphi=0$	$\boldsymbol{B}=\nabla\times\boldsymbol{A}$ $\nabla^2\boldsymbol{A}=-\mu\boldsymbol{J}$
边界条件	$D_{1n}-D_{2n}=\rho_S$ $E_{1t}=E_{2t}$ $\varphi_1=\varphi_2$ $\varepsilon_1\dfrac{\partial\varphi_1}{\partial n}=\varepsilon_2\dfrac{\partial\varphi_2}{\partial n}$	$J_{1n}=J_{2n}$ $E_{1t}=E_{2t}$ $\varphi_1=\varphi_2$ $\sigma_1\dfrac{\partial\varphi_1}{\partial n}=\sigma_2\dfrac{\partial\varphi_2}{\partial n}$	$B_{1n}=B_{1n}$ $H_{1t}-H_{1t}=J_S$ $\varphi_{1m}=\varphi_{2m}$ $\mu_1\dfrac{\partial\varphi_{1m}}{\partial n}=\mu_2\dfrac{\partial\varphi_{2m}}{\partial n}$
元件、能量、力	$C=\dfrac{q}{U},C=\varepsilon\dfrac{S}{d}$ $w_e=\dfrac{1}{2}\boldsymbol{D}\cdot\boldsymbol{E}=\dfrac{1}{2}\varepsilon\boldsymbol{E}^2$ $F_i=-\nabla W_e\mid_{q=常量}$ $F_i=\nabla W_e\mid_{\varphi=常量}$	$G=\dfrac{I}{U},R=\dfrac{l}{\sigma S}$	$L=\dfrac{\Psi}{I},M_{21}=\dfrac{\Psi_{21}}{I_1}$ $w_m=\dfrac{1}{2}\boldsymbol{B}\cdot\boldsymbol{H}=\dfrac{\mu}{2}H^2=\dfrac{1}{2\mu}B^2$ $\boldsymbol{F}=-\nabla W_m\mid_{\Psi=常量}$ $\boldsymbol{F}=\nabla W_m\mid_{I=常量}$

本章知识点图谱分别如图 2.1、图 2.2、图 2.3 所示。

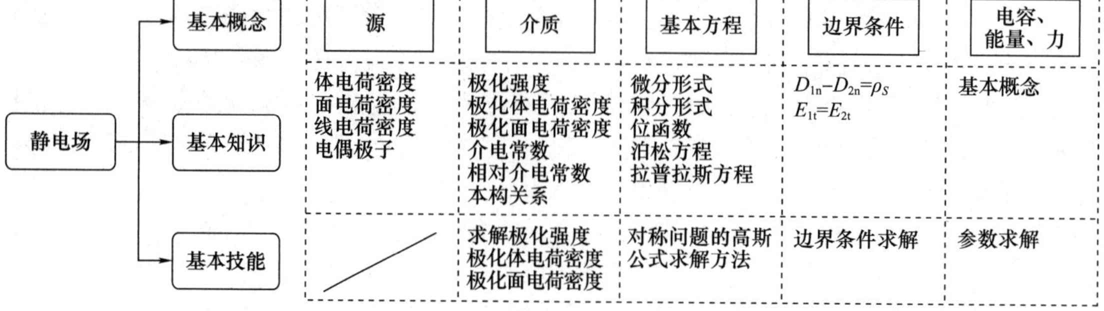

图 2.1　静电场知识点图谱

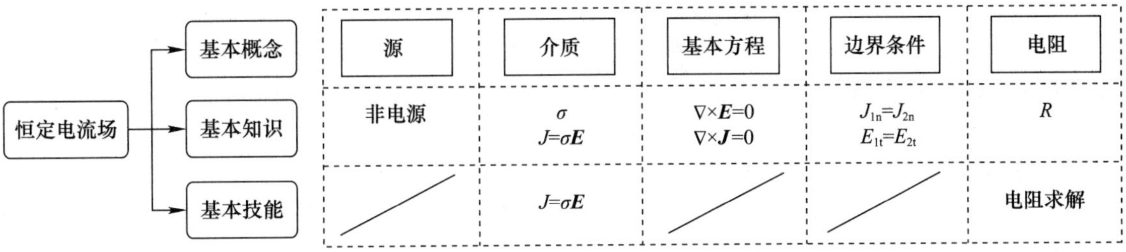

图 2.2　恒定电流场知识点图谱

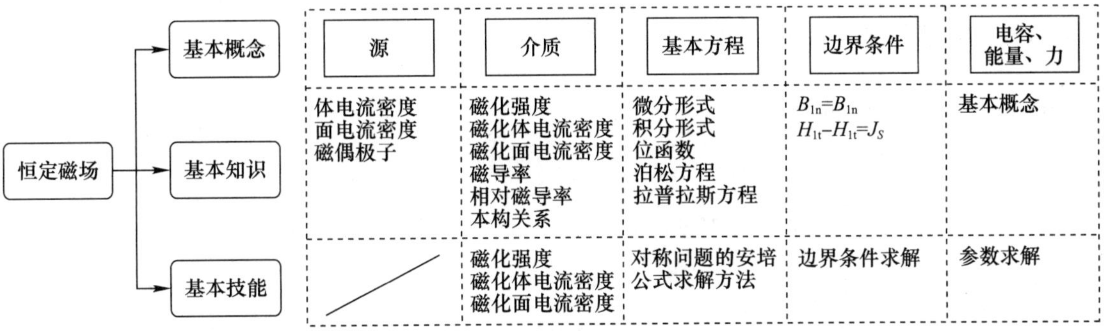

图 2.3　恒定磁场知识点图谱

习　题　2

2.1　一块很薄的无限大带电平板，其面电荷密度为 ρ_S(C/m^2)。试证明在离板 Z_0(m)点的电场强度 E(V/m)有一半是由该点正下方的板上的一个半径为 $r_0=\sqrt{3}Z_0$ 的圆内的电荷所产生的。

2.2　双偶极子(又称为四极子)如题图 2.1 所示，试证明远离双偶极子的点 $P(r,\theta,0)$上的电位表达式是 $\varphi=\dfrac{qls\sin\theta\cos\theta}{2\pi\varepsilon_0 r^2}$(其中 $r\gg l, r\gg s$)。

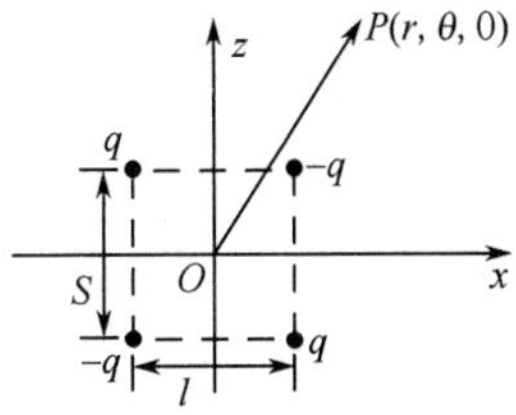

题图 2.1

2.3　在自由空间中，两个无限大平面相距 d，分别均匀分布着电荷密度为 ρ、$-\rho$ 的电荷，求空间 3 个区域的电场强度。

2.4　在自由空间中，两根互相平行、相距为 d 的无限长带电细导线，其上均匀分布着线电荷密度分别为 ρ_l、$-\rho_l$ 的电荷，求空间任一点的电场强度和电位分布。

2.5　半径为 a 的无限长直圆柱导体上，均匀分布的面电荷密度为 ρ_S，计算导体内外的电场分布。

2.6　有一线电荷密度为 ρ_l 的均匀带电的无限长直导线，被半径为 R_1 的无限长介质圆柱所包围，电介质的介电常数为 ε_1，在该介质外($R>R_1$)又被介电常数为 ε_2 的均匀无限大介质包围着。求各区域内带电导线产生的电场强度。

2.7　电荷分布在内半径为 a，外半径为 $b(a<b)$的球形区域内，设体电荷密度为 $\rho=\dfrac{k}{r}$(k 为常数)，求空间 3 个区域内的电场强度和穿过球面 $r=b$ 的总电通量。

2.8　在一个半径为 a(m)的介质球的球心处有一点电荷 q(C)，介质的相对介电常数为 ε_r，试求介质球表面上的极化面电荷密度 ρ_{SP}（C/m^2）、极化体电荷密度 ρ_P 及总的极化电荷。

2.9　边长为 a 的介质立方体的电极化强度为 $\boldsymbol{P}=\boldsymbol{e}_x x+\boldsymbol{e}_y y+\boldsymbol{e}_z z$，如果立方体中心位于坐标原点，求极化体电荷密度和极化面电荷密度，在这种情况下总的极化电荷为多少？

2.10　设 $x<0$ 的区域为空气，$x>0$ 的区域为电介质，电介质的介电常数为 $3\varepsilon_0$。如果空气中的电场强度 $\boldsymbol{E}_1=3\boldsymbol{e}_x+4\boldsymbol{e}_y+5\boldsymbol{e}_z$（V/m），求电介质中的电场强度 $\boldsymbol{E}_2$。

2.11　设垂直于 x 轴的相距 d 的两平板构成电容器，两极板上分别带有面电荷密度为 ρ_S 和 $-\rho_S$ 的均匀电荷，在两极板间充满介电常数为 $\varepsilon_r=\dfrac{x+d}{d}$ 的非均匀电介质。边缘效应忽略不计，求该平板电容器中的电场强度。

2.12　求如题图 2.2 所示的两种电容器的电容。

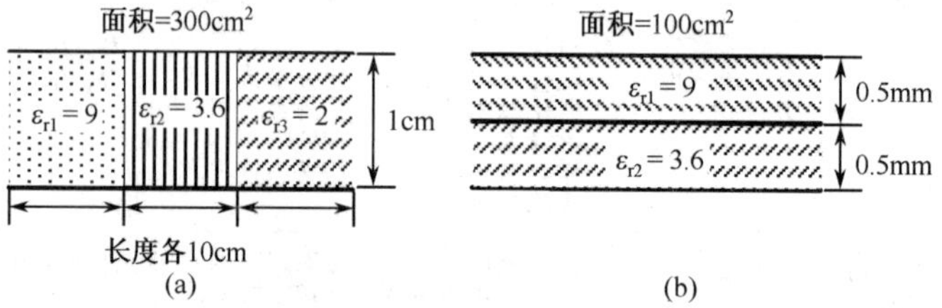

题图 2.2

2.13　两个相距 2mm 的平板电容器中填充相对介电常数为 6 的介质，平板面积为 40cm²，板间电压为 1.5kV，试求：(1)介质内部电压；(2)电场强度；(3)电极化强度；(4)自由面电荷密度；(5)电容；(6)电容器储能；(7)极板间所受的静电力。

2.14　用双层理想电介质按照如题图 2.3(a)、(b)所示方法制成单芯同轴电缆，已知 $\varepsilon_1=4\varepsilon_0$，$\varepsilon_2=2\varepsilon_0$，内外导体单位长度上所带电荷分别为 ρ_l，$-\rho_l$。求：(1)4 个区域内的电场强度分布；(2)内外导体间电压；(3)各介质内的极化体电荷密度与极化面电荷密度；(4)单位长度电缆内外导体间的电容。

2.15　自由体电荷密度为 ρ 的球体（半径为 a），球内外的介电常数均为 ε_0，试求：(1)球内外的 $\boldsymbol{D}$ 和 $\boldsymbol{E}$；(2)球内外的电位 φ；(3)静电场能量。

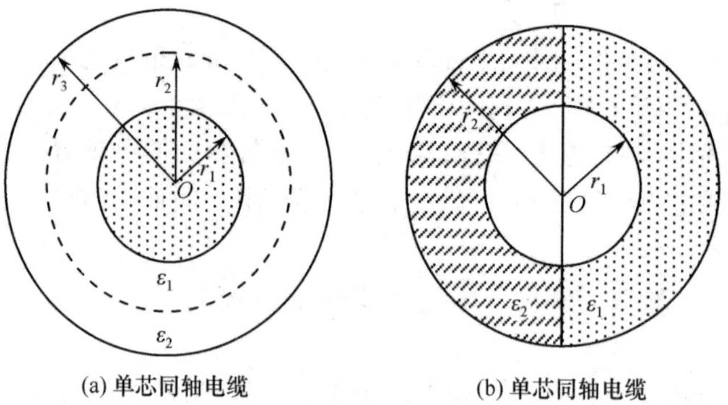

题图 2.3

2.16　已知半径为 a 的导体球带电荷 q，球心位于两种介质的分界面上，如题图 2.4 所示。试求：(1)电场分布；(2)球面上的自由电荷分布；(3)整个系统的静电场能量。

2.17　一平板电容器，极板面积为 S，一板接地，另一板平移，当板间间隔为 d 时，将之充电至电压为 U_0，然后移去电源，使极板间隔增至 nd（n 为整数）。忽略边缘效应。试求：(1)两极板间的电压；(2)计算并证明此时电容器储能的增加等于外力所做的功。

2.18　一个半径为 a 的圆线圈，通有电流 I，将线圈平面沿直径折成90°(见题图 2.5)，求线圈中心的磁感应强度。

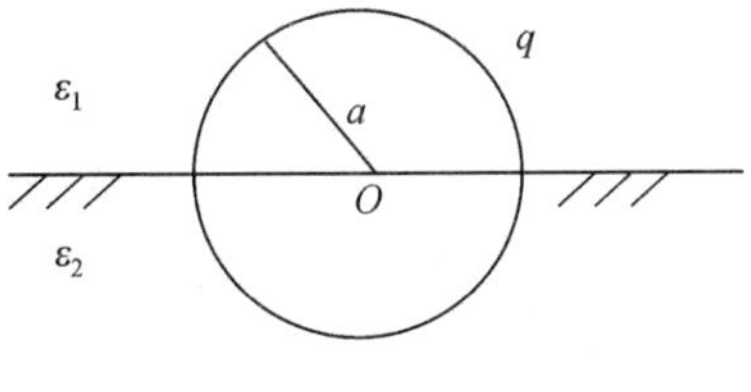

题图 2.4

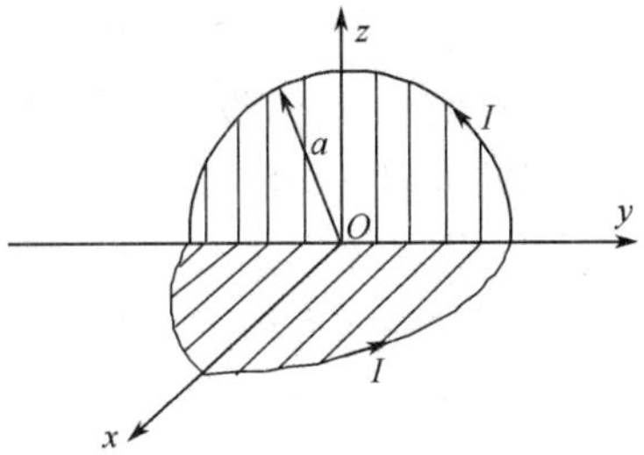

题图 2.5

2.19　两根相距 d 的无限长直导线，通过电流分别为 I、$-I$，求空间任一点的磁场强度、磁感应强度及矢量磁位。

2.20　无限长圆柱导体内部开有一个不同轴的圆柱形空腔，导体中通过电流 $I=10\text{A}$，求各部分的磁感应强度。

2.21　如题图 2.6 所示的半径为 a 的无限长圆柱导体($\mu=\mu_0$)，与内外半径分别为 b、c($c>b>a$)且磁导率为 $\mu=4\mu_0$ 的磁介质套筒同轴，导体中通过电流为 I。(1)求空间任一点的磁场强度和磁感应强度；(2)求套筒中的极化体电流密度$\boldsymbol{J}_M$ 及内外表面的极化面电流密度$\boldsymbol{J}_{MS}$；(3)移去套筒，再求空间任一点的磁场强度和磁感应强度。

2.22　已知 $y<0$ 的区域为导磁介质，磁导率 $\mu_2=5000\mu_0$，$y>0$ 的区域为空气。试求：(1)当空气中的磁感应强度 $\boldsymbol{B}_1=0.5\boldsymbol{e}_z-10\boldsymbol{e}_y(\text{mT})$时，导磁介质中的磁感应强度 $\boldsymbol{B}_2$；(2)当导磁介质中的磁感应强度 $\boldsymbol{B}_2=10\boldsymbol{e}_x+0.5\boldsymbol{e}_y(\text{mT})$时，空气中的磁感应强度 $\boldsymbol{B}_1$。

2.23　变压器如题图 2.7 所示，初级线圈、次级线圈分别为 500 圈和 100 圈，密绕于磁导率为 5000 的磁介质上，忽略漏磁，并认为初级线圈、次级线圈均接匹配负载，初级线圈通过电流 10A，求：(1)磁介质中的磁感应强度和磁通；(2)初级线圈中的电感；(3)磁介质中的磁场能量；(4)次级线圈中的电流。

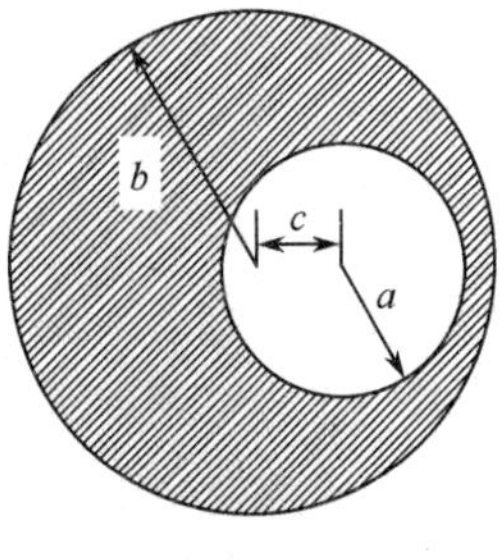

题图 2.6

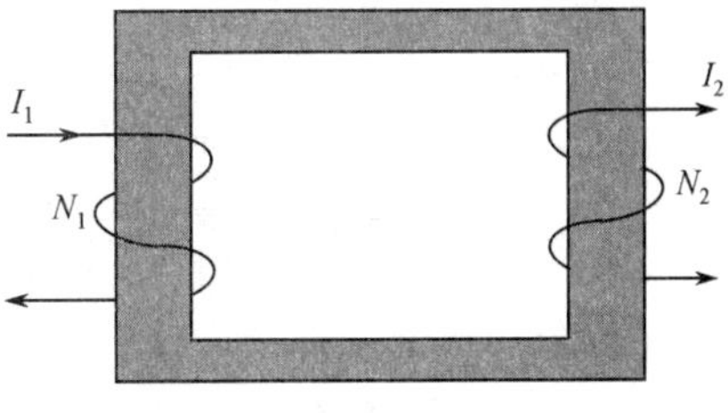

题图 2.7

2.24　两种不同的导电介质的分界面是一个平面。介质的参数为：$\sigma_1=10^2\text{S/m}$，$\sigma_2=1\text{S/m}$，$\varepsilon_1=\varepsilon_2=\varepsilon_0$。已知在介质 1 中，电流密度的数值处处等于 10A/m^2，方向与分界面的法线成45°。求：(1)介质 2 中电流密度的大小和方向；(2)分界面上的面电流密度。

2.25　若两介质分界面两侧的介电常数及电导率分别为 ε_1、ε_2 及 σ_1、σ_2，已知电流流过这一分界面时法向电流密度为 J_n，试证明分界面上的自由面电荷密度 $\rho_{Sf}=J_n\left(\dfrac{\varepsilon_1}{\sigma_1}-\dfrac{\varepsilon_2}{\sigma_2}\right)$。

2.26　两层介质的同轴电缆，介质分界面为同轴的圆柱面，内导体半径为 a，分界面半径为

b，外导体内半径为 c；两层介质的介电常数由内到外分别为 ε_1 和 ε_2，漏电导分别为 σ_1 和 σ_2。当外加电压 U_0 时，试求：(1)介质中的电场强度；(2)分界面上的自由面电荷密度；(3)单位长度的电容和漏电导。

2.27　在一块厚度为 d 的导体板上，有两个半径为 r_1 和 $r_2(r_2>r_1)$ 的圆弧以及夹角为 α 的两半径割出的一块扇形体，设其电导率为 σ，如题图 2.8 所示。试求：(1)厚度方向的电阻；(2)沿两圆弧面之间的电阻；(3)沿 a 方向的两电极的电阻。

2.28　如题图 2.9 所示的长直同轴电缆，内外电极半径分别为 r_1、r_3，与一电压为 U 的电压源相连。电极板间充有介电常数和电导率分别为 ε_1、σ_1、ε_2、σ_2 的两种导电介质，两种介质分界面是半径为 r_2 的同轴圆柱面，且 $r_1<r_2<r_3$。求：(1)单位长度的漏电导；(2)两种导电介质分界面上的自由面电荷密度。

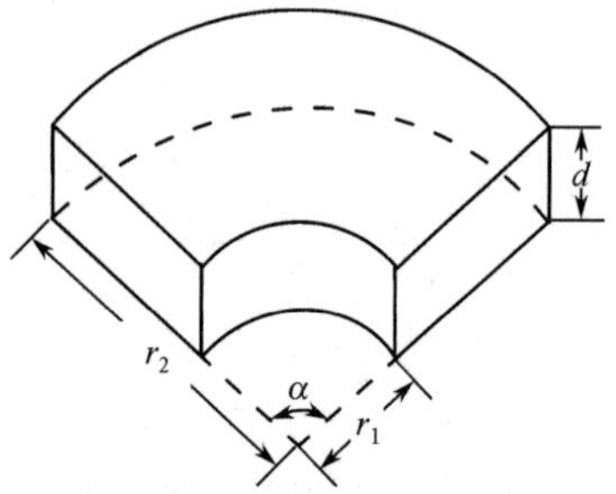

题图 2.8

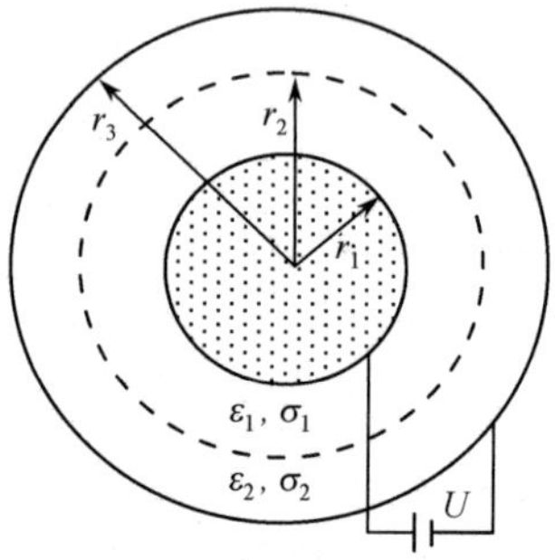

题图 2.9

2.29　设土壤的电导率 $\sigma=10^2\,\mathrm{S/m}$，采用金属平板做接地体，忽略接地线和接地体的电阻，如果要求接地电阻小于 0.5Ω，求接地板的面积。

第3章　静态场边值问题求解

第2章学习了静态场的基本理论，求解了一些结构非常简单的电磁场问题。但是，在实际工程中遇到的问题往往比较复杂，场矢量一般是两个或三个空间坐标的函数，所以有必要介绍一些求解静态场问题的其他方法。

本章首先介绍静态场边值问题的类型以及静电场边值问题解的唯一性定理，然后介绍两种重要的解析方法——镜像法和分离变量法，最后以矩量法为例介绍静电场问题的数值计算方法。

3.1　静态场边值问题及解的唯一性定理

3.1.1　静态场边值问题的类型

由第2章已知，电磁场分布不仅受到基本方程的控制，同时受到边界条件的影响，从而形成了数学意义上的边值问题。静态场中边值问题可以归结为求解满足一定边界条件下的泊松方程或拉普拉斯方程。

以位函数为例，根据已知边界条件的不同，静态场边值问题又分为3种类型。

① 第一类边值问题[Dirichlet(狄利赫利)问题]：已知边界上各点的位函数值 φ。

② 第二类边值问题[Neumann(诺依曼)问题]：已知边界上各点的$\frac{\partial\varphi}{\partial n}$值，对于导体表面，实际上是已知导体表面的面电荷密度 $\rho_S=-\varepsilon\frac{\partial\varphi}{\partial n}$。

③ 第三类边值问题(混合型问题)：已知部分边界表面的 φ 值和其他边界表面的$\frac{\partial\varphi}{\partial n}$值。

3.1.2　静电场边值问题解的唯一性定理

静电场边值问题解的唯一性定理：已知场域 V 内的自由电荷分布和电介质特性，已知场域 V 的边界 S 上的 φ 或$\frac{\partial\varphi}{\partial n}$，那么场域 V 内的位函数具有唯一确定的解，即第一、二、三类边值问题下的泊松方程或拉普拉斯方程的解是唯一的。

由唯一性定理，既然泊松方程或拉普拉斯方程在给定边界条件下的解是唯一的，那么对于一个特定函数形式，只要它既能满足泊松方程或拉普拉斯方程，同时又能满足给定的边界条件，就可以说此函数是所要求问题的解。如果用不同的方法得到的解在形式上不同，根据唯一性定理，它们必然是等价的。唯一性定理给出了边值问题具有唯一解的条件，也为解结果的正确性提供了判据。

唯一性定理可以应用格林第一恒等式并采用反证法进行证明[3]。假设在体积 V 内存在满足相同边界条件的两个不同的位函数解 φ_1 和 φ_2，有

$$\nabla^2\varphi_1=-\rho/\varepsilon,\nabla^2\varphi_2=-\rho/\varepsilon \tag{3.1.1}$$

令 U 为两个解的差，即

$$U=\varphi_1-\varphi_2 \tag{3.1.2}$$

在场域 V 内，由于 φ_1 和 φ_2 都满足拉普拉斯方程，所以

$$\nabla^2 U=0 \tag{3.1.3}$$

对于第一类边值问题，在边界 S 上，处处满足 $U=0$；对于第二类边值问题，在边界 S 上，处处满足 $\frac{\partial U}{\partial n}=0$。

应用格林第一恒等式 $\int_V(\phi\nabla^2\psi+\nabla\psi\cdot\nabla\phi)\mathrm{d}V=\oint_S\phi\frac{\partial\psi}{\partial n}\mathrm{d}S$，并令 $\phi=\psi=U$，得到

$$\int_V(U\nabla^2 U+\nabla U\cdot\nabla U)\mathrm{d}V=\oint_S U\frac{\partial U}{\partial n}\mathrm{d}S \tag{3.1.4}$$

由于 $\nabla^2 U=0$，对于第一、第二类边值问题，沿边界 S 满足 $U=0$ 或 $\frac{\partial U}{\partial n}=0$，上式可以简化为

$$\int_V|\nabla U|^2\mathrm{d}V=0 \tag{3.1.5}$$

$$\nabla U=0 \tag{3.1.6}$$

由式(3.1.6)可知，U 等于常数。对于第一类边值问题，U 在边界上的值为 0，所以在整个场域 V 内，$U=0$，从而 $\varphi_1=\varphi_2$。因此，对于第一类边值问题，原泊松方程或拉普拉斯方程的解是唯一的。

对于第二类边值问题，在场域 V 内，若 φ_1 和 φ_2 取同一个参考点，则在参考点 $U=\varphi_1-\varphi_2=0$，从而得 $\varphi_1=\varphi_2$。

第三类边值问题是第一、第二类边值问题的混合问题，由上述推导过程可以得出结论，其解也是唯一的。

唯一性定理是关于边值问题的一个非常重要的定理，此定理不仅适用于静态场，而且适用于时变场。

3.1.3 静态场边值问题的解法

静态场边值问题的解法种类有很多，一般可以分为两大类。

① 解析法[14,15]（得到一个函数表达式）。主要方法有镜像法、分离变量法、格林函数法等。

② 数值法[16-21]（建立数学模型，利用计算机进行求解，得到研究区域中离散点上的场强或位函数值）。主要方法包括矩量法(MoM)、时域有限差分法(FDTD)、有限元法(FEM)等。由于引入计算机进行计算，数值法能求解许多解析法解决不了的问题。

3.2 镜 像 法

如果在电荷或电流附近放置一定形状的导体，在导体表面将出现感应电荷或感应电流。空间任一点的电场和磁场，是原有电荷、电流产生的电磁场与感应电荷、感应电流产生电磁场的叠加。在实际问题中，感应电荷与感应电流的计算并不容易，如果能够用一些简单形式的电荷和电

流来代替感应电荷与感应电流的效果，将为某些电磁场问题的求解带来方便。

镜像法是解决电磁场边值问题的一种解析方法。例如，如图 3.2.1 所示，假设有正电荷 $+q$，它在其周围空间将产生电场，如果在它的附近放一个无穷大的接地平面导体，导体表面将出现感应负电荷，导体上半空间的场强为电荷 $+q$ 与导体表面感应负电荷产生场强的矢量和。如果在我们所研究的区域之外（引入导体后，所要研究的区域是平面导体的上半空间，下半空间在所研究的区域之外）用一些假想的电荷代替原有边界上的感应电荷，只要假想电荷与原有电荷一起产生的电场能满足所研究区域原有的边界条件，同时不破坏所研究区域满足的泊松方程或拉普拉斯方程，那么，根据唯一性定理，所研究区域的电场就可以看成原有电荷与假想电荷产生电场的矢量和。这些在所研究区域之外引入的假想电荷称为镜像电荷。

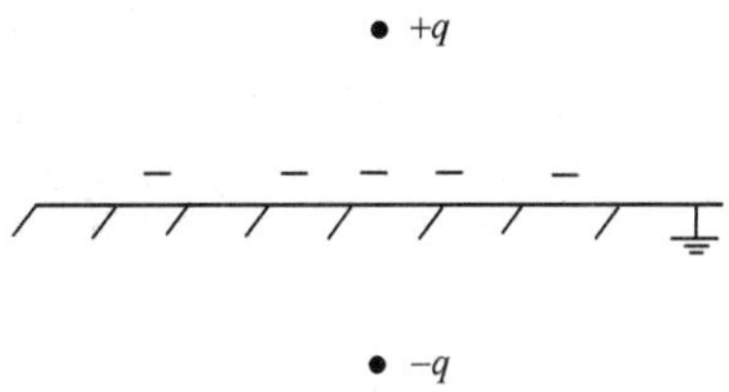

图 3.2.1　镜像法示意图

镜像法的依据是唯一性定理。由于镜像电荷的引入原则是满足原有的边界条件，而引入镜像电荷后，镜像电荷处在所研究区域之外，在所研究区域内位函数所满足的泊松方程或拉普拉斯方程的形式不变，因此所求问题的解没有任何变化。

用镜像法求解静电场边值问题的关键是寻找合适的镜像电荷，镜像电荷的确定要遵循以下两个原则：①所有镜像电荷必须位于所求的场域之外；②镜像电荷的个数、位置及电荷量的确定需要满足所求的场域的边界条件。

镜像法只能用于一些特殊边界的情形，下面对几种情况进行讨论。

1. 无限大导体平面与点电荷

设一个接地的无限大导体平板前方有一个点电荷 q，它到平板的垂直距离是 x_0，取直角坐标系，如图 3.2.2 所示，$x=0$ 的平面与导体平面重合。求 $x>0$ 区域的位函数。

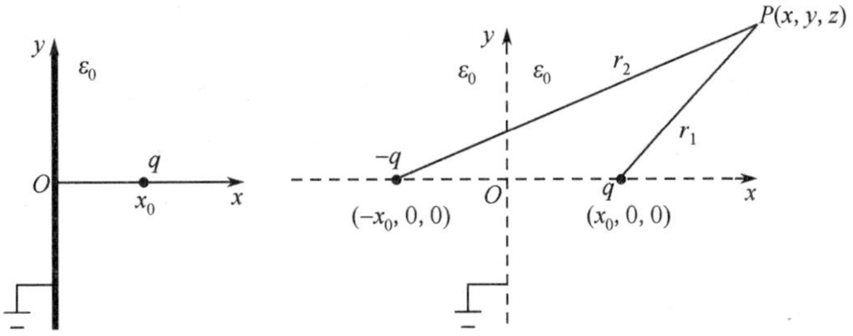

图 3.2.2　平面导体与点电荷示意图

点电荷 q 与导体平面之间的电位必须满足导体表面的边界条件和 $x>0$ 区域中的泊松方程或拉普拉斯方程。

原有问题：

(1) 边界 $x=0$ 处，$\varphi=0$（接地）；

(2) 在 $x>0$ 区域中，$\nabla^2\varphi=-\dfrac{1}{\varepsilon_0}q\delta(x-x_0,y,z)$，在 $(x,y,z)\neq(x_0,0,0)$ 的点上满足拉普拉斯方程。

现在假想将导体抽走，在整个空间中用同一种介质 ε_0 代替，在与原有电荷 q 对称的位置上 $(-x_0,0,0)$，放一个镜像电荷 $-q$ 来代替原来导体平面上的感应电荷，此镜像电荷在 $x>0$ 区域产生的电场与感应电荷产生的电场等效，此时在 $x>0$ 区域任一点的电位等于原有电荷与镜像电荷产生电位的代数和，为

$$\varphi=\frac{q}{4\pi\varepsilon_0}\left(\frac{1}{r_1}-\frac{1}{r_2}\right)=\frac{q}{4\pi\varepsilon_0}\left[\frac{1}{\sqrt{(x-x_0)^2+y^2+z^2}}-\frac{1}{\sqrt{(x+x_0)^2+y^2+z^2}}\right] \tag{3.2.1}$$

下面来验证这个结果是否正确。首先验证边界条件，将 $x=0$ 代入式(3.2.1)，得 $\varphi=0$，这就验证了原有问题第一条：在边界 $x=0$ 处，$\varphi=0$。

当 $r_1\neq0$，$r_2\neq0$ 时，因为无源区中 $\nabla^2\left(\frac{1}{r_1}\right)=\nabla^2\left(\frac{1}{r_2}\right)=0$，所以 $\nabla^2\varphi=0$。

在点电荷所在点 $(x_0,0,0)$，$r_1=0$，所以

$$\nabla^2\left(\frac{1}{r_2}\right)=-4\pi\delta(x+x_0,y,z)=0 \tag{3.2.2}$$

$$\nabla^2\left(\frac{1}{r_1}\right)=-4\pi\delta(x-x_0,y,z) \tag{3.2.3}$$

代入式(3.2.1)，得

$$\nabla^2\varphi=\frac{q}{4\pi\varepsilon_0}\left(\nabla^2\frac{1}{r_1}\right)=-\frac{1}{\varepsilon_0}q\delta(x-x_0,y,z) \tag{3.2.4}$$

所以所求电位既满足泊松方程或拉普拉斯方程，又满足边界条件，根据唯一性定理，式(3.2.1)即我们要求的唯一的位函数，假设的镜像电荷是正确的。当 $x<0$ 时，由于导体接地，所以 $\varphi=0$。

在求得 $x>0$ 区域的位函数后，可以利用导体表面的边界条件求出导体表面的面电荷密度。利用公式 $\rho_S=-\varepsilon_0\frac{\partial\varphi}{\partial n}=-\varepsilon_0\left.\frac{\partial\varphi}{\partial x}\right|_{x=0}$，得到

$$\rho_S=-\frac{x_0q}{2\pi\left(x_0^2+y^2+z^2\right)^{3/2}} \tag{3.2.5}$$

导体表面感应的总电荷为

$$q_i=\int_S\rho_S\mathrm{d}S=-q \tag{3.2.6}$$

这说明导体上感应电荷的电量总和正好等于所假设的镜像电荷的电量。但必须注意：只有当导体表面为无限大平面时，镜像电荷才与原有电荷等值异号，并位于与原有电荷对称的位置上。这就像照镜子一样，有一个正电荷就能在镜中对应位置找到一个负电荷，所以将这种方法称为镜像法。

2. 无限大导体平面与线电荷

上面讨论了在平面导体与点电荷关系中如何找出点电荷的镜像电荷，下面讨论平面导体与线电荷的情况。

一对水平架设的双导线距地面高度为 h，导线轴线间的距离为 D，导线半径为 a($a\ll D$，$a\ll h$)。导线上单位长度的带电量分别为 $\pm\rho_l$，求地面以上空间的电位，以及受地面影响时双导线的分布电容。

镜像法的关键是在所求区域之外找出镜像电荷。假设导线 1、2 上单位长度带电量分别为 $\pm\rho_l$(C/m)，由于 $a\ll D$，可以认为两导线上的电荷分布相互没有影响且均匀分布在表面上，并可以等效为位于导线轴线上的线电荷。考虑地面的影响，在地面以下，与原线电荷 $\pm\rho_l$ 对称的位置上，引入镜像电荷 $\mp\rho_l$，如图 3.2.3(a)所示，由于假设了如上镜像电荷后，地面的电位仍能保证为 0，所以满足边界条件。地面以上空间任一点的电位等于这 4 个线电荷所产生电位之和，即

$$\varphi=\frac{\rho_l}{2\pi\varepsilon_0}\ln\frac{r_1'}{r_1}-\frac{\rho_l}{2\pi\varepsilon_0}\ln\frac{r_2'}{r_2} \tag{3.2.7}$$

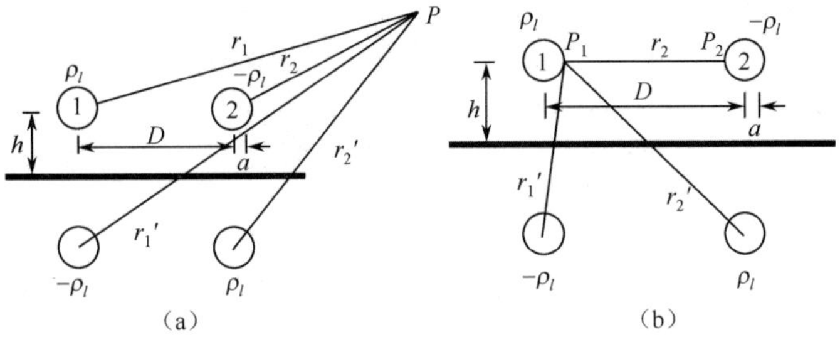

图 3.2.3 平面导体与线电荷示意图

电场强度 $\boldsymbol{E}=-\nabla\varphi$，在建立直角坐标系后可以具体求解。

这种地面双导线模型的电容往往是工程中需要关注的重要参量。在上述镜像法求解的基础上，下面给出该模型的电容求解方法。

平行双导线单位长度电容计算公式为

$$C_1=\frac{\rho_l}{\varphi_1-\varphi_2} \tag{3.2.8}$$

其中，φ_1 和 φ_2 分别是两根导线表面的电位，在导线上各自取两点 P_1、P_2，如图 3.2.3(b)所示，每根导线都是等电位体，根据上面推导出的电位公式，可以求出 P_1点的电位为

$$r_1=a,r_1'=\sqrt{a^2+4h^2},r_2=D-a,r_2'=\sqrt{4h^2+(D-a)^2}$$

$$\varphi_1=\frac{\rho_l}{2\pi\varepsilon_0}\left[\ln\frac{\sqrt{a^2+4h^2}}{a}+\ln\frac{D-a}{\sqrt{4h^2+(D-a)^2}}\right] \tag{3.2.9}$$

由于 $a\ll D,a\ll h$，所以

$$\varphi_1\approx\frac{\rho_l}{2\pi\varepsilon_0}\left[\ln\frac{2h}{a}+\ln\frac{D}{\sqrt{4h^2+D^2}}\right] \tag{3.2.10}$$

同样方法得到 P_2点电位为

$$\varphi_2\approx\frac{\rho_l}{2\pi\varepsilon_0}\left[\ln\frac{\sqrt{4h^2+D^2}}{D}+\ln\frac{a}{2h}\right] \tag{3.2.11}$$

所以，受地面影响时双导线的分布电容为

$$C_1=\frac{\rho_l}{\varphi_1-\varphi_2}=\frac{\pi\varepsilon_0}{\ln\dfrac{2hD}{a\sqrt{4h^2+D^2}}}\quad(\mathrm{F/m}) \tag{3.2.12}$$

如果不考虑地面的影响，也就是 $h\to\infty$，此时有

$$C_1=\frac{\pi\varepsilon_0}{\ln\dfrac{D}{a}}\quad(\mathrm{F/m}) \tag{3.2.13}$$

3. 相交无限大导体平面与点电荷

上面讨论的是单个无限大导体平面附近点电荷与线电荷的镜像问题，每一点电荷或线电荷在与之对应的位置上有一个镜像点电荷或线电荷。下面讨论两个相交的半无限大接地导体平面的镜像电荷情况。确定镜像电荷的关键仍然是必须满足所关注区域的原有边界条件和不破坏原来满足的拉普拉斯方程或泊松方程。

有两个相交成直角的接地导体平面，在 P_1点有点电荷 q，它与两导体平面的距离分别为 h_1、h_2，计算第一象限的电位和电场。

如图 3.2.4 所示，这个问题用镜像法来求解时，在 P_2点放一个镜像电荷 $-q$，可以保证 OA

面上的电位为 0，但 OB 面上的电位不为 0；在 P_3 点放一个镜像电荷 $-q$，可以保证 OB 面上的电位为 0，但 OA 面上的电位不为 0。如果在 P_2 和 P_3 点上放镜像电荷 $-q$，而在与 P_1 关于 O 点对称位置 P_4 上放一个镜像电荷 q，就能保证 OA 和 OB 面上的电位均为 0。所以 P_1 点上的点电荷 q 有 3 个镜像电荷，而 P_4 点上的电荷 q 可以看成 P_2 和 P_3 点上镜像电荷 $-q$ 的镜像，称为双重镜像。

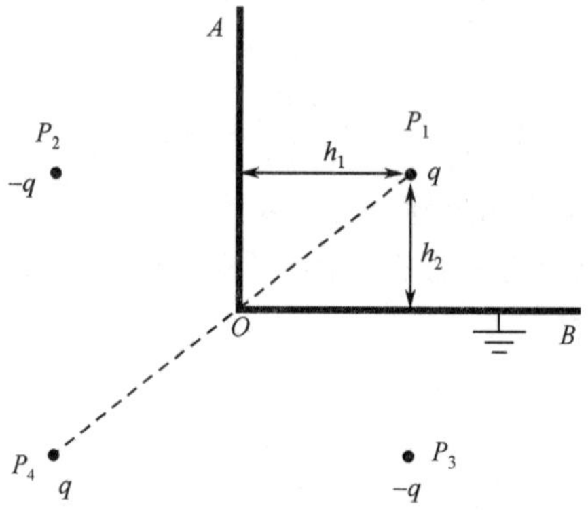

图 3.2.4　相交成直角接地导体平面与点电荷示意图

将上面寻找镜像电荷的方法，推广到两导体平面相交成 α 角的情况。同样可以利用上面的方法，轮流找出镜像电荷及镜像电荷的镜像，直到最后的镜像电荷与原有电荷重合为止，此时一般称为多重镜像。但是并不是任意情况下，最后的镜像电荷都能与原有电荷重合。从几何上分析，这些镜像电荷其实都位于一个圆上，圆心位于边界的交点，半径是从此交点到原有电荷的距离。要使最后的镜像电荷与原有电荷重合，只有满足 $\alpha=\dfrac{180^\circ}{n}$（$n$ 为整数），镜像电荷的总数为 $(2n-1)$ 个。当 n 不为整数时，用这种方法得到的镜像电荷将有无穷个，而且镜像电荷还将到 α 角以内，从而改变了原有电荷的分布，所以当 n 不为整数时，不能用镜像法求解。

如果在相互平行的两块无限大导体平板之间有一个点电荷或线电荷，也可以用镜像法计算两平板之间任一点的电位。如图 3.2.5 所示，设导体板 A 和 B 相距为 a，在正中央有一个点电荷 q。在这种情况下，必须有无穷多个镜像电荷对称地分布在两导体板两侧，才能满足 A、B 板等电位的边界条件，最后求 A、B 板之间区域电位得到的是一个收敛的无穷级数。

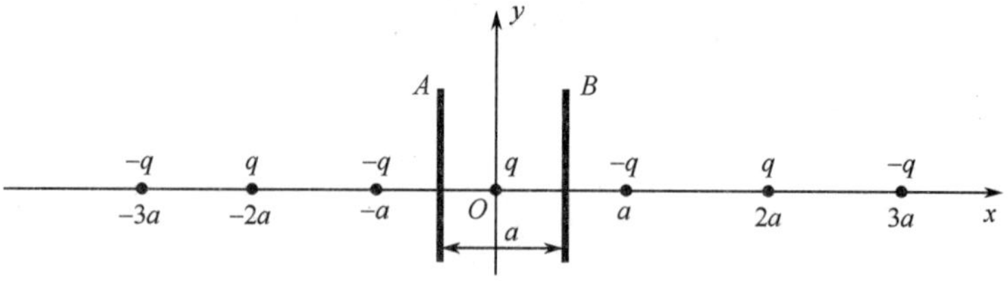

图 3.2.5　相互平行的无限大导体平板与点电荷示意图

4. 接地导体球与点电荷

下面利用镜像法解决接地导体球与点电荷构成系统的问题。设接地导体球半径为 a，在球外与球心相距 d_1 的 P_1 点有一个点电荷 q，求球外的位函数。

如图 3.2.6 所示，由于点电荷电场的作用，在导体球面上要产生感应电荷。因导体球接地，导体球面上只有负的感应电荷（从物理概念分析，如果球面上有正的感应电荷，它必发出电力线，而且是从球面指向地面，就不能保证球和地等电位），球外任一点的场等于点电荷 q 与球面上感应电荷的场的叠加。

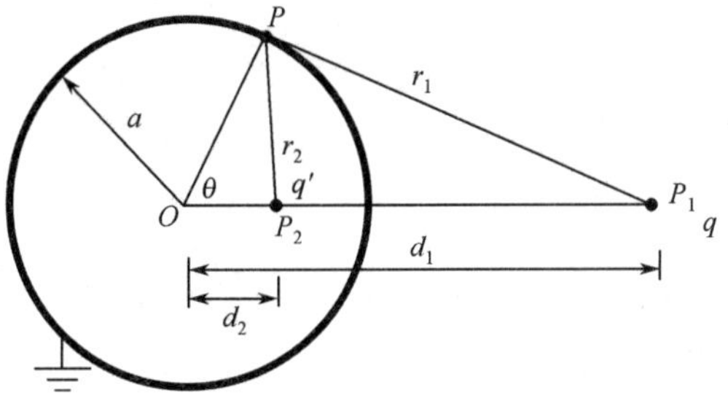

图 3.2.6　接地导体球与点电荷示意图

在镜像电荷设置中，可以遵循如下结论：

① 镜面是球面，镜像电荷必须在研究区域之外，即导体球内。

② 由于球的对称性，镜像电荷必须在球心与原有电荷 q 所在点的连线上。

③ 保证导体球面上任一点的电位为

$$\varphi(P)=\frac{q}{4\pi\varepsilon_0 r_1}+\frac{q'}{4\pi\varepsilon_0 r_2}=0 \tag{3.2.14}$$

由余弦定理

$$\begin{cases} r_1^2=a^2+d_1^2-2ad_1\cos\theta \\ r_2^2=a^2+d_2^2-2ad_2\cos\theta \end{cases} \tag{3.2.15}$$

将式(3.2.15)代入式(3.2.14)，经整理得

$$[q^2(d_2^2+a^2)-q'^2(d_1^2+a^2)]+2a\cos\theta(q'^2d_1-q^2d_2)=0 \tag{3.2.16}$$

上式对所有 θ 角都成立，所以

$$\begin{cases} q^2(d_2^2+a^2)=q'^2(d_1^2+a^2) \\ q'^2d_1=q^2d_2 \end{cases} \tag{3.2.17}$$

解此方程组，可以得到两组解

$$\begin{cases} d_2=d_1, q'=-q \\ d_2=\dfrac{a^2}{d_1}, q'=-\dfrac{a}{d_1}q \end{cases} \tag{3.2.18}$$

显然，第一组解中镜像电荷与原有电荷重合，不符合镜像法的基本原则，该解无意义；第二组解，由于 $d_1>a$，所以 $d_2<a$，即镜像电荷落在接地的导体球内，正是我们所需要的。由此得到球外任一点的电位为

$$\varphi=\frac{q}{4\pi\varepsilon_0 r_1}+\frac{q'}{4\pi\varepsilon_0 r_2}=\frac{q}{4\pi\varepsilon_0}\left(\frac{1}{r_1}-\frac{a}{d_1 r_2}\right) \tag{3.2.19}$$

式中，r_1、r_2 分别为原有电荷和镜像电荷到场点的距离。

为了求出接地导体球面的感应面电荷密度，将 r_1、r_2 都表示成球坐标变量 r 的函数，即

$$\begin{cases} r_1=\sqrt{d_1^2+r^2-2d_1 r\cos\theta} \\ r_2=\sqrt{\left(\dfrac{a^2}{d_1}\right)+r^2-2r\left(\dfrac{a^2}{d_1}\right)\cos\theta} \end{cases} \tag{3.2.20}$$

可以求得球外任一点的位函数为

$$\varphi=\frac{q}{4\pi\varepsilon_0}\left(\frac{1}{\sqrt{d_1^2+r^2-2d_1 r\cos\theta_1}}-\frac{1}{d_1\sqrt{\left(\dfrac{a^2}{d_1}\right)^2+r^2-2r\left(\dfrac{a^2}{d_1}\right)\cos\theta}}\right) \tag{3.2.21}$$

进而得到导体球面的感应面电荷密度为

$$\rho_S=-\varepsilon_0\left.\frac{\partial\varphi}{\partial r}\right|_{r=a}=\frac{-q(d_1^2-a^2)}{4\pi a\,(d_1^2+a^2-2d_1a\cos\theta)^{3/2}}\quad(\mathrm{c/m^2})\tag{3.2.22}$$

可以求出导体球面上总的感应电荷为

$$q_i=\int_S\rho_S\mathrm{d}S=q'=-\frac{a}{d_1}q\tag{3.2.23}$$

由式(3.2.23)可看出，接地导体球面上的感应电荷等于镜像电荷的电量。

5. 对地绝缘的带电导体球与点电荷

上面讨论的不管是导体平面还是导体球，都是接地的，这样导体表面的电位为0。如果导体球不接地，而且本身自带电荷，同样可以确定镜像电荷，利用镜像法求解。

对地绝缘的带电导体球半径为 a，自带电荷 q_0，并且在球外与球心相距 d_1 的 P_1 点处还有一个点电荷 q，求球外的位函数。

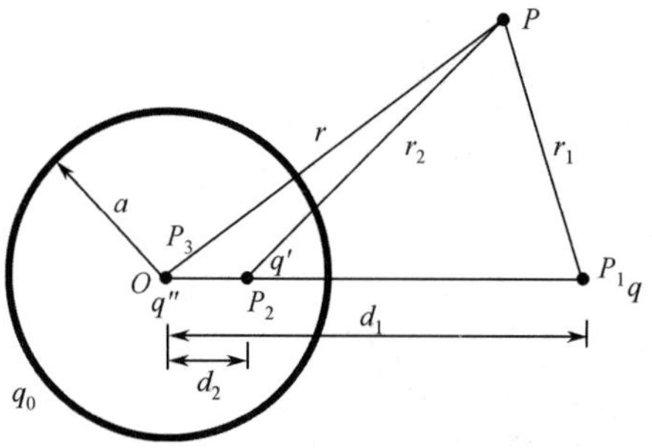

图 3.2.7　对地绝缘的带电导体球与点电荷示意图

这种情况下，分析导体球的特性如下：

① 导体球面是一个等电位面，$\varphi(a)$=常数(但不为0)，取无穷远处为电位零点。

② 导体球上的自带净电荷是 q_0(导体球本身带的电荷)，由于导体球未接地，所以，在点电荷 q 的作用下，球上总的感应电荷为 q_0。

此时，如果像前面接地导体球一样在 P_2 点放一个镜像电荷 q'，$d_2=\frac{a^2}{d_1}$，$q'=-\frac{a}{d_1}q$，则 q 和 q' 作用，使球面上电位 $\varphi(a)=0$，不能满足球面上的电位边界条件。

要求解这一问题，我们采用一种试探的方法，采用试探法是由唯一性定理决定的。

第一步：如图3.2.7所示，在 $d_2=\frac{a^2}{d_1}$ 处放一镜像电荷 $q'=-\frac{a}{d_1}q$。

第二步：在球心处再设置一个镜像电荷 q''，并使 $q''=q_0-q'$(球面上的原有净电荷为 q_0)。

球面上的电位由 q'' 决定，即

$$\varphi(a)=\frac{q''}{4\pi\varepsilon_0 a}=\frac{q_0-q'}{4\pi\varepsilon_0 a}=\frac{q_0+\frac{a}{d_1}q}{4\pi\varepsilon_0 a}(\text{常数})$$

球外任一点的电位为 q、q'、q'' 在该点电位的代数和，即

$$\varphi=\frac{q}{4\pi\varepsilon_0 r_1}+\frac{q'}{4\pi\varepsilon_0 r_2}+\frac{q''}{4\pi\varepsilon_0 r}\tag{3.2.24}$$

由于 $q'=-\frac{a}{d_1}q$，$q''=q_0-q'=q_0+\frac{a}{d_1}q$，所以

$$\varphi=\frac{q}{4\pi\varepsilon_0}\left(\frac{1}{r_1}-\frac{a}{d_1r_2}\right)+\frac{q_0}{4\pi\varepsilon_0 r}+\frac{aq}{4\pi\varepsilon_0 d_1 r}\tag{3.2.25}$$

由余弦定理

$$\begin{cases} r_1=\sqrt{d_1^2+r^2-2d_1 r\cos\theta} \\ r_2=\sqrt{\left(\dfrac{a^2}{d_1}\right)+r^2-2r\left(\dfrac{a^2}{d_1}\right)\cos\theta} \end{cases} \tag{3.2.26}$$

可以得出球面上的电荷分布和总带电量为

$$\rho_S=-\varepsilon_0 \frac{\partial\varphi}{\partial r}\bigg|_{r=a} \tag{3.2.27}$$

$$Q=\oint_S \rho_S \mathrm{d}S = q_0 \tag{3.2.28}$$

6. 无限长导体柱面与线电荷

在半径为 a 的无限长导体圆柱和与之平行的与圆柱轴线距离为 d_1 的无限长线电荷 ρ_l 构成的系统中，如图 3.2.8 所示，求圆柱体外空间的电位分布。

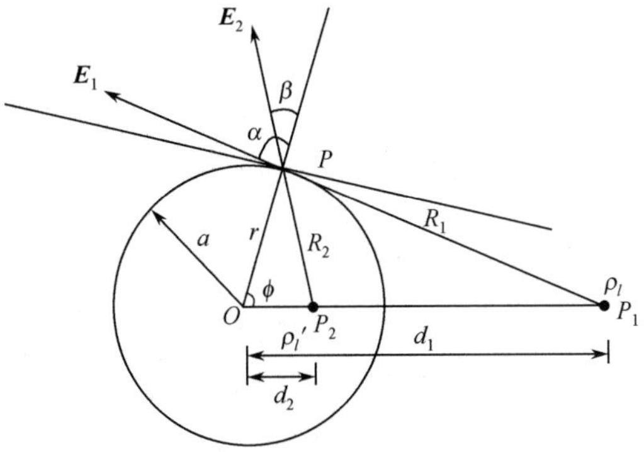

图 3.2.8　柱面导体与线电荷示意图

同样，为了使圆柱面为等电位面，镜像电荷也必须为线电荷且与圆柱体轴线平行，设镜像电荷与圆柱轴线距离为 d_2，线电荷密度为 ρ_l'，下面来确定 d_2 和 ρ_l'。

在圆柱面上任取一点 P，两线电荷所产生的电场分别为 $\boldsymbol{E}_1$ 和 $\boldsymbol{E}_2$，根据边界条件，为了满足圆柱面为等电位面的条件，在 P 点电场强度的切向分量为 0，所以

$$\frac{\rho_l}{2\pi\varepsilon_0 R_1}\sin\alpha+\frac{\rho_l'}{2\pi\varepsilon_0 R_2}\sin\beta=0 \tag{3.2.29}$$

由正弦定理得

$$\sin\alpha=\frac{d_1}{R_1}\sin\phi,\ \sin\beta=\frac{d_2}{R_2}\sin\phi$$

由余弦定理得

$$\begin{cases} R_1^2=a^2+d_1^2-2ad_1\cos\phi \\ R_2^2=a^2+d_2^2-2ad_2\cos\phi \end{cases}$$

代入式(3.2.29)，整理后得

$$[\rho_l' d_2(a^2+d_1^2)+\rho_l d_1(a^2+d_2^2)]-2ad_1d_2(\rho_l+\rho_l')\cos\phi=0 \tag{3.2.30}$$

此式对所有的 ϕ 角都应成立，因此满足

$$\begin{cases} \rho_l+\rho_l'=0 \\ \rho_l' d_2(a^2+d_1^2)+\rho_l d_1(a^2+d_2^2)=0 \end{cases} \tag{3.2.31}$$

此方程有两组解，即

$$\begin{cases} \rho_l'=-\rho_l,\ d_2=d_1 \\ \rho_l'=-\rho_l,\ d_2=\dfrac{a^2}{d_1} \end{cases} \tag{3.2.32}$$

显然，第一组解为镜像电荷与原有电荷重合，不符合要求；第二组解确定了镜像电荷 ρ_l' 与它的位置 d_2，导体圆柱外任一点的电位也就可以很方便地求出。

3.3　分离变量法

分离变量法[3-9,14-15]是求解偏微分方程的一种重要的数学方法，又称为傅里叶级数法。直接使用分离变量法求解电磁场问题有两个适用前提：一是所求解的偏微分方程为齐次方程，二是微分方程各项是仅对一个变量的偏微分。如果给定的偏微分方程不满足上述条件，需要对方程进行变量代换和一定的数学推导。在应用分离变量法求解时，所求场域的边界面应与某种正交曲面坐标系的坐标面重合。本节以位函数二维拉普拉斯方程的求解为例，介绍直角坐标系和圆柱坐标系中分离变量法的求解过程。

分离变量法的基本解题步骤是：

① 根据已知导体与介质分界面的形状，选择适当的坐标系；

② 将偏微分方程分离为若干常微分方程，求出包含待定系数的通解；

③ 利用边界条件，确定通解中的待定系数，得到所求问题的特解。

3.3.1　直角坐标系下的分离变量法

对于二维目标，沿 z 轴方向没有变化，当截面边界与直角坐标系的 xOy 坐标平面平行时，电位分布只是 x、y 变量的函数，与 z 无关。$\nabla^2\varphi=0$ 在直角坐标系中的展开式为

$$\frac{\partial^2\varphi(x,y)}{\partial x^2}+\frac{\partial^2\varphi(x,y)}{\partial y^2}=0 \tag{3.3.1}$$

为了分离变量，将二维函数写成两个一维函数乘积的形式，设

$$\varphi(x,y)=X(x)Y(y) \tag{3.3.2}$$

代入拉普拉斯方程中，得

$$Y(y)\frac{\mathrm{d}^2X(x)}{\mathrm{d}x^2}+X(x)\frac{\mathrm{d}^2Y(y)}{\mathrm{d}y^2}=0 \tag{3.3.3}$$

方程两边同除以 $X(x)Y(y)$，得

$$\frac{1}{X(x)}\frac{\mathrm{d}^2X(x)}{\mathrm{d}x^2}+\frac{1}{Y(y)}\frac{\mathrm{d}^2Y(y)}{\mathrm{d}y^2}=0 \tag{3.3.4}$$

由于上式中第一项仅仅是关于 x 的函数，第二项仅仅是关于 y 的函数，在 x、y 任意取值时，两项之和等于 0，所以两项都必须为常数，且相加为 0，所以

$$\begin{cases}\dfrac{1}{X(x)}\dfrac{\mathrm{d}^2X(x)}{\mathrm{d}x^2}=c_1\\[2ex]\dfrac{1}{Y(y)}\dfrac{\mathrm{d}^2Y(y)}{\mathrm{d}y^2}=c_2\end{cases} \tag{3.3.5}$$

$$c_1+c_2=0 \tag{3.3.6}$$

其中，c_1、c_2 为分离常数，c_1、c_2 的取值有 3 种可能。

(1) $c_1=c_2=0$

此时式(3.3.5)演变为

$$\begin{cases}\dfrac{1}{X(x)}\dfrac{\mathrm{d}^2X(x)}{\mathrm{d}x^2}=0\\[2ex]\dfrac{1}{Y(y)}\dfrac{\mathrm{d}^2Y(y)}{\mathrm{d}y^2}=0\end{cases} \tag{3.3.7}$$

上述方程为两个二阶常系数微分齐次方程，它们的通解为

$$\begin{cases} X=A_0+B_0x \\ Y=C_0+D_0y \end{cases} \tag{3.3.8}$$

利用 $\varphi(x,y)=X(x)Y(y)$，此时的解称为拉普拉斯方程的零解，即

$$\varphi_0=(A_0+B_0x)(C_0+D_0y) \tag{3.3.9}$$

(2) $c_1=-c_2=-k^2$（c_1为负数，c_2为正数）

此时式(3.3.5)演变为

$$\begin{cases} \dfrac{\mathrm{d}^2X(x)}{\mathrm{d}x^2}+k^2X(x)=0 \\ \dfrac{\mathrm{d}^2Y(y)}{\mathrm{d}y^2}-k^2Y(y)=0 \end{cases} \tag{3.3.10}$$

上述方程为两个二阶常系数微分齐次方程，它们的通解为

$$\begin{cases} X=A\cos(kx)+B\sin(kx) \\ Y=C\cosh(ky)+D\sinh(ky) \end{cases} \tag{3.3.11}$$

所以

$$\varphi(x,y)=X(x)Y(y)=[A\cos(kx)+B\sin(kx)][C\cosh(ky)+D\sinh(ky)] \tag{3.3.12}$$

其中，$\sinh(x)=\dfrac{\mathrm{e}^x-\mathrm{e}^{-x}}{2}$为双曲正弦函数，$\cosh(x)=\dfrac{\mathrm{e}^x+\mathrm{e}^{-x}}{2}$为双曲余弦函数，$\sin(x)$是正弦函数，$\cos(x)$是余弦函数。这些函数具有不同的特点，其中 $\sinh(x)$在 x 轴上只有一个零值，$\cosh(x)$没有零值，而 $\sin(x)$、$\cos(x)$在 x 轴上可以有无穷多个零值。

在实际问题中，通过代入边界条件，发现 k 不能取任意值，只能取一些离散的值，即 $k\to k_n$ $(n=1,2,3,\cdots)$，所以

$$\varphi(x,y)=[A_n\cos(k_nx)+B_n\sin(k_nx)][C_n\cosh(k_ny)+D_n\sinh(k_ny)] \tag{3.3.13}$$

由于拉普拉斯方程是线性的，包含零解在内的所有解的线性组合仍然为拉普拉斯方程的解，因此，方程的通解为

$$\begin{aligned}\varphi(x,y) &= (A_0+B_0x)(C_0+D_0y)+ \\ &\sum_{n=1}^{\infty}[A_n\cos(k_nx)+B_n\sin(k_nx)][C_n\cosh(k_ny)+D_n\sinh(k_ny)]\end{aligned} \tag{3.3.14}$$

(3) $c_1=-c_2=k^2$（c_1为正数，c_2为负数）

此时式(3.3.5)演变为

$$\begin{cases} \dfrac{\mathrm{d}^2X(x)}{\mathrm{d}x^2}-k^2X(x)=0 \\ \dfrac{\mathrm{d}^2Y(y)}{\mathrm{d}y^2}+k^2Y(y)=0 \end{cases} \tag{3.3.15}$$

上述方程的通解为

$$\begin{cases} X=A\cosh(kx)+B\sinh(kx) \\ Y=C\cos(ky)+D\sin(ky) \end{cases} \tag{3.3.16}$$

采用与第(2)种取值可能相同的方法，得到拉普拉斯方程的通解为

$$\begin{aligned}\varphi(x,y) &= (A_0+B_0x)(C_0+D_0y)+ \\ &\sum_{n=1}^{\infty}[A_n\cosh(k_nx)+B_n\sinh(k_nx)][C_n\cos(k_ny)+D_n\sin(k_ny)]\end{aligned} \tag{3.3.17}$$

在二维直角坐标系中，式(3.3.14)和式(3.3.17)的通解中的常数 k_n 的选择及待定常数均由

给定的边界条件确定。

【例 3-1】 尺寸为 $a\times b$ 的接地导体槽的上方是一块密实但与之绝缘的金属盖板，其电位为 U_0。设电位沿纵深 z 轴方向无变化，求槽内的电位分布。

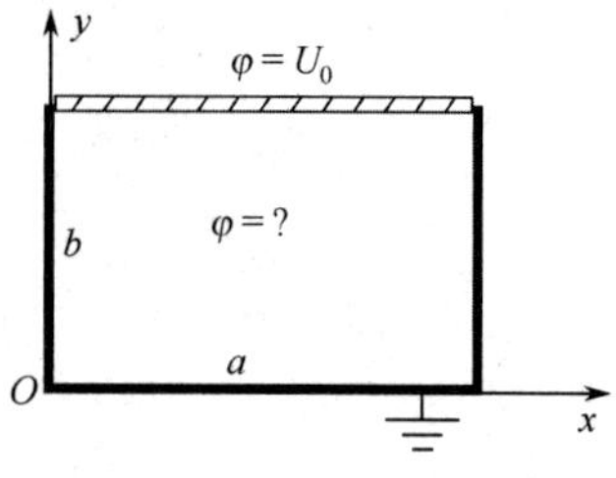

图 3.3.1 例 3-1 示意图

解:这是一个二维拉普拉斯方程边值问题，槽的 4 个面都与直角坐标系的坐标面平行，所以可在直角坐标系中进行变量分离，它的边界条件是：

(1) 当 $x=0$、$0\leqslant y\leqslant b$ 时，$\varphi=0$；

(2) 当 $x=a$、$0\leqslant y\leqslant b$ 时，$\varphi=0$；

(3) 当 $y=0$、$0\leqslant x\leqslant a$ 时，$\varphi=0$；

(4) 当 $y=b$、$0\leqslant x\leqslant a$ 时，$\varphi=U_0$。

由于槽内的位函数 $\varphi(x,y)$ 在 x 轴方向上（$x=0,a$）有两个零点，而在 y 轴方向上只有一个零点（$y=0$），所以 $\varphi(x,y)$ 的通解应选取式(3.3.14)，有

$$\varphi(x,y)=(A_0+B_0x)(C_0+D_0y)+\sum_{n=1}^{\infty}[A_n\cos(k_nx)+B_n\sin(k_nx)][C_n\cosh(k_ny)+D_n\sinh(k_ny)]$$

进一步，需将边界条件代入通解中，确定其中的待定常数。将边界条件(1)代入通解中（$x=0$ 时，$\varphi=0$），得

$$0=A_0(C_0+D_0y)+\sum_{n=1}^{\infty}A_n[C_n\cosh(k_ny)+D_n\sinh(k_ny)]$$

当 $0\leqslant y\leqslant b$ 时上式均成立，所以

$$A_i=0(i=0,1,2,\cdots)$$

位函数变为

$$\varphi(x,y)=B_0x(C_0+D_0y)+\sum_{n=1}^{\infty}B_n\sin(k_nx)[C_n\cosh(k_ny)+D_n\sinh(k_ny)] \tag{3.3.18}$$

将边界条件(2)代入上式中（$x=a$ 时，$\varphi=0$），得到

$$0=B_0a(C_0+D_0y)+\sum_{n=1}^{\infty}B_n\sin(k_na)[C_n\cosh(k_ny)+D_n\sinh(k_ny)]$$

为保证 $0\leqslant y\leqslant b$ 时上式成立，$B_0=0$，B_n 不能为 0，否则整个解为 0，所以只能

$$\sin(k_na)=0，其中\ k_n=\frac{n\pi}{a}\quad(n=1,2,\cdots) \tag{3.3.19}$$

位函数变为

$$\varphi(x,y)=\sum_{n=1}^{\infty}B_n\sin\left(\frac{n\pi}{a}x\right)\left[C_n\cosh\left(\frac{n\pi}{a}y\right)+D_n\sinh\left(\frac{n\pi}{a}y\right)\right] \tag{3.3.20}$$

将边界条件(3)代入上式中（$y=0$ 时，$\varphi=0$），得到

$$0=\sum_{n=1}^{\infty}C_nB_n\sin\left(\frac{n\pi}{a}x\right)$$

为保证 $0\leqslant x\leqslant a$ 时上式成立，B_n 不能为 0，所以 $C_n=0$。则位函数变为

$$\varphi(x,y)=\sum_{n=1}^{\infty}B_nD_n\sin\left(\frac{n\pi}{a}x\right)\sinh\left(\frac{n\pi}{a}y\right)=\sum_{n=1}^{\infty}E_n\sin\left(\frac{n\pi}{a}x\right)\sinh\left(\frac{n\pi}{a}y\right) \tag{3.3.21}$$

下面将边界条件(4)代入上式以确定剩下的待定系数 E_n（$y=b$ 时，$\varphi=U_0$）。

$$U_0=\sum_{n=1}^{\infty}E_n\sinh\left(\frac{n\pi}{a}b\right)\sin\left(\frac{n\pi}{a}x\right) \tag{3.3.22}$$

对于这种等式，要确定系数 E_n，一般利用三角函数的正交性进行求解。在等式两边都乘以 $\sin\left(\frac{m\pi}{a}x\right)$，然后从 $x=0$ 到 $x=a$ 进行积分，得

$$\int_0^a U_0\sin\left(\frac{m\pi}{a}x\right)\mathrm{d}x=\int_0^a\sum_{n=1}^{\infty}E_n\sinh\left(\frac{n\pi}{a}b\right)\sin\left(\frac{n\pi}{a}x\right)\sin\left(\frac{m\pi}{a}x\right)\mathrm{d}x \tag{3.3.23}$$

由三角函数的正交性得

$$\int_0^a\sin\left(\frac{n\pi}{a}x\right)\sin\left(\frac{m\pi}{a}x\right)\mathrm{d}x=0\quad(m\neq n) \tag{3.3.24}$$

式(3.3.23)等号右边可以得到

$$\int_0^a E_m\sinh\left(\frac{m\pi}{a}b\right)\sin\left(\frac{m\pi}{a}x\right)\sin\left(\frac{m\pi}{a}x\right)\mathrm{d}x=E_m\sinh\left(\frac{m\pi}{a}b\right)\cdot\frac{a}{2}$$

式(3.3.23)等号左边直接积分得到

$$\int_0^a U_0\sin\left(\frac{m\pi}{a}x\right)\mathrm{d}x=\begin{cases}\dfrac{2aU_0}{m\pi} & (m\ 为奇数时)\\[2ex] 0 & (m\ 为偶数时)\end{cases}$$

所以

$$E_n=\begin{cases}\dfrac{4U_0}{n\pi\sinh\left(\dfrac{n\pi}{a}b\right)} & (n\ 为奇数时)\\[2ex] 0 & (n\ 为偶数时)\end{cases} \tag{3.3.25}$$

最后得出导体槽内位函数的表达式(n 为奇数时)为

$$\varphi(x,y)=\frac{4U_0}{\pi}\sum_{n=1,3,5,\cdots}^{\infty}\frac{1}{n\sinh\left(\dfrac{n\pi}{a}b\right)}\sin\left(\frac{n\pi}{a}x\right)\sinh\left(\frac{n\pi}{a}y\right) \tag{3.3.26}$$

*3.3.2 圆柱坐标系下的分离变量法

若目标边界与圆柱坐标系的坐标面平行，可在圆柱坐标系下采用分离变量法。假设位函数与 z 变量无关，二维圆柱坐标系中拉普拉斯方程为

$$\nabla^2\varphi(\rho,\phi)=\frac{1}{\rho}\frac{\partial}{\partial\rho}\left(\rho\frac{\partial\varphi}{\partial\rho}\right)+\frac{1}{\rho^2}\frac{\partial^2\varphi}{\partial\phi^2}=0 \tag{3.3.27}$$

为了将偏微分方程分离为常微分方程，假定解的形式为

$$\varphi(\rho,\phi)=f(\rho)g(\phi) \tag{3.3.28}$$

代入拉普拉斯方程，得

$$\frac{g(\phi)}{\rho}\frac{\partial}{\partial\rho}\left[\rho\frac{\partial f(\rho)}{\partial\rho}\right]+\frac{f(\rho)}{\rho^2}\frac{\partial^2 g(\phi)}{\partial\phi^2}=0 \tag{3.3.29}$$

方程两边同除以 $\frac{f(\rho)g(\phi)}{\rho^2}$，得

$$\frac{\rho}{f(\rho)}\frac{\mathrm{d}}{\mathrm{d}\rho}\left[\rho\frac{\mathrm{d}f(\rho)}{\mathrm{d}\rho}\right]+\frac{1}{g(\phi)}\frac{\mathrm{d}^2 g(\phi)}{\mathrm{d}\phi^2}=0 \tag{3.3.30}$$

上式中等号左边两项分别只与 ρ 和 ϕ 有关，要使得 ρ、ϕ 取任意值时这两项之和为 0，必须

$$\begin{cases}\dfrac{\rho}{f(\rho)}\dfrac{\mathrm{d}}{\mathrm{d}\rho}\left[\rho\dfrac{\mathrm{d}f(\rho)}{\mathrm{d}\rho}\right]=c_1\\[2ex] \dfrac{1}{g(\phi)}\dfrac{\mathrm{d}^2 g(\phi)}{\mathrm{d}\phi^2}=c_2\end{cases} \tag{3.3.31}$$

$$c_1+c_2=0 \tag{3.3.32}$$

c_1、c_2的取值有 3 种可能。

(1) $c_1=c_2=0$

此时式(3.3.31)演变为

$$\begin{cases}\dfrac{\rho}{f(\rho)}\dfrac{\mathrm{d}}{\mathrm{d}\rho}\left[\rho\dfrac{\mathrm{d}f(\rho)}{\mathrm{d}\rho}\right]=0\\ \dfrac{1}{g(\phi)}\dfrac{\mathrm{d}^2g(\phi)}{\mathrm{d}\phi^2}=0\end{cases} \tag{3.3.33}$$

上述常微分方程的通解为

$$\begin{cases}f(\rho)=C_0+D_0\ln\rho\\ g(\phi)=A_0+B_0\phi\end{cases} \tag{3.3.34}$$

由此得到拉普拉斯方程的解为

$$\varphi_0(\rho,\phi)=(C_0+D_0\ln\rho)(A_0+B_0\phi) \tag{3.3.35}$$

在圆柱坐标系中,如果此位函数是坐标变量 ϕ 的周期函数,则 $B_0=0$,所以拉普拉斯方程的解为

$$\varphi_0(\rho,\phi)=C_0+D_0\ln\rho \tag{3.3.36}$$

(2) $c_1=-c_2=k^2$(c_1为正,c_2为负)

此时式(3.3.31)演变为

$$\begin{cases}\rho\dfrac{\mathrm{d}}{\mathrm{d}\rho}\left[\rho\dfrac{\mathrm{d}f(\rho)}{\mathrm{d}\rho}\right]-k^2f(\rho)=0\\ \dfrac{\mathrm{d}^2g(\phi)}{\mathrm{d}\phi^2}+k^2g(\phi)=0\end{cases} \tag{3.3.37}$$

上述常微分方程的通解为

$$\begin{cases}f(\rho)=C\rho^k+D\rho^{-k}\\ g(\phi)=A\cos(k\phi)+B\sin(k\phi)\end{cases} \tag{3.3.38}$$

在圆柱坐标系中,如果此位函数是坐标变量 ϕ 的周期函数,则其周期为 2 π,即

$$\varphi(\phi)=\varphi(2\pi+\phi),\varphi(k\phi)=\varphi(2\pi k+k\phi)$$

所以,k 为整数 1,2,3,…,即 $k=n$,得

$$\begin{cases}f(\rho)=C_n\rho^n+D_n\rho^{-n}\\ g(\phi)=A_n\cos(n\phi)+B_n\sin(n\phi)\end{cases} \tag{3.3.39}$$

此拉普拉斯方程为线性方程,其所有解的线性组合仍为拉普拉斯方程的解,得到圆柱坐标系中二维拉普拉斯方程的通解为

$$\varphi(\rho,\phi)=C_0+D_0\ln\rho+\sum_{n=1}^{\infty}[A_n\cos(n\phi)+B_n\sin(n\phi)](C_n\rho^n+D_n\rho^{-n}) \tag{3.3.40}$$

当 n 取负整数时,$\varphi(\rho,\phi)=\sum\limits_{n=-1}^{-\infty}[A_n\cos(n\phi)+B_n\sin(n\phi)](C_n\rho^n+D_n\rho^{-n})$,同样为方程的解,但此时的解可以归入通解式(3.3.40)中。

令 $n=-k$,有

$$\varphi(\rho,\phi)=\sum_{k=1}^{\infty}[A_{-k}\cos(k\phi)-B_{-k}\sin(k\phi)](C_{-k}\rho^{-k}+D_{-k}\rho^k)$$

令 $A_{-k}=A_k$,$-B_{-k}=B_k$,$C_{-k}=D_k$,$D_{-k}=C_k$,得

$$\varphi(\rho,\phi)=\sum_{k=1}^{\infty}[A_k\cos(k\phi)+B_k\sin(k\phi)](C_k\rho^k+D_k\rho^{-k})$$

(3) $c_1=-c_2=-k^2$（c_1为负，c_2为正）

此时式(3.3.31)中有关 ϕ 的微分方程蜕变为

$$\frac{d^2 g(\phi)}{d\phi^2}-k^2 g(\phi)=0 \tag{3.3.41}$$

其通解为

$$g(\phi)=A_k\cosh(k\phi)+B_k\sinh(k\phi) \tag{3.3.42}$$

由于此位函数是关于 ϕ 的周期函数，不能用双曲函数表示，上述假设得到的解不合理。

因此，二维圆柱坐标系中拉普拉斯方程的通解为式(3.3.40)，即

$$\varphi(\rho,\phi)=C_0+D_0\ln\rho+\sum_{n=1}^{\infty}[A_n\cos(n\phi)+B_n\sin(n\phi)](C_n\rho^n+D_n\rho^{-n})$$

【例 3-2】 在均匀电场 $\boldsymbol{E}_0$ 中，放置一根半径为 a、介电常数为 ε 的无限长均匀介质圆柱，它的轴线与 $\boldsymbol{E}_0$ 垂直，圆柱外是自由空间，介电常数为 ε_0，求圆柱内外的位函数和电场强度。

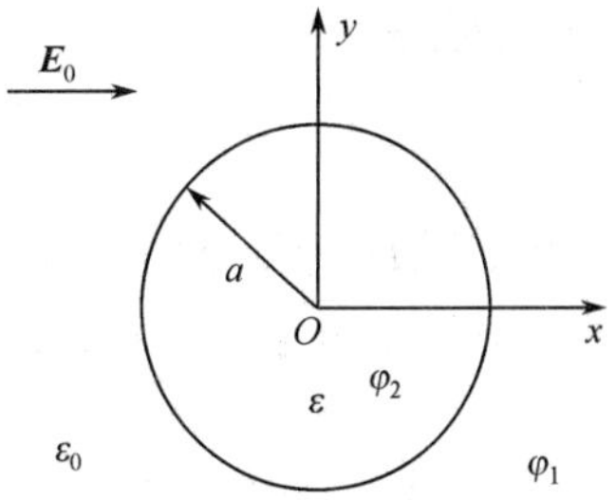

图 3.3.2 例 3-2 示意图

解：建立图 3.3.2 所示的坐标系，设圆柱的轴线与 z 轴重合，外电场的方向与 x 轴平行，$\boldsymbol{E}_0=\boldsymbol{e}_x E_0$。

由于圆柱内外的自由体电荷密度为 0，所以整个空间的位函数满足拉普拉斯方程。

由于外电场 $\boldsymbol{E}_0$ 垂直于无限长圆柱的轴线，所以电位沿 z 轴方向没有变化，这是一个二维拉普拉斯方程问题，可以选用上述通解式(3.3.40)，即

$$\varphi(\rho,\phi)=C_0+D_0\ln\rho+\sum_{n=1}^{\infty}[A_n\cos(n\phi)+B_n\sin(n\phi)](C_n\rho^n+D_n\rho^{-n})$$

下面根据边界条件确定其中的待定系数。

(1) 圆柱在外加电场的作用下产生极化，在均匀介质的圆柱面上产生极化电荷，空间任一点的电场是原有均匀电场 $\boldsymbol{E}_0$ 与极化电荷产生电场的矢量和。在 $\rho\to\infty$的地方，极化电荷产生的电场趋于 0，只有均匀电场 $\boldsymbol{E}_0$。选定电位参考点 p_0 在 $\rho=0$ 处，那么点 p 处的电位为

$$\varphi(p)=\int_p^{p_0}\boldsymbol{E}_0\cdot d\boldsymbol{l}$$

当 $\rho\to\infty$时，得

$$\begin{aligned}\varphi(p)&=\int_p^{p_0}\boldsymbol{E}_0\cdot d\boldsymbol{l}=\int_p^{p_0}\boldsymbol{e}_x E_0\cdot(\boldsymbol{e}_x dx+\boldsymbol{e}_y dy)\\&=\int_p^{p_0}E_0\cdot dx=\int_x^0 E_0\cdot dx=-E_0 x=-E_0\rho\cos\phi\end{aligned}$$

(2) 由于圆柱面为两种介质的分界面，无自由电荷分布，根据介质分界面位函数的边界条件，得

$$\begin{cases}\rho=a, & \varphi_1=\varphi_2\\ \rho=a, & \varepsilon_0\dfrac{\partial\varphi_1}{\partial\rho}=\varepsilon\dfrac{\partial\varphi_2}{\partial\rho}\end{cases}$$

(3) $\rho=0$ 时，$\varphi_2=0$。

下面根据上述 3 个边界条件来确定通解中的待定系数。

代入边界条件(1)：$\rho\to\infty$时，$\varphi_1=-E_0\rho\cos\phi$，得

$$-E_0\rho\cos\phi=C_0+D_0\ln\rho+\sum_{n=1}^{\infty}[A_n\cos(n\phi)+B_n\sin(n\phi)](C_n\rho^n+D_n\rho^{-n})$$

要使得上式成立，须满足 $C_0=D_0=0$，$B_n=0$，且 $n=1$，得

$$\varphi_1(\rho,\phi)=A_1C_1\rho\cos\phi+\frac{A_1D_1}{\rho}\cos\phi$$

由 $\rho\to\infty$ 时，$\varphi_1=-E_0\rho\cos\phi$，上式进一步简化为

$$\varphi_1(\rho,\phi)=-E_0\rho\cos\phi+\frac{F_1}{\rho}\cos\phi$$

代入边界条件(2)：

$$\begin{cases}\rho=a, & \varphi_1=\varphi_2\\ \rho=a, & \varepsilon_0\dfrac{\partial\varphi_1}{\partial\rho}=\varepsilon\dfrac{\partial\varphi_2}{\partial\rho}\end{cases}$$

由该边界条件可以看出，φ_1 与 φ_2 应具有相同的形式，只是待定系数不一样。由此写出圆柱内位函数的解

$$\varphi_2(\rho,\phi)=F_2\rho\cos\phi+\frac{D_2}{\rho}\cos\phi$$

其中，F_2、D_2 为待定常数。

代入边界条件(3)：$\rho=0$ 时，$\varphi_2=0$，得到 $D_2=0$，所以

$$\varphi_2(\rho,\phi)=F_2\rho\cos\phi$$

φ_1 与 φ_2 各有一个待定系数，可以根据边界条件(2)来确定。

由 $\rho=a$，$\varphi_1=\varphi_2$，得 $-E_0a+\dfrac{F_1}{a}=F_2a$；由 $\rho=a$，$\varepsilon_0\dfrac{\partial\varphi_1}{\partial\rho}=\varepsilon\dfrac{\partial\varphi_2}{\partial\rho}$，得 $-\varepsilon_0E_0-\varepsilon_0\dfrac{F_1}{a^2}=\varepsilon F_2$。所以

$$\begin{cases}F_1=\dfrac{\varepsilon-\varepsilon_0}{\varepsilon+\varepsilon_0}a^2E_0\\ F_2=\dfrac{-2\varepsilon_0}{\varepsilon+\varepsilon_0}E_0\end{cases}$$

代入通解中，得出位函数的特解为

$$\varphi_1(\rho,\phi)=-E_0\rho\cos\phi+\frac{\varepsilon-\varepsilon_0}{\varepsilon+\varepsilon_0}\frac{a^2E_0}{\rho}\cos\phi\quad(\rho\geqslant a)$$

$$\varphi_2(\rho,\phi)=\frac{-2\varepsilon_0}{\varepsilon+\varepsilon_0}E_0\rho\cos\phi\quad(\rho<a)$$

利用电场强度与位函数之间的关系，求出圆柱内外区域的电场分别为

$$\begin{aligned}\boldsymbol{E}_1&=-\nabla\varphi_1=-\left(\boldsymbol{e}_\rho\frac{\partial\varphi_1}{\partial\rho}+\boldsymbol{e}_\phi\frac{1}{\rho}\frac{\partial\varphi_1}{\partial\phi}\right)\\&=\boldsymbol{e}_\rho\left[1+\left(\frac{\varepsilon-\varepsilon_0}{\varepsilon+\varepsilon_0}\right)\frac{a^2}{\rho^2}\right]E_0\cos\phi+\boldsymbol{e}_\phi\left[-1+\left(\frac{\varepsilon-\varepsilon_0}{\varepsilon+\varepsilon_0}\right)\frac{a^2}{\rho^2}\right]E_0\sin\phi\quad(\rho\geqslant a)\end{aligned}$$

$$\boldsymbol{E}_2=-\nabla\varphi_2=\frac{2\varepsilon_0E_0}{\varepsilon+\varepsilon_0}(\boldsymbol{e}_\rho\cos\phi-e_\phi\sin\phi)\quad(\rho<a)$$

3.4 知识点拓展——矩量法

电磁工程问题的数值计算方法一般可分为两大类：一类为积分方程类方法，主要包括矩量法(MoM)；另一类为微分方程类方法，主要包括时域有限差分法(FDTD)[16,18]和有限元法(FEM)[16,19]等。随着计算机技术的迅速发展，各种数值计算方法也不断发展和完善，为实际电磁工程问题的仿真求解提供了非常有力的工具。本节以矩量法(MoM)为例介绍静电场问题的

数值求解。

矩量法[16-17,20-21]是一种求解积分方程的精确数值方法，基本思想是将积分方程转化为矩阵方程，然后用熟知的数学方法求解该矩阵方程。其主要计算步骤包括：①建立描述电磁问题的积分方程；②利用基函数将待求函数进行离散并代入积分方程；③利用检测函数对离散后的积分方程进行检测并得到矩阵方程；④求解矩阵方程和相关的电磁场物理量。

下面介绍如何利用矩量法来求解静电场问题[17]。如图 3.4.1 所示，一根长为 L、半径为 $a(a\ll L)$的细导线沿 x 轴放置，已知静电平衡之后的细导线上的电动势为 1V，求细导线上的线电荷分布。

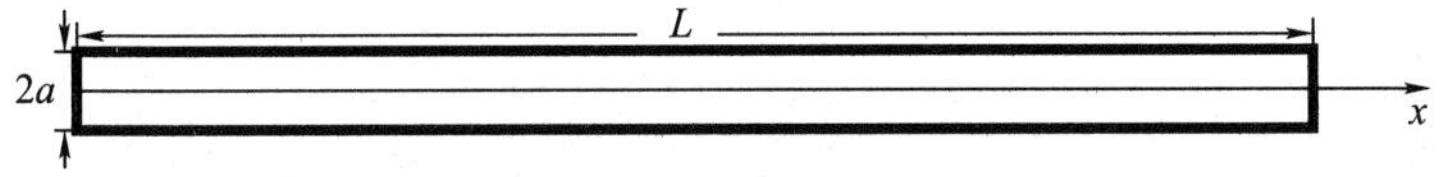

图 3.4.1　金属细导线

利用矩量法求解该问题，首先需要建立描述该问题的积分方程

$$\varphi(\boldsymbol{r}) = \int_l \frac{\rho_l(\boldsymbol{r}')}{4\pi\varepsilon R}\mathrm{d}l' \tag{3.4.1}$$

其中，$R=|\boldsymbol{r}-\boldsymbol{r}'|$。由于线半径远小于长度，我们可以将电荷分布近似认为是线分布的，源点 $\boldsymbol{r}'$ 只是 x 坐标的函数，即 $\boldsymbol{r}'=x'\boldsymbol{e}_x$。场点 $\boldsymbol{r}$ 选择在细导线的外表面，即 $\boldsymbol{r}=x\,\boldsymbol{e}_x+a\,\boldsymbol{e}_y$。上述积分方程可以转化为

$$\varphi(x,a) = 1 = \int_0^L \frac{\rho_l(x')}{4\pi\varepsilon\sqrt{(x-x')^2+a^2}}\mathrm{d}x' \tag{3.4.2}$$

首先将细导线分成 N 段，如图 3.4.2 所示，每段的长度为 $\Delta=L/N$。然后在每段细导线上定义基函数 $f_n(x')$，并用基函数将待求函数进行展开

$$\rho_l(x') = \sum_{n=1}^{N}\alpha_n f_n(x') \tag{3.4.3}$$

其中基函数为

$$f_n(x')=\begin{cases}1 & x_n^a\leqslant x'\leqslant x_n^b\\ 0 & \text{其他}\end{cases} \tag{3.4.4}$$

其中，$x_n^a=(n-1)\Delta$，$x_n^b=n\Delta$。

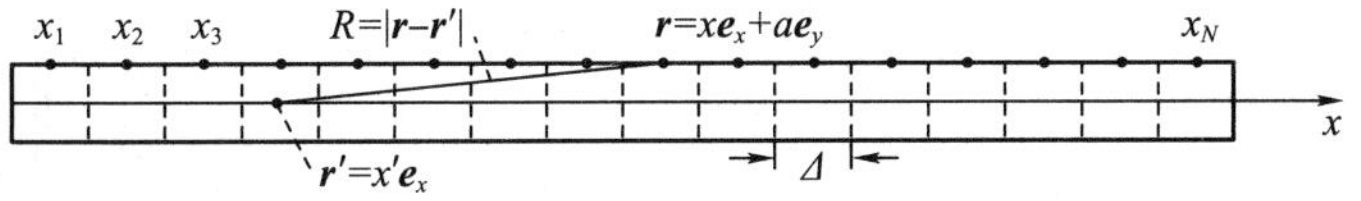

图 3.4.2　金属细导线的离散化

将式(3.4.3)和式(3.4.4)代入式(3.4.2)，得

$$1 = \frac{1}{4\pi\varepsilon}\sum_{n=1}^{N}\alpha_n\int_{x_n^a}^{x_n^b}\frac{1}{\sqrt{(x-x')^2+a^2}}\mathrm{d}x' \tag{3.4.5}$$

接下来选择 N 个独立的场点，使其满足式(3.4.1)，这 N 个独立的场点选择在每段的中间位置，即 $x_m=\left(m-\dfrac{1}{2}\right)\Delta$，则

$$1 = \frac{1}{4\pi\varepsilon}\sum_{n=1}^{N}\alpha_n\int_{x_n^a}^{x_n^b}\frac{1}{\sqrt{(x_m-x')^2+a^2}}\mathrm{d}x' \tag{3.4.6}$$

整理之后，可以得到如下矩阵方程

$$\begin{bmatrix} z_{11} & z_{12} & \cdots & z_{1N} \\ z_{21} & z_{22} & \cdots & z_{2N} \\ \vdots & \vdots & & \vdots \\ z_{N1} & z_{N2} & \cdots & z_{NN} \end{bmatrix} \begin{bmatrix} \alpha_1 \\ \alpha_2 \\ \vdots \\ \alpha_N \end{bmatrix} = \begin{bmatrix} v_1 \\ v_2 \\ \vdots \\ v_N \end{bmatrix} \tag{3.4.7}$$

其中

$$v_1 = v_2 = \cdots = v_N = 1 \tag{3.4.8}$$

$$\begin{aligned} z_{mn} &= \frac{1}{4\pi\varepsilon}\int_{x_n^a}^{x_n^b} \frac{1}{\sqrt{(x_m - x')^2 + a^2}}\mathrm{d}x' \\ &= \frac{1}{4\pi\varepsilon}\ln\left[\frac{(x_n^b - x_m) + \sqrt{(x_n^b - x_m)^2 + a^2}}{(x_n^a - x_m) + \sqrt{(x_n^a - x_m)^2 + a^2}}\right] \end{aligned} \tag{3.4.9}$$

最后求解矩阵方程(3.4.7)得到待求的线性系数 α_n。将 α_n 代入式(3.4.3),可得到细导线上的线电荷密度分布 $\rho_l(x')$。有了线电荷密度分布,就可以进一步求解细导线上总的带电量和细导线的电容分别为

$$Q = \int_0^L \rho_l(x')\mathrm{d}x' = \Delta\sum_{n=1}^{N}\alpha_n \tag{3.4.10}$$

$$C = \frac{Q}{\varphi} = \Delta\sum_{n=1}^{N}\alpha_n \tag{3.4.11}$$

知识点总结

(1) 静电场边值问题有 3 种类型

第一类边值问题[Dirichlet(狄利赫利)问题]:已知边界上各点的位函数 φ 值。

第二类边值问题[Neumann(诺依曼)问题]:已知边界上各点的$\frac{\partial\varphi}{\partial n}$值。

第三类边值问题(混合型问题):已知部分边界表面的 φ 值和其他边界表面的$\frac{\partial\varphi}{\partial n}$值。

(2) 唯一性定理

满足给定边界条件的泊松方程或拉普拉斯方程的解唯一。

(3) 静电场中的镜像法

镜像电荷的确定要遵循以下两个原则:①所有镜像电荷必须位于所求的场域之外;②镜像电荷的个数、位置及电荷量的确定需要满足所求的场域的边界条件。

镜像法适用的几种情况。

① 无限大导体平面与点电荷

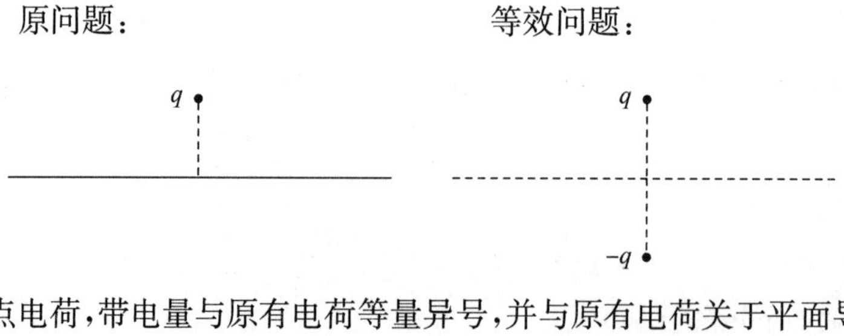

镜像电荷为点电荷,带电量与原有电荷等量异号,并与原有电荷关于平面导体镜像对称。

② 无限大导体平面与线电荷

原问题：

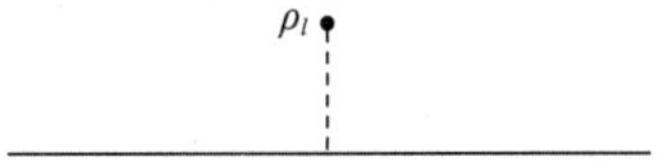

等效问题：

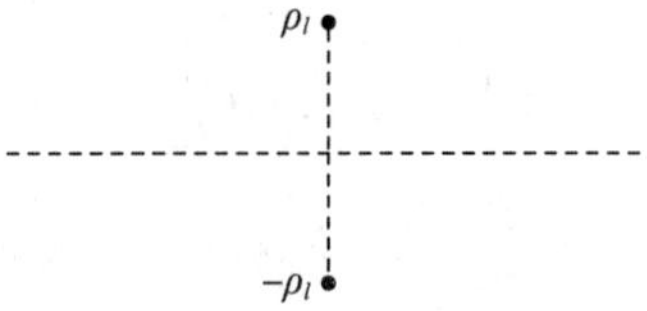

镜像电荷为线电荷，其线电荷密度与原有电荷等量异号，并与原有电荷关于平面导体镜像对称。

③ 相交无限大导体平面与点电荷

当两个平面导体的夹角为$\frac{\pi}{n}$时，这里 n 为整数，则可以使用镜像法求解。镜像电荷的个数为 $2n-1$。

④ 接地导体球与点电荷

原问题：

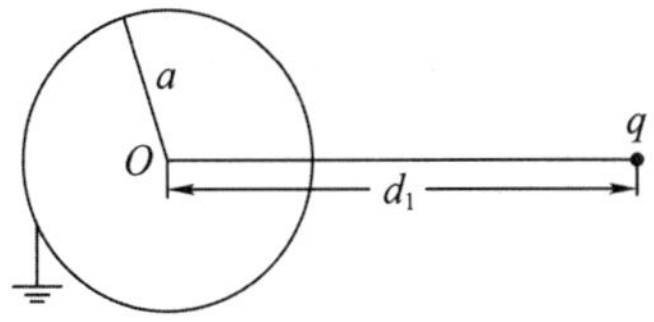

等效问题：

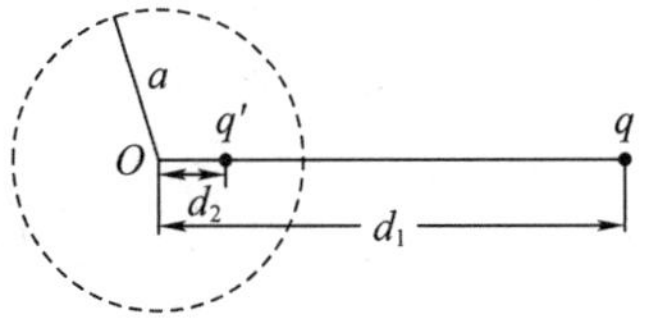

镜像电荷与原有电荷和导体球球心三点共线，$d_2=\frac{a^2}{d_1}$，$q'=-\frac{a}{d_1}q$。

⑤ 对地绝缘的带电导体球与点电荷

原问题：

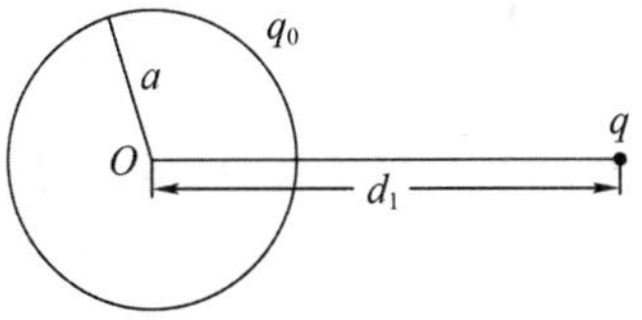

等效问题：

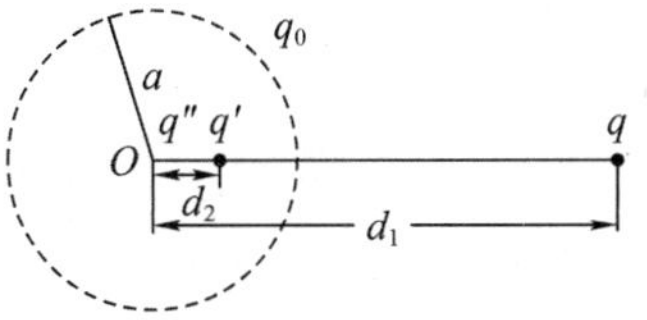

镜像电荷 q' 和 q'' 与原有电荷 q 三点共线。镜像电荷 $q'=-\frac{a}{d_1}q$，q' 距离球心的距离 $d_2=\frac{a^2}{d_1}$。镜像电荷 q'' 位于球心处，其带电量为 $q''=q_0-q'$，这里 q_0 为球面上的原有净电荷。

⑥ 无限长导体柱面与线电荷

原问题：

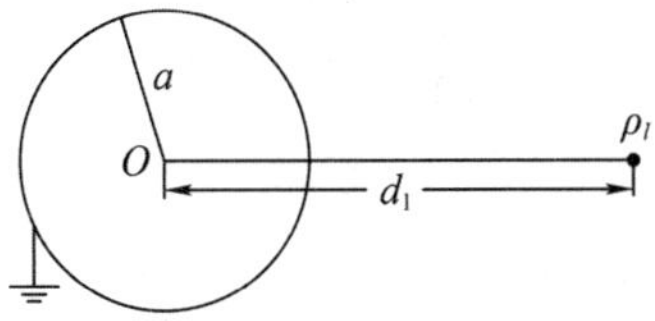

等效问题：

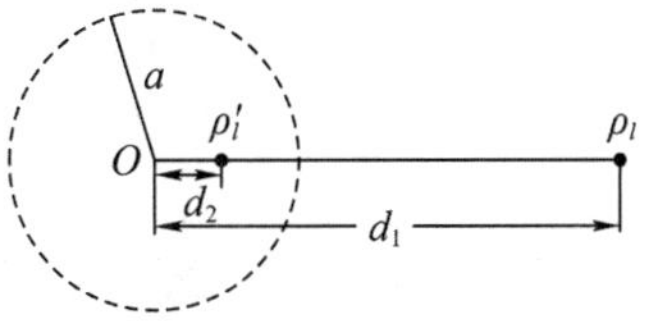

镜像电荷与原有电荷和圆柱中心线三线共面。镜像线电荷密度 $\rho_l'=-\frac{a}{d_1}\rho_l$，镜像电荷距离圆柱中心线的距离 $d_2=\frac{a^2}{d_1}$。

(4) 直角坐标系下的分离变量法

拉普拉斯方程$\nabla^2\varphi=0$ 在直角坐标系中的展开式为

$$\frac{\partial^2\varphi(x,y)}{\partial x^2}+\frac{\partial^2\varphi(x,y)}{\partial y^2}=0$$

方程的通解为

$$\varphi(x,y)=(A_0+B_0x)(C_0+D_0y)+\sum_{n=1}^{\infty}[A_n\cos(k_nx)+B_n\sin(k_nx)][C_n\cosh(k_ny)+D_n\sinh(k_ny)]$$

或

$$\varphi(x,y)=(A_0+B_0x)(C_0+D_0y)+\sum_{n=1}^{\infty}[A_n\cosh(k_nx)+B_n\sinh(k_nx)][C_n\cos(k_ny)+D_n\sin(k_ny)]$$

在求解具体问题时究竟取哪一个，要由给定边界条件的具体情况和双曲函数与正/余弦函数的特点来确定。当求解的问题在 y 轴方向只有一个零值时，取第一个通解；当求解的问题在 x 轴方向只有一个零值时，取第二个通解。

（5）圆柱坐标系下的分离变量法

假设位函数与 z 变量无关，二维圆柱坐标系中拉普拉斯方程 $\nabla^2\varphi=0$ 为

$$\frac{1}{\rho}\frac{\partial}{\partial\rho}\left(\rho\frac{\partial\varphi}{\partial\rho}\right)+\frac{1}{\rho^2}\frac{\partial^2\varphi}{\partial\phi^2}=0$$

方程的通解为

$$\varphi(\rho,\phi)=C_0+D_0\ln\rho+\sum_{n=1}^{\infty}[A_n\cos(n\phi)+B_n\sin(n\phi)](C_n\rho^n+D_n\rho^{-n})$$

习　题　3

3.1　有一个微分方程：$\nabla^2\varphi+k^2\varphi=0$，其中 φ 是 x,y,z 的函数，k^2 为常数。使用分离变量法证明这个方程的解可以表示为

$$\varphi(x,y,z)=(Ae^{k_xx}+Be^{-k_xx})(Ce^{k_yy}+De^{-k_yy})(Ee^{k_zz}+Fe^{-k_zz})$$

式中，k_x、k_y、k_z 是分离常数，它们满足的关系式是 $k_x^2+k_y^2+k_z^2=-k^2$。A、B、C、D、E、F 是需要由具体的边界条件来确定的常数。

3.2　一个横截面是矩形的长直金属管，它的截面尺寸和各金属板的电位如题图 3.1 所示。试证明管内空间的位函数为

$$\varphi(x,y)=\sum_{n=1}^{\infty}\frac{2U_0[1-(-1)^n]}{n\pi\sinh\left(\frac{n\pi a}{b}\right)}\sinh\frac{n\pi x}{b}\sin\frac{n\pi y}{b}$$

3.3　边界的几何形状如题图 3.2 所示，边界条件是：

（1）$x=0,0<y<b,\varphi=U_0$；

（2）$x=a,0<y<b,\varphi=U_0$；

（3）$y=0,0\leqslant x\leqslant a,\varphi=0$；

（4）$y=b,0\leqslant x\leqslant a,\varphi=0$。

求矩形区域中的位函数 $\varphi(x,y)$。

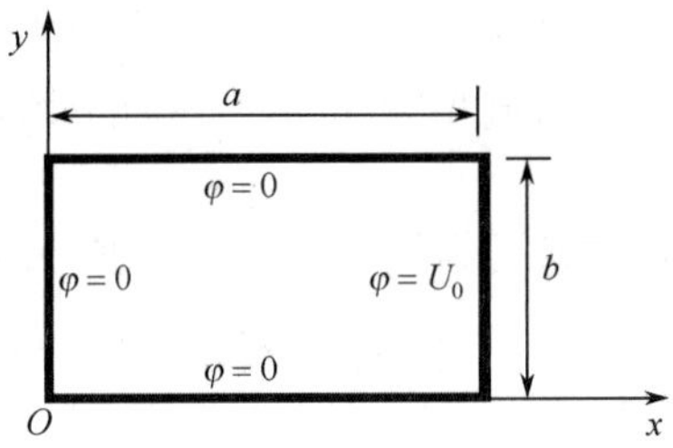

题图 3.1

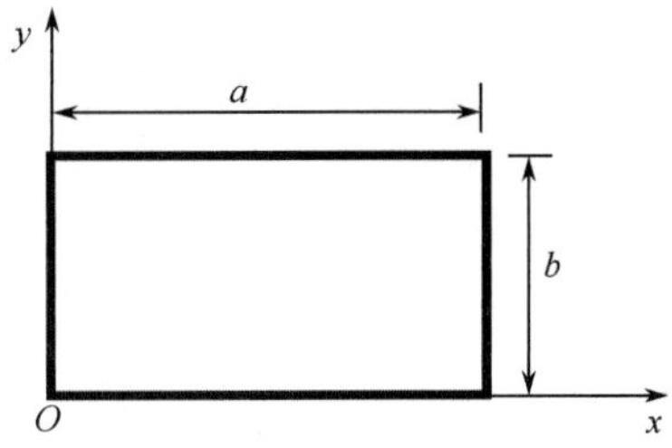

题图 3.2

3.4　一半径为 a 的无限长带电圆柱导体，单位长度带电量为 ρ_l(C/m)。圆柱导体的一半埋入半无限大的介电常数为 ε 的电介质内，另一半露在空气中，如题图 3.3 所示。

(1) 设 $\rho=a$，$\varphi=0$，求圆柱导体外的位函数。

(2) 求介质和空气中任一点的电场强度。

(3) 求圆柱导体表面上的自由面电荷密度及紧靠圆柱导体表面处的极化面电荷密度。

3.5　设点电荷 q 与接地的无限大导电平面的距离为 a，求点电荷 q 在真空中产生的位函数和电场强度。

3.6　有一点电荷位于两个相互垂直的接地导电半平面间，与两个半平面的距离均为 a，求所产生的电场和导电半平面上的感应电荷密度。

3.7　设有两个接地的无限大导电半平面，其夹角为 60°，点电荷 q 位于这个双面夹角的平分线上，并且它与棱边(两平面之交线)的距离为 a，求该点电荷在真空中产生的电场。

3.8　一个无限大导体平面折成 60°，角域内有一点电荷 q 位于 $x=1$，$y=1$ 处，如题图 3.4 所示。若用镜像法求角域内的电位，试标出所有镜像电荷的位置和数值(包括极性)，并求 $x=2$，$y=1$ 处的电位。

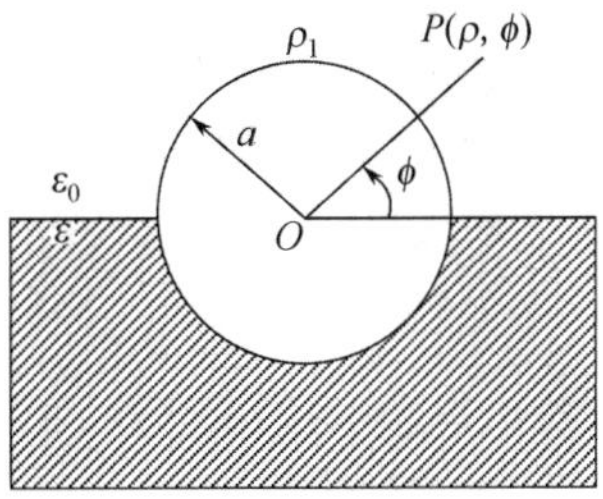

题图 3.3

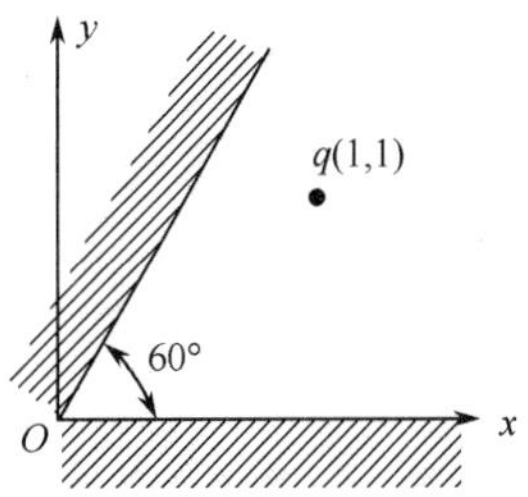

题图 3.4

3.9　有一点电荷 q 位于真空中，并且它离半径为 a 的接地导电球球心的距离为 $l(l>a)$，求点电荷 q 产生的电场和球面上感应电荷的分布。

3.10　有一半径为 a 的导电球，带电荷为 q_1，在球外离球心为 $l(l>a)$ 处放一点电荷 q_2，计算这些电荷在真空中产生的位函数和电场强度。

3.11　在真空中有一半径为 a 的无限长接地导电圆柱体，离圆柱轴线为 $l(l<a)$ 处有一根与它平行的线。线上均匀带电，线电荷密度为 ρ_l，求带电线产生的电场和作用在每单位长度带电线上的力。

3.12　直径为 3.26mm 的单根传输线，离地面的平均高度为 10m，求传输线每千米长的电容(地面可认为是无限大导体平面)。

3.13　在离地面高为 h 处有一无限长带正电的水平细直导线，如题图 3.5 所示，线电荷密度为 ρ_l(C/m)，证明它在导电的地平面上引起的面电荷密度为 $\rho_S=\dfrac{-\rho_l h}{\pi(x^2+h^2)}$(C/m²)。

3.14　在一个无限大水平导体平面的下方，距平面 h 处有一带电量为 q、质量为 m 的小带电体(可视为点电荷)，如题图 3.6 所示。若要使带电体所受到的静电力恰好与重力平衡，q 应为多少？

3.15　在一无限大导体平面上有一个半径为 a 的导体半球凸起。如题图 3.7 所示坐标系，设在(x_0,y_0)点有一点电荷 q，若用镜像法求导体外部空间任一点的电位，试计算各个镜像电荷的位置和数值。

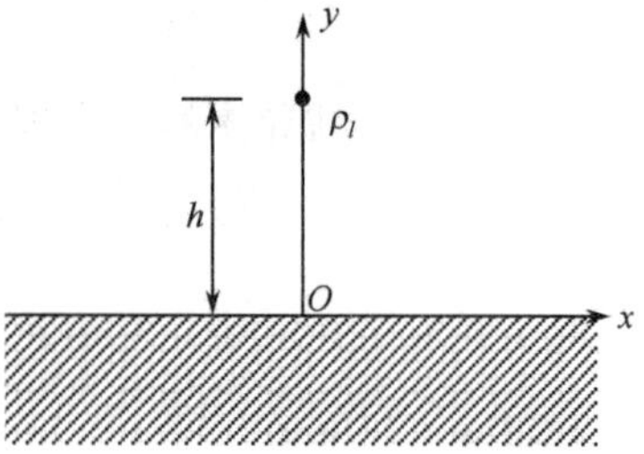

题图 3.5

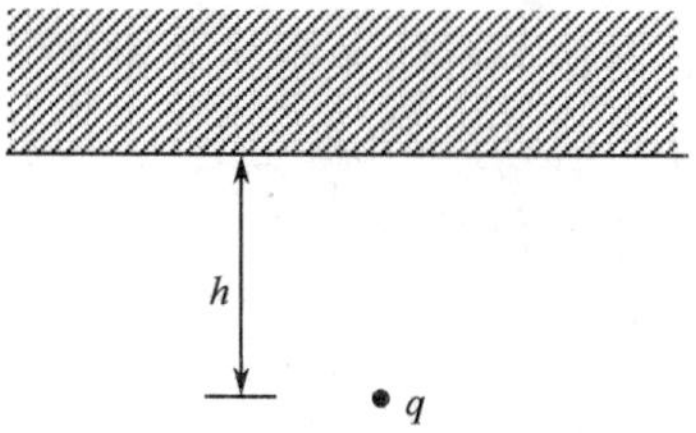

题图 3.6

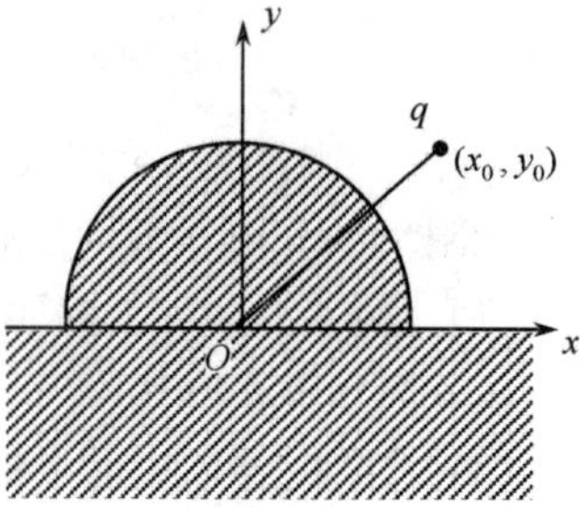

题图 3.7

3.16　一点电荷 q 放置在内表面半径为 b、厚度为 c 的导体球壳内，点电荷与球心的距离为 a。求在球壳接地和不接地这两种情况下点电荷所受的力。

3.17　一点电荷 q 放置在一半径为 b 而未接地的导体球附近，与球心的距离为 $d(d>b)$，证明导体球对点电荷的作用力为 $\boldsymbol{F}=-\boldsymbol{e}_r\dfrac{q^2b^3(2d^2-b^2)}{4\pi\varepsilon_0 d^3(d^2-b^2)^2}$。

3.18　有一内表面半径为 a 的无限长导体圆柱壳。在壳内有一条与其轴线平行且相距 d 的无限长线电荷，线电荷密度为 ρ_l，求壳内空间任一点的电位和电场强度的表达式及圆柱壳内表面上的面电荷密度。

3.19　在地面上空，架设有一根半径为 a 的无限长直导线，其轴线与地面平行且相距 h，求导线与地面之间单位长度的电容。当 $h\gg a$ 时，其结果如何？

3.20　一个点电荷 q 位于接地的直角形导体拐角区域内，q 到各导体板的垂直距离都是 d，求点电荷 q 受到的导体板的作用力。

3.21　空气中有一半径为 5cm 的金属球，其上带有 1μC 的点电荷，在距离球心 15cm 处另有一带电量也为 1μC 的点电荷，求球心处的电位及球外点电荷受到的作用力。

第4章 时 变 场

时变电磁场(简称时变场)区别于静态场的最主要特点，是随时间变化的电场和磁场之间可以互相激励与转化。时变的电场可以激励产生时变的磁场，同样，时变的磁场也可以激励产生时变的电场。时变电场和时变磁场同时存在、相互转化、不可分割。

本章首先介绍法拉第电磁感应定律，引出时变场的基本方程——麦克斯韦(Maxwell)方程组。以此方程组为基础，讨论时变场的边界条件、波动方程、亥姆霍兹方程和电磁场能量守恒与转化定律等内容，最后简单介绍准静态场和瞬态电磁场(简称瞬态场)及电磁功能材料的相关内容。

4.1 法拉第电磁感应定律

法拉第通过实验发现，将一个闭合的导体线圈放进随时间变化的磁场中，线圈上将会出现一个随时间变化的电流，该电流称为感应电流。感应电流的产生表明在导体线圈中存在着感应电动势。

通过进一步研究发现，感应电流的大小与通过该导体线圈的磁链对时间的变化率成正比，感应电流所激发的磁场总是反抗线圈中磁链的变化。导体回路中的感应电动势可以表示为

$$E_{in}=-\frac{d\Psi}{dt} \tag{4.1.1}$$

其中，Ψ 为导体线圈中的磁链，对单匝线圈为磁通 Φ。负号反映了感应电流所激发的磁场总是反抗线圈中磁链的变化的特性，而式(4.1.1)即为法拉第电磁感应定律。

感应电动势是感应电场沿闭合回路的积分，穿过闭合回路的磁链等于磁感应强度对闭合回路所围面积的积分，所以有

$$\oint_l \boldsymbol{E}_{in}\cdot d\boldsymbol{l}=-\frac{d}{dt}\int_S \boldsymbol{B}\cdot d\boldsymbol{S} \tag{4.1.2}$$

这是用场量形式表示的法拉第电磁感应定律的积分形式。利用斯托克斯定理，可以得到其微分形式为

$$\nabla\times\boldsymbol{E}_{in}=-\frac{\partial\boldsymbol{B}}{\partial t} \tag{4.1.3}$$

法拉第电磁感应定律说明，随时间变化的磁场是激发感应电场的旋涡源，由此建立了时变电现象和磁现象的本质联系。经过进一步推广，该定律成为麦克斯韦方程组的重要组成部分，是宏观电磁场理论的基本方程之一。

4.2 麦克斯韦方程组

麦克斯韦方程组是英国科学家 Maxwell 在 1864 年提出的有关电磁现象的基本假设。经过一个多世纪的发展，至今依然是研究宏观电磁现象和工程电磁问题最重要的理论基础。

根据亥姆霍兹定理，要确定一个矢量场，必须同时知道它的散度和旋度。麦克斯韦方程组其实就是有关时变场场量的散度和旋度方程，并不是别的定理或定律的推论，是无法用别的定理或定律来加以证明的。它们是有关电磁现象的基本假设，正如牛顿定律是力学问题的基本假设一样，只能用由它们推导出的结果与实验一致而得到证实。如果某一天发现某种电磁现象与麦克斯韦方程组相矛盾，只能提出新的假设来修正麦克斯韦方程组。

麦克斯韦仔细研究了静态场的基本理论，发现静态场中的有些结论能直接应用于时变场，而有些则必须加以补充和修正，并在此基础上提出了关于时变场的基本理论，概括为一组由 4 个方程组成的基本方程，按习惯依次称为麦克斯韦第一、二、三、四方程。

4.2.1 非限定形式的麦克斯韦方程组

1. 麦克斯韦第一方程

在恒定磁场中，安培环路定理的积分形式为

$$\oint_l \boldsymbol{H} \cdot \mathrm{d}\boldsymbol{l} = I = \int_S \boldsymbol{J} \cdot \mathrm{d}\boldsymbol{S} \tag{4.2.1}$$

根据斯托克斯定理，可以得到安培环路定理的微分形式为

$$\nabla \times \boldsymbol{H} = \boldsymbol{J} \tag{4.2.2}$$

麦克斯韦通过分析连接于交流电源上的电容器，发现恒定磁场中的安培环路定理并不适用于时变场，因此提出了位移电流的假设。

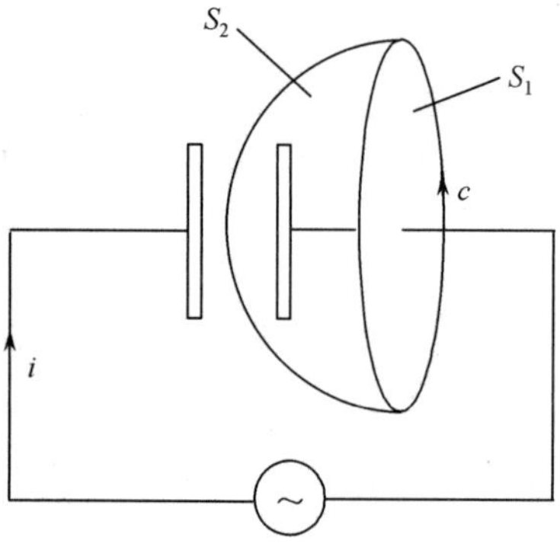

4.2.1 连接在交流电源上的平板电容器

如图 4.2.1 所示，一个接在交流电源上的平板电容器，电路中的电流为 i，现在取一个闭合路径 c 包围导线，根据恒定磁场中的安培环路定理，沿此回路的 $\boldsymbol{H}$ 的闭合曲线积分，将等于穿过回路所张的任一曲面的电流。但是，当在回路上张有两个不同曲面 S_1 和 S_2 时（其中 S_1 与导线相截，S_2 穿过电容器的极板间），则发生了矛盾。通过 S_1 的电流为 i，而通过 S_2 的电流为 0。$\boldsymbol{H}$ 沿同一回路的线积分导致了两种不同结果，这显然是不合理的。

麦克斯韦认为，在电容器的极板间存在另一种形式的电流，其量值与传导电流 I 是相等的。这种电流是由于极板间电场随时间的变化引起的，称为位移电流，其表达式为

$$\boldsymbol{J}_D = \frac{\partial \boldsymbol{D}}{\partial t} \tag{4.2.3}$$

$$I_D = \int_S \boldsymbol{J}_D \cdot \mathrm{d}\boldsymbol{S} = \int_S \frac{\partial \boldsymbol{D}}{\partial t} \cdot \mathrm{d}\boldsymbol{S} \tag{4.2.4}$$

引入位移电流后，在时变场情况下的安培环路定理可以表示为

$$\nabla \times \boldsymbol{H} = \boldsymbol{J} + \frac{\partial \boldsymbol{D}}{\partial t} \tag{4.2.5}$$

$$\oint_l \boldsymbol{H} \cdot \mathrm{d}\boldsymbol{l} = \int_S \left(\boldsymbol{J} + \frac{\partial \boldsymbol{D}}{\partial t}\right) \cdot \mathrm{d}\boldsymbol{S} = I + I_D \tag{4.2.6}$$

以上两式即麦克斯韦第一方程的微分和积分形式。

麦克斯韦修正了安培环路定理并提出了位移电流的概念，这是麦克斯韦对电磁理论做出的重大贡献。

位移电流具有与传导电流相同的量纲。

位移电流与传导电流一样，是磁场的旋涡源。同时，位移电流并不代表着带电粒子的运动，所以在介质和真空中都可能存在。位移电流不满足欧姆定律和焦耳定律。电流(传导电流、位移电流和运流电流等)是磁场的旋涡源。位移电流产生磁场，说明时变电场能产生旋涡磁场。磁力线沿闭合曲线积分等于穿过闭合曲线围成曲面的电流，说明磁力线与电流线或电力线相交链。

由位移电流密度的定义，$\boldsymbol{J}_D$ 的量值为电位移的时间变化率，方向与 $\boldsymbol{D}$ 的方向一致。由麦克斯韦第一方程可以推导出全电流连续性方程。因为

$$\nabla\times\boldsymbol{H}=\boldsymbol{J}+\frac{\partial\boldsymbol{D}}{\partial t}$$

所以两边求散度得

$$\nabla\cdot\left(\boldsymbol{J}+\frac{\partial\boldsymbol{D}}{\partial t}\right)=0 \tag{4.2.7}$$

利用高斯散度定理得

$$\oint_S\left(\boldsymbol{J}+\frac{\partial\boldsymbol{D}}{\partial t}\right)\cdot\mathrm{d}\boldsymbol{S}=0 \tag{4.2.8}$$

所以

$$I+I_D=0$$

流出任一闭合曲面 S 的电流的代数和为 0(有多少电流流入，就有多少电流流出，电流是连续的)。式(4.2.7)和式(4.2.8)称为全电流连续性方程。

2. 麦克斯韦第二方程

由法拉第电磁感应定律，当闭合的导体回路所限定的面积中的磁通发生变化时，在该回路中就将产生感应电动势和感应电流。

麦克斯韦认为，法拉第电磁感应定律不仅适用于导体回路，而且适用于真空或介质中的任一假想的闭合回路，即$-\frac{\partial\boldsymbol{B}}{\partial t}$是感应电场 $\boldsymbol{E}$ 的旋涡源。所以

$$\nabla\times\boldsymbol{E}=-\frac{\partial\boldsymbol{B}}{\partial t} \tag{4.2.9}$$

$$\oint_l\boldsymbol{E}\cdot\mathrm{d}\boldsymbol{l}=-\int_S\frac{\partial\boldsymbol{B}}{\partial t}\cdot\mathrm{d}\boldsymbol{S} \tag{4.2.10}$$

以上两式即麦克斯韦第二方程的微分和积分形式。时变磁场产生感应电场，即时变磁场是感应电场的旋涡源。感应电场的电力线是闭合曲线，并与磁力线相交链。

3. 麦克斯韦第三、四方程

磁力线是无头无尾的闭合曲线，自然界中不存在孤立的磁荷，所以，磁通是连续的。

对任一闭合曲面，有

$$\oint_S\boldsymbol{B}\cdot\mathrm{d}\boldsymbol{S}=0 \tag{4.2.11}$$

利用高斯散度定理可得

$$\nabla\cdot\boldsymbol{B}=0 \tag{4.2.12}$$

以上两式为麦克斯韦第三方程的积分和微分形式。无论什么形式的电流产生的磁场，磁力线总是闭合曲线，即磁通连续且时变磁场是无散场。自然界中不存在孤立的磁荷。

由静电场中的高斯散度定理，电介质中从任一闭合曲面穿出的 $\boldsymbol{D}$ 的通量等于该闭合曲面内自由电荷的代数和，即

$$\oint_S \boldsymbol{D} \cdot \mathrm{d}\boldsymbol{S} = q = \int_V \rho \mathrm{d}V \tag{4.2.13}$$

利用高斯散度定理可得

$$\nabla \cdot \boldsymbol{D} = \rho \tag{4.2.14}$$

麦克斯韦认为，静电场中的高斯散度定理可以直接应用于时变场，不会产生矛盾。以上两式为麦克斯韦第四方程的积分和微分形式。

4. 麦克斯韦方程组

归纳上述讨论，麦克斯韦方程组的微分形式和积分形式分别如下

$$\begin{cases} \nabla \times \boldsymbol{H} = \boldsymbol{J} + \dfrac{\partial \boldsymbol{D}}{\partial t} \\ \nabla \times \boldsymbol{E} = -\dfrac{\partial \boldsymbol{B}}{\partial t} \\ \nabla \cdot \boldsymbol{B} = 0 \\ \nabla \cdot \boldsymbol{D} = \rho \end{cases} \tag{4.2.15}$$

$$\begin{cases} \oint_l \boldsymbol{H} \cdot \mathrm{d}\boldsymbol{l} = \int_S \left(\boldsymbol{J} + \dfrac{\partial \boldsymbol{D}}{\partial t}\right) \cdot \mathrm{d}\boldsymbol{S} \\ \oint_l \boldsymbol{E} \cdot \mathrm{d}\boldsymbol{l} = -\int_S \dfrac{\partial \boldsymbol{B}}{\partial t} \cdot \mathrm{d}\boldsymbol{S} \\ \oint_S \boldsymbol{B} \cdot \mathrm{d}\boldsymbol{S} = 0 \\ \oint_S \boldsymbol{D} \cdot \mathrm{d}\boldsymbol{S} = \int_V \rho \mathrm{d}V \end{cases} \tag{4.2.16}$$

由于这组方程适用于任何介质（线性、非线性，均匀、非均匀，各向同性、各向异性等），因此称为麦克斯韦方程组的非限定形式，或非限定形式的麦克斯韦方程组。由麦克斯韦方程组的物理意义可以看出，时变电场产生时变磁场，同时，时变磁场产生时变电场，两者相互转化、相互依存，形成统一的电磁场。由麦克斯韦方程组可以导出电场和磁场的波动方程，推导出电磁场是以光速向远处传播的，所以，麦克斯韦预言了电磁波的存在。

由第一、四方程可以推导出电荷守恒定律的数学表达式。因为

$$\nabla \times \boldsymbol{H} = \boldsymbol{J} + \frac{\partial \boldsymbol{D}}{\partial t}$$

$$\nabla \cdot (\nabla \times \boldsymbol{H}) = \nabla \cdot \left(\boldsymbol{J} + \frac{\partial \boldsymbol{D}}{\partial t}\right)$$

所以

$$\nabla \cdot \left(\boldsymbol{J} + \frac{\partial \boldsymbol{D}}{\partial t}\right) = 0$$

$$\nabla \cdot \boldsymbol{J} = -\nabla \cdot \frac{\partial \boldsymbol{D}}{\partial t} = -\frac{\partial}{\partial t} \nabla \cdot \boldsymbol{D} = -\frac{\partial \rho}{\partial t}$$

因此

$$\nabla \cdot \boldsymbol{J} = -\frac{\partial \rho}{\partial t} \tag{4.2.17}$$

利用高斯散度定理得

$$\int_V \nabla \cdot \boldsymbol{J} \mathrm{d}V = -\int_V \frac{\partial \rho}{\partial t} \mathrm{d}V$$

$$\oint_S \boldsymbol{J} \cdot \mathrm{d}\boldsymbol{S} = -\frac{\partial}{\partial t} \int_V \rho \mathrm{d}V \tag{4.2.18}$$

式(4.2.18)等号左边表示流出闭合曲面 S 的传导电流,右边表示单位时间体积 V 内电量的减少量,即式(4.2.18)表示单位时间体积 V 内减少的电量成为流出闭合曲面 S 的电流。式(4.2.17)和式(4.2.18)分别称为电荷守恒定律的微分形式和积分形式。

麦克斯韦方程组是线性方程组,满足叠加原理,即若干场源所产生的合成场,等于各个场源单独产生的场的叠加。麦克斯韦方程组是宏观电磁现象的总规律。静态电场和静态磁场是时变场的特例,其基本方程是特定条件下的麦克斯韦方程组。当各物理量不随时间变化时,可以由麦克斯韦方程组简化得到静态场的基本方程。

$$\begin{cases}\nabla\times\boldsymbol{E}=0\\ \nabla\cdot\boldsymbol{D}=\rho\end{cases}\qquad\begin{cases}\nabla\times\boldsymbol{H}=\boldsymbol{J}\\ \nabla\cdot\boldsymbol{B}=0\end{cases}$$

麦克斯韦方程组及其它的本构关系共同组成了一组完备的方程,理论上用它们可以解决所有的经典电磁理论问题。如果再加上洛伦兹力公式及牛顿定律,则所有涉及电磁场和带电质点的动力学问题均可解决。

【例 4-1】 点电荷 $q=10^{-3}\,\text{C}$,以半径 $a=10^{-2}\,\text{m}$ 作匀速圆周运动,角速度为 $\omega=\pi\times10^{3}\,\text{rad/s}$。试求该点电荷在圆心处激发的位移电流密度。

解: 建立圆柱坐标系,如图 4.2.2 所示。

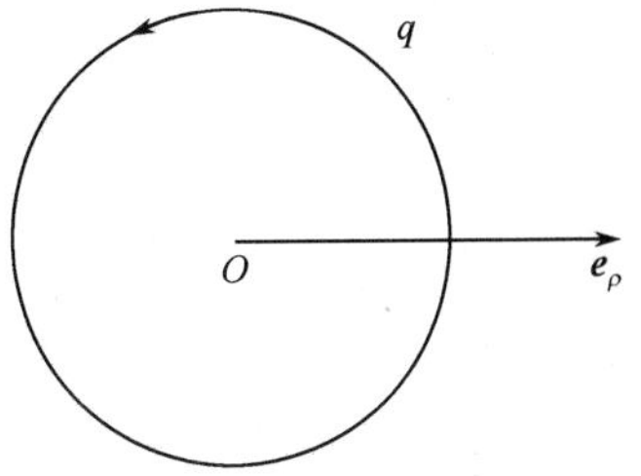

图 4.2.2　例 4-1 图

圆周上任一点电荷 q,在圆心处的电场强度为

$$\boldsymbol{E}=\frac{q}{4\pi\varepsilon_0}\cdot\frac{\boldsymbol{e}_R}{R^2}=\frac{q}{4\pi\varepsilon_0}\boldsymbol{e}_\rho\cdot\frac{1}{a^2}=\boldsymbol{e}_\rho\frac{q}{4\pi\varepsilon_0 a^2}$$

由于点电荷 q 沿圆周以角速度 ω 作匀速圆周运动,$\boldsymbol{e}_\rho=\boldsymbol{e}_x\cos\phi+\boldsymbol{e}_y\sin\phi$,$\phi=\omega t+\phi_0$,所以

$$\boldsymbol{e}_\rho=\boldsymbol{e}_x\cos(\omega t+\phi_0)+\boldsymbol{e}_y\sin(\omega t+\phi_0)$$

$$\boldsymbol{E}=\boldsymbol{e}_x\frac{q}{4\pi\varepsilon_0 a^2}\cos(\omega t+\phi_0)+\boldsymbol{e}_y\frac{q}{4\pi\varepsilon_0 a^2}\sin(\omega t+\phi_0)$$

所以

$$\boldsymbol{D}=\varepsilon_0\boldsymbol{E}=\boldsymbol{e}_x\frac{q}{4\pi a^2}\cos(\omega t+\phi_0)+\boldsymbol{e}_y\frac{q}{4\pi a^2}\sin(\omega t+\phi_0)$$

$$\boldsymbol{J}_D=\frac{\partial\boldsymbol{D}}{\partial t}=-\boldsymbol{e}_x\frac{q\omega}{4\pi a^2}\sin(\omega t+\phi_0)+\boldsymbol{e}_y\frac{q\omega}{4\pi a^2}\cos(\omega t+\phi_0)$$

而 $\dfrac{q\omega}{4\pi a^2}=2500$,得

$$\boldsymbol{J}_D=-\boldsymbol{e}_x2500\sin(\omega t+\phi_0)+\boldsymbol{e}_y2500\cos(\omega t+\phi_0)$$

又因为 $-\boldsymbol{e}_x\sin\phi+\boldsymbol{e}_y\cos\phi=\boldsymbol{e}_\phi$,得

$$\boldsymbol{J}_D=\boldsymbol{e}_\phi2500\,\text{A/m}^2$$

4.2.2　限定形式的麦克斯韦方程组

实验表明,电场强度 $\boldsymbol{E}$ 与电位移 $\boldsymbol{D}$、磁场强度 $\boldsymbol{H}$ 与磁感应强度 $\boldsymbol{B}$、传导电流密度 $\boldsymbol{J}$ 与电场强度 $\boldsymbol{E}$ 之间存在着密切的联系。一般情况下,这些场量之间的关系较为复杂,但对于常见的线性各向同性介质,这些场量之间有着简单的正比关系,即

$$\boldsymbol{D}=\varepsilon\boldsymbol{E}\tag{4.2.19}$$

$$\boldsymbol{B}=\mu\boldsymbol{H}\tag{4.2.20}$$

$$\boldsymbol{J}=\sigma\boldsymbol{E}\tag{4.2.21}$$

式中,ε、μ、σ 分别称为介质的介电常数、磁导率和电导率,统称为介质的电磁参数。

均匀、线性、各向同性介质又称为简单介质，利用上述电磁场场量间的本构关系，可以将麦克斯韦方程组写成如下形式：

$$\begin{cases}\nabla\times\boldsymbol{H}=\sigma\boldsymbol{E}+\varepsilon\dfrac{\partial\boldsymbol{E}}{\partial t}\\\nabla\times\boldsymbol{E}=-\mu\dfrac{\partial\boldsymbol{H}}{\partial t}\\\nabla\cdot\boldsymbol{H}=0\\\nabla\cdot\boldsymbol{E}=\dfrac{\rho}{\varepsilon}\end{cases}\tag{4.2.22}$$

上式称为限定形式的麦克斯韦方程组，这里的限定是对介质而言的。此时麦克斯韦方程组中仅含有 $\boldsymbol{E}$ 和 $\boldsymbol{H}$ 两个未知场量，分别是关于电场强度 $\boldsymbol{E}$ 和磁场强度 $\boldsymbol{H}$ 的旋度与散度方程，符合亥姆霍兹定理的要求。

【例 4-2】 证明在时变场中的导体内部，假设时间为零时分布有电荷密度为 ρ_0 的初始电荷，则其随时间的变化规律必然是 $\rho(t)=\rho_0\mathrm{e}^{-(\sigma/\varepsilon)t}$。

证明： 时变场满足电荷守恒定律：$\nabla\cdot\boldsymbol{J}=-\dfrac{\partial\rho}{\partial t}$，而 $\boldsymbol{J}=\sigma\boldsymbol{E}$，$\nabla\cdot\boldsymbol{E}=\dfrac{\rho}{\varepsilon}$，所以

$$-\frac{\partial\rho}{\partial t}=\nabla\cdot\boldsymbol{J}=\sigma\nabla\cdot\boldsymbol{E}=\frac{\sigma}{\varepsilon}\rho$$

即

$$\frac{\partial\rho}{\partial t}=-\frac{\sigma}{\varepsilon}\rho\quad\text{（一阶齐次常系数偏微分方程）}$$

所以

$$\rho=A\mathrm{e}^{-(\sigma/\varepsilon)t}$$

因为 $t=0$ 时，$\rho=\rho_0$，所以

$$A=\rho_0$$

因此，$\rho(t)=\rho_0\mathrm{e}^{-(\sigma/\varepsilon)t}$。

4.2.3 时变场的唯一性定理

时变场的唯一性定理：在线性的空间介质中，给定 $t=t_0$ 时刻的以闭合面 S 为边界的区域 V 中各点电场和磁场的初始值，并同时给定 $t>t_0$ 时区域边界 S 上的电场切向分量 E_t 或磁场切向分量 H_t，在区域 V 内时变场的麦克斯韦方程组有唯一解。

下面对内部无源的时变场唯一性定理进行推导证明。假设在有界区域 V 内同时存在两组不同的电磁场解 $\boldsymbol{E}_1$、$\boldsymbol{H}_1$ 和 $\boldsymbol{E}_2$、$\boldsymbol{H}_2$，而且满足同一个麦克斯韦方程组，它们的电磁常数 ε、μ 和 σ 均相同，且有相同的初始条件和边界条件。定义一组物理量 $\boldsymbol{E}_3$ 和 $\boldsymbol{H}_3$，满足

$$\begin{cases}\boldsymbol{E}_3=\boldsymbol{E}_1-\boldsymbol{E}_2\\\boldsymbol{H}_3=\boldsymbol{H}_1-\boldsymbol{H}_2\end{cases}\tag{4.2.23}$$

$\boldsymbol{E}_3$、$\boldsymbol{H}_3$ 是麦克斯韦方程组的一组解，且在 $t=0$ 时刻其初始值均为 0，$t>0$ 时在区域边界 S 上其切向分量均为 0，满足

$$\begin{cases}\nabla\times\boldsymbol{H}_3=\sigma\boldsymbol{E}_3+\varepsilon\dfrac{\partial\boldsymbol{E}_3}{\partial t}\\\nabla\times\boldsymbol{E}_3=-\mu\dfrac{\partial\boldsymbol{H}_3}{\partial t}\\\nabla\cdot\boldsymbol{H}_3=0\\\nabla\cdot\boldsymbol{E}_3=0\end{cases}\tag{4.2.24}$$

由描述电磁场能量守恒的坡印廷定理可得

$$-\oint_S (\boldsymbol{E}_3 \times \boldsymbol{H}_3) \cdot \mathrm{d}\boldsymbol{S} = \frac{\mathrm{d}}{\mathrm{d}t}\int_V \left(\frac{1}{2}\mu |\boldsymbol{H}_3|^2 + \frac{1}{2}\varepsilon |\boldsymbol{E}_3|^2\right)\mathrm{d}V + \int_V \sigma |\boldsymbol{E}_3|^2 \mathrm{d}V \tag{4.2.25}$$

其中等号左边可简化为

$$-\oint_S (\boldsymbol{E}_3 \times \boldsymbol{H}_3) \cdot \mathrm{d}\boldsymbol{S} = -\oint_S (\boldsymbol{e}_\mathrm{n} \times \boldsymbol{E}_3) \cdot \boldsymbol{H}_3 \mathrm{d}\boldsymbol{S} = -\oint_S (\boldsymbol{H}_3 \times \boldsymbol{e}_\mathrm{n}) \cdot \boldsymbol{E}_3 \mathrm{d}\boldsymbol{S} \tag{4.2.26}$$

因为边界 $\boldsymbol{S}$ 上 $\boldsymbol{E}_3$、$\boldsymbol{H}_3$ 的切向分量为零，所以式(4.2.25)左右两端的值为零，进一步将式(4.2.25)等号右边对时间 t 积分，可化为

$$\int_V \left(\frac{1}{2}\mu |\boldsymbol{H}_3|^2 + \frac{1}{2}\varepsilon |\boldsymbol{E}_3|^2\right)\mathrm{d}V + \int_0^t \left(\int_V \sigma |\boldsymbol{E}_3|^2 \mathrm{d}V\right)\mathrm{d}t = 0 \tag{4.2.27}$$

两个非负数相加得零，则这两个数分别为零，由式(4.2.27)可以推出

$$\begin{cases} \boldsymbol{E}_3 = 0 \\ \boldsymbol{H}_3 = 0 \end{cases} \tag{4.2.28}$$

所以 $\boldsymbol{E}_1 = \boldsymbol{E}_2$ 且 $\boldsymbol{H}_1 = \boldsymbol{H}_2$，即不存在两组不一样的电磁场解同时满足同一个麦克斯韦方程组，时变场的唯一性定理由此得证。

4.3 边 界 条 件

在电磁场问题中，经常会遇到两种不同介质的分界面，而且通常在这些分界面上电磁场会发生突变。所以，有必要研究不同介质分界面上的边界条件。

4.3.1 *H* 的边界条件

在不同介质的分界面上，电流与它所产生的磁场相互正交。在垂直于面电流密度矢量方向的平面上，取一个无限靠近边界的无穷小闭合路径，如图 2.1.7 所示。闭合路径的长度为 Δl，宽度为 Δh。因为边界条件是紧靠分界面两侧的电磁场场量之间各自满足的关系，所以 Δh 应为无穷小量，而 Δl 应足够小，以使得在 Δl 上的场可以看成是均匀的。

将上述关系应用到麦克斯韦第一方程的积分形式中，所以有

$$H_1 \sin\theta_1 \Delta l - H_2 \sin\theta_2 \Delta l \approx \left(|\boldsymbol{J}| + \left|\frac{\partial \boldsymbol{D}}{\partial t}\right|\right)\Delta l \cdot \Delta h$$

取磁场的切向分量表示

$$H_{1\mathrm{t}} - H_{2\mathrm{t}} = \lim_{\Delta h \to 0}\left(|\boldsymbol{J}| + \left|\frac{\partial \boldsymbol{D}}{\partial t}\right|\right)\Delta h$$

由于 $\left|\frac{\partial \boldsymbol{D}}{\partial t}\right|$ 仍然为有限量，而 Δh 为无穷小量，所以

$$\lim_{\Delta h \to 0}\left(\left|\frac{\partial \boldsymbol{D}}{\partial t}\right|\right)\Delta h = 0$$

从而

$$\lim_{\Delta h \to 0}\left(|\boldsymbol{J}| + \left|\frac{\partial \boldsymbol{D}}{\partial t}\right|\right)\Delta h = \lim_{\Delta h \to 0}|\boldsymbol{J}|\Delta h = \lim_{\Delta h \to 0}\left|\frac{\Delta I}{\Delta l \Delta h}\right|\Delta h = J_S$$

得到

$$H_{1\mathrm{t}} - H_{2\mathrm{t}} = J_S \tag{4.3.1}$$

当分界面上没有传导电流时，$\left(|\boldsymbol{J}| + \left|\frac{\partial \boldsymbol{D}}{\partial t}\right|\right)$ 为有限量，上式中等号右边为零，所以

$$H_{1\mathrm{t}} - H_{2\mathrm{t}} = 0 \tag{4.3.2}$$

将式(4.3.1)与式(4.3.2)统一用矢量形式表示为

$$\boldsymbol{e}_n \times (\boldsymbol{H}_1 - \boldsymbol{H}_2) = \boldsymbol{J}_S \tag{4.3.3}$$

所以,如果分界面上没有传导电流,在跨越边界时,磁场强度的切向分量是连续的;如果分界面上有传导电流,跨越边界时,磁场强度的切向分量将发生突变,突变量的大小与方向即为该点处的面电流密度矢量。

4.3.2 *E* 的边界条件

仍取图 2.1.7 所示的闭合路径,应用麦克斯韦第二方程的积分形式,可得

$$E_{1t} - E_{2t} = \lim_{\Delta h \to 0} \left| \frac{\partial \boldsymbol{B}}{\partial t} \right| \Delta h$$

由于 $\left| \frac{\partial \boldsymbol{B}}{\partial t} \right|$ 始终是有限量,所以

$$E_{1t} - E_{2t} = 0 \tag{4.3.4}$$

写成矢量表达式为

$$\boldsymbol{e}_n \times (\boldsymbol{E}_1 - \boldsymbol{E}_2) = 0 \tag{4.3.5}$$

所以,在跨越不同介质分界面时,电场强度的切向分量总是连续的。

4.3.3 *D* 和 *B* 的边界条件

如图 2.1.6 所示,在跨越不同介质分界面两侧作一个小的圆柱形闭合面。闭合面的高度为无穷小量 Δh,以满足紧靠边界两侧的要求;上下底面的面积为足够小量 ΔS,使得在该面积上电磁场场量可以看成是均匀的。

将上述关系应用到麦克斯韦第四方程的积分形式中,得

$$\oint_S \boldsymbol{D} \cdot \mathrm{d}\boldsymbol{S} = \int_S \boldsymbol{D}_1 \cdot \mathrm{d}\boldsymbol{S}_1 + \int_S \boldsymbol{D}_2 \cdot \mathrm{d}\boldsymbol{S}_1 = \Delta S \rho_S$$

所以

$$D_{1n} - D_{2n} = \rho_S \tag{4.3.6}$$

写成矢量表达式为

$$\boldsymbol{e}_n \cdot (\boldsymbol{D}_1 - \boldsymbol{D}_2) = \rho_S \tag{4.3.7}$$

所以,如果分界面上没有自由面电荷分布,在跨越边界时,电位移的法向分量是连续的;如果分界面上有自由面电荷分布,跨越边界时,电位移的法向分量将发生突变。

同理可以得到在不同介质分界面上磁感应强度的法向分量总是连续的。

综上所述,得到边界条件的一般形式为

$$\begin{cases} \boldsymbol{e}_n \times (\boldsymbol{H}_1 - \boldsymbol{H}_2) = \boldsymbol{J}_S \\ \boldsymbol{e}_n \times (\boldsymbol{E}_1 - \boldsymbol{E}_2) = 0 \\ \boldsymbol{e}_n \cdot (\boldsymbol{B}_1 - \boldsymbol{B}_2) = 0 \\ \boldsymbol{e}_n \cdot (\boldsymbol{D}_1 - \boldsymbol{D}_2) = \rho_S \end{cases} \tag{4.3.8}$$

在实际问题中,我们总是对理想导体或理想介质分界面的情况特别关心。理想介质又称为完纯介质,是指介电常数 ε 和磁导率 μ 为实常数、电导率 σ 为 0 的介质。

1. $\sigma_1 = 0$、$\sigma_2 = \infty$(介质 1 为理想介质、介质 2 为理想导体)

因为 $\sigma_2 = \infty$,所以　　$\boldsymbol{E}_2 = 0$

由 $\nabla \times \boldsymbol{E} = -\frac{\partial \boldsymbol{B}}{\partial t}$,得到　　$\frac{\partial \boldsymbol{B}_2}{\partial t} = 0$

所以，在理想导体内部只有恒定磁场分布，对于时变场问题，一般不考虑恒定磁场，因此，可以认为理想导体内部 $\boldsymbol{B}_2=0$。将 $\boldsymbol{E}_2=0$、$\boldsymbol{B}_2=0$ 代入一般形式边界条件式(4.3.8)中，得到

$$\begin{cases} H_{1t}=J_S \\ E_{1t}=0 \\ B_{1n}=0 \\ D_{1n}=\rho_S \end{cases} \tag{4.3.9}$$

写成矢量形式为

$$\begin{cases} \boldsymbol{e}_n\times\boldsymbol{H}_1=\boldsymbol{J}_S \\ \boldsymbol{e}_n\times\boldsymbol{E}_1=0 \\ \boldsymbol{e}_n\cdot\boldsymbol{B}_1=0 \\ \boldsymbol{e}_n\cdot\boldsymbol{D}_1=\rho_S \end{cases} \tag{4.3.10}$$

此即理想导体和理想介质分界面的边界条件。

2. $\sigma_1=0$、$\sigma_2=0$(两种介质均为理想介质)

由于理想介质分界面上不可能有传导电流和自由面电荷分布，因此一般形式的边界条件式(4.3.8)可以简化为

$$\begin{cases} \boldsymbol{e}_n\times(\boldsymbol{H}_1-\boldsymbol{H}_2)=0\rightarrow H_{1t}=H_{2t} \\ \boldsymbol{e}_n\times(\boldsymbol{E}_1-\boldsymbol{E}_2)=0\rightarrow E_{1t}=E_{2t} \\ \boldsymbol{e}_n\cdot(\boldsymbol{B}_1-\boldsymbol{B}_2)=0\rightarrow B_{1n}=B_{2n} \\ \boldsymbol{e}_n\cdot(\boldsymbol{D}_1-\boldsymbol{D}_2)=0\rightarrow D_{1n}=D_{2n} \end{cases} \tag{4.3.11}$$

注意：$H_{1t}=H_{2t}$，但 $H_{1n}\neq H_{2n}$，因为介质分界面上有极化电流存在；$E_{1t}=E_{2t}$，但 $E_{1n}\neq E_{2n}$，因为介质分界面上有极化电荷存在。

【例 4-3】 如图 4.3.1 所示，在导体平板($z=0$、$z=d$)之间的空气中传播电磁波，已知 $\boldsymbol{E}=\boldsymbol{e}_yE_0\sin\frac{\pi}{d}z\cos(\omega t-k_xx)$，其中 k_x 为常数。

求：(1)磁场强度 $\boldsymbol{H}$；(2) 两导体表面上的$\boldsymbol{J}_S$。

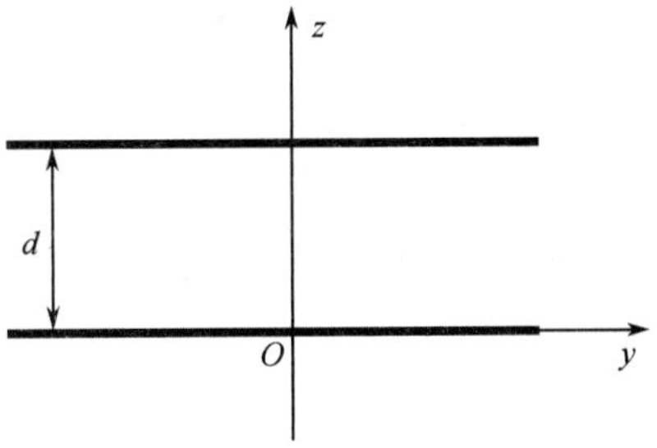

图 4.3.1　例 4-3 图

解：(1)由$\nabla\times\boldsymbol{E}=-\mu_0\frac{\partial\boldsymbol{H}}{\partial t}$，得

$$-\mu_0\frac{\partial\boldsymbol{H}}{\partial t}=-\boldsymbol{e}_x\frac{\partial E_y}{\partial z}+\boldsymbol{e}_z\frac{\partial E_y}{\partial x}$$

$$\begin{aligned}\boldsymbol{H}&=-\frac{1}{\mu_0}E_0\left[-\boldsymbol{e}_x\int\frac{\pi}{d}\cos\left(\frac{\pi}{d}z\right)\cos(\omega t-k_xx)\mathrm{d}t+\boldsymbol{e}_z\int k_x\sin\left(\frac{\pi}{d}z\right)\sin(\omega t-k_xx)\mathrm{d}t\right]\\&=\boldsymbol{e}_z\frac{k_x}{\omega\mu_0}E_0\sin\left(\frac{\pi}{d}z\right)\cos(\omega t-k_xx)+\boldsymbol{e}_x\frac{\pi}{\omega\mu_0 d}E_0\cos\left(\frac{\pi}{d}z\right)\sin(\omega t-k_xx)\end{aligned}$$

注意：若没有特别说明，均不考虑恒定磁场的情况。

(2) 因为$\boldsymbol{J}_S=\boldsymbol{e}_n\times\boldsymbol{H}$，在 $z=0$ 表面，$\boldsymbol{e}_n=\boldsymbol{e}_z$，所以

$$\boldsymbol{J}_S=\boldsymbol{e}_z\times\boldsymbol{H}\big|_{z=0}=\boldsymbol{e}_y\frac{\pi}{\omega\mu_0 d}E_0\sin(\omega t-k_xx)$$

在 $z=d$ 表面，$\boldsymbol{e}_n=-\boldsymbol{e}_z$，得

$$\boldsymbol{J}_S=-\boldsymbol{e}_z\times\boldsymbol{H}\big|_{z=d}=\boldsymbol{e}_y\frac{\pi}{\omega\mu_0 d}E_0\sin(\omega t-k_xx)$$

4.4 复数形式的麦克斯韦方程组

前面讨论的均是一般形式的麦克斯韦方程组，电场强度的一般表示形式为

$$\boldsymbol{E}(x,y,z,t)=\boldsymbol{e}_x E_x(x,y,z,t)+\boldsymbol{e}_y E_y(x,y,z,t)+\boldsymbol{e}_z E_z(x,y,z,t) \tag{4.4.1}$$

这里对时间 t 的变化规律并没有作出限制。但在实际问题中，用得最多的是一类随时间作时谐变化的电磁场，这种电磁场称为时谐电磁场（简称时谐场），又称为正弦时变电磁场。

时谐场是指场强的每个分量是时间正弦函数的电磁场。时谐场之所以重要，一是因为它在实际问题中用得最多，二是因为非时谐场可以利用傅里叶方法分解为许多个时谐场的叠加，因此研究时谐场是研究一般时变场的基础。

4.4.1 时谐场场量的复数表示法

电磁场场量的每个分量随时间作正弦变化时，设角频率为 ω。在直角坐标系中，电场强度的3个分量分别为

$$\begin{aligned}
E_x(x,y,z,t)&=E_{xm}(x,y,z)\cos[\omega t+\phi_x(x,y,z)]\\
E_y(x,y,z,t)&=E_{ym}(x,y,z)\cos[\omega t+\phi_y(x,y,z)]\\
E_z(x,y,z,t)&=E_{zm}(x,y,z)\cos[\omega t+\phi_z(x,y,z)]
\end{aligned} \tag{4.4.2}$$

式中，E_{xm}、E_{ym}、E_{zm} 称为 $\boldsymbol{E}$ 的各坐标分量的振幅；ϕ_x、ϕ_y、ϕ_z 称为 $\boldsymbol{E}$ 的各坐标分量的初相位；E_{xm}、E_{ym}、E_{zm} 及 ϕ_x、ϕ_y、ϕ_z 只是空间位置的函数，不随时间变化。如果将电场强度用复数形式来表示，则

$$\begin{aligned}
E_x&=\mathrm{Re}[E_{xm}\cdot \mathrm{e}^{\mathrm{j}(\omega t+\phi_x)}]=\mathrm{Re}[\dot{E}_x\cdot \mathrm{e}^{\mathrm{j}\omega t}]\\
E_y&=\mathrm{Re}[E_{ym}\cdot \mathrm{e}^{\mathrm{j}(\omega t+\phi_y)}]=\mathrm{Re}[\dot{E}_y\cdot \mathrm{e}^{\mathrm{j}\omega t}]\\
E_z&=\mathrm{Re}[E_{zm}\cdot \mathrm{e}^{\mathrm{j}(\omega t+\phi_z)}]=\mathrm{Re}[\dot{E}_z\cdot \mathrm{e}^{\mathrm{j}\omega t}]
\end{aligned} \tag{4.4.3}$$

式中，$\dot{E}_x$、$\dot{E}_y$、$\dot{E}_z$ 均为复数，它们的模表示 $\boldsymbol{E}$ 的各坐标分量的振幅，辐角表示各坐标分量的初相位。$\dot{E}_x$、$\dot{E}_y$、$\dot{E}_z$ 称为 $\boldsymbol{E}$ 的各坐标分量的相量，为

$$\begin{aligned}
\dot{E}_x&=E_{xm}\mathrm{e}^{\mathrm{j}\phi_x}\\
\dot{E}_y&=E_{ym}\mathrm{e}^{\mathrm{j}\phi_y}\\
\dot{E}_z&=E_{zm}\mathrm{e}^{\mathrm{j}\phi_z}
\end{aligned} \tag{4.4.4}$$

如果用相量表示，电场强度 $\boldsymbol{E}$ 可以表示为

$$\boldsymbol{E}=\mathrm{Re}[\boldsymbol{e}_x\dot{E}_x\mathrm{e}^{\mathrm{j}\omega t}+\boldsymbol{e}_y\dot{E}_y\mathrm{e}^{\mathrm{j}\omega t}+\boldsymbol{e}_z\dot{E}_z\mathrm{e}^{\mathrm{j}\omega t}]=\mathrm{Re}[\dot{\boldsymbol{E}}\cdot \mathrm{e}^{\mathrm{j}\omega t}] \tag{4.4.5}$$

其中，$\dot{\boldsymbol{E}}=\boldsymbol{e}_x\dot{E}_x+\boldsymbol{e}_y\dot{E}_y+\boldsymbol{e}_z\dot{E}_z$ 称为电场强度的复矢量。

时谐场电场强度对时间的一阶和二阶导数可以表示为

$$\frac{\partial \boldsymbol{E}}{\partial t}=\frac{\partial}{\partial t}\mathrm{Re}[\dot{\boldsymbol{E}}\mathrm{e}^{\mathrm{j}\omega t}]=\mathrm{Re}\left[\frac{\partial}{\partial t}(\dot{\boldsymbol{E}}\mathrm{e}^{\mathrm{j}\omega t})\right]=\mathrm{Re}[\mathrm{j}\omega\dot{\boldsymbol{E}}\mathrm{e}^{\mathrm{j}\omega t}] \tag{4.4.6}$$

$$\frac{\partial^2 \boldsymbol{E}}{\partial t^2}=\mathrm{Re}[-\omega^2\dot{\boldsymbol{E}}\mathrm{e}^{\mathrm{j}\omega t}] \tag{4.4.7}$$

所以，对电场强度求一阶时间导数，复矢量形式为 $\mathrm{j}\omega\dot{\boldsymbol{E}}$；对电场强度求二阶时间导数，复矢量形式为 $-\omega^2\dot{\boldsymbol{E}}$。

对于时谐场的其他场量 $\boldsymbol{B}$、$\boldsymbol{H}$、$\boldsymbol{D}$，同样有上述关系。为了求解时谐场的表达式，可以先通过某种方法获得相应的复矢量，从而简化分析过程。

4.4.2 麦克斯韦方程组的复数形式

在时谐场中，用复数形式来表示麦克斯韦方程组特别方便，$\boldsymbol{E}=\mathrm{Re}[\dot{\boldsymbol{E}}\cdot \mathrm{e}^{\mathrm{j}\omega t}]$，$\boldsymbol{D}=\mathrm{Re}[\dot{\boldsymbol{D}}\cdot \mathrm{e}^{\mathrm{j}\omega t}]$，$\boldsymbol{B}=\mathrm{Re}[\dot{\boldsymbol{B}}\cdot \mathrm{e}^{\mathrm{j}\omega t}]$，$\boldsymbol{H}=\mathrm{Re}[\dot{\boldsymbol{H}}\cdot \mathrm{e}^{\mathrm{j}\omega t}]$，场源也遵循同样的变换原则。

$$\begin{cases}\nabla\times[\mathrm{Re}(\dot{\boldsymbol{H}}\mathrm{e}^{\mathrm{j}\omega t})]=\mathrm{Re}[\dot{\boldsymbol{J}}\mathrm{e}^{\mathrm{j}\omega t}]+\mathrm{Re}[\mathrm{j}\omega\dot{\boldsymbol{D}}\mathrm{e}^{\mathrm{j}\omega t}]\\ \nabla\times[\mathrm{Re}(\dot{\boldsymbol{E}}\mathrm{e}^{\mathrm{j}\omega t})]=\mathrm{Re}[-\mathrm{j}\omega\dot{\boldsymbol{B}}\mathrm{e}^{\mathrm{j}\omega t}]\\ \nabla\cdot[\mathrm{Re}(\dot{\boldsymbol{B}}\mathrm{e}^{\mathrm{j}\omega t})]=0\\ \nabla\cdot[\mathrm{Re}(\dot{\boldsymbol{D}}\mathrm{e}^{\mathrm{j}\omega t})]=\mathrm{Re}[\dot{\rho}\mathrm{e}^{\mathrm{j}\omega t}]\end{cases}\tag{4.4.8}$$

实部符号 Re 可以提到哈密顿算子前面，省略等式两边的 Re 符号，得

$$\begin{cases}\nabla\times(\dot{\boldsymbol{H}}\mathrm{e}^{\mathrm{j}\omega t})=\dot{\boldsymbol{J}}\mathrm{e}^{\mathrm{j}\omega t}+\mathrm{j}\omega\dot{\boldsymbol{D}}\mathrm{e}^{\mathrm{j}\omega t}\\ \nabla\times(\dot{\boldsymbol{E}}\mathrm{e}^{\mathrm{j}\omega t})=-\mathrm{j}\omega\dot{\boldsymbol{B}}\mathrm{e}^{\mathrm{j}\omega t}\\ \nabla\cdot(\dot{\boldsymbol{B}}\mathrm{e}^{\mathrm{j}\omega t})=0\\ \nabla\cdot(\dot{\boldsymbol{D}}\mathrm{e}^{\mathrm{j}\omega t})=\dot{\rho}\mathrm{e}^{\mathrm{j}\omega t}\end{cases}\tag{4.4.9}$$

为了简便起见，$\mathrm{e}^{\mathrm{j}\omega t}$ 因子也可以省略，得到麦克斯韦方程组的复数形式为

$$\begin{cases}\nabla\times\dot{\boldsymbol{H}}=\dot{\boldsymbol{J}}+\mathrm{j}\omega\dot{\boldsymbol{D}}\\ \nabla\times\dot{\boldsymbol{E}}=-\mathrm{j}\omega\dot{\boldsymbol{B}}\\ \nabla\cdot\dot{\boldsymbol{B}}=0\\ \nabla\cdot\dot{\boldsymbol{D}}=\dot{\rho}\end{cases}\tag{4.4.10}$$

上述麦克斯韦方程组的复数形式中隐含一个 $\mathrm{e}^{\mathrm{j}\omega t}$ 因子和实部符号 Re。也就是说，在写具体场量的瞬时表达式时，$\mathrm{e}^{\mathrm{j}\omega t}$ 因子和实部符号 Re 是存在的。这一点在场量由复数形式向瞬时形式转换时要特别注意。

限定形式麦克斯韦方程组的复数形式为

$$\begin{cases}\nabla\times\dot{\boldsymbol{H}}=(\sigma+\mathrm{j}\omega\varepsilon)\dot{\boldsymbol{E}}\\ \nabla\times\dot{\boldsymbol{E}}=-\mathrm{j}\omega\mu\dot{\boldsymbol{H}}\\ \nabla\cdot\dot{\boldsymbol{H}}=0\\ \nabla\cdot\dot{\boldsymbol{E}}=\dot{\rho}/\varepsilon\end{cases}\tag{4.4.11}$$

这种复数形式方程的最大好处是，所有场量和场源都化成不是时间的函数了，在求解方程的过程中可以看成与时间无关。

4.5 波动方程和亥姆霍兹方程

由麦克斯韦方程组的物理意义得出结论：时变电场可以产生磁场，时变磁场可以产生电场。

当空间存在一个时变场源时，由于时变场的相互转换，必然会产生离开源并以一定速度向外传播的电磁扰动，这种电磁扰动就是电磁波。

本节介绍理想介质中的波动方程。

4.5.1 时变场的波动方程

无源理想介质中电磁场满足麦克斯韦方程组

$$\begin{cases} \nabla\times\boldsymbol{H}=\varepsilon\dfrac{\partial\boldsymbol{E}}{\partial t} \\ \nabla\times\boldsymbol{E}=-\mu\dfrac{\partial\boldsymbol{H}}{\partial t} \\ \nabla\cdot\boldsymbol{H}=0 \\ \nabla\cdot\boldsymbol{E}=0 \end{cases} \tag{4.5.1}$$

对第一方程两边取旋度运算，得到

$$\nabla\times\nabla\times\boldsymbol{H}=\nabla\times\left(\varepsilon\frac{\partial\boldsymbol{E}}{\partial t}\right)=\varepsilon\frac{\partial}{\partial t}(\nabla\times\boldsymbol{E}) \tag{4.5.2}$$

利用矢量恒等式$\nabla\times\nabla\times\boldsymbol{H}=\nabla(\nabla\cdot\boldsymbol{H})-\nabla^2\boldsymbol{H}$，且代入式(4.5.1)中的第二、三方程，得到

$$\nabla^2\boldsymbol{H}-\mu\varepsilon\frac{\partial^2\boldsymbol{H}}{\partial t^2}=0 \tag{4.5.3}$$

同理，对式(4.5.1)中的第二方程两边取旋度运算，利用矢量恒等式和式(4.5.1)中的其他方程，可得

$$\nabla^2\boldsymbol{E}-\mu\varepsilon\frac{\partial^2\boldsymbol{E}}{\partial t^2}=0 \tag{4.5.4}$$

式(4.5.3)和式(4.5.4)称为理想介质中时变场的波动方程。

4.5.2 时谐场的亥姆霍兹方程

利用瞬时形式与复数形式之间的关系，可以得到上述理想介质中时谐场波动方程的复数形式为

$$\begin{aligned} \nabla^2\dot{\boldsymbol{E}}+k^2\dot{\boldsymbol{E}}=0 \\ \nabla^2\dot{\boldsymbol{H}}+k^2\dot{\boldsymbol{H}}=0 \end{aligned} \tag{4.5.5}$$

上式又称为时谐场的亥姆霍兹方程。其中 k 称为相位常数，或波数、相移常数。

$$k=\omega\sqrt{\mu\varepsilon} \tag{4.5.6}$$

4.6 电磁场动态位函数

达朗贝尔方程用位函数的方法表征电磁波的传播特性。由达朗贝尔方程的解可以看出时变场是以波的形式向外传播的。本节首先介绍时变场中的矢量位和标量位的概念，然后由麦克斯韦方程组出发，推导达朗贝尔方程。

4.6.1 矢量位和标量位

在本书第 1 章矢量分析中，如果一个矢量的散度等于零，此矢量可以用另外一个矢量的旋度来表示；如果一个矢量的旋度等于零，此矢量可以用一个标量函数的梯度来表示。

根据麦克斯韦方程组，时变磁场是管形场，$\nabla \cdot \boldsymbol{B}=0$，所以磁感应强度可以用另一个矢量的旋度来表示

$$\boldsymbol{B}=\nabla\times\boldsymbol{A} \tag{4.6.1}$$

其中，$\boldsymbol{A}$ 称为动态矢量位或动态矢位，简称矢量位或矢位。

将上述动态矢量位代入麦克斯韦第二方程，得

$$\nabla\times\boldsymbol{E}=-\frac{\partial \boldsymbol{B}}{\partial t}=-\frac{\partial}{\partial t}(\nabla\times\boldsymbol{A})=-\nabla\times\frac{\partial \boldsymbol{A}}{\partial t}$$

所以

$$\nabla\times\left(\boldsymbol{E}+\frac{\partial \boldsymbol{A}}{\partial t}\right)=0 \tag{4.6.2}$$

令

$$\boldsymbol{E}+\frac{\partial \boldsymbol{A}}{\partial t}=-\nabla\varphi \tag{4.6.3}$$

其中，φ 称为动态标量位或动态标位，简称标量位或标位。

所以时变场相关特性可以用矢量位 $\boldsymbol{A}$ 和标量位 φ 表示。

静态场是时变场的特例，在静态场中，上述矢量位和标量位简化为恒定磁场中的矢量磁位和静电场中的位函数。

4.6.2　达朗贝尔方程

将矢量位和标量位代入麦克斯韦第一方程

$$\nabla\times\boldsymbol{H}=\boldsymbol{J}+\varepsilon\frac{\partial \boldsymbol{E}}{\partial t} \tag{4.6.4}$$

得

$$\frac{1}{\mu}\nabla\times\nabla\times\boldsymbol{A}=\boldsymbol{J}+\varepsilon\frac{\partial}{\partial t}\left(-\nabla\varphi-\frac{\partial \boldsymbol{A}}{\partial t}\right) \tag{4.6.5}$$

利用矢量恒等式$\nabla\times\nabla\times\boldsymbol{A}=\nabla(\nabla\cdot\boldsymbol{A})-\nabla^2\boldsymbol{A}$，可得

$$\nabla^2\boldsymbol{A}-\mu\varepsilon\frac{\partial^2 \boldsymbol{A}}{\partial t^2}=-\mu\boldsymbol{J}+\nabla\left(\nabla\cdot\boldsymbol{A}+\mu\varepsilon\frac{\partial \varphi}{\partial t}\right) \tag{4.6.6}$$

根据亥姆霍兹定理，要确定一个矢量场必须同时知道它的散度和旋度。现在已经知道矢量位 $\boldsymbol{A}$ 的旋度$\nabla\times\boldsymbol{A}=\boldsymbol{B}$，矢量位 $\boldsymbol{A}$ 只是一个辅助函数，我们对它的散度表达式并不关心。为了使得式(4.6.6)更为简单，可以人为引入一个关系式

$$\nabla\cdot\boldsymbol{A}=-\mu\varepsilon\frac{\partial \varphi}{\partial t} \tag{4.6.7}$$

上述关系式称为洛伦兹规范。引入洛伦兹规范后，式(4.6.6)可以简化为

$$\nabla^2\boldsymbol{A}-\mu\varepsilon\frac{\partial^2 \boldsymbol{A}}{\partial t^2}=-\mu\boldsymbol{J} \tag{4.6.8}$$

将 $\boldsymbol{E}+\frac{\partial \boldsymbol{A}}{\partial t}=-\nabla\varphi$ 代入麦克斯韦第四方程

$$\nabla\cdot\boldsymbol{D}=\rho \tag{4.6.9}$$

得

$$\varepsilon\nabla\cdot\left(-\frac{\partial \boldsymbol{A}}{\partial t}-\nabla\varphi\right)\varphi=\rho \tag{4.6.10}$$

$$-\varepsilon\frac{\partial}{\partial t}(\nabla\cdot\boldsymbol{A})-\varepsilon\nabla^2\varphi=\rho \tag{4.6.11}$$

代入洛伦兹规范，得

$$-\varepsilon\frac{\partial}{\partial t}\left(-\mu\varepsilon\frac{\partial\varphi}{\partial t}\right)-\varepsilon\nabla^2\varphi=\rho \tag{4.6.12}$$

$$\nabla^2\varphi-\mu\varepsilon\frac{\partial^2\varphi}{\partial t^2}=-\frac{\rho}{\varepsilon} \tag{4.6.13}$$

式(4.6.8)和式(4.6.13)称为达朗贝尔方程。利用洛伦兹规范，使矢量位 $\boldsymbol{A}$ 和标量位 φ 从形式上分离在两个方程中。洛伦兹规范是人为引入的关于矢量位 $\boldsymbol{A}$ 的散度值，如果不采用洛伦兹规范而取其他规范确定 $\boldsymbol{A}$，则得到的有关 $\boldsymbol{A}$ 和 φ 的方程与达朗贝尔方程不同，但最后得到的磁感应强度 $\boldsymbol{B}$ 和电场强度 $\boldsymbol{E}$ 是相同的，因为磁感应强度 $\boldsymbol{B}$ 由矢量位 $\boldsymbol{A}$ 的旋度唯一确定。如果场不随时间变化，则达朗贝尔方程退化为静态场中的泊松方程

$$\begin{cases}\nabla^2\boldsymbol{A}=-\mu\boldsymbol{J}\\ \nabla^2\varphi=-\dfrac{\rho}{\varepsilon}\end{cases} \tag{4.6.14}$$

4.7 电磁能量守恒与转化定律

时变场中一个重要的现象是能量的流动。因为电场能量密度 $w_e=\frac{1}{2}\varepsilon E^2$ 随时变的电场强度变化，而磁场能量密度 $w_m=\frac{1}{2}\mu H^2$ 随时变的磁场强度变化，正是空间各点能量密度随时间的改变引起了电磁能量的流动。

4.7.1 坡印廷矢量和坡印廷定理

人为对矢量 $\boldsymbol{E}\times\boldsymbol{H}$ 求散度运算，并利用矢量恒等式可得

$$\begin{aligned}\nabla\cdot(\boldsymbol{E}\times\boldsymbol{H})&=\boldsymbol{H}\cdot(\nabla\times\boldsymbol{E})-\boldsymbol{E}\cdot(\nabla\times\boldsymbol{H})\\&=-\mu\boldsymbol{H}\cdot\frac{\partial\boldsymbol{H}}{\partial t}-\sigma\boldsymbol{E}\cdot\boldsymbol{E}-\varepsilon\boldsymbol{E}\cdot\frac{\partial\boldsymbol{E}}{\partial t}\end{aligned}$$

而

$$\mu\boldsymbol{H}\cdot\frac{\partial\boldsymbol{H}}{\partial t}=\frac{1}{2}\frac{\partial}{\partial t}(\boldsymbol{B}\cdot\boldsymbol{H})=\frac{\partial}{\partial t}\left(\frac{1}{2}\mu H^2\right)$$

$$\varepsilon\boldsymbol{E}\cdot\frac{\partial\boldsymbol{E}}{\partial t}=\frac{\partial}{\partial t}\left(\frac{1}{2}\varepsilon E^2\right)$$

$$\sigma\cdot(\boldsymbol{E}\cdot\boldsymbol{E})=\sigma E^2$$

所以

$$\nabla\cdot(\boldsymbol{E}\times\boldsymbol{H})=-\sigma E^2-\frac{\partial}{\partial t}\left(\frac{1}{2}\varepsilon E^2+\frac{1}{2}\mu H^2\right) \tag{4.7.1}$$

上式两边取体积分，并利用高斯散度定理，得

$$-\oint_S(\boldsymbol{E}\times\boldsymbol{H})\cdot\mathrm{d}\boldsymbol{S}=\int_V\sigma E^2\mathrm{d}V+\frac{\partial}{\partial t}\int_V\left(\frac{1}{2}\varepsilon E^2+\frac{1}{2}\mu H^2\right)\mathrm{d}V \tag{4.7.2}$$

此即坡印廷定理的数学表达式。式中，右边第一项表示体积 V 内电磁功率转换为热能(转换为热能的电磁功率)，右边第二项表示体积 V 内存储的电磁总能量随时间的变化量。根据能量守恒定律，左边只能代表流入体积 V 的电磁功率。

将被积函数 $\boldsymbol{E}\times\boldsymbol{H}$ 定义为坡印廷矢量，即

$$\boldsymbol{S}=\boldsymbol{E}\times\boldsymbol{H} \tag{4.7.3}$$

坡印廷矢量即能流矢量，又称为功率流密度矢量，其单位为W/m^2。

所以，只要已知空间任一点的电场和磁场，便可知该点能量密度的大小和方向，即知道该点电磁能量的流动情况。坡印廷矢量表示单位时间内穿过与能流方向垂直方向单位面积上的能量，是时变场中一个非常重要的物理量。

4.7.2 坡印廷定理的复数形式

在时谐场情况下的无外加场源区域，麦克斯韦方程组满足

$$\nabla\times\dot{\boldsymbol{H}}=\sigma\dot{\boldsymbol{E}}+\mathrm{j}\omega\varepsilon\dot{\boldsymbol{E}}$$

$$\nabla\times\dot{\boldsymbol{E}}=-\mathrm{j}\omega\mu\dot{\boldsymbol{H}}$$

利用矢量恒等式

$$\nabla\cdot(\dot{\boldsymbol{E}}\times\dot{\boldsymbol{H}}^*)=\dot{\boldsymbol{H}}^*\cdot(\nabla\times\dot{\boldsymbol{E}})-\dot{\boldsymbol{E}}\cdot(\nabla\times\dot{\boldsymbol{H}}^*)\tag{4.7.4}$$

因为

$$\nabla\times\dot{\boldsymbol{H}}^*=\sigma\dot{\boldsymbol{E}}^*+\mathrm{j}\omega\varepsilon\dot{\boldsymbol{E}}^*$$

所以

$$\begin{aligned}\nabla\cdot(\dot{\boldsymbol{E}}\times\dot{\boldsymbol{H}}^*)&=\dot{\boldsymbol{H}}^*\cdot(-\mathrm{j}\omega\mu\dot{\boldsymbol{H}})-\dot{\boldsymbol{E}}\cdot(\sigma\dot{\boldsymbol{E}}^*-\mathrm{j}\omega\varepsilon\dot{\boldsymbol{E}}^*)\\&=-\mathrm{j}\omega\mu|\dot{\boldsymbol{H}}|^2-\sigma|\dot{\boldsymbol{E}}|^2+\mathrm{j}\omega\varepsilon|\dot{\boldsymbol{E}}|^2\\&=-\sigma|\dot{\boldsymbol{E}}|^2-\mathrm{j}2\omega(w_{\mathrm{m}}-w_{\mathrm{e}})\end{aligned}$$

式中，$w_{\mathrm{m}}=\frac{1}{2}\mu|\dot{\boldsymbol{H}}|^2$、$w_{\mathrm{e}}=\frac{1}{2}\varepsilon|\dot{\boldsymbol{E}}|^2$ 分别为一个时间周期内的平均磁场能量密度和平均电场能量密度。

利用高斯散度定理，上式两边取体积分，得

$$\oint_S(\dot{\boldsymbol{E}}\times\dot{\boldsymbol{H}}^*)\cdot\mathrm{d}\boldsymbol{S}=\int_V-\sigma|\dot{\boldsymbol{E}}|^2\mathrm{d}V-\mathrm{j}2\omega(W_{\mathrm{m}}-W_{\mathrm{e}})\tag{4.7.5}$$

上式即坡印廷定理的复数形式。

4.7.3 坡印廷矢量的瞬时值和平均值

$\boldsymbol{S}=\boldsymbol{E}\times\boldsymbol{H}$ 表示空间任一点上的瞬时能量密度。在时谐场中，如果用 $\boldsymbol{E}$ 和 $\boldsymbol{H}$ 的复数形式来表示瞬时坡印廷矢量 $\boldsymbol{S}$，结果将非常复杂而且没有必要。在时谐场中，我们更关心的是计算一个时间周期内坡印廷矢量的平均值，即平均坡印廷矢量。

对于时谐场，有

$$\boldsymbol{E}=\mathrm{Re}[\dot{\boldsymbol{E}}\mathrm{e}^{\mathrm{j}\omega t}]=\frac{1}{2}[\dot{\boldsymbol{E}}\mathrm{e}^{\mathrm{j}\omega t}+\dot{\boldsymbol{E}}^*\mathrm{e}^{-\mathrm{j}\omega t}]$$

$$\boldsymbol{H}=\mathrm{Re}[\dot{\boldsymbol{H}}\mathrm{e}^{\mathrm{j}\omega t}]=\frac{1}{2}[\dot{\boldsymbol{H}}\mathrm{e}^{\mathrm{j}\omega t}+\dot{\boldsymbol{H}}^*\mathrm{e}^{-\mathrm{j}\omega t}]$$

则

$$\begin{aligned}\boldsymbol{S}_{\mathrm{av}}&=\frac{1}{T}\int_0^T\boldsymbol{E}\times\boldsymbol{H}\mathrm{d}t\\&=\frac{1}{4T}\int_0^T(\dot{\boldsymbol{E}}\times\dot{\boldsymbol{H}}\mathrm{e}^{2\mathrm{j}\omega t}+\dot{\boldsymbol{E}}^*\times\dot{\boldsymbol{H}}^*\mathrm{e}^{-2\mathrm{j}\omega t}+\dot{\boldsymbol{E}}^*\times\dot{\boldsymbol{H}}+\dot{\boldsymbol{E}}\times\dot{\boldsymbol{H}}^*)\mathrm{d}t\\&=\frac{1}{2}\mathrm{Re}[\dot{\boldsymbol{E}}\times\dot{\boldsymbol{H}}^*]\end{aligned}\tag{4.7.6}$$

为了书写方便，本书后续章节中将复矢量符号上的小圆点“·”全部省略，读者可以根据表达式中有无 j 和 ω 等判断表达式是否属于复数形式。

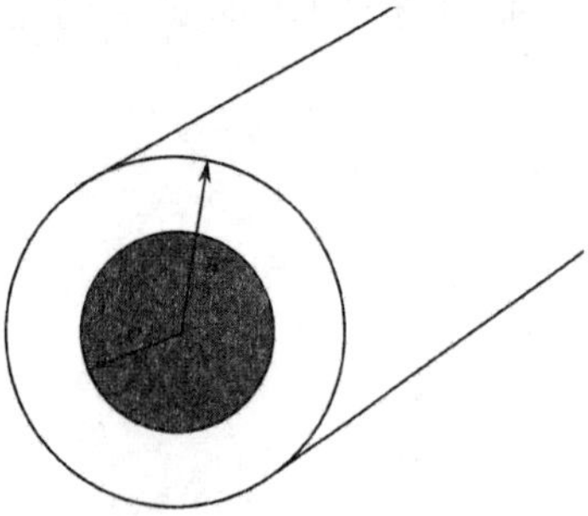

图 4.7.1　例 4-4 图

【例 4-4】 在内导体半径为 a、外导体内半径为 b 的同轴线内外导体之间加交流电压 $u=U_0\sin\omega t$（ω 较小），内外导体中分别有大小相等、方向相反的交流电流 $I=I_0\sin(\omega t+\phi_0)$，如图 4.7.1所示。求同轴线内外导体之间的电场强度、磁场强度、能量密度的瞬时值和平均值及总的传输功率。

解：物理分析：①电磁场纵向分布相同，所以可取一单位长度同轴线分析；②由于结构上的对称性，电磁场的分布也具有对称性，以同轴线中心轴为 z 轴建立圆柱坐标系，电磁场的分布与 ϕ 角无关；③电荷分布在导体表面，且沿圆周均匀分布。

假设内导体外表面上分布的面电荷密度为 ρ_S，根据 $\oint_S \boldsymbol{D}\cdot \mathrm{d}\boldsymbol{S}=q$，取以中心轴为轴的圆柱面，$D_\rho\cdot 2\pi\rho\cdot 1=q$，所以

$$D_\rho=\frac{q}{2\pi\rho},E_\rho=\frac{q}{2\pi\varepsilon\rho}$$

因为 $\int \boldsymbol{E}\cdot \mathrm{d}\boldsymbol{l}=u$，所以

$$\int_a^b E_\rho \mathrm{d}\rho=u$$

代入参数并计算得

$$\frac{q}{2\pi\varepsilon}\ln\frac{b}{a}=U_0\sin\omega t$$

因为

$$q=\frac{2\pi\varepsilon U_0\sin\omega t}{\ln\dfrac{b}{a}}$$

所以

$$E_\rho=\frac{2\pi\varepsilon U_0\sin\omega t}{\ln\dfrac{a}{b}}\cdot\frac{1}{2\pi\varepsilon\rho}=\frac{U_0\sin\omega t}{\rho\ln\dfrac{a}{b}}$$

则

$$\boldsymbol{E}=\boldsymbol{e}_\rho\frac{U_0\sin\omega t}{\rho\ln\dfrac{a}{b}}$$

利用安培环路定理

$$\oint_l \boldsymbol{H}\cdot \mathrm{d}\boldsymbol{l}=I\rightarrow H_\phi\cdot 2\pi\rho=I$$

则

$$H_\phi=\frac{I_0\sin(\omega t+\phi_0)}{2\pi\rho}$$

从而有

$$\boldsymbol{H}=\boldsymbol{e}_\phi\frac{I_0\sin(\omega t+\phi_0)}{2\pi\rho}$$

则

$$\boldsymbol{S}=\boldsymbol{E}\times\boldsymbol{H}=\boldsymbol{e}_z\frac{U_0 I_0}{4\pi\rho^2\ln\dfrac{b}{a}}[\cos\phi_0-\cos(2\omega t+\phi_0)]$$

因为

$$\dot{\boldsymbol{E}}=\boldsymbol{e}_\rho\frac{U_0\mathrm{e}^{-\mathrm{j}\frac{\pi}{2}}}{\rho\ln\dfrac{a}{b}},\dot{\boldsymbol{H}}=\boldsymbol{e}_\phi\frac{I_0}{2\pi\rho}\mathrm{e}^{\mathrm{j}\phi_0-\mathrm{j}\frac{\pi}{2}}$$

所以 $$\boldsymbol{S}_{\mathrm{av}}=\frac{1}{2}\mathrm{Re}[\dot{\boldsymbol{E}}\times\dot{\boldsymbol{H}}^*]=\boldsymbol{e}_z\frac{U_0I_0\cos\phi_0}{4\pi\rho^2\ln\frac{a}{b}}$$

同轴线所传输的总功率 P，即平均坡印廷矢量在其截面上的积分，为

$$P=\int_S\boldsymbol{S}_{\mathrm{av}}\cdot\boldsymbol{e}_z\mathrm{d}S=\int_S\frac{U_0I_0\cos\phi_0}{4\pi\rho^2\ln\frac{a}{b}}\mathrm{d}S=\int_a^b\frac{U_0I_0\cos\phi_0}{4\pi\rho^2\ln\frac{a}{b}}\cdot2\pi\rho\mathrm{d}\rho=\frac{1}{2}U_0I_0\cos\phi_0$$

如果电压与电流的相位差 ϕ_0 为 0，则在电压、电流振幅确定的条件下，传输功率最大；如果 ϕ_0 等于90°，则传输功率为 0。

4.8 知识点拓展

4.8.1 准静态场

对一般时变场的分析非常困难，但对一些特殊的时变场可以进行简化分析。准静态场就是一种特殊的时变场，电磁场随时间变化十分缓慢。

准静态场的特点是，在某时刻电场和磁场的空间分布规律与具有相同边界条件的静电场和恒定磁场的空间分布规律相同。但准静态场与静态场又有显著的区别，前者是随时间按某种规律变化的。正因为如此，这种场才被称为准静态场或似稳电磁场[8]。

在电荷与电流随时间缓慢变化的条件下，位移电流远小于传导电流，可近似认为时变的电场仅由时变的电荷分布决定，而时变的磁场仅由时变的电流决定，位移电流和时变磁场所产生的电场可以忽略。因此在缓慢变化条件下，时变的电场和时变的磁场可以分开独立求解。

准静态电场满足如下方程

$$\nabla\times\boldsymbol{E}(\boldsymbol{r},t)=0 \tag{4.8.1}$$

$$\nabla\cdot\boldsymbol{D}(\boldsymbol{r},t)=\rho(\boldsymbol{r},t) \tag{4.8.2}$$

$$\boldsymbol{D}=\varepsilon\boldsymbol{E} \tag{4.8.3}$$

由上述方程可以看出，准静态电场所满足的方程与静电场的基本方程有相同的形式，因而可以用求解静电场的方法来求解准静态电场。

已知电荷的空间分布规律，空间的电场强度可以用积分方法求得，即

$$\boldsymbol{E}(\boldsymbol{r},t)=\frac{1}{4\pi\varepsilon}\int_{V'}\frac{\rho(\boldsymbol{r}',t)\boldsymbol{R}}{R^3}\mathrm{d}V' \tag{4.8.4}$$

准静态磁场满足如下方程

$$\nabla\times\boldsymbol{H}(\boldsymbol{r},t)=\boldsymbol{J}(\boldsymbol{r},t) \tag{4.8.5}$$

$$\nabla\cdot\boldsymbol{B}(\boldsymbol{r},t)=0 \tag{4.8.6}$$

$$\boldsymbol{B}=\mu\boldsymbol{H} \tag{4.8.7}$$

由上述方程可以看出，准静态磁场所满足的方程与恒定磁场的基本方程有相同的形式，因而可以用求解恒定磁场的方法来求解准静态磁场。

在已知电流分布情况下，准静态磁场可以用如下积分方法求得

$$\boldsymbol{B}(\boldsymbol{r},t)=\frac{\mu}{4\pi}\int_{V'}\frac{\boldsymbol{J}(\boldsymbol{r}',t)\times\boldsymbol{R}}{R^3}\mathrm{d}V' \tag{4.8.8}$$

电磁场随时间变化的快慢或频率的高低是一个相对的概念。对于例 4-4，如果频率较低，可以采用准静态场求解：内外导体之间电场的瞬时分布与内外导体间加恒定电压时的静电场分布

相同。取以同轴线中心轴为 z 轴的圆柱坐标系，则内外导体之间的电场强度为

$$\boldsymbol{E}=\boldsymbol{e}_\rho \frac{U}{\rho\ln\dfrac{b}{a}}=\boldsymbol{e}_\rho \frac{U_0\sin\omega t}{\rho\ln\dfrac{b}{a}}\quad (a\leqslant\rho\leqslant b)$$

内外导体之间的磁场与内外导体中通有大小相等、方向相反的恒定电流时的磁场分布相同。利用安培环路定理，可以求得

$$\boldsymbol{H}=\boldsymbol{e}_\phi \frac{I}{2\pi\rho}=\boldsymbol{e}_\phi \frac{I_0\sin(\omega t+\phi_0)}{2\pi\rho}\quad (a\leqslant\rho\leqslant b)$$

则内外导体之间区域中的功率流密度瞬时值为

$$\begin{aligned}\boldsymbol{S}=\boldsymbol{E}\times\boldsymbol{H}&=\boldsymbol{e}_z \frac{U_0 I_0\sin\omega t\sin(\omega t+\phi_0)}{2\pi\rho^2\ln\dfrac{b}{a}}\\ &=\boldsymbol{e}_z \frac{U_0 I_0}{4\pi\rho^2\ln\dfrac{b}{a}}[\cos\phi_0-\cos(2\omega t+\phi_0)]\end{aligned}$$

4.8.2 瞬态场

在传统的电磁场理论中，我们着重研究随时间按正弦规律变化的稳态场，这种场被称为时谐场。而随时间作短暂变化的电磁场称为瞬态电磁场(简称瞬态场)，又称为脉冲电磁场或宽频电磁场。这种非正弦电磁波现象的特征是：幅度大，时间短，频谱宽，波形具有前沿陡、后沿缓的特点，频率由零延伸到超高频，电磁响应取决于系统的瞬态特性。

电磁脉冲是瞬态场的典型实例。核爆炸、闪电、太阳黑子爆发、电器火花和静电放电等情况下均能产生电磁脉冲，特别是核爆炸产生的电磁脉冲，其峰值场强极高，上升时间极短，是其他任何电磁脉冲无法相比的。

下面从基本概念和产生机理、特性等方面，对静电脉冲场和雷电脉冲场进行简单介绍。

1. 静电脉冲场

静电是一种电能，它存在于物体表面，是正负电荷在局部失衡时产生的。静电现象是指电荷在产生与消失过程中所表现出的现象的总称，如摩擦起电就是一种静电现象。

静电脉冲场[11]是由静电放电所产生的瞬态场。两个具有不同静电电位的物体，由于直接接触或静电场感应引起两物体间的静电电荷的转移。静电电场的能量达到一定程度后，击穿其间介质而进行放电的现象就是静电放电(ESD)。静电放电将产生强大的尖峰脉冲电流，这种电流中包含丰富的高频成分，其上限频率可以超过 1GHz。在这个频率上，典型的设备电缆甚至印制电路板上的走线会变成非常有效的接收天线，因而，对于一般的模拟或数字电子设备，静电脉冲场可能感应出高电平的噪声，这会导致电子设备的损坏或工作异常。

在静电放电中，当电压相对来说比较低时，波源附近产生的电磁场脉宽窄且上升沿陡，随着电压增加，脉冲变成具有长的拖尾的衰减振荡波，放电脉冲的上升时间随着电火花间隙和放电电压的增大而变长，同时，频谱更多集中在低频范围内。

对静电脉冲场的研究采用解析法，基于一个简单的电偶极子模型。电火花模型简化为短的、与时间相关的电偶极子，位于无限大的接地平板上，其电磁场由瞬态电流值和它的上升时间两个因素决定。

2. 雷电脉冲场

雷电[22]是自然界中的一种超强、超长放电现象，其闪电长度一般为几千米，最长的可达 400km。直击雷电流最大值可达 210kA，平均值为 30kA，每次雷击所产生的能量大约为

550000kW·h。

能够产生雷电的云，称为雷云。雷云在放电过程中产生强大的静电感应和磁场感应，最终在金属物体或引线中产生瞬间尖峰冲击电流。雷击对电子设备所造成的后果一般体现在：传播或存储的信号或数据会受到干扰或丢失，甚至使电子设备产生误动作或暂时瘫痪；若重复受到较小幅度的雷击，元器件虽不致马上烧毁，却已降低其性能及寿命；情况较严重者，电子设备的电路板及元器件当即烧毁。

通常将由雷电在电缆上电击或感应产生的瞬变电压脉冲称为浪涌(Surge)。浪涌电压可以从电源线或信号线等途径窜入设备，从而造成设备的损坏。

雷电现象是一个非常复杂的物理过程，雷电流的随机性、多变性和不确定性，给雷电电磁脉冲的研究带来了诸多困难。对雷电电磁脉冲的研究离不开对其场源的研究，V. A. Rakov 和 M. A. Uman 将地闪回击电流模型归纳为气体动力学模型、电磁模型、分布参数电路模型和工程模型 4 种。其中，电磁模型、分布参数电路模型和工程模型的结果可直接用于电磁场的分析与计算。

一个完整的防雷方案应包括直击雷的防护和感应雷的防护两个方面。直击雷防护主要是使用避雷针、避雷带、导地体和接地网，再加上主体钢筋而形成一个笼式框架，即所谓的“法拉第网”；感应雷主要通过电源线、信号线或数据线入侵而破坏设备，所以感应雷的防护主要是在各种线路的进出端口安装防雷器。

4.8.3 电磁功能材料

电磁功能材料是指具有天然材料所不具备的物理特性的、以超材料(Metamaterial，简称MTM)为代表的一类人工复合结构或复合材料。这类材料通常是一种以周期结构为单元的复合材料，通过物理结构及尺寸上的特殊设计，获得一些突破自然规律限制、异于自然界普通材料的电磁功能特性。电磁功能材料具有 3 个主要特征：具有新颖的人工结构，具有超常的物理性质，其物理性质只与人工结构有关而与材料的本征性质无关。

电磁功能材料主要包括左手材料(负介电常数和负磁导率)、单负材料(负介电常数或负磁导率)，这些材料的单元周期尺寸远小于入射电磁波的波长。负介电常数和负磁导率特性的实现，使得电磁功能材料具有自然界普通材料所不具有的许多奇特的物理性质，如负折射效应、逆多普勒(Doppler)效应、逆 Cerenkov 效应等。2001 年，美国加州大学圣地亚哥分校的 David R. Smith 等人构造出了介电常数和磁导率同时为负的人工介质[25-26]。2003 年美国 *Science* 杂志将“Left-Handed Materials(LHMs)”评为当代十大科学技术进展之一。2007 年国际权威期刊 *Materials Today* 将超材料评选为近 50 年来的十大科技进展之一。电磁功能材料的研究发展开辟了材料研究领域的另一片天地，不仅对人们的生活带来巨大的变化，而且推动着新一轮的技术革新。

1. 左手材料

左手材料一个很重要的特性就是负折射效应[27]。当电磁波入射到两种不同折射率介质的界面时，将会发生折射，折射方向与入射方向分别在法线两侧，且满足斯涅尔定律，即

$$n_1 \sin\theta_1 = n_2 \sin\theta_2$$

其中，$n_1=\sqrt{\varepsilon_{r1}\mu_{r1}}$ 为介质 1 中的折射率，θ_1 为入射角，$n_2=\sqrt{\varepsilon_{r2}\mu_{r2}}$ 为介质 2 中的折射率，θ_2 为折射角。可以看出，对于普通介质，$n=\sqrt{\varepsilon_r\mu_r}$ 取正值，入射波和折射波位于法线两侧，这种现象称为正折射现象，如图 4.8.1(a)所示。

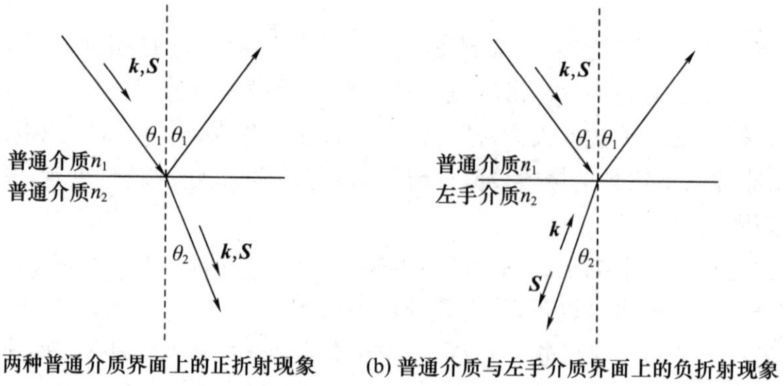

图 4.8.1　负折射效应

当电磁波从普通介质射入左手介质(材料)表面时,由于在左手材料中波矢量 $\boldsymbol{k}$ 与能流矢量 $\boldsymbol{S}$ 相反,根据波矢量 $\boldsymbol{k}$ 在界面处的切向连续性和能流矢量 $\boldsymbol{S}$ 的法向连续性,从图 4.8.1(b)可以看出,折射光线和入射光线位于法线的同侧。为了保证斯涅尔定律 $n_1\sin\theta_1=n_2\sin\theta_2$ 依然成立,只需将左手介质中的折射率开方时,取 $n_2=-\sqrt{\varepsilon_2\mu_2}$ 即可,这就是负折射现象。

2. 逆多普勒效应

在常规介质中,当接收装置向接近波源的方向移动时,观测到的信号频率相对于波源振动的频率要高;当接收装置向远离波源的方向移动时,观测到的频率相对于波源振动的频率要低。这就是多普勒效应[28]。在左手介质中,会产生相反的现象,即:当接收装置向接近波源的方向移动时,观测到的信号频率相对于波源振动的频率要低;当接收装置向远离波源的方向移动时,观测到的频率相对于波源振动的频率要高。这就是逆多普勒效应。

电磁波在常规介质中,能量传播的方向和波矢量传播的方向是一致的,而在左手介质中,能量传播的方向和波矢量传播的方向相反,如图 4.8.2 所示。

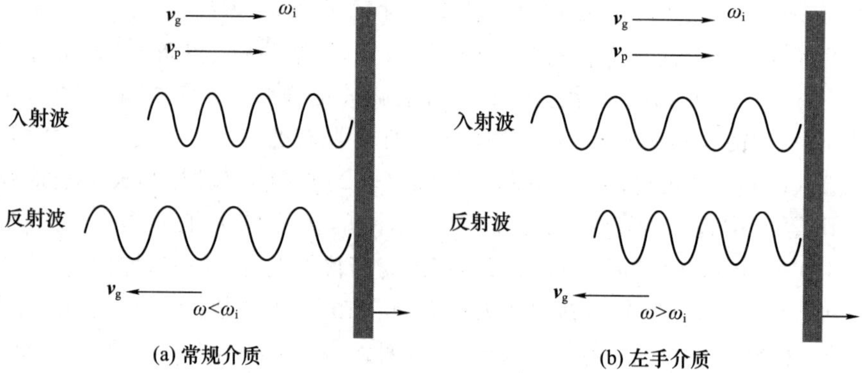

图 4.8.2　多普勒效应和逆多普勒效应

2003 年英国 BAE 公司 C. Luo 等人研制的可产生逆多普勒效应的电子装置,为改善传统千兆赫兹高频电磁脉冲发生装置创造了可能。传统的千兆赫兹高频电磁脉冲发生装置不仅笨重,而且成本非常高、带宽较窄,逆多普勒效应将会对该领域产生影响。

知识点总结

麦克斯韦方程组揭示了电荷、电流、电场、磁场之间的普遍联系,本章在讲述麦克斯韦方程组的过程中，介绍了位移电流，并对方程组的微分形式、积分形式进行了详细介绍，在此基础上，介绍了其复数形式、波动方程与亥姆霍兹方程、电磁场动态位函数、电磁能量守恒与转化定律和坡印廷定理。

重要的概念和公式如下：

(1) 麦克斯韦方程组

微分形式：

$$\begin{cases} \nabla\times\boldsymbol{H}=\boldsymbol{J}+\dfrac{\partial\boldsymbol{D}}{\partial t} \\ \nabla\times\boldsymbol{E}=-\dfrac{\partial\boldsymbol{B}}{\partial t} \\ \nabla\cdot\boldsymbol{B}=0 \\ \nabla\cdot\boldsymbol{D}=\rho \end{cases}$$

积分形式：

$$\begin{cases} \oint_l\boldsymbol{H}\cdot d\boldsymbol{l}=\int_S\left(\boldsymbol{J}+\dfrac{\partial\boldsymbol{D}}{\partial t}\right)\cdot d\boldsymbol{S} \\ \oint_l\boldsymbol{E}\cdot d\boldsymbol{l}=-\int_S\dfrac{\partial\boldsymbol{B}}{\partial t}\cdot d\boldsymbol{S} \\ \oint_S\boldsymbol{B}\cdot d\boldsymbol{S}=0 \\ \oint_S\boldsymbol{D}\cdot d\boldsymbol{S}=\int_V\rho dV \end{cases}$$

限定形式：

$$\begin{cases} \nabla\times\boldsymbol{H}=\sigma\boldsymbol{E}+\varepsilon\dfrac{\partial\boldsymbol{E}}{\partial t} \\ \nabla\times\boldsymbol{E}=-\mu\dfrac{\partial\boldsymbol{H}}{\partial t} \\ \nabla\cdot\boldsymbol{H}=0 \\ \nabla\cdot\boldsymbol{E}=\dfrac{\rho}{\varepsilon} \end{cases}$$

复数形式：

$$\begin{cases} \nabla\times\dot{\boldsymbol{H}}=\dot{\boldsymbol{J}}+j\omega\dot{\boldsymbol{D}} \\ \nabla\times\dot{\boldsymbol{E}}=-j\omega\dot{\boldsymbol{B}} \\ \nabla\cdot\dot{\boldsymbol{B}}=0 \\ \nabla\cdot\dot{\boldsymbol{D}}=\dot{\rho} \end{cases}$$

限定形式(复数形式)：

$$\begin{cases} \nabla\times\dot{\boldsymbol{H}}=(\sigma+j\omega\varepsilon)\dot{\boldsymbol{E}} \\ \nabla\times\dot{\boldsymbol{E}}=-j\omega\mu\dot{\boldsymbol{H}} \\ \nabla\cdot\dot{\boldsymbol{H}}=0 \\ \nabla\cdot\dot{\boldsymbol{E}}=\dot{\rho}/\varepsilon \end{cases}$$

(2) 时变场的边界条件

$$\begin{cases} \boldsymbol{e}_n \times (\boldsymbol{H}_1 - \boldsymbol{H}_2) = \boldsymbol{J}_S \\ \boldsymbol{e}_n \times (\boldsymbol{E}_1 - \boldsymbol{E}_2) = 0 \\ \boldsymbol{e}_n \cdot (\boldsymbol{B}_1 - \boldsymbol{B}_2) = 0 \\ \boldsymbol{e}_n \cdot (\boldsymbol{D}_1 - \boldsymbol{D}_2) = \rho_S \end{cases}$$

(3) 波动方程

$$\nabla^2 \boldsymbol{E} - \mu\varepsilon \frac{\partial^2 \boldsymbol{E}}{\partial t^2} = 0$$

$$\nabla^2 \boldsymbol{H} - \mu\varepsilon \frac{\partial^2 \boldsymbol{H}}{\partial t^2} = 0$$

(4) 时谐场的亥姆霍兹方程

$$\nabla^2 \dot{\boldsymbol{E}} + k^2 \dot{\boldsymbol{E}} = 0$$

$$\nabla^2 \dot{\boldsymbol{H}} + k^2 \dot{\boldsymbol{H}} = 0$$

(5) 电磁场动态位函数

动态矢量位函数： $\boldsymbol{B} = \nabla \times \boldsymbol{A}$

动态标量位函数： $\boldsymbol{E} + \dfrac{\partial \boldsymbol{A}}{\partial t} = -\nabla\varphi$

(6) 坡印廷矢量与坡印廷定理

坡印廷矢量 $\boldsymbol{S} = \boldsymbol{E} \times \boldsymbol{H}$

坡印廷定理：$-\oint_S (\boldsymbol{E} \times \boldsymbol{H}) \cdot \mathrm{d}\boldsymbol{S} = \int_V \sigma E^2 \mathrm{d}V + \dfrac{\partial}{\partial t}\int_V \left(\dfrac{1}{2}\varepsilon E^2 + \dfrac{1}{2}\mu H^2\right)\mathrm{d}V$

平均坡印廷矢量： $\boldsymbol{S}_{av} = \dfrac{1}{2}\mathrm{Re}[\dot{\boldsymbol{E}} \times \dot{\boldsymbol{H}}^*]$

习　题　4

4.1　设在匀强磁场内有一平面回路以角速度 ω 绕着与场垂直的轴转动，磁场的磁感应强度为 $\boldsymbol{B}$，求该回路的感应电动势(回路所包围的面积为 S)。

4.2　已知某个有限空间(ε_0，μ_0)中，有

$$\boldsymbol{H} = A_1 \sin 4x \cdot \cos(\omega t - ky)\boldsymbol{e}_x + A_2 \cos 4x \cdot \sin(\omega t - ky)\boldsymbol{e}_z \ (\mathrm{A/m})$$

式中，A_1、A_2 是常数，求空间任一点的位移电流密度。

4.3　证明平板电容器中的位移电流可以表示为 $I_D = C\dfrac{\mathrm{d}U}{\mathrm{d}t} = \dfrac{\mathrm{d}q_0}{\mathrm{d}t}$(略去边缘效应)。

4.4　由圆形极板构成平板电容器，间距为 d，其中介质是非理想的，电导率为 σ，介电常数为 ε，磁导率为 μ_0，当外加电压为 $u = U_m \sin\omega t$ V 时，忽略电容器的边缘效应，试求电容器中任一点的位移电流密度和磁感应强度(假设变化的磁场产生的电场远小于外加电压产生的电场)。

4.5　一个点电荷 q(C)，在空间以远小于光速的线速度 $\boldsymbol{v}$(m/s)运动，试证明它在空间任一点的位移电流密度是 $\boldsymbol{J}_D = \dfrac{q}{4\pi}\left[\dfrac{3\boldsymbol{R}(\boldsymbol{R} \cdot \boldsymbol{v})}{R^3} - \dfrac{\boldsymbol{v}}{R^3}\right]$(A/m²)。式中，$\boldsymbol{R}$ 是点电荷到观察点的位置矢量，R 是 $\boldsymbol{R}$ 的模。

4.6　在无限大均匀导电介质中，放置一个初始值为 Q_0(C)的点电荷，试问该点电荷的电量如何随时间变化？空间任一点的电流密度和磁场强度是多少？

4.7 已知某个有限空间(ε_0,μ_0)中,有

$$\boldsymbol{H}=A_1\sin 4x\cdot\cos(\omega t-ky)\boldsymbol{e}_x+A_2\cos 4x\cdot\sin(\omega t-ky)\boldsymbol{e}_z\,(\mathrm{A/m})$$

式中,A_1、A_2 是常数,求空间任一点的位移电流密度。

4.8 在直径为 1mm 的铜导线中有 $f=50\mathrm{Hz}$ 的 1A 电流通过,假如电流在横截面上是均匀分布的,试求导线中的位移电流密度,以及传导电流密度与位移电流密度的比值(假设铜的 $\varepsilon_r=1$,$\mu_r=1$,$\sigma=5.8\times10^7\mathrm{S/m}$)。

4.9 一圆柱形电容器,内导体半径为 a,外导体半径为 b,长为 l,电极间理想介质的介电常数为 ε。当外加低频电压 $U=U_m\sin\omega t$ 时,求介质中的位移电流密度及穿过半径为 $r(a<r<b)$ 的圆柱面的位移电流。证明此位移电流等于电容器引线中的传导电流。

4.10 证明通过任一闭合曲面的传导电流和位移电流的总量为零。

4.11 已知在空气中 $\boldsymbol{E}=\boldsymbol{e}_y 0.1\sin(10\pi x)\cos(6\pi\times10^9 t-kz)\mathrm{V/m}$,求 $\boldsymbol{H}$ 和 k。

4.12 设 $\boldsymbol{E}_1$、$\boldsymbol{B}_1$、$\boldsymbol{H}_1$、$\boldsymbol{D}_1$ 满足场源为 $\boldsymbol{J}_1$、ρ_1 的麦克斯韦方程组,$\boldsymbol{E}_2$、$\boldsymbol{B}_2$、$\boldsymbol{H}_2$、$\boldsymbol{D}_2$ 满足场源为 $\boldsymbol{J}_2$、ρ_2 的麦克斯韦方程组。当场源为 $\boldsymbol{J}=\boldsymbol{J}_1+\boldsymbol{J}_2$,$\rho=\rho_1+\rho_2$ 时,什么样的电磁场才能满足麦克斯韦方程组?请加以证明。

4.13 已知自由空间存在时变电场 $\boldsymbol{E}=\boldsymbol{e}_y E_0\cdot \mathrm{e}^{\mathrm{j}(\omega t-kz)}\mathrm{V/m}$,式中 $k=\omega/c$,$c=3\times10^8\mathrm{m/s}$,$E_0$ 为常数。试求空间同一点的磁场强度 $\boldsymbol{H}$。

4.14 在导体平板($z=0$ 和 $z=d$)之间的空气中传播的电磁波,其电场强度为

$$\boldsymbol{E}=\boldsymbol{e}_y E_0\sin\left(\frac{\pi}{d}z\right)\cos(\omega t-k_x x)\,(\mathrm{V/m})$$

其中 k_x 为常数。试求:(1)磁场强度 $\boldsymbol{H}$;(2)两导体表面上的面电流密度 $\boldsymbol{J}_S$。

4.15 有下列方程:

(1) $\nabla^2\boldsymbol{A}-\mu\varepsilon\dfrac{\partial^2\boldsymbol{A}}{\partial t^2}=-\mu\boldsymbol{J}$

(2) $\nabla\cdot\boldsymbol{A}=-\mu\varepsilon\dfrac{\partial\varphi}{\partial t}$

(3) $\nabla\cdot\boldsymbol{J}=-\dfrac{\partial\rho}{\partial t}$

(4) $\nabla^2\boldsymbol{H}-\mu\varepsilon\dfrac{\partial^2\boldsymbol{H}}{\partial t^2}=0$

式中,$\boldsymbol{A}$、$\boldsymbol{J}$、φ、ρ、$\boldsymbol{H}$ 都是有一定意义的物理量,并且都随时间做简谐变化,试写出它们相应的复矢量方程。

4.16 写出麦克斯韦方程组的微分形式,导出各向同性均匀介质(无运流电流存在)中 $\boldsymbol{E}$、$\boldsymbol{H}$ 满足的非齐次波动方程

$$\nabla^2\boldsymbol{H}-\mu\varepsilon\frac{\partial^2\boldsymbol{H}}{\partial t^2}=-\nabla\times\boldsymbol{J}$$

$$\nabla^2\boldsymbol{E}-\mu\varepsilon\frac{\partial^2\boldsymbol{E}}{\partial t^2}=\mu\frac{\partial\boldsymbol{J}}{\partial t}+\frac{1}{\varepsilon}\nabla\rho$$

4.17 利用上题结论,分别写出无源区域及恒定磁场所满足的方程。

4.18 已知时谐场中任一点的矢量位,在球坐标系中为

$$\dot{\boldsymbol{A}}=\boldsymbol{e}_r\frac{A_0}{r}\cos\theta\mathrm{e}^{-\mathrm{j}kr}-\boldsymbol{e}_\theta\frac{A_0}{r}\sin\theta\mathrm{e}^{-\mathrm{j}kr}$$

式中,A_0 是常数,证明与之相应的电场强度和磁场强度为

$$\dot{\boldsymbol{E}}=\boldsymbol{e}_r\frac{A_0\omega\cos\theta}{r}\left(\frac{2}{kr}-\frac{2\mathrm{j}}{(kr)^2}\right)\mathrm{e}^{-\mathrm{j}kr}+\boldsymbol{e}_\theta\frac{A_0\omega\sin\theta}{r}\left(\mathrm{j}+\frac{1}{kr}-\frac{\mathrm{j}}{(kr)^2}\right)\mathrm{e}^{-\mathrm{j}kr}\ (\mathrm{V/m})$$

$$\dot{\boldsymbol{H}}=\boldsymbol{e}_\phi\frac{A_0\sin\theta}{r\mu}\left(kr+\frac{1}{r}\right)\mathrm{e}^{-\mathrm{j}kr}\ (\mathrm{A/m})$$

4.19　已知时谐场中任一点的矢量位在直角坐标系中是 $\dot{\boldsymbol{A}}=\boldsymbol{e}_z\varphi(x,y,z)$，式中 $\varphi(x,y,z)$ 是任意标量函数，试求相应的电场强度和磁场强度。

4.20　在均匀无源的空间区域内，如果已知时谐场中的矢量位 $\dot{\boldsymbol{A}}$，证明其电场强度与 $\dot{\boldsymbol{A}}$ 的关系式为 $\dot{\boldsymbol{E}}=\dfrac{k^2\dot{\boldsymbol{A}}+\nabla(\nabla\cdot\dot{\boldsymbol{A}})}{\mathrm{j}\omega\mu_0\varepsilon_0}$，式中 $k^2=\omega^2\mu_0\varepsilon_0$。

4.21　在均匀无源的空间区域内，试根据麦克斯韦方程$\nabla\cdot\dot{\boldsymbol{D}}=0$引入矢量位 $\dot{\boldsymbol{A}}_\mathrm{m}$和标量位 $\dot{\varphi}_\mathrm{m}$，假如矢量位 $\dot{\boldsymbol{A}}_\mathrm{m}$满足洛伦兹规范$\nabla\cdot\dot{\boldsymbol{A}}_\mathrm{m}=\mathrm{j}\omega\mu_0\varepsilon_0\dot{\varphi}_\mathrm{m}$，证明矢量位 $\dot{\boldsymbol{A}}_\mathrm{m}$也满足亥姆霍兹方程 $\nabla^2\dot{\boldsymbol{A}}_\mathrm{m}+\omega^2\mu_0\varepsilon_0\dot{\boldsymbol{A}}_\mathrm{m}=0$，同时电场强度和磁场强度与矢量位 $\dot{\boldsymbol{A}}_\mathrm{m}$的关系为

$$\dot{\boldsymbol{E}}=\frac{1}{\varepsilon_0}\nabla\times\dot{\boldsymbol{A}}_\mathrm{m}$$

$$\dot{\boldsymbol{H}}=\mathrm{j}\omega\dot{\boldsymbol{A}}_\mathrm{m}-\frac{\nabla(\nabla\cdot\dot{\boldsymbol{A}}_\mathrm{m})}{\mathrm{j}\omega\mu_0\varepsilon_0}$$

4.22　已知无源、自由空间中的电场强度 $\boldsymbol{E}=\boldsymbol{e}_yE_\mathrm{m}\sin(\omega t-kz)\mathrm{V/m}$。

(1) 由麦克斯韦方程组求磁场强度；

(2) 证明 ω/k 等于光速；

(3) 求时间坡印廷矢量。

4.23　试求一段半径为 b，电导率为 σ，载有直流电流 I 的长直导线表面的坡印廷矢量，并验证坡印廷定理。

4.24　已知正弦电磁场的磁场强度 $\dot{\boldsymbol{H}}(r)=\boldsymbol{e}_\phi\dfrac{H_\mathrm{m}}{r}\sin\theta\mathrm{e}^{-\mathrm{j}kr}$，式中 H_m、k 为实常数。而且场域中无源，求坡印廷矢量的瞬时值。

4.25　若 $\boldsymbol{E}=(\boldsymbol{e}_x+\mathrm{j}\boldsymbol{e}_y)\mathrm{e}^{-\mathrm{j}z}$，$\boldsymbol{H}=(\boldsymbol{e}_y-\mathrm{j}\boldsymbol{e}_x)\mathrm{e}^{-\mathrm{j}z}$，求用 z 和 ωt 表示的瞬时坡印廷矢量 $\boldsymbol{S}$ 和复数坡印廷矢量 $\dot{\boldsymbol{S}}$。

4.26　已知 $\boldsymbol{E}=\boldsymbol{e}_xE_0\mathrm{e}^{-(\alpha+\mathrm{j}\beta)z}$，$\boldsymbol{H}=\boldsymbol{e}_y\dfrac{E_0}{\dot{\eta}}\mathrm{e}^{-(\alpha+\mathrm{j}\beta)z}$，式中 E_0、α、β 为实常数，$\dot{\eta}=[\dot{\eta}]\mathrm{e}^{\mathrm{j}\theta}$是复数。求坡印廷矢量的瞬时值和平均值。

4.27　已知真空中电场强度 $\boldsymbol{E}=\boldsymbol{e}_xE_0\cos k_0(z-ct)+\boldsymbol{e}_yE_0\sin k_0(z-ct)\mathrm{V/m}$，式中 $k_0=2\pi/\lambda=\omega/c$。试求：

(1) 磁场强度和坡印廷矢量的瞬时值。

(2) 对于给定的 z 值(例如 $z=0$)，试确定 $\boldsymbol{E}$ 随时间变化的轨迹。

(3) 磁场能量密度、电场能量密度和平均坡印廷矢量。

第 5 章　均匀平面波及其在无界空间的传播

前面几章主要讨论了电场和磁场的空间分布特性，即场特性，获得了时变电场强度或时变磁场强度所满足的波动方程，从而认识到变化的电磁场可以传播，证明电磁波的存在。

本章主要介绍一种特殊的电磁波——均匀平面波的传播特性，给出描述均匀平面波的相关参数，以及均匀平面波传播的一些特点。进一步介绍均匀平面波在理想介质和有耗介质中的传播特性和电磁波的极化问题。同时，本章还给出大量电磁波的应用案例，以期能够拓宽读者的知识面。

5.1　理想介质中的均匀平面波

1864 年，麦克斯韦推导出了麦克斯韦方程组，预言了电磁波的存在，并证明了它是以光速传播的。1888 年，赫兹利用实验方法证明了电磁波的存在，从而验证了麦克斯韦预言的正确性。接着，俄国的波波夫和意大利的马可尼分别于 1894 年和 1895 年成功发明了通信装置，电磁波理论从此得到了蓬勃发展。

5.1.1　均匀平面波的概念

一般电磁波在空间传播，其幅度和相位都会随空间和时间发生变化，在产生电磁波的辐射源附近，电磁波的幅度和相位变化非常复杂，这里不予研究。在无其他条件影响下，在距离辐射源足够远处，电磁波的等相位面（波阵面）和等幅度面呈半径很大的球面，当我们所关心的区域处于这个球面上的某一小部分区域内时，就可以将球面近似看作平面处理，从而可以大大简化问题分析的难度。如一个随时间变化的点电荷所产生的电磁波，其等相位面和等幅度面为一组同心的球面，在距离电荷较远的一小部分区域，可将球面近似为平面进行处理。所谓平面波，是指电磁波等相位点组成的面是一个平面，即在这个平面内各点的相位处处相同。均匀平面波是指电磁场幅度大小相等的点组成的面也是一个平面，且与等相位面重合。图 5.1.1 表示一个沿 $+z$ 方向传播的均匀平面波，其等相位面为垂直于 z 轴的无限大平面。均匀平面波中的场矢量（电场 $\boldsymbol{E}$ 和磁场 $\boldsymbol{H}$）只沿着传播方向变化，在与波传播方向垂直的无限大平面内，$\boldsymbol{E}$、$\boldsymbol{H}$ 的振幅和相位保持不变。

以沿 $+z$ 方向传播的均匀平面波为例，电场 $\boldsymbol{E}$ 仅是 z 坐标的函数，并进一步假设 $\boldsymbol{E}$ 只有 x 分量，此时，$\boldsymbol{E}=\boldsymbol{e}_x E_x$，且 $\dfrac{\partial^2 E_x}{\partial x^2}=0$，$\dfrac{\partial^2 E_x}{\partial y^2}=0$。在正弦稳态下，均匀各向同性理想介质中的无源区域内，亥姆霍兹方程变为

$$\frac{\partial^2 E_x}{\partial z^2}+k^2 E_x=0 \tag{5.1.1}$$

由于 E_x 是一个仅与 z 有关的复数，故上式退化为常微分方程，其通解为

$$E_x=E_x^+ + E_x^- = A\mathrm{e}^{-\mathrm{j}kz}+B\mathrm{e}^{\mathrm{j}kz} \tag{5.1.2}$$

式中，A 和 B 是由边界条件确定的常数。

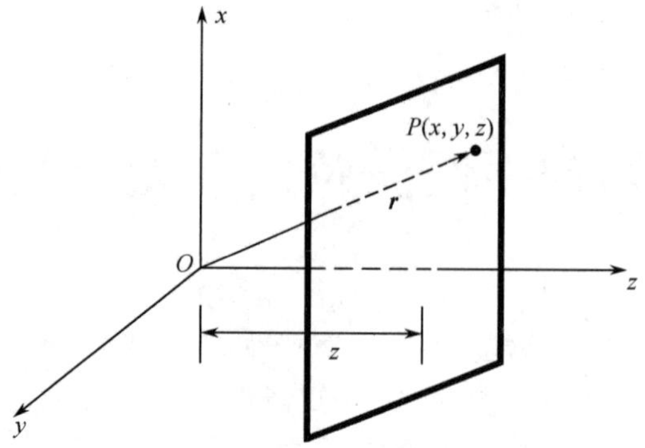

图 5.1.1　沿 $+z$ 方向传播的均匀平面波

式(5.1.2)右边两项，以余弦形式写出其瞬时值表达式分别为

$$\begin{aligned} E_x^+(z,t)&=\mathrm{Re}[A\mathrm{e}^{-\mathrm{j}kz}\mathrm{e}^{\mathrm{j}\omega t}]=A\cos(\omega t-kz)\\ E_x^-(z,t)&=\mathrm{Re}[B\mathrm{e}^{\mathrm{j}kz}\mathrm{e}^{\mathrm{j}\omega t}]=B\cos(\omega t+kz)\end{aligned} \tag{5.1.3}$$

从式(5.1.2)和式(5.1.3)中的 $A\mathrm{e}^{-\mathrm{j}kz}$ 或 $A\cos(\omega t-kz)$ 可以看出，系数 A 影响着电磁波的幅度，而 $\omega t-kz$ 为电磁波的相位，均匀电磁波的相位是时间和空间的函数，并受系数 ω、k 的影响，电磁波的很多特性从本质上就是因为这两个参数的不同。由于 k 不是空间坐标的函数，所以在 z 等于任意常数的平面内，电场相位 $\omega t-kz$ 保持一致，称此电磁波为平面波。进一步，在该平面内电场的幅度也保持一致(事实上这里 A 和 B 为常数，在整个空间内是常数)，所以等相位面也是等幅度面。等相位面和等幅度面均为平面且重合的电磁波称为均匀平面波。根据式(5.1.3)还可以看出，电场既是时间的周期函数，又是空间的周期函数。

5.1.2　均匀平面波传播特性及其相关参数

1. 均匀平面波随时间变化表征参量

考虑到电场表达式(5.1.3)中两个分量 $E_x^+(z,t)$ 和 $E_x^-(z,t)$ 初相位有可能不同，所以式(5.1.3)可分别写为 $E_x^+(z,t)=A\cos(\omega t+Rz+\phi_+)$ 和 $E_x^-(z,t)=A\cos(\omega t+kz+\phi_-)$。对于一个固定空间位置点，如 $z=0$ 处，$E_x^+(z,t)$ 写为 $E_x^+(0,t)=A\cos(\omega t+\phi_+)$，$\omega t$ 为时间相位，ω 为角频率。电磁波表现为周期振荡特性，电场仅仅是时间的周期函数，其周期

$$T=\frac{2\pi}{\omega} \tag{5.1.4}$$

表示在给定位置上，相位变化 2π 的时间间隔，相应的频率为

$$f=\frac{1}{T}=\frac{\omega}{2\pi} \tag{5.1.5}$$

电磁波随时间变化快慢可以采用角频率 ω、频率 f 及周期 T 描述。

频率是电磁波中非常重要的一个概念，也正是因为频率(时变)的存在，电磁波才可以进行信号或能量传播，才会有无线通信、移动通信、雷达等学科的存在。

2. 均匀平面波随空间变化表征参量

同样，为了考察电磁波在空间的分布特性，可以假设时间 t 为一个固定的常数，如 $t=0$。式(5.1.3)中的 $E_x^+(z,t)$ 退化为 $E_x^+(z,0)=A\cos(kz+\phi_+)$，电场随空间坐标 z 作周期变化，所以 kz 称为空间相位，k 表示电磁波传播单位距离的相位变化，称为相位常数，单位为 rad/m(弧度/米)。在任意时刻，空间相位差为 2π 的两个等相位面之间的距离称为电磁波的波长，用 λ 表示，单位为 m(米)，所以

$$\lambda=\frac{2\pi}{k} \tag{5.1.6}$$

由于 $k=\omega\sqrt{\mu\varepsilon}=2\pi f\sqrt{\mu\varepsilon}$，所以得

$$\lambda=\frac{1}{f\sqrt{\mu\varepsilon}}$$

可见，电磁波的波长不仅与频率有关，还与介质参数有关，不同介质中电磁波的波长不同。从式(5.1.6)可以看出，k 的大小也表示了在 2π 的空间距离内所包含的波长数，所以 k 又称为波数。电磁波在空间的变化特性可以用参数 k 和 λ 表示。

3. 均匀平面波随时间、空间变化表征参量

以上分别讨论了均匀平面波随时间和空间变化的特性，研究不同时间内电磁波在空间的变化情况会进一步加深我们对电磁波传播特性的理解。取几个不同时间点，将电场空间分布分别绘制于同一张图上，如图 5.1.2 所示，观察波形上的某个固定点（一个特定的相位点），发现此点在以某一速度匀速传播。

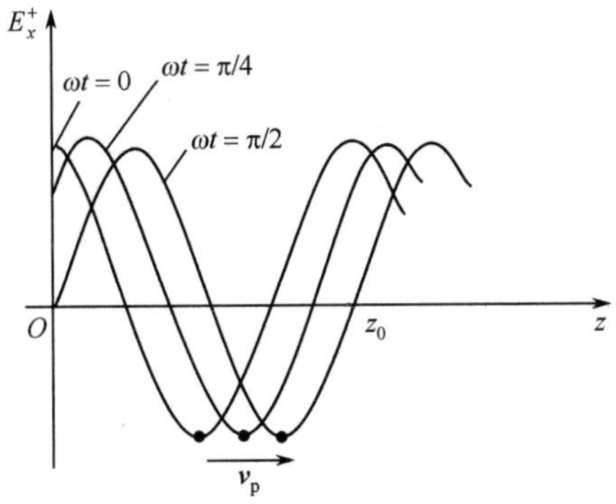

图 5.1.2　不同时刻 E_x^+ 的图形

在数学上，在这个特定的相位点上，$\omega t-kz$ 为一个常数，即 $\omega t-kz=C$，对这个表达式两边同时关于时间求导，得

$$\frac{\mathrm{d}z}{\mathrm{d}t}=v_p=\frac{\omega}{k}$$

上式定义的等相位面传播的速度称为相速，由于 $k=\omega\sqrt{\mu\varepsilon}$，所以

$$v_p=\frac{\omega}{k}=\frac{1}{\sqrt{\mu\varepsilon}} \tag{5.1.7}$$

可见，理想介质中电磁波的传播速度只与介质的参数特性有关，而与频率等其他参数没有关系。在自由空间，由于 $\mu=\mu_0=4\pi\times10^{-7}\,\mathrm{H/m}$，$\varepsilon=\varepsilon_0\approx\frac{1}{36\pi\times10^9}\,\mathrm{F/m}$，则得

$$v_p=c=\frac{1}{\sqrt{\mu_0\varepsilon_0}}\approx3\times10^8\,\mathrm{m/s}$$

所以，自由空间电磁波的传播相速等于光速。在其他无限大理想介质中，电磁波的相速将小于光速。

4. 均匀平面波基本方程

对于均匀平面波，麦克斯韦方程组也会有所简化，并可以看出均匀平面波的其他一些特性。由 $\nabla\times\boldsymbol{E}=-\mathrm{j}\omega\mu\boldsymbol{H}$，可以得到磁场 $\boldsymbol{H}$ 的表达式为

$$\nabla\times\boldsymbol{E}=\begin{vmatrix}\boldsymbol{e}_x & \boldsymbol{e}_y & \boldsymbol{e}_z\\ \dfrac{\partial}{\partial x} & \dfrac{\partial}{\partial y} & \dfrac{\partial}{\partial z}\\ E_x & 0 & 0\end{vmatrix}=-\mathrm{j}\omega\mu(\boldsymbol{e}_xH_x+\boldsymbol{e}_yH_y+\boldsymbol{e}_zH_z)$$

得

$$H_y=-\frac{1}{\mathrm{j}\omega\mu}\frac{\partial E_x}{\partial z}=\frac{k}{\omega\mu}A\mathrm{e}^{-\mathrm{j}kz}=\sqrt{\frac{\varepsilon}{\mu}}A\mathrm{e}^{-\mathrm{j}kz}=\frac{1}{\eta}E_x$$
$$H_x=H_z=0$$

其矢量式表示为

$$\boldsymbol{H}=\boldsymbol{e}_y\sqrt{\frac{\varepsilon}{\mu}}A\mathrm{e}^{-\mathrm{j}kz}=\boldsymbol{e}_y\frac{1}{\eta}A\mathrm{e}^{-\mathrm{j}kz}=\frac{1}{\eta}\boldsymbol{e}_z\times\boldsymbol{E} \tag{5.1.8}$$

同样由$\nabla\times\boldsymbol{H}=\mathrm{j}\omega\varepsilon\boldsymbol{E}$，可得

$$\boldsymbol{E}=\eta\boldsymbol{H}\times\boldsymbol{e}_z \tag{5.1.9}$$

式(5.1.8)和式(5.1.9)就是沿$+z$方向传播的均匀平面波所满足的麦克斯韦方程组中两个旋度方程的表达式。麦克斯韦方程组中的两个散度方程也同样可以通过如上推导过程获得：$\boldsymbol{e}_z\cdot\boldsymbol{D}=0$，$\boldsymbol{e}_z\cdot\boldsymbol{B}=0$。从均匀平面波的麦克斯韦方程组可以看出如下规律：首先，电场$\boldsymbol{E}$和磁场$\boldsymbol{H}$以及传播方向$\boldsymbol{e}_z$保持两两垂直，电场、磁场及传播方向满足右手螺旋关系；其次，电场、磁场大小相差一个因子$\sqrt{\dfrac{\mu}{\varepsilon}}$，这个因子称为介质的本征阻抗，即

$$\eta=\sqrt{\frac{\mu}{\varepsilon}} \tag{5.1.10}$$

在自由空间，$\mu=\mu_0$，$\varepsilon=\varepsilon_0$，则

$$\eta_0=\sqrt{\frac{\mu_0}{\varepsilon_0}}=120\pi\Omega=377\Omega \tag{5.1.11}$$

进一步，在理想介质中，由于η是实数，$\boldsymbol{H}$与$\boldsymbol{E}$的相位相同。图5.1.3为一特定时刻的电场和磁场的波形图。

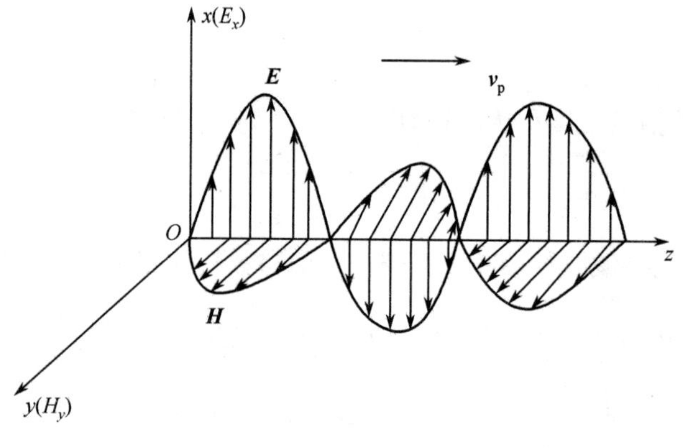

图5.1.3　理想介质中均匀平面波的电场和磁场

5. 均匀平面波能量

在理想介质中，电磁波的电场能量密度和磁场能量密度与静态场中给出的形式相同，即$w_{\mathrm{e}}=\dfrac{1}{2}\varepsilon\,|\boldsymbol{E}|^2$，$w_{\mathrm{m}}=\dfrac{1}{2}\mu|\boldsymbol{H}|^2$，对于均匀平面波，由式(5.1.8)得

$$w_e=\frac{1}{2}\varepsilon\ |\boldsymbol{E}|^2=\frac{1}{2}\varepsilon\ |\boldsymbol{H}|^2\eta^2=\frac{1}{2}\mu|\boldsymbol{H}|^2=w_m \tag{5.1.12}$$

这说明在理想介质中,均匀平面波的电场能量密度等于磁场能量密度,因此总的能量密度可以表示为

$$w=w_e+w_m=\frac{1}{2}\varepsilon\ |E|^2+\frac{1}{2}\mu|H|^2=\varepsilon\ |E|^2=\mu|H|^2 \tag{5.1.13}$$

在理想介质中,瞬时坡印廷矢量和平均坡印廷矢量分别转化为

$$\boldsymbol{S}=\boldsymbol{E}\times\boldsymbol{H}=\boldsymbol{e}_z\ \frac{1}{\eta}|E_m|^2\cos^2(\omega t-kz) \tag{5.1.14}$$

$$\boldsymbol{S}_{av}=\frac{1}{2}\mathrm{Re}(\boldsymbol{E}\times\boldsymbol{H}^*)=\boldsymbol{e}_z\ \frac{1}{2\eta}|E_m|^2 \tag{5.1.15}$$

由此可见,均匀平面波的电磁能量沿波的传播方向流动。

6. 电磁频谱特性

在第 2 章中,假设电磁场不随时间变化,从而电场与磁场不存在耦合而独立存在,静止的电场或磁场不能传播,从而不能携带信息进行通信或探测。

从第 4 章可知,当电磁场随时间变化,电场与磁场存在耦合变成一个整体并可以传播形成电磁波,从而能够携带信息进行通信或探测。在时谐场中,电磁场随时间变化的快慢取决于 ω 的大小,随空间变化快慢取决于 k 的大小。

在真空中,知道了频率 f,就可以求得 T、ω、λ、k 等参数,从而可以相对完整地了解电磁波随时间或空间变化的快慢,所以频率 f 在无线通信、探测等领域具有非常重要的价值。

在我们身边存在大量的电磁波,既有自然界产生的如雷电等电磁波,也有人为产生的电磁波。为了避免各个应用系统之间的相互干扰,理论上必须保证不同的电子设备工作于不同的频率范围,随着电磁波理论在无线通信、雷达、遥控遥测、广播、电视等领域的广泛应用,电子设备的工作频率已经非常拥挤,电磁频谱资源变成非常重要的资源。如今,电磁频谱管理是无线通信的基础,是电子系统发挥最大效能的关键,是信息畅通的保证。电磁频谱的管理越来越引起各国的高度重视,各国都成立了类似于我国的无线电管理委员会一样的机构进行统一管理、分配电磁频谱。按照频率划分的电磁频谱分布如图 5.1.4 所示[30]。

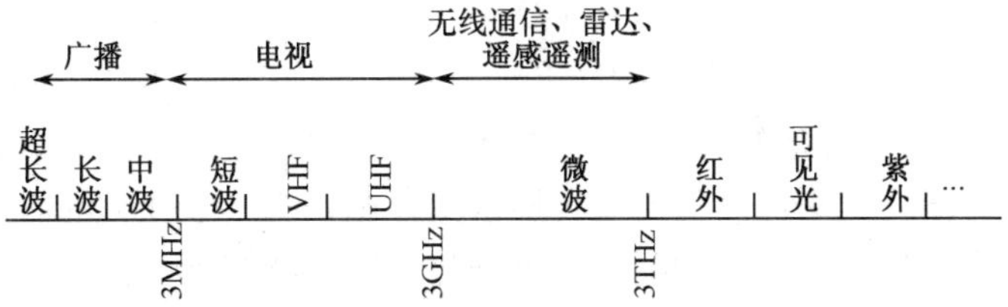

图 5.1.4　电磁频谱分布

7. 总结

综上所述,均匀平面波的传播特性可以归纳为如下几点:

① 均匀平面波的电场 $\boldsymbol{E}$、磁场 $\boldsymbol{H}$ 与传播方向相互垂直,满足右手螺旋关系,电场和磁场只能在电磁波传播方向的横截面内,且相互垂直;

② 电场和磁场的幅度、相位只是传播方向坐标的函数,在传播方向的横截面内,幅度、相位保持不变;

③ 理想介质的本征阻抗为实数,电场和磁场同相位;

④ 均匀平面波能量流动方向就是电磁波的传播方向;

⑤ 理想介质中电磁波的相速与频率无关，只与介质参数有关；

⑥ 均匀平面波的电场能量密度与磁场能量密度相等。

5.1.3　任意方向传播的均匀平面波

前面的讨论中，总是假定均匀平面波沿坐标轴方向（如 z 轴方向）传播。现在考虑均匀平面波沿任意方向传播的一般情况。

设电磁波传播方向为 $\boldsymbol{e}_n$，定义波矢量 $\boldsymbol{k}=\boldsymbol{e}_n k$，即波矢量大小为波数，方向为电磁波的传播方向 $\boldsymbol{e}_n$，从而 5.1.2 节所讲述的沿 $+z$ 方向传播的电磁波成为一般均匀平面波的一个特例。在垂直于 $\boldsymbol{e}_n$ 的平面内，均匀平面波的幅度、相位相等，等相位面上任一点 P 的坐标可以用矢径 $\boldsymbol{r}$ 表示，而该点的空间相位则可以表示为 $\boldsymbol{r}\cdot\boldsymbol{k}$，电磁波的等相位面如图 5.1.5 所示。

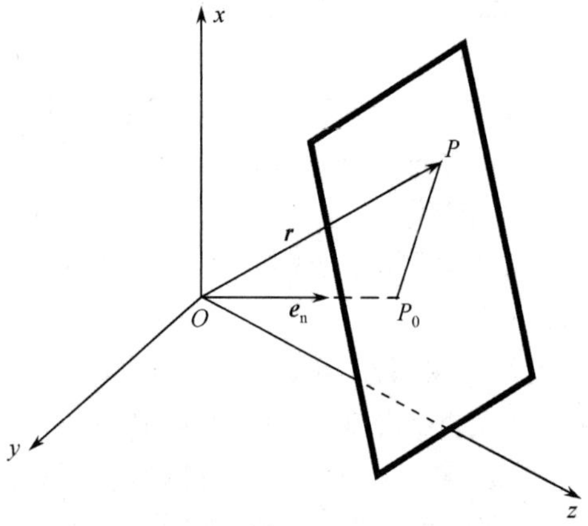

图 5.1.5　沿 $\boldsymbol{e}_n$ 方向传播的电磁波的等相位面

仿照式(5.1.2)，沿任意方向 $\boldsymbol{e}_n$ 传播电磁波的电场强度可以表示为

$$\boldsymbol{E}=\boldsymbol{E}_0\mathrm{e}^{-\mathrm{j}k\boldsymbol{e}_n\cdot\boldsymbol{r}}=\boldsymbol{E}_0\mathrm{e}^{-\mathrm{j}\boldsymbol{k}\cdot\boldsymbol{r}} \tag{5.1.16}$$

同样，沿任意方向传播的均匀平面波所满足的麦克斯韦方程组为

$$\begin{cases}\boldsymbol{e}_k\times\boldsymbol{E}=\eta\boldsymbol{H}\\ \boldsymbol{e}_k\times\boldsymbol{H}=-\boldsymbol{E}/\eta\\ \boldsymbol{k}\cdot\boldsymbol{E}=0\\ \boldsymbol{k}\cdot\boldsymbol{H}=0\end{cases} \tag{5.1.17}$$

综上所述，任意方向均匀平面波的传播特性依然遵循 5.1.2 节介绍的所有特点。

【例 5-1】　满足 IEEE802.11b 标准的无线局域网(WLAN)工作在 2.4～2.5GHz，发射的电磁波在远区可以近似认为均匀平面波。设频率为 2.4GHz 的电磁波在纯净水中沿 $+z$ 方向传播，若不考虑纯净水的衰减，即水的特性参数表示为 $\varepsilon_r=81$、$\mu_r=1$、$\sigma=0$。设电场沿 x 轴方向，即 $\boldsymbol{E}=\boldsymbol{e}_x E_x$；当 $t=0$，$z=\frac{1}{12}$m 时，电场的振幅为 1V/m。试求：(1)$\boldsymbol{E}(z,t)$和 $\boldsymbol{H}(z,t)$；(2)电磁波的相速和波长；(3)瞬态坡印廷矢量和平均坡印廷矢量。

解：(1) 以余弦形式写出时域电场强度的一般表达式

$$\boldsymbol{E}(z,t)=\boldsymbol{e}_x E(z,t)=\boldsymbol{e}_x E_m\cos(\omega t-kz+\phi_x)$$

式中，$E_m=1$V/m，$f=2.4$GHz，$\omega=2\pi f=4.8\pi\times10^9$ rad/s，$k=\omega\sqrt{\mu\varepsilon}=2\pi f\sqrt{81\mu_0\varepsilon_0}=2\pi\times2.4\times10^9\times9\sqrt{\mu_0\varepsilon_0}=144\pi$rad/m。所以

$$\boldsymbol{E}(z,t)=\boldsymbol{e}_x\cos(4.8\pi\times10^9 t-144\pi z+\phi_x)$$

当 $t=0, z=\frac{1}{12}\text{m}$ 时，$E_x\left(\frac{1}{12},0\right)=E_m=1$，得

$$4.8\pi\times10^9\times0-144\pi\times\frac{1}{12}+\phi_x=0$$

故

$$\phi_x=12\pi\text{rad}$$

则

$$\begin{aligned}\boldsymbol{E}(z,t)&=\boldsymbol{e}_x\cos(4.8\pi\times10^9t-144\pi z+12\pi)\\&=\boldsymbol{e}_x\cos(4.8\pi\times10^9t-144\pi z)\end{aligned}$$

（2）波速为

$$v_p=\frac{1}{\sqrt{\mu\varepsilon}}=\frac{1}{\sqrt{81\mu_0\varepsilon_0}}=\frac{1}{3}\times10^8\text{m/s}$$

$$\lambda=\frac{2\pi}{k}=\frac{1}{72}\text{m}$$

（3）瞬态坡印廷矢量

$$\boldsymbol{S}=\boldsymbol{E}\times\boldsymbol{H}=\boldsymbol{e}_z\frac{1}{\eta}|E_m|^2=\boldsymbol{e}_z\frac{3}{40\pi}\cos^2(4.8\pi\times10^9t-144\pi z)$$

电磁场的复数表达式为

$$\boldsymbol{E}=\boldsymbol{e}_x\text{e}^{-\text{j}144\pi z}$$

$$\boldsymbol{H}=\boldsymbol{e}_y\frac{3}{40\pi}\text{e}^{-\text{j}144\pi z}$$

平均坡印廷矢量为

$$\boldsymbol{S}_{av}=\frac{1}{2}\text{Re}[\boldsymbol{E}\times\boldsymbol{H}^*]=\boldsymbol{e}_z\frac{3}{80\pi}\text{W/m}^2$$

5.2 电磁波的极化

5.2.1 极化的概念

由 5.1.2 节获知均匀平面波中的电场、磁场和传播方向之间相互垂直，电场和磁场只能存在于电磁波传播方向的横截面内。但是在横截面内，电场和磁场的方向仍然不确定，而电场和磁场方向不同的均匀平面波所表现出的电磁特性将会有很大的差别，所以研究均匀平面波中电场和磁场的方向及其变化轨迹具有非常重要的意义，这就是电磁理论中的一个重要概念——均匀平面波的极化。它表征了在空间给定点上场矢量的取向随时间变化的特性，对于简单介质，通常用电场 $\boldsymbol{E}$ 的终端在空间运动轨迹来表示。如果该轨迹是直线，则称为直线极化（线极化）；若轨迹是圆，则称为圆极化；若轨迹是椭圆，则称为椭圆极化。在无限大均匀各向同性介质中，电磁波的极化完全由辐射电磁波的天线[34-38]特性决定，与介质特性等参数无关。

以沿 $+z$ 方向传播的任意均匀平面波为例，在横截面内，E_x 和 E_y 分量都可能存在，而且这两个分量的振幅和初相位任意，可表示为

$$E_x=E_{xm}\cos(\omega t-kz+\phi_1)\tag{5.2.1}$$

$$E_y=E_{ym}\cos(\omega t-kz+\phi_2)\tag{5.2.2}$$

电磁波的不同极化可以用以上两个分量的振幅和初相位共 4 个参数表示。由于极化问题主要是研究电场方向随时间的变化规律，与空间坐标没有关系，为简单起见，取 $z=0$。

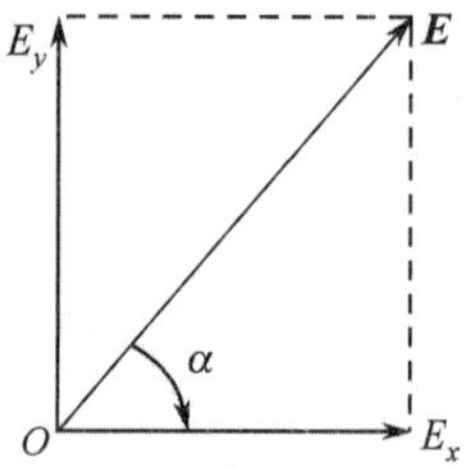

图 5.2.1 电磁波极化方向示意图

如图 5.2.1 所示，电场的幅度大小为

$$|\boldsymbol{E}|=\sqrt{E_{xm}^2\cos^2(\omega t+\phi_1)+E_{ym}^2\cos^2(\omega t+\phi_2)} \tag{5.2.3}$$

电场与 x 轴的夹角为

$$\alpha=\arctan\left(\frac{E_{ym}\cos(\omega t+\phi_2)}{E_{xm}\cos(\omega t+\phi_1)}\right) \tag{5.2.4}$$

5.2.2 线极化电磁波

若电场两个分量的初相位相差 0°或 180°，则式(5.2.3)和式(5.2.4)简化为

$$|E|=\sqrt{E_x^2+E_y^2}=\sqrt{E_{xm}^2+E_{ym}^2}\cos(\omega t+\phi_1) \tag{5.2.5}$$

$$\tan\alpha=\frac{E_y}{E_x}=\frac{E_{ym}}{E_{xm}}=\text{const} \tag{5.2.6}$$

可见，虽然合成电场 $\boldsymbol{E}$ 的大小随时间周期变化，但其终端轨迹始终与 x 轴的夹角保持恒定，因此称为线极化电磁波。5.1 节讨论的沿 $+z$ 方向传播的均匀平面波，电场 $\boldsymbol{E}$ 的方向固定为 x 轴方向，终端轨迹是与 x 轴方向一致的直线，这就是 x 轴方向的线极化电磁波，是线极化电磁波的一种特殊情况。线极化电磁波的发射接收装置往往比较简单，易于实现，从而在便携式电子设备中大量使用。

电磁波的极化特性主要由发射天线决定。线极化天线在接收与自身平行的线极化电磁波时，由于极化类型匹配，接收性能最好。相反，如果接收电磁波与自身垂直，则极化类型完全失配，接收性能最差，几乎接收不到信号。当接收天线与发射天线存在一定的夹角时，接收效果将有所下降，存在极化损耗。

在移动通信、探测、电磁干扰等领域，如果收发同时采用线极化天线，由于极化损耗的存在，可能导致通信不稳定，是通信工程中的一大隐患。

5.2.3 圆极化电磁波

若 E_x 与 E_y 振幅相等，即 $E_{xm}=E_{ym}=E_m$，相位相差±90°，则式(5.2.3)和式(5.2.4)变为

$$|\boldsymbol{E}|=\sqrt{E_x^2+E_y^2}=E_m=\text{const} \tag{5.2.7}$$

它与 x 轴的夹角 α 由下式决定

$$\tan\alpha=\frac{E_y}{E_x}=\mp\tan(\omega t+\phi_1),\quad \alpha=\mp(\omega t+\phi_1) \tag{5.2.8}$$

故合成电场的大小不随时间改变，而方向却随时间改变。电场 $\boldsymbol{E}$ 的终端在一个圆上并以角速度 ω 旋转，如图 5.2.2所示，故称为圆极化电磁波。式(5.2.8)中正负号表示 $\boldsymbol{E}$ 的终端是逆时针旋转还是顺时针旋转。

由于 E_x 的初相位与 E_y 的初相位可以超前 90°也可以滞后 90°，因此电场 $\boldsymbol{E}$ 的终端旋转的方向是不相同的。若 $\boldsymbol{E}$ 的终端运动方向与电磁波的传播方向满足右手螺旋关系，则称此圆极化电磁波为右旋圆极化电磁波；相反，若 $\boldsymbol{E}$ 的终端运动方向与电磁波的传播方向满足左手螺旋关系，则称之为左旋圆极化电磁波。

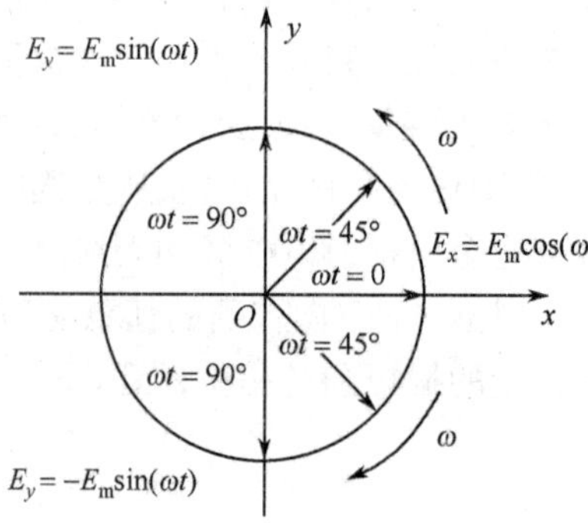

图 5.2.2 圆极化电磁波电场 $\boldsymbol{E}$ 的终端轨迹

圆极化电磁波的左右旋关系判断，可以通过如图 5.2.2 所示的时间推进方法进行观察，在一个固定空间位置如 $z=0$ 处，观察多个时间点上 $\boldsymbol{E}$ 的终端位置（如时间相位 $\omega t=0°$、45°、90°的 3 个时间点），从而判断 $\boldsymbol{E}$ 的终端的运动轨迹，并结合电磁波传播方向，最终得到圆极化电磁波的旋转特性。

圆极化电磁波被广泛应用在遥感遥测、通信、雷达、电子侦察与电子干扰等领域。在天文、航天通信等设备中，采用圆极化电磁波，可有效消除由电离层的法拉第旋转效应引起的极化畸变；在电子对抗中，使用圆极化电磁波，可以侦察和干扰敌方除反向纯圆极化信号外的各种极化方式的无线电磁波；在高速运动甚至剧烈摆动或滚动的物体上，如航天器、飞机、舰艇、汽车等载体上装载圆极化天线，可以在任何运动状态下都能够接收到无线电信号；在广播、电视系统中采用圆极化电磁波，能在一定程度上克服重影、重音等。可以利用两个空间上正交、振幅相等、相位相差 90°的线极化电磁波合成输出圆极化电磁波。

圆极化天线只能接收与自身旋向相同的圆极化电磁波，如果旋向相反，则极化完全失配，同样接收不到信号。

在通信的收发两端，如果用户终端采用线极化收发装置，而基站采用圆极化收发装置，收发通道将固定损失一半的能量，也就是说，会存在 3dB 的极化损耗，但保证了通信的稳定性，避免了线极化天线与线极化天线通信存在的不稳定问题，这成为无线通信工程中常用的部署方案。

5.2.4　椭圆极化电磁波

既不是线极化电磁波又不是圆极化电磁波，则一定是椭圆极化电磁波。

在式(5.2.3)和式(5.2.4)中，取 $\phi_1=0$，$\phi_2=\phi$，可解得

$$\frac{E_x^2}{E_{xm}^2}+\frac{E_y^2}{E_{ym}^2}-\frac{2E_xE_y}{E_{xm}E_{ym}}\cos\phi=\sin^2\phi \tag{5.2.9}$$

这是一个椭圆方程，合成电场 $\boldsymbol{E}$ 的终端在一椭圆上旋转。当 $\phi>0$ 时，得到右旋椭圆极化电磁波；当 $\phi<0$ 时，得到左旋椭圆极化电磁波。线极化电磁波和圆极化电磁波都可看作椭圆极化电磁波的特例。

椭圆极化电磁波的轴比（Axial Ratio，AR）定义为极化椭圆的长轴与短轴的比值，一般常用 dB 值表示。当 AR=0dB 时，为圆极化电磁波；当 AR→∞时，为线极化电磁波；当 $0<\text{AR(dB)}<\infty$ 时，为椭圆极化电磁波。工程上，轴比不大于 3dB 的带宽定义为椭圆极化辐射器的极化带宽。

前面讨论了不同电磁波的极化随时间变化的特性，下面简单讨论极化电磁波在空间的分布特性。考虑电场 $\boldsymbol{E}=\boldsymbol{e}_xE_{xm}\cos(\omega t-kz+\phi_1)+\boldsymbol{e}_yE_{ym}\cos(\omega t-kz+\phi_2)$，令 $t=0$，电场表达式简化为

$$\boldsymbol{E}=\boldsymbol{e}_xE_{xm}\cos(kz-\phi_1)+\boldsymbol{e}_yE_{ym}\cos(kz-\phi_2) \tag{5.2.10}$$

① 当 $\phi_1-\phi_2=0°$或180°时，线极化电磁波在空间呈余弦变化。

② 当 $E_{xm}=E_{ym}$且 $\phi_1-\phi_2=\pm 90°$时，电场的两个分量构成了一个以波长为螺距的圆柱螺旋线方程。

③ 当电场的两个分量的幅度和相位没有特定关系时，两个分量就构成了一个以波长为螺距的椭圆柱螺旋线方程。

5.2.5　3 种类型极化的相互关系及应用

从上面的分析可以看出，线极化电磁波和圆极化电磁波都是椭圆极化电磁波的特例。3 种极化电磁波都可以看成空间正交的线极化电磁波的叠加。相位相同或相差180°的两个空间正交

的线极化电磁波叠加，形成另外一个线极化电磁波；相位相差90°且振幅相同的两个空间正交线极化电磁波叠加，形成圆极化电磁波；其他情况的空间正交线极化电磁波叠加，形成椭圆极化电磁波。

另外，线极化电磁波也可以分解成两个幅度相等而旋向相反的圆极化电磁波的叠加；椭圆极化电磁波可以分解为两个幅度不等而旋向相反的圆极化电磁波的叠加。感兴趣的读者可以尝试证明如上两个结论。

从前面的介绍知道，线极化电磁波可以分解为幅度相等、旋向相反的两个圆极化电磁波，所以采用圆极化天线总能接收到该线极化电磁波的其中一个圆极化分量。相反，圆极化电磁波也可以分解为两个正交的线极化电磁波，所以线极化天线也总能接收到圆极化电磁波中的一个线极化分量。如果收发天线有一方为圆极化天线而另一方采用线极化天线，则总可以保证收发信号畅通。如果收发天线都采用线极化天线，则有可能会因为极化正交而接收不到信号。

电磁波的极化在实际工程应用中具有非常重要的价值，具体细节读者可以参考文献[23-24]等。

5.3 均匀平面波在导电介质中的传播

在导电介质中，由于电导率 $\sigma \neq 0$，当电磁波在导电介质中传播时，其中必然有传导电流密度 $\boldsymbol{J}=\sigma\boldsymbol{E}$，这将导致电磁能量损耗。因而，均匀平面波在导电介质中的传播特性与无耗介质的情况不同。

5.3.1 复电容率与复磁导率

当电导率不为零时，电磁波将会存在欧姆损耗，在介电常数和电导率分别为 ε、σ 的均匀导电介质中，磁场 $\boldsymbol{H}$ 的旋度方程可以表示为

$$\nabla\times\boldsymbol{H}=\boldsymbol{J}+\mathrm{j}\omega\varepsilon\boldsymbol{E}=\mathrm{j}\omega\left(\varepsilon-\mathrm{j}\frac{\sigma}{\omega}\right)\boldsymbol{E}=\mathrm{j}\omega\tilde{\varepsilon}\boldsymbol{E} \tag{5.3.1}$$

式中，$\tilde{\varepsilon}=\varepsilon-\mathrm{j}\dfrac{\sigma}{\omega}$称为复介电常数或复电容率，介质的欧姆损耗通过复介电常数的虚部表现在介质的本构关系中，其虚部与实部的比值 $\tan\delta=\dfrac{\sigma}{\omega\varepsilon}$称为损耗角正切。

复介电常数的物理意义：$\tilde{\varepsilon}$的实部为介质的介电常数，反映了介质的极化特性；$\tilde{\varepsilon}$的虚部包含 σ，反映了介质的损耗特性。根据 $\boldsymbol{J}=\sigma\boldsymbol{E}$，$\boldsymbol{J}_D=\mathrm{j}\varepsilon\boldsymbol{E}$，$\dfrac{\sigma}{\omega\varepsilon}$反映了传导电流和位移电流的比值关系。工程上根据损耗角正切的大小来区分弱导体、良导体等介质。

引入复介电常数，为以后讨论有耗介质中的电磁波带来了方便。无耗介质中的均匀平面波相对比较容易分析，在此基础上讨论有耗介质中的均匀平面波问题，只需将电磁场解中的 ε 换成 $\tilde{\varepsilon}$ 即可。因为引入复介电常数后，有耗介质和无耗介质中的电磁场满足相同形式的麦克斯韦方程组，可以推导出相同形式的波动方程，从而可以得到相同形式的解。

除介质中自由电子运动所形成的欧姆损耗外，介质中极化电荷在外加交变电场作用下，还会作往复的简谐振荡，形成极化电流和极化损耗。我们统一采用复介电常数$\tilde{\varepsilon}=\varepsilon'-\mathrm{j}\varepsilon''$来表示。相应地，损耗角正切 $\tan\delta$ 表示为（包括极化损耗和欧姆损耗）

$$\tan\delta=\frac{\varepsilon''}{\varepsilon'}$$

对式(5.3.1)两边同时求散度,可以得到

$$\nabla \cdot \boldsymbol{E}=\frac{1}{\mathrm{j}\omega \tilde{\varepsilon}}\nabla \cdot (\nabla \times \boldsymbol{H})=0 \tag{5.3.2}$$

由此可见,在均匀导电介质中,由式(5.3.1)和式(5.3.2)对比可以发现,虽然传导电流密度 $\boldsymbol{J}\neq 0$,但不存在自由电荷密度,即 $\rho=0$。

与电介质相似,对于存在磁化损耗的磁介质,也可以通过复磁导率表示为 $\tilde{\mu}=\mu'-\mathrm{j}\mu''$,相应的磁介质损耗角正切为 $\tan\delta=\frac{\mu''}{\mu'}$。

由于复介电常数和复磁导率概念的引入,有耗介质中的麦克斯韦方程组从形式上完全与理想介质中的麦克斯韦方程组相同,因此 5.1 节所讲述的关系式均可适用。

5.3.2 导电介质中的均匀平面波

上述欧姆损耗、极化损耗和磁化损耗是介质损耗的基本形态,损耗的大小不仅与介质材料有关,还与电磁波的工作频率相关。在均匀导电介质中,电场 $\boldsymbol{E}$ 和磁场 $\boldsymbol{H}$ 满足的亥姆霍兹方程为

$$(\nabla^2+\tilde{k}^2)\boldsymbol{E}=0 \tag{5.3.3}$$

$$(\nabla^2+\tilde{k}^2)\boldsymbol{H}=0 \tag{5.3.4}$$

式中

$$\tilde{k}=\omega\sqrt{\mu\tilde{\varepsilon}} \tag{5.3.5}$$

为有耗介质中的波数,是一复数。

在讨论有耗介质中电磁波的传播时,通常将式(5.3.3)和式(5.3.4)写为

$$(\nabla^2-\gamma^2)\boldsymbol{E}=0 \tag{5.3.6}$$

$$(\nabla^2-\gamma^2)\boldsymbol{H}=0 \tag{5.3.7}$$

式中

$$\gamma=\mathrm{j}\tilde{k}=\mathrm{j}\omega\sqrt{\mu\tilde{\varepsilon}} \tag{5.3.8}$$

称为复传播常数。

这里仍然假定电磁波是沿 $+z$ 方向传播的均匀平面波,且电场只有 E_x 分量,则式(5.3.6)的解为

$$\boldsymbol{E}=\boldsymbol{e}_x E_x=\boldsymbol{e}_x E_{xm}\mathrm{e}^{-\gamma z} \tag{5.3.9}$$

由于 γ 是复数,令 $\gamma=\alpha+\mathrm{j}\beta$($\alpha$、$\beta$ 为实数),代入上式得

$$\boldsymbol{E}=\boldsymbol{e}_x E_{xm}\mathrm{e}^{-\alpha z}\mathrm{e}^{-\mathrm{j}\beta z} \tag{5.3.10}$$

式中,因子 $\mathrm{e}^{-\alpha z}$ 表示电场的幅度随传播距离 z 的增加而呈指数衰减,因而称为衰减因子。α 则称为衰减常数,表示电磁波每传播一个单位距离其幅度的衰减量,单位为 Np/m(奈培/米);因子 $\mathrm{e}^{-\mathrm{j}\beta z}$ 是相位因子,β 称为相位常数,其单位为 rad/m。

与式(5.3.10)对应的瞬时值形式为

$$\begin{aligned}\boldsymbol{E}(z,t)&=\mathrm{Re}[\boldsymbol{E}(z)\mathrm{e}^{\mathrm{j}\omega t}]=\mathrm{Re}[\boldsymbol{e}_x E_{xm}\mathrm{e}^{-\alpha z}\mathrm{e}^{-\mathrm{j}\beta z}\mathrm{e}^{\mathrm{j}\omega t}]\\&=\boldsymbol{e}_x E_{xm}\mathrm{e}^{-\alpha z}\cos(\omega t-\beta z)\end{aligned} \tag{5.3.11}$$

由方程 $\nabla\times\boldsymbol{E}=-\mathrm{j}\omega\mu\boldsymbol{H}$,可得到导电介质中的磁场强度为

$$\boldsymbol{H}=\boldsymbol{e}_y\sqrt{\frac{\tilde{\varepsilon}}{\mu}}E_{xm}\mathrm{e}^{-\gamma z}=\boldsymbol{e}_y\frac{1}{\tilde{\eta}}E_{xm}\mathrm{e}^{-\gamma z} \tag{5.3.12}$$

式中

$$\tilde{\eta}=\sqrt{\frac{\mu}{\tilde{\varepsilon}}} \tag{5.3.13}$$

为导电介质的本征阻抗。$\tilde{\eta}$ 为一复数，常将其表示为

$$\tilde{\eta}=|\tilde{\eta}|\mathrm{e}^{\mathrm{j}\phi} \tag{5.3.14}$$

将$\tilde{\varepsilon}=\varepsilon-\mathrm{j}\sigma/\omega$ 代入式(5.3.13)，可得

$$\tilde{\eta}=\sqrt{\frac{\mu}{\varepsilon-\mathrm{j}\sigma/\omega}}=\left(\frac{\mu}{\varepsilon}\right)^{1/2}\left[1+\left(\frac{\sigma}{\omega\varepsilon}\right)^{2}\right]^{-1/4}\mathrm{e}^{\mathrm{j}\frac{1}{2}\arctan\left(\frac{\sigma}{\omega\varepsilon}\right)}$$

即

$$\begin{cases}|\tilde{\eta}|=\left(\dfrac{\mu}{\varepsilon}\right)^{1/2}\left[1+\dfrac{\sigma}{\omega\varepsilon}^{2}\right]^{-1/4}\\ \phi=\dfrac{1}{2}\arctan\left(\dfrac{\sigma}{\omega\varepsilon}\right)\end{cases} \tag{5.3.15}$$

当电导率 $\sigma=0$ 时，$\phi=0$，$|\tilde{\eta}|=\left(\dfrac{\mu}{\varepsilon}\right)^{1/2}$，电场和磁场同相位，传播特性退化为理想介质中的电磁波传播特性。$\boldsymbol{H}$ 与 $\boldsymbol{E}$ 之间满足下列关系式

$$\boldsymbol{H}=\frac{1}{\tilde{\eta}}\boldsymbol{e}_z\times\boldsymbol{E} \tag{5.3.16}$$

这表明，在导电介质中，电场 $\boldsymbol{E}$、磁场 $\boldsymbol{H}$ 与传播方向$\boldsymbol{e}_z$ 之间仍然相互垂直，并满足右手螺旋关系，如图 5.3.1 所示。由于介质存在损耗，电场和磁场不仅随传播距离的增加而衰减，而且它们之间存在一定的相位差，这与理想介质中电场和磁场同相位有所区别。

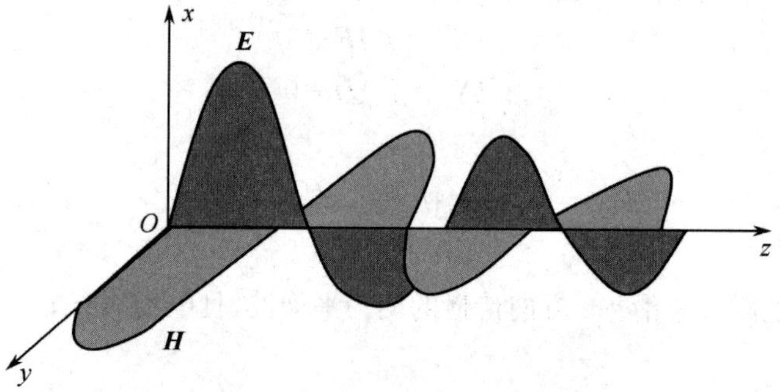

图 5.3.1　导电介质中的电场和磁场

由 $\gamma=\alpha+\mathrm{j}\beta$ 和式(5.3.8)，可得到 $\gamma^2=\alpha^2-\beta^2+\mathrm{j}2\alpha\beta=-\omega^2\mu\varepsilon+\mathrm{j}\omega\sigma$，由此可解得

$$\alpha=\omega\sqrt{\frac{\mu\varepsilon}{2}\left[\sqrt{1+\left(\frac{\sigma}{\omega\varepsilon}\right)^{2}}-1\right]} \tag{5.3.17a}$$

$$\beta=\omega\sqrt{\frac{\mu\varepsilon}{2}\left[\sqrt{1+\left(\frac{\sigma}{\omega\varepsilon}\right)^{2}}+1\right]} \tag{5.3.17b}$$

由式(5.3.10)和式(5.3.12)可得到导电介质中的平均电场能量密度和平均磁场能量密度，分别为

$$w_{\mathrm{eav}}=\frac{1}{4}\mathrm{Re}[\tilde{\varepsilon}\boldsymbol{E}\cdot\boldsymbol{E}^{*}]=\frac{\varepsilon}{4}E_{x\mathrm{m}}^{2}\mathrm{e}^{-2\alpha z} \tag{5.3.18}$$

$$w_{\mathrm{mav}}=\frac{1}{4}\mathrm{Re}[\mu\boldsymbol{H}\cdot\boldsymbol{H}^{*}]=\frac{\mu}{4}\frac{E_{x\mathrm{m}}^{2}}{|\tilde{\eta}|^{2}}\mathrm{e}^{-2\alpha z}$$
$$=\frac{\varepsilon}{4}E_{x\mathrm{m}}^{2}\mathrm{e}^{-2\alpha z}\left[1+\left(\frac{\sigma}{\omega\varepsilon}\right)^{2}\right]^{1/2} \tag{5.3.19}$$

由此可见，在导电介质中，平均磁场能量密度大于平均电场能量密度。只有当 $\sigma=0$ 时，才有 $w_{\mathrm{eav}}=w_{\mathrm{mav}}$。

在导电介质中，平均坡印廷矢量为

$$\boldsymbol{S}_{\mathrm{av}}=\frac{1}{2}\mathrm{Re}[\boldsymbol{E}\times\boldsymbol{H}^{*}]=\frac{1}{2}\mathrm{Re}\left[\boldsymbol{E}\times\left(\frac{1}{\tilde{\eta}}\boldsymbol{e}_{z}\times\boldsymbol{E}\right)^{*}\right]$$
$$=\frac{1}{2}\mathrm{Re}\left[\boldsymbol{e}_{z}|\boldsymbol{E}|^{2}\frac{1}{|\tilde{\eta}|}\mathrm{e}^{\mathrm{j}\phi}\right]=\boldsymbol{e}_{z}\frac{1}{2|\tilde{\eta}|}|\boldsymbol{E}|^{2}\cos\phi \tag{5.3.20}$$

5.3.3 弱导电介质中的均匀平面波

导电介质中的损耗角正切$\frac{\sigma}{\omega\varepsilon}$描述的是传导电流与位移电流的幅度之比。$\frac{\sigma}{\omega\varepsilon}\ll1$（通常$\frac{\sigma}{\omega\varepsilon}<100$）的导电介质称为弱导电介质。在这种介质中，位移电流起主要作用，而传导电流的影响相对较小，可忽略不计。

在$\frac{\sigma}{\omega\varepsilon}\ll1$ 的条件下，传播常数 γ 可通过级数展开，近似为

$$\gamma=\mathrm{j}\omega\sqrt{\mu\varepsilon\left(1-\mathrm{j}\frac{\sigma}{\omega\varepsilon}\right)}\approx\mathrm{j}\omega\sqrt{\mu\varepsilon}\left(1-\mathrm{j}\frac{\sigma}{2\omega\varepsilon}\right)$$

由此可得衰减常数 α 和相位常数 β 分别为

$$\alpha=\frac{\sigma}{2}\sqrt{\frac{\mu}{\varepsilon}}\ (\mathrm{Np/m}) \tag{5.3.21}$$

$$\beta=\omega\sqrt{\mu\varepsilon}\ (\mathrm{rad/m}) \tag{5.3.22}$$

本征阻抗可近似为

$$\tilde{\eta}=\sqrt{\frac{\mu}{\varepsilon}}\left(1+\frac{\sigma}{\mathrm{j}\omega\varepsilon}\right)^{-1/2}\approx\sqrt{\frac{\mu}{\varepsilon}} \tag{5.3.23}$$

由此可见，在弱导电介质中，除有一定损耗所引起的衰减外，与理想介质中均匀平面波的传播特性基本相同。

5.3.4 良导电介质中的均匀平面波

当$\frac{\sigma}{\omega\varepsilon}\gg1$（通常$\frac{\sigma}{\omega\varepsilon}>100$）时的介质称为良导电介质。在良导电介质中，传导电流起主要作用，而位移电流的影响相对很小，可忽略不计。在$\frac{\sigma}{\omega\varepsilon}\gg1$ 的情况下，传播常数 γ 可近似为

$$\gamma=\mathrm{j}\omega\sqrt{\mu\varepsilon\left(1-\mathrm{j}\frac{\sigma}{\omega\varepsilon}\right)}\approx\mathrm{j}\omega\sqrt{\frac{\mu\sigma}{\mathrm{j}\omega}}=\frac{1+\mathrm{j}}{\sqrt{2}}\sqrt{\omega\mu\sigma}$$

即

$$\alpha=\beta=\sqrt{\pi f\mu\sigma} \tag{5.3.24}$$

良导电介质的本征阻抗为

$$\tilde{\eta}=\sqrt{\frac{\mu}{\tilde{\varepsilon}}}\approx\sqrt{\frac{\mathrm{j}\omega\mu}{\sigma}}=(1+\mathrm{j})\sqrt{\frac{\pi f\mu}{\sigma}}=\sqrt{\frac{2\pi f\mu}{\sigma}}\mathrm{e}^{\mathrm{j}\pi/4} \tag{5.3.25}$$

所以，在良导电介质中，磁场的相位滞后于电场约 45°。

在良导电介质中，电磁波的相速为

$$v_{\mathrm{p}}=\frac{\omega}{\beta}\approx\sqrt{\frac{2\omega}{\mu\sigma}} \tag{5.3.26}$$

由式(5.3.24)可知，在良导电介质中，电磁波的衰减常数随电磁波的频率、介质的磁导率和电导率的增加而增大。因此，高频电磁波在良导电介质中的衰减非常大。例如，当频率 $f=3\text{MHz}$ 时，电磁波在铜($\sigma=5.8\times10^7\,\text{S/m}$、$\mu_{\mathrm{r}}=1$)中的 $\alpha\approx2.62\times10^4\,\text{Np/m}$。

由于电磁波在良导电介质中的衰减很快，故在传播很短的一段距离后就几乎衰减为零。因此，良导电介质中的电磁波仅仅局限于导电介质表面附近的区域，这种现象称为趋肤效应。工程上常将电磁波衰减为原来幅度的 1/e 的距离称为趋肤深度 δ(或穿透深度)，按此定义，有

$$\mathrm{e}^{-\alpha\delta}=1/\mathrm{e}$$

故趋肤深度为

$$\delta=\frac{1}{\alpha}=\sqrt{\frac{2}{\omega\mu\sigma}}=\frac{1}{\sqrt{\pi f\mu\sigma}} \tag{5.3.27}$$

由式(5.3.27)可知，在良导体中，电磁波的趋肤深度随着电磁波频率、介质的磁导率和电导率的增加而减少。在高频时，良导体的趋肤深度非常小，以致在实际中可以认为电流仅存在于导体表面很薄的一层内，这与恒定电流或低频电流均匀分布于导体的横截面上的情况不同。在高频时，导体的实际载流横截面减小了，因而导体的高频电阻大于直流或低频电阻。

按式(5.3.25)，良导电介质的本征阻抗为

$$\tilde{\eta}\approx(1+\mathrm{j})\sqrt{\frac{\pi f\mu}{\sigma}}=R_{\mathrm{S}}+\mathrm{j}X_{\mathrm{S}} \tag{5.3.28}$$

具有相等的电阻和电抗分量，即

$$R_{\mathrm{S}}=X_{\mathrm{S}}=\sqrt{\frac{\pi f\mu}{\sigma}}=\frac{1}{\sigma\delta} \tag{5.3.29}$$

这些分量与电导率和趋肤深度有关。$R_{\mathrm{S}}=\frac{1}{\sigma\delta}$表示厚度为 δ 的导体其表面每平方米的电阻，称为导体的表面电阻率，简称为表面电阻。相应的 X_{S} 称为表面电抗，$Z_{\mathrm{S}}=R_{\mathrm{S}}+\mathrm{j}X_{\mathrm{S}}$ 称为表面阻抗。

表 5.3.1 列出了一些金属材料的趋肤深度和表面电阻。

表 5.3.1　一些金属材料的趋肤深度和表面电阻

材料名称	电导率 σ/(S/m)	趋肤深度 δ/m	表面电阻 R_S/Ω
银	6.17×10^7	$0.064/\sqrt{f}$	$2.52\times10^{-7}\sqrt{f}$
紫铜	5.8×10^7	$0.066/\sqrt{f}$	$2.61\times10^{-7}\sqrt{f}$
铝	3.72×10^7	$0.083/\sqrt{f}$	$3.26\times10^{-7}\sqrt{f}$
钠	2.1×10^7	$0.11/\sqrt{f}$	$4.33\times10^{-7}\sqrt{f}$
黄铜	1.6×10^7	$0.013/\sqrt{f}$	$5.01\times10^{-7}\sqrt{f}$
锡	0.87×10^7	$0.17/\sqrt{f}$	$6.76\times10^{-7}\sqrt{f}$
石墨	0.01×10^7	$1.6/\sqrt{f}$	$62.5\times10^{-7}\sqrt{f}$

如果用 J_0 表示导体表面位置上的体电流密度，则在穿入导体内 z 处的电流密度为 $J_x=J_0\mathrm{e}^{-\gamma z}$。导体内每单位宽度的总电流为

$$J_S=\int_S J_x \mathrm{d}S=\int_0^{\infty} J_0 \mathrm{e}^{-\gamma z}\mathrm{d}z=\frac{J_0}{\gamma} \tag{5.3.30}$$

由于良导体内电流主要分布在良导体表面附近，因此可将 J_S 看作良导体的表面电流。

导体表面的电场为 $E_0=J_0/\sigma$，由式(5.3.30)可得

$$E_0=\frac{J_0}{\sigma}=\frac{J_S\gamma}{\sigma}=\frac{J_S}{\sigma}(1+\mathrm{j})\sqrt{\frac{\omega\mu\sigma}{2}}=(1+\mathrm{j})\frac{J_S}{\sigma\delta}=J_S Z_S \tag{5.3.31}$$

此式说明，良导体的表面电场等于面电流密度乘以表面阻抗。因此良导体中每单位表面的平均损耗功率可按下式计算

$$P_{1\mathrm{av}}=\frac{1}{2}|J_S|^2 R_S\ (\mathrm{W/m^2}) \tag{5.3.32}$$

在实际计算时，通常先假定导体的电导率为无穷大，求出导体表面的切向磁场，然后由 $\boldsymbol{J}_S=\boldsymbol{e}_n\times\boldsymbol{H}$ 求出导体的面电流密度 $\boldsymbol{J}_S$。因此，可用

$$P_{1\mathrm{av}}=\frac{1}{2}|\boldsymbol{H}_t|^2 R_S \tag{5.3.33}$$

代替式(5.3.32)来计算良导体中每单位表面的平均损耗功率。

在有耗介质中，由于式(5.3.17)比较复杂，实际应用很困难，但是当$\frac{\sigma}{\omega\varepsilon}\ll 1$或$\frac{\sigma}{\omega\varepsilon}\gg 1$时，衰减常数可以用如上一些简单的公式近似，图 5.3.2 给出了汞、海水及纯净水的衰减常数与频率的关系，图中曲线分别采用式(5.3.17)直接计算及采用良导电介质公式(5.3.24)和弱导电介质公式(5.3.21)近似分别获得。可以看出不同介质的衰减特性不同，其衰减常数能相差一两个数量级。当频率较低时，位移电流较小，而介质中传导电流相对较大，占主导作用，介质的损耗特性可以采用良导电介质公式近似表示。随着频率的增加，位移电流将占主导作用，介质特性可以用弱导电介质公式近似，这时衰减特性几乎与频率无关。需要指出的是，良导电介质和弱导电介质是按照传导电流与位移电流的比值区分的，并不代表弱导电介质对电磁波的衰减小而良导电介质的衰减大，从图中可以看出，同一材料的高频弱导电介质的近似衰减常数反而比同材料的低频良导电介质的衰减常数大，相应的趋肤深度将会减小。图 5.3.3 为采用导电介质衰减常数的一般表达式(5.3.17a)计算得到的不同材料的趋肤深度随频率的变化曲线。可以看出，不同材料的趋肤深度不同，而且随着频率的提高，趋肤深度逐渐变小。

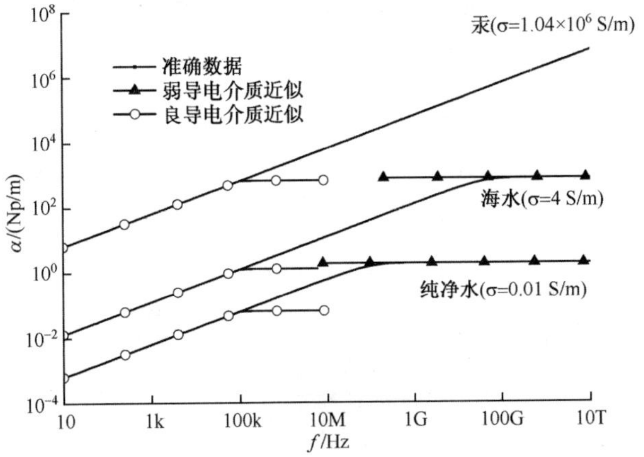

图 5.3.2　汞、海水及纯净水的衰减常数与频率的关系

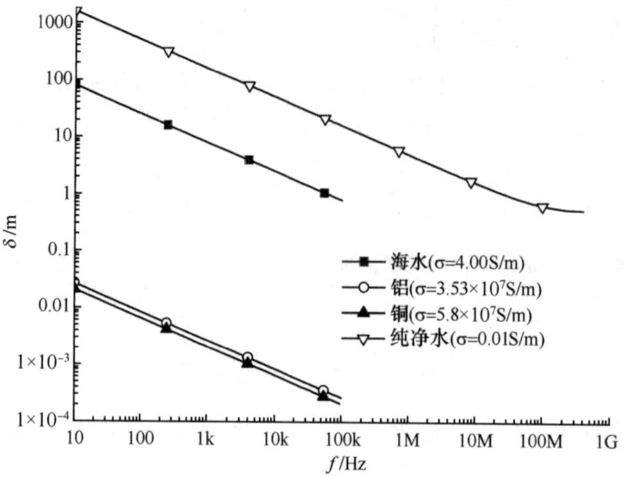

图 5.3.3　不同材料中的趋肤深度关系

导电介质的衰减和趋肤深度问题在工程应用中必须充分考虑。例如，100kHz 的电磁波照射海水（电导率 $\sigma=4\text{S/m}$），电磁波进入海水的深度只有 0.8m 左右，这给海底无线通信、海底探测等带来了很大的困难。另外，在军事对抗中，由于敌方雷达等装置无法有效探测海底目标，形成了天然的电磁屏障，从而极大地提高了潜艇的生存能力和突防能力。100kHz 的电磁波在铜中的趋肤深度约为 0.4mm，表面电阻较大，信号传播衰减增加，工程上常用多匝细导线代替一根粗导线来传递信号，从而可以提高信号传播的有效横截面积，降低传输损耗。

【例 5-2】 海水对电磁波的衰减是海底通信、海底探测等工程应用中需要充分考虑的问题。设在海水中，沿 $+z$ 方向传播的均匀平面波，电场极化方向为 x 轴方向。已知海水的介质参数为 $\varepsilon_r=81$，$\mu_r=1$，$\sigma=4\text{S/m}$。电磁波分别工作于 1kHz、1MHz 及 10GHz 时，求相应的衰减常数、相位常数、本征阻抗、相速、波长及趋肤深度。

解：(1) 电磁波工作于 1kHz 时

$$\frac{\sigma}{\omega\varepsilon}=\frac{4}{2\pi\times10^3\times\left(\frac{1}{36\pi}\times10^{-9}\right)\times81}=\frac{8}{9}\times10^6\gg1$$

此时海水属于良导电介质，故衰减常数为

$$\alpha=\sqrt{\pi f\mu\sigma}=\sqrt{\pi\times5\times10^2\times4\pi\times10^{-7}\times4}=0.1256\text{Np/m}$$

相位常数为

$$\beta\approx\alpha=0.1256$$

本征阻抗为

$$\tilde{\eta}=\sqrt{\frac{\omega\mu}{\sigma}}\mathrm{e}^{\mathrm{j}\frac{\pi}{4}}=\sqrt{\frac{10^3\pi\times4\pi\times10^{-7}}{4}}\mathrm{e}^{\mathrm{j}\frac{\pi}{4}}=0.01\pi\mathrm{e}^{\mathrm{j}\frac{\pi}{4}}\,\Omega$$

相速为

$$v_p=\frac{\omega}{\beta}=\frac{2\pi\times10^3}{0.1256}=5\times10^4\text{m/s}$$

趋肤深度为

$$\delta=\frac{1}{\alpha}=7.96\text{m}$$

(2) 电磁波工作于 1MHz 时

$$\frac{\sigma}{\omega\varepsilon}=\frac{4}{2\pi\times10^6\times\left(\frac{1}{36\pi}\times10^{-9}\right)\times81}=\frac{8}{9}\times10^3\gg1$$

此时海水属于良导电介质，故衰减常数为

$$\alpha=\sqrt{\pi f\mu\sigma}=\sqrt{\pi\times10^6\times4\pi\times10^{-7}\times4}=3.97\text{Np/m}$$

相位常数为 $$\beta \approx \alpha = 3.97$$

本征阻抗为 $$\tilde{\eta} = \sqrt{\frac{\omega\mu}{\sigma}}\mathrm{e}^{\mathrm{j}\frac{\pi}{4}} = \sqrt{\frac{10^6 \times 2\pi \times 4\pi \times 10^{-7}}{4}}\mathrm{e}^{\mathrm{j}\frac{\pi}{4}} = 0.447\pi \mathrm{e}^{\mathrm{j}\frac{\pi}{4}}\ \Omega$$

相速为 $$v_{\mathrm{p}} = \frac{\omega}{\beta} = \frac{2\pi \times 10^6}{3.97} = 1.58 \times 10^6\ \mathrm{m/s}$$

趋肤深度为 $$\delta = \frac{1}{\alpha} = 0.2519\mathrm{m}$$

(3) 电磁波工作于 10GHz 时

$$\frac{\sigma}{\omega\varepsilon} = \frac{4}{2\pi \times 10^{10} \times \left(\frac{1}{36\pi} \times 10^{-9}\right) \times 81} = \frac{8}{9} \times 10^{-1} \ll 1$$

此时海水属于弱导电介质,故衰减常数为

$$\alpha \approx \frac{\sigma}{2}\sqrt{\frac{\mu}{\varepsilon}} = \frac{4}{2}\sqrt{\frac{\mu_0}{81\varepsilon_0}} = 83.78\mathrm{Np/m}$$

相位常数为 $$\beta = \omega\sqrt{\mu\varepsilon} = 2\pi \times 10^{10} \times \frac{9}{3 \times 10^8} = 1256\mathrm{rad/m}$$

本征阻抗为 $$\tilde{\eta} \approx \sqrt{\frac{\mu}{\varepsilon}} = \frac{377}{9}\Omega$$

相速为 $$v_{\mathrm{p}} = \frac{\omega}{\beta} = \frac{3 \times 10^8}{9} = 0.3333 \times 10^8\ \mathrm{m/s}$$

趋肤深度为 $$\delta = \frac{1}{\alpha} = 0.012\mathrm{m}$$

由以上的计算结果可知,电磁波在海水中传播时衰减很快,尤其在高频时,衰减更为严重。若要保持较低衰减,工作频率必须很低,但即使在 1kHz 的低频情况下,衰减仍然很明显。

【例 5-3】 在进行电磁测量时,为了防止室内的电子设备受外界电磁场的干扰,可采用金属板构造密闭的屏蔽室,通常取板厚度大于 5δ 就能满足要求。电磁屏蔽材料往往采用电导率较高的铜、铝或钢板制成。若要求屏蔽的电磁干扰频率范围为 10kHz～100MHz,试计算至少需要多厚的铜板才能达到要求。铜板参数为 $\mu=\mu_0, \varepsilon=\varepsilon_0, \sigma=5.8\times10^7\mathrm{S/m}$。

解:对于频率范围的低端 $f_{\mathrm{L}}=10\mathrm{kHz}$,有

$$\frac{\sigma}{\omega_{\mathrm{L}}\varepsilon} = \frac{5.8 \times 10^7}{2\pi \times 10^4 \times \frac{1}{36\pi} \times 10^{-9}} = 1.04 \times 10^{14} \gg 1$$

对于频率范围的高端 $f_{\mathrm{H}}=100\mathrm{MHz}$,有

$$\frac{\sigma}{\omega_{\mathrm{H}}\varepsilon} = \frac{5.8 \times 10^7}{2\pi \times 10^8 \times \frac{1}{36\pi} \times 10^{-9}} = 1.04 \times 10^{10} \gg 1$$

由此可见,在要求频率范围内均可将铜板视为良导电介质,故

$$\delta_{\mathrm{L}} = \frac{1}{\sqrt{\pi f_{\mathrm{L}}\mu\sigma}} = \frac{1}{\sqrt{\pi \times 10^4 \times 4\pi \times 10^{-7} \times 5.8 \times 10^7}}\mathrm{m} = 0.66\mathrm{mm}$$

$$\delta_{\mathrm{H}} = \frac{1}{\sqrt{\pi f_{\mathrm{H}}\mu\sigma}} = \frac{1}{\sqrt{\pi \times 10^8 \times 4\pi \times 10^{-7} \times 5.8 \times 10^7}}\mathrm{m} = 6.6\mu\mathrm{m}$$

为了满足给定频率范围内的屏蔽要求,铜板的厚度 d 至少为

$$d = 5\delta_{\mathrm{L}} = 3.3\mathrm{mm}$$

高频电磁波在导体中具有快速衰减并可以有效屏蔽外来电磁波的特点，在微波暗室、混响室等建设中以及微波组件封装和电磁兼容设计中被大量使用。

5.3.5 介质的色散特性及其对电磁波传播的影响

前面主要讲述了有耗介质的衰减特性，本节将讲述有耗介质的另外一个重要特性。由于式(5.3.17b)中 β 与电磁波的频率不是线性关系，因此在导电介质中，电磁波的相速 $v_p=\dfrac{\omega}{\beta}$ 将会是频率的函数，即在同一种导电介质中，不同频率的电磁波其相速是不同的，这种现象称为色散现象，相应的介质称为色散介质，故导电介质是一种色散介质。色散特性对电磁波传播带来影响，成为导电介质必须考虑的另一个重要特性[3-9]。

自然界中的绝大部分物质属于色散介质，如人类赖以生存的海洋、河流、土壤，天空中的大气层、电离层等。随着现代信息技术突飞猛进的发展，现代通信与信息技术中出现了高频化和宽带化的趋势，从而使对介质色散特性影响高频、宽带信号传输的研究成为不可回避的问题。生物电子科学中所面对的各种动植物机体(包括人体)也都具有明显的色散特性。因此，研究和了解介质的色散特性对推动现代通信与信息技术、生物电子科学、材料科学和空间技术等领域的发展及应用具有极其深远的意义。

介质的极化电流也会导致介质的色散特性。在第 2 章中讨论了电介质的极化特性。介质中负极化电荷在外加电场作用下沿电场的反方向移动，而正电荷在外加电场作用下沿电场方向移动，最终形成有序排列的电偶极子。在交变电场的作用下，电偶极子将做往复时谐振荡，形成极化电流$\boldsymbol{J}_P$。原子核由于质量相对较大，其运动距离可以忽略不计，并且由于电子运动速度远小于光速，磁场对它的作用可以忽略，所以广义安培环路定理可推广为

$$\nabla\times\boldsymbol{H}=\boldsymbol{J}+\mathrm{j}\omega\varepsilon\boldsymbol{E}+\boldsymbol{J}_P \tag{5.3.34}$$

同样，可以采用等效复介电常数的概念将上式写为

$$\nabla\times\boldsymbol{H}=\mathrm{j}\omega\tilde{\varepsilon}\boldsymbol{E} \tag{5.3.35}$$

其中，$\tilde{\varepsilon}$包含欧姆损耗和极化损耗的作用。极化电荷在交变电场 $E_0\mathrm{e}^{\mathrm{j}\omega t}$ 作用下的位移 x 随时间变化满足如下振荡方程

$$m\left[\frac{\mathrm{d}^2x}{\mathrm{d}t^2}+\xi\frac{\mathrm{d}x}{\mathrm{d}t}+\omega_0 x\right]=qE_0\mathrm{e}^{\mathrm{j}\omega t} \tag{5.3.36}$$

其中，ξ 为阻尼系数，q、m 为带电体的电荷和质量，ω_0 为该简谐振子的固有角频率。当外加电场的工作频率 ω 小于、大于或等于 ω_0 时，电介质的复介电常数大小将有很大的变化，设单位体积内简谐振子数为 N，若介质中所有简谐振子的固有角频率和阻尼系数相同，则可以得到由于极化电流引起的复介电常数为

$$\tilde{\varepsilon}=\varepsilon_0+\frac{Nq^2}{m}\frac{1}{\omega_0^2-\omega^2+\mathrm{j}\omega\xi} \tag{5.3.37}$$

需要指出的是：

① 由于极化损耗的存在，一般介质的复介电常数$\tilde{\varepsilon}$、相位常数 β、相速 v_p 都是频率的函数，因此电磁波存在色散特性。

② 一般而言，$\xi<\omega_0$，复介电常数中的实部和虚部随频率变化，如图 5.3.4 所示；

③ 对于一般的色散介质，往往会存在很多不同的简谐振子的固有角频率和阻尼系数，则等效复介电常数为各个固有角频率上等效复介电常数的和，处理过程将会比较复杂，这里不再赘述。

综合以上的讨论，可将导电介质中的均匀平面波的传播特点归纳为：

① 有耗介质中的电磁波在传播路径上主要表现为衰减和色散两大特性。

② 有耗介质中由于电导率的存在，电场与磁场的幅度呈指数衰减，从而导致电磁波能量的损耗，可以利用损耗角正切划分为强导电介质和弱导电介质，从而简化运算。

③ 由于有耗介质中，相速是频率的函数，导致一定带宽的信号在长距离通信中会发生畸变，给无线通信带来影响。

④ 电场 $\boldsymbol{E}$、磁场 $\boldsymbol{H}$ 与传播方向 $\boldsymbol{e}_z$ 两两相互垂直且满足右手螺旋关系，电场与磁场只能位于传播方向的横截面内。

⑤ 本征阻抗为复数，电场与磁场不等相位。

⑥ 平均磁场能量密度大于平均电场能量密度。

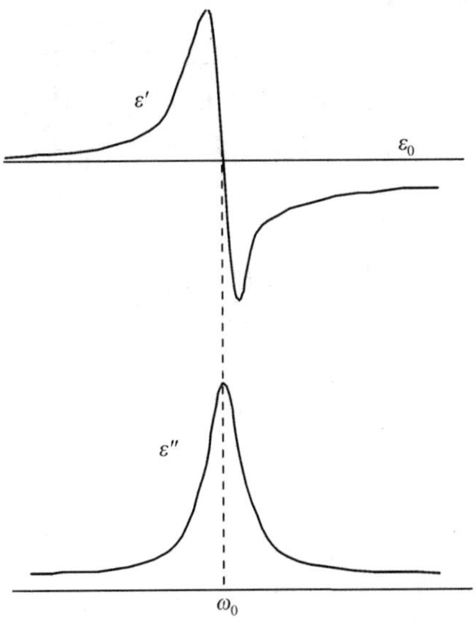

图 5.3.4　复介电常数随频率变化的曲线

5.4　相速、能速、群速及信号速度

5.4.1　相速

在研究电磁波的特性与相互作用时，经常要求相位的同步或准同步，因此会涉及相速的概念。对于单一频率的电磁波，无论在简单介质还是色散介质中传播，其相速都是固定的。但是任何信号都是由多个频率的电磁波组成的频谱。在理想介质中传播的复杂信号，所有频率的电磁波相速与频率无关，相速就是信号的传播速度。在真空中，信号的传播速度等于光速。

在色散介质中，介电常数或磁导率为频率的函数，不同频率分量的电磁波具有不同的相速，在传播过程中各频率分量之间的相位关系将发生变化，从而导致信号的畸变，这就是色散。如前面讲到的导电介质中的均匀平面波的相速。

$$v_{\mathrm{p}}=\frac{\omega}{\beta}=\frac{\omega}{\omega\sqrt{\frac{\mu\varepsilon}{2}\left[\sqrt{1+\left(\frac{\sigma}{\omega\varepsilon}\right)^{2}}+1\right]}}=\frac{1}{\sqrt{\frac{\mu\varepsilon}{2}\left[\sqrt{1+\left(\frac{\sigma}{\omega\varepsilon}\right)^{2}}+1\right]}}\tag{5.4.1}$$

在色散介质中，继续采用相速表示信号的传播速度将不再适合，需要考虑使用其他更加科学的表征方法。

5.4.2　群速

在弱色散介质或窄带信号或近距离传播情况下，由于各个频率分量的相速差别不大，从而可以应用线性叠加的方法通过群速的概念来描述信号的传播速度。

设两个 $+z$ 方向传播的电磁波，其幅度均为 E_{m}，角频率分别为 $\omega+\Delta\omega$ 和 $\omega-\Delta\omega$，对应的相位常数为 $\beta+\Delta\beta$ 和 $\beta-\Delta\beta$，从而这两个电磁波可以表示为

$$\begin{aligned}E_1&=E_{\mathrm{m}}\mathrm{e}^{\mathrm{j}(\omega+\Delta\omega)t}\mathrm{e}^{-\mathrm{j}(\beta+\Delta\beta)z}\\E_2&=E_{\mathrm{m}}\mathrm{e}^{\mathrm{j}(\omega-\Delta\omega)t}\mathrm{e}^{-\mathrm{j}(\beta-\Delta\beta)z}\end{aligned}\tag{5.4.2}$$

从而合成波为

$$E=E_m e^{j\omega t}e^{-j\beta z}(e^{j\Delta\omega t-j\Delta\beta z}+e^{-j\Delta\omega t+j\Delta\beta z})=2E_m e^{j\omega t}e^{-j\beta z}\cos(\Delta\omega t-\Delta\beta z) \tag{5.4.3}$$

可见，此时两个电磁波叠加后形成一个包络调制的电磁波，如图 5.4.1 所示。此时我们关心的是包络的传播速度，也就是信号的传播速度。由 $\Delta\omega t-\Delta\beta z=$常数，可得群速为

$$v_g=\frac{\Delta\omega}{\Delta\beta} \tag{5.4.4}$$

在弱色散介质或窄带信号或近距离传播情况下，上式分子和分母都是微小量，所以可以写为

$$v_g=\frac{d\omega}{d\beta} \tag{5.4.5}$$

利用相速表达式(5.1.7)，可以得到相速与群速的关系为

$$v_g=\frac{d\omega}{d\beta}=\frac{d(v_p\beta)}{d\beta}=v_p+\beta\frac{dv_p}{d\beta}=v_p+\frac{\omega}{v_p}\frac{dv_p}{\frac{d\omega}{v_g}}=v_p+\frac{\omega}{v_p}\frac{dv_p}{d\omega}v_g \tag{5.4.6}$$

所以

$$v_g=\frac{v_p}{1-\frac{\omega}{v_p}\frac{dv_p}{d\omega}} \tag{5.4.7}$$

所以有：

① 当$\frac{dv_p}{d\omega}=0$时，即相速与频率无关，此时 $v_p=v_g$，称为无色散；

② 当$\frac{dv_p}{d\omega}<0$时，即相速随频率的提高而降低，此时 $v_g<v_p$，群速小于相速，称为正常色散；

③ 当$\frac{dv_p}{d\omega}>0$时，即相速随频率的提高而增加，此时 $v_g>v_p$，群速大于相速，称为反常色散。

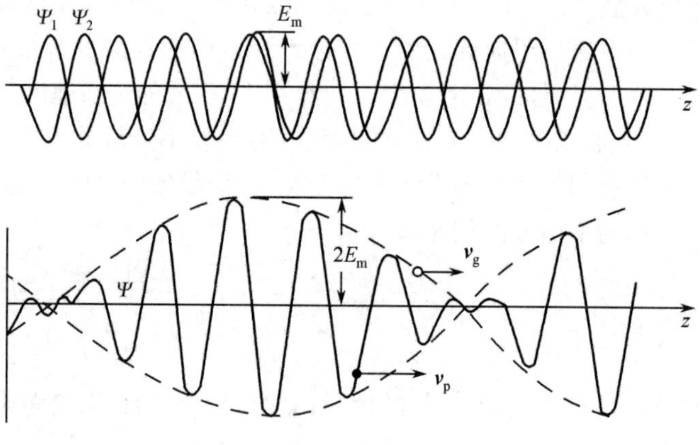

图 5.4.1　包络的传播波形

5.4.3　信号速度

在很多应用场合，我们更加关心信号的传播速度(信号速度)。在弱色散或正常色散区，群速 v_g 即代表了信号速度。但在反常色散区，以上定义的群速已失去代表信号速度 v_s 的意义。因为在反常色散区，群速大于真空光速违反了狭义相对论。布里渊(L. Brillouin)详细研究了信号在色散介质中的传播问题，在此只简单描述他给出的结论。

按照布里渊的研究结论，如图 5.4.2 所示，调制波形式的初始信号在色散介质中传播一个较

短的距离后，信号波形发生变形，但仍与初始信号相差不大，这时的信号速度仍然可以用群速表示。但在色散介质中传播了一个较长的距离后，不同频率电磁波的相位差加大，波形比较复杂。在信号主体前出现了两个前驱，这两个前驱可能部分重叠，它们的幅度非常小。其后幅度开始增大，导致信号主体的到达。布里渊把这个信号主体的到达速度定义为信号速度 v_s。

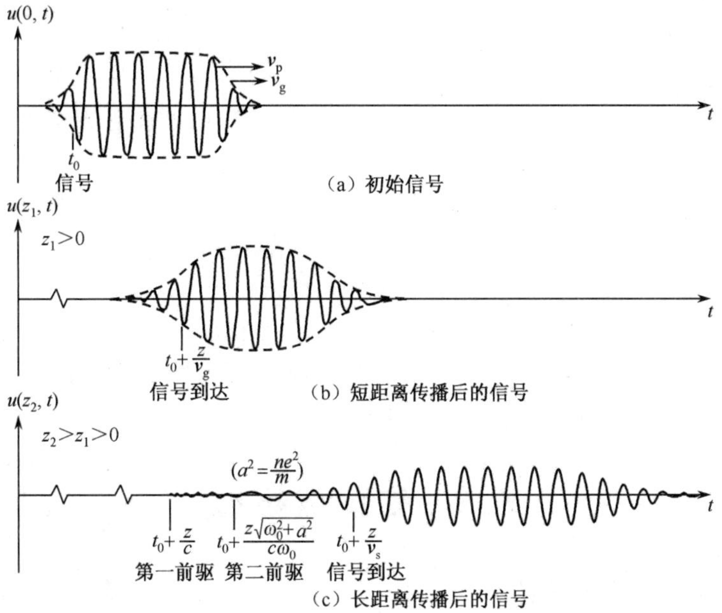

图 5.4.2　信号在色散介质中的传播

在此不可能给出信号速度 v_s 的简单表达式，但它的物理意义是很明确的。一个具有普通灵敏度的检测器所检测到的信号速度就是以上定义的 v_s，它永远小于真空光速。

5.4.4　能速

电磁波在传播过程中，能量的传播速度(能速)也是我们需要关注的一个重要概念。能速的定义为

$$\boldsymbol{v}_e=\frac{\boldsymbol{S}_{av}}{w} \tag{5.4.8}$$

其中，$\boldsymbol{S}_{av}$ 为平均能流密度，w 为电磁场平均储能密度。

在色散介质中，沿 $+z$ 方向传播的均匀平面波有

$$\begin{aligned}\boldsymbol{S}_{av}&=\frac{1}{2}\mathrm{Re}(\boldsymbol{E}\times\boldsymbol{H}^*)=\frac{1}{2}\mathrm{Re}\left(\frac{1}{\eta^*}\boldsymbol{E}\times\boldsymbol{E}^*\right)\\&=\frac{1}{2}\mathrm{Re}\left(\sqrt{\frac{\varepsilon_0}{\mu_0}}\sqrt{\varepsilon_r^*}\,|\boldsymbol{E}_0|^2\mathrm{e}^{-2\alpha z}\right)\boldsymbol{e}_z\end{aligned} \tag{5.4.9}$$

式中，$\sqrt{\varepsilon_r^*}$ 用实部和虚部表示为 $\sqrt{\varepsilon_r^*}=n'+\mathrm{j}n''$，$|\boldsymbol{E}|^2=|\boldsymbol{E}_0|^2\mathrm{e}^{-2\alpha z}$，因此有

$$\boldsymbol{S}=\frac{1}{2}\sqrt{\frac{\varepsilon_0}{\mu_0}}n'\,|\boldsymbol{E}_0|^2\mathrm{e}^{-2\alpha z}\cdot\boldsymbol{e}_z \tag{5.4.10}$$

能速在正常色散区与群速相当，但不相等，在反常色散区，二者差别很大。即使当 ω 接近谐振角频率 ω_0 时，能速仍永远小于光速 c，符合狭义相对论。

以上 4 种速度在色散介质中差别很大，从图 5.4.3 可以发现，这 4 种速度在大于或小于传播

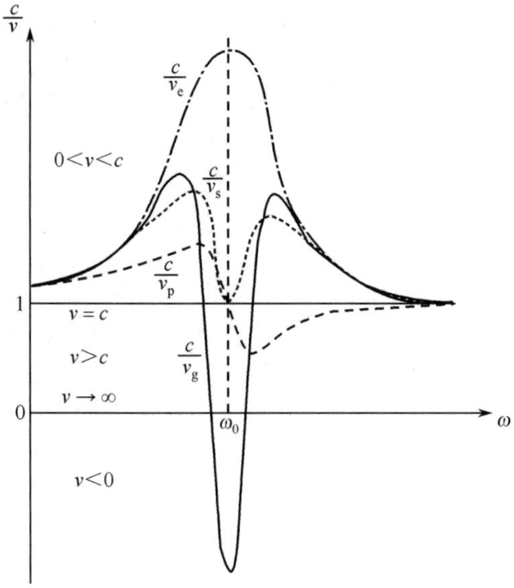

图 5.4.3　4 种速度的关系

介质的谐振角频率时，性能变化很大，分别具有如下特性。

① 相速：在角频率小于谐振角频率时，相速小于光速；当角频率大于谐振角频率时，相速大于光速；在角频率远大于谐振角频率时，相速约等于光速。

② 群速：当$\frac{dv_p}{d\omega}<0$时，群速小于光速；当$\frac{dv_p}{d\omega}>0$时，群速大于光速；在角频率远大于谐振角频率时，群速约等于光速。

③ 信号速度永远小于或等于光速，只有当角频率约等于谐振角频率或远大于谐振角频率时，信号速度约等于光速。

④ 能速永远小于光速，只有当角频率远大于谐振角频率时，能速约等于光速；当角频率约等于谐振角频率时，能速最小。

5.5　知识点拓展

5.5.1　无线通信技术概述

无线通信[29]可以细分为长距离通信和短距离通信两种，其根本仍然可以简化为电磁波在无限空间的传播问题。不同的是，应用场景的不同和协议的不同。

1. 短距离通信

无线局域网(WLAN)是一个典型的短距离通信体系，其协议分为两大阵营：IEEE 802.11 系列标准和欧洲的 HiperLAN。其中，IEEE 802.11 协议、蓝牙标准和 HomeRF 工业标准等是无线局域网所有标准中最主要的。这些协议和标准各有优劣，各有自己擅长的应用领域，有的适合于办公环境，有的适合于个人应用，有的则更适合家庭用户。

(1) Wi-Fi

Wi-Fi 的全称是 Wireless-Fidelity，其最大优点是传输速率高，可以达到 11Gb/s。另外，它的有效传输距离相对较长。Wi-Fi 属于在办公室、家庭、公共场所等使用的短距离无线技术。该技术使用 2.4GHz 或 5GHz，使用的标准是 IEEE802.11a/b/g/n/ac/ax 标准。

(2) 蓝牙

与 Wi-Fi 需要无线访问接入点(AP)才能通信不同，蓝牙可以进行设备间的直接通信，采用跳频技术，传输速率低，通信距离短，所以往往用于个人局域网(WPAN)。

(3) ZigBee

ZigBee 是基于 IEEE802.15.4 标准的无线通信技术，采用动态、自主的路由协议，可以自组网。ZigBee 具有低功耗、成本低、网络容量大、安全可靠等特点，其缺点是传输范围小、传输速率低、时延不可确定。

2. 长距离通信

长距离通信往往采用无线广域网(WWAN)体制。WWAN 是采用无线网络把物理距离极为分散的局域网(LAN)连接起来的通信方式，以正交频分复用技术(OFDM)和多输入多输出技术(MIMO)为核心，充分挖掘时域、频域和空间域的资源，大大提高了系统的频谱效率。IEEE802.20是WWAN的重要标准。我国常见的无线广域网主要有CDMA、GPRS、CDPD等。然而，下面讲到的LoRa是一个例外，它本质上属于局域网，但其通信距离可以高达数千米，属于典型的长距离通信。

(1) NB-IoT

NB-IoT是一种基于蜂窝网络的窄带物联网技术，支持低功耗设备在广域网的蜂窝数据连接，也被称为低功耗广域网(LPWAN)，具有覆盖广、连接多、传输速率快、功耗低等特点，支持待机时间长、对网络连接要求较高设备的高效连接，广泛应用于如智能表计、智慧停车、智慧路灯、智慧农业等多个方面。

NB-IoT只消耗约180kHz的带宽，可直接部署于GSM网络、UMTS网络或LTE网络，从而降低部署成本、实现平滑升级。

(2) LoRa

LoRa作为一种成熟、稳定的物联网通信技术，凭借其功耗低、传输距离远、穿透性强、组网灵活、易部署等特点，以及“自组、安全、可控”的特性，广泛应用于医疗健康、智慧农业和畜牧管理、智能建筑、智慧园区、智能表计与能源管理、智慧城市、智能物流和智能制造等诸多领域。

(3) 移动通信

目前发展快速的5G移动通信，甚至将来的6G移动通信也是在典型的无线广域网上发展起来的，具有非常广阔的应用前景。

5.5.2 三维空间无线频谱技术简介

随着信息化的迅速发展，电磁频谱资源[30]从之前的无人问津发展成为不可或缺的国家战略资源，它是信息安全的支柱，是国民经济发展、人民生活质量提高、维护国家安全的重要保障。然而随着无线电技术的发展，各种与无线电技术相关的新技术、新设备及新业务等也飞速发展，用户随之激增，目前无线频谱的供应不满足需求的问题日益严重。当前世界各国管理频谱主要有两种方式:一种是通过官方来支配各个频段的使用权，另外一种则是公开拍卖各个频段的使用权。各国都设立自己的无线电管理机构，由于不同的无线电业务各有特点、业务能力各有高低、带宽需求各有大小，该机构根据这些区别为每个业务指配使用的固定频段，因此当业务较多时，无线频谱的分配则满足不了这么多业务的需求，这也是为什么电磁频谱是一种有限的资源。然而随着技术的发展，现在的指配频段的方式逐渐显露出其弊端，如热点业务的频段内显得非常拥挤，频谱资源供不应求，而有的频段则存在时间和空间上的频谱闲置现象。低效的频谱资源利用率和有限的频谱资源使人们重新考虑传统频谱资源分配政策的合理性与解决方法。

1. 二维平面频谱向三维空间频谱拓展的迫切需求

(1) 通信技术发展需求

近年来，随着通信技术的飞速发展及通信需求的不断提高，无线通信网络的智能终端及其各种业务的数量迎来了急剧的增长。与此同时，随着我国空天地一体化信息网络的快速发展，地面移动网络和卫星通信网络已作为常态化网络存在，而以无人机(Unmanned Aerial Vehicle, UAV)平台等各类空中平台组成的中继网络组成了天地间的机动网络，通信与组网技术正在从地面通信组网形态向包括空空、空天、空地形态的航空6G演进。

(2) 物联网技术发展需求

随着物联网(Internet of Things, IoT)设备从二维地面到三维空间的爆发式增长，电磁频谱空间面临的频谱资源紧缺和频谱安全问题也正从陆域向空域延伸。由于物联网是物物相连，其网络连接量呈几何级数增长，从而给三维频谱空间技术的探测、管理、对抗等带来更为严峻的挑战。

(3) 空天一体军事需求

随着信息化和智能化在战争中应用的逐步提升，电磁频谱成为继原来的“四维”(陆、海、空、天)作战空间外的新作战领域，如图 5.5.1 所示。各种雷达、预警机、电子干扰设备、无人机、卫星等众多先进设备的应用，使得战场态势感知变得尤为重要。

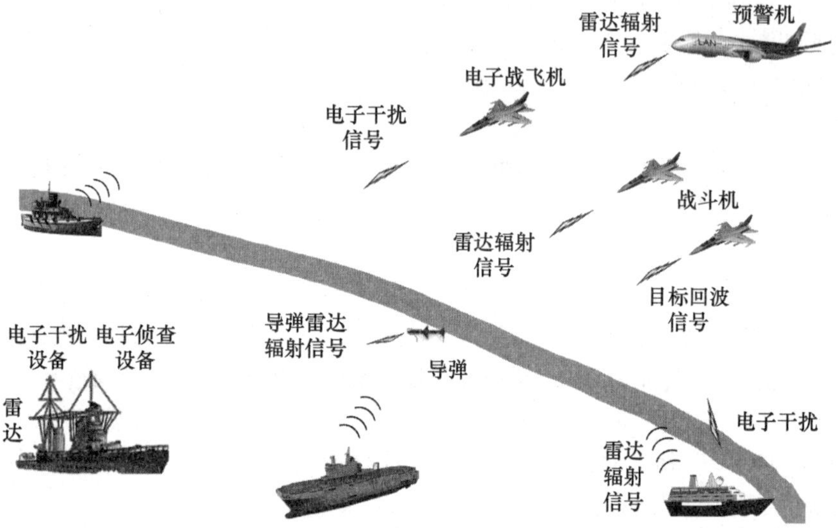

图 5.5.1 空天频谱示意图

2. 三维空间频谱下的挑战

随着天地一体化信息网络、航天飞行器、电磁频谱空域作战的迅猛发展，电磁频谱面临的挑战正在从陆域向空域延伸。

(1) 频谱资源紧缺性向空域延伸。

2012 年，美国政府提出了“频谱危机”的概念。思科公司的统计结果指出，全球的月移动数据业务量从 2012 年的 0.8EB(ExaByte，艾字节)迅速增长到 2022 年的 30.6EB($1EB=2^{60}B$)。在数据业务量如此迅猛增长的情况下，频谱资源的供给仅增长了约 1 倍，远不能满足需求。而随着无人机、旋翼机、直升机等航空飞行器的迅猛发展和城区高楼的建设，频谱资源紧缺性已向空域延伸，且空域和陆域相互影响、相互干扰，使得频谱资源紧缺性更为复杂。

(2) 频谱安全严峻性向空域延伸。

随着无线多媒体业务量的爆炸式增长，频谱资源的非法利用现象层出不穷。伪基站、黑广播、卫星干扰器、无线电作弊装置等非法用频设备严重危害国家通信安全、民航安全、重大活动安全、人民群众财产安全，其中低空无线电干扰问题最为严峻。非法无线电活动已对空域(如民航、边境、沿海)频谱安全造成严重影响，而无人机等的非法用频行为及“黑飞”等，使得空域频谱安全形势更为严峻。

(3) 频谱对抗激烈性向空域延伸。

电磁频谱被普遍认为是唯一能满足机动作战、分散作战及高强度作战需求的重要支撑媒体，同时是一种无形的新型战斗力。信息化战争取胜的关键就是增强战场上的频谱控制能力。2015 年 12 月，美国发布的《电波制胜：重拾美国在电磁频谱领域的主宰地位》报告中指出，失去制电磁权，必将失去制海权、制空权。随着以无人机集群为首的航空飞行器在现代化战争中的作用越来越大，空域频谱对抗形势必将日益激烈。

3. 三维频谱态势感知技术

(1) 三维频谱数据采集

传统的频谱探测设备虽然具有扫描速度快、探测灵敏度高等特点,但只能实现地面频谱探测,且为了完成频谱感知任务需要花费大量人力、物力,存在探测精度低、探测成本高等弊端。此外,对三维立体空间也难以进行高效、精确的电磁频谱探测,当频谱测量从时、频、信号域向空域延伸,频谱信息处理从分析向认知深化时,传统频谱探测设备难以适应频谱空间科学研究与空域频谱探测的发展需求,难以应用于高动态化的空天地一体化信息网络。

因此有必要利用空中频谱探测手段来呈现完整的三维频谱态势并挖掘三维电磁频谱空间频谱态势信息,不仅包括电磁环境的当前状态和综合形势,还包括它未来的发展趋势[31-33]。

无人机作为近年来迅猛发展的机动平台,是一种很好的频谱探测手段。利用加载多种电磁感知传感器的无人机进行空域飞行,可实现三维空域电磁频谱全天候监测,并对数据进行实时处理与呈现。因此,基于无人机平台的三维频谱态势研究不仅十分必要,而且具有重要的现实意义。

(2) 三维频谱数据呈现

电磁频谱态势地图简称频谱地图(Spectrum Map),也被称为无线电环境地图(Radio Environment Map,REM)或射频地图(Radio Map),构建频谱地图的过程被称为频谱态势测绘。频谱态势测绘是频谱态势生成的主要任务,同时是电磁频谱空间认知研究必须要解决的首要难题。频谱地图可视为一个电磁信息数据库,能够描述电磁环境的多维频谱信息。频谱地图能够将常人难以理解的频谱态势信息可视化,从地理位置、频率、时间、能量等多个维度表征目标区域内频谱态势的实时情况。通过频谱地图,用户能够清晰地看到并掌握目标区域的频谱态势,例如哪些频段已经被用户占用,哪些时段有空闲频段,指定频段在目标区域内的覆盖情况,目标区域内是否存在非法或异常辐射源等。

频谱态势测绘的目的是构建高精度的频谱地图,包含初始频谱数据的获取和对数据的补全处理两个重要部分。其中,对数据的补全处理即如何处理采集的数据以得到未采集点处的数据,进而构建出整个区域的频谱地图。现在对频谱地图构建方法的研究有较多,然而不同算法在不同场景下的性能不同,因此选择一个合适的方法至关重要。

频谱地图的构建方法包括最近邻法、自然邻点插值法、反距离加权法、克里金法、基于发射机位置估计法等。根据各种方法的特点可将这些方法分为 3 类,具体包括空间插值构建法、参数构建法及混合构建法。

(3) 三维频谱数据应用

由于三维空间电磁频谱管理的缺失或不足,黑广播、伪基站、卫星干扰、战场电磁对抗、频谱资源日常管理、通信基站布置优化、无线网络干扰优化等方面存在大量问题。此外,构建战场复杂电磁环境的频谱地图也是现代电磁频谱信息战制胜的关键和电磁频谱作战筹划的关键。因此,构建全天候三维空间频谱感知手段,绘制三维空间频谱地图,可以为通信、物联网、空天一体作战甚至工业、农业及军事领域提供非常重要的技术保障。

知识点总结

本章介绍的内容较多,包括:①平面波、均匀平面波概念,平面波表征参量 T、ω、f、λ、k、v_{p}、η、$\boldsymbol{S}$、$\boldsymbol{S}_{\mathrm{av}}$ 及其相互关系,均匀平面波基本方程及频谱基本知识;②极化的定义,线极化电磁波、圆极化(左右旋)电磁波、椭圆极化(左右旋)电磁波的判断,轴比概念;③有耗介质中的基本参数 $\tilde{\varepsilon}$、α、

β,强导电介质、弱导电介质的判断及计算,趋肤深度概念及有耗介质的色散特性。由于色散的原因,引入了相速、群速、信号速度及能速 4 个概念。本章的知识点图谱如图 5.1 所示。

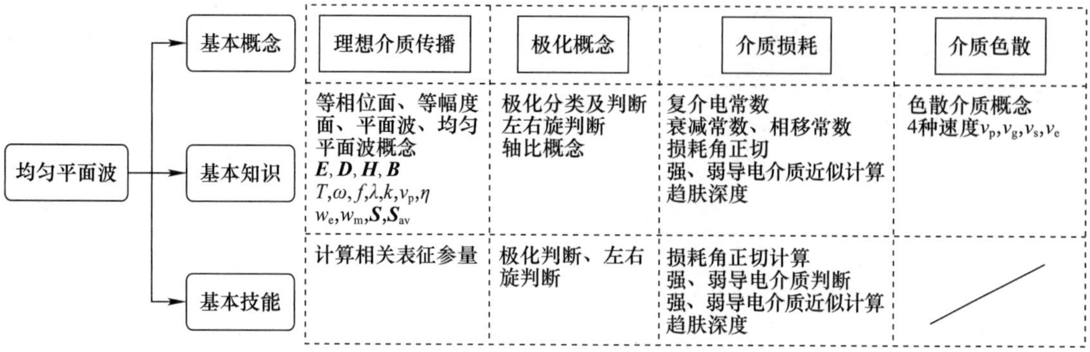

图 5.1 均匀平面波知识点图谱

本章涉及的重要公式及概念如下。

(1) 平面波及均匀平面波基本参数

$$T=\frac{2\pi}{\omega}, f=\frac{1}{T}=\frac{\omega}{2\pi}$$

$$\lambda=\frac{2\pi}{k}, k=\omega\sqrt{\mu\varepsilon}=2\pi f\sqrt{\mu\varepsilon}, \lambda=\frac{1}{f\sqrt{\mu\varepsilon}}$$

$$v_p=\frac{\omega}{k}=\frac{1}{\sqrt{\mu\varepsilon}}, v_p=c=\frac{1}{\sqrt{\mu_0\varepsilon_0}}\approx 3\times 10^8\,\text{m/s}$$

$$\eta=\sqrt{\frac{\mu}{\varepsilon}}, \eta_0=\sqrt{\frac{\mu_0}{\varepsilon_0}}=120\pi\Omega=377\Omega$$

$$\boldsymbol{S}=\boldsymbol{E}\times\boldsymbol{H}=\boldsymbol{e}_z\frac{1}{\eta}|E_m|^2\cos^2(\omega t-kz)$$

$$\boldsymbol{S}_{av}=\frac{1}{2}\text{Re}(\boldsymbol{E}\times\boldsymbol{H}^*)=\boldsymbol{e}_z\frac{1}{2\eta}|E_m|^2$$

$$w_e=\frac{1}{2}\varepsilon|\boldsymbol{E}|^2=\frac{1}{2}\varepsilon|\boldsymbol{H}|^2\eta^2=\frac{1}{2}\mu|\boldsymbol{H}|^2=w_m$$

$$\boldsymbol{e}_k\times\boldsymbol{E}=\eta\boldsymbol{H}$$

$$\boldsymbol{e}_k\times\boldsymbol{H}=-\boldsymbol{E}/\eta$$

$$\boldsymbol{k}\cdot\boldsymbol{E}=0$$

$$\boldsymbol{k}\cdot\boldsymbol{H}=0$$

(2) 电磁波极化

① 线极化电磁波:初相位相差 0°或 180°。

② 圆极化电磁波:$E_{xm}=E_{ym}=E_m$,相位相差±90°,左右旋判断。

③ 椭圆极化电磁波:幅度和相位不满足上述两种情况的极化形式。轴比概念。

(3) 有耗介质

复介电常数$\tilde{\varepsilon}=\varepsilon-\text{j}\dfrac{\sigma}{\omega}$,损耗角正切$\dfrac{\sigma}{\omega\varepsilon}$。

当$\dfrac{\sigma}{\omega\varepsilon}\ll 1$时:$\alpha=\dfrac{\sigma}{2}\sqrt{\dfrac{\mu}{\varepsilon}}\,\text{Np/m}$,$\beta=\omega\sqrt{\mu\varepsilon}\,\text{rad/m}$。

当$\frac{\sigma}{\omega\varepsilon}\gg 1$时：$\alpha=\beta=\sqrt{\pi f\mu\sigma}$，磁场的相位滞后于电场约45°。

$$\delta=\frac{1}{\alpha}=\sqrt{\frac{2}{\omega\mu\sigma}}=\frac{1}{\sqrt{\pi f\mu\sigma}}$$

（4）有耗介质的色散特性

色散介质，4种速度，群速$\boldsymbol{v}_{\mathrm{g}}=\dfrac{\boldsymbol{v}_{\mathrm{p}}}{1-\dfrac{\omega}{v_{\mathrm{p}}}\dfrac{\mathrm{d}v_{\mathrm{p}}}{\mathrm{d}\omega}}$，3种色散类型。

习　题　5

5.1　已知在自由空间传播的电磁波的电场强度为$\boldsymbol{E}=\boldsymbol{e}_y 10\sin(6\pi\cdot 10^8\cdot t+2\pi z)(\mu\mathrm{V/m})$，试问：(1)该电磁波是不是均匀平面波？(2)该波的频率$f=$？波长$\lambda=$？相速$v_{\mathrm{p}}=$？(3)磁场强度$\boldsymbol{H}=$？(4)指出波的传播方向。

5.2　证明在任何无损耗的非铁磁介质中有$k=k_0\sqrt{\varepsilon_{\mathrm{r}}}$，$\eta=\frac{\eta_0}{\sqrt{\varepsilon_{\mathrm{r}}}}$，$\lambda=\frac{\lambda_0}{\sqrt{\varepsilon_{\mathrm{r}}}}$，$v_{\mathrm{p}}=\frac{c}{\sqrt{\varepsilon_{\mathrm{r}}}}$，式中$\varepsilon_{\mathrm{r}}$是相对介电常数，$k_0$、$\eta_0$、$\lambda_0$、$c$分别为真空中均匀平面波的波数、本征阻抗、波长和相速。

5.3　一个在自由空间传播的均匀平面波，电场强度为$\boldsymbol{E}=\boldsymbol{e}_x 10^{-4}\mathrm{e}^{\mathrm{j}(\omega t-20\pi z)}+\boldsymbol{e}_y 10^{-4}\cdot\mathrm{e}^{\mathrm{j}(\omega t+\frac{\pi}{2}-20\pi z)}$(V/m)，试求：(1)电磁波的传播方向；(2)电磁波的频率；(3)电磁波的极化方式；(4)磁场强度$\boldsymbol{H}$；(5)沿传播方向单位面积流过的平均功率。

5.4　$-\boldsymbol{e}_y$方向均匀平面波的磁场强度的振幅为$\frac{1}{3\pi}$A/m，相位常数为30rad/m，电磁波在自由空间沿$-\boldsymbol{e}_z$方向传播，试写出电场和磁场的复数域和实数域表达式。

5.5　已知无界理想介质($\varepsilon=9\varepsilon_0$，$\mu=\mu_0$，$\sigma=0$)中正弦均匀平面波的频率$f=10^8$Hz，电场强度$\boldsymbol{E}=\boldsymbol{e}_x 4\mathrm{e}^{-\mathrm{j}kz}+\boldsymbol{e}_y 3\mathrm{e}^{-\mathrm{j}kz+\mathrm{j}\frac{\pi}{3}}$(V/m)。求：

(1) 均匀平面波的相速v_{p}、波长λ、相移常数k和本征阻抗η。

(2) 电场强度和磁场强度的瞬时值表达式。

(3) 与电磁波传播方向垂直的单位面积上通过的平均功率。

5.6　判断下列各表达式所表示的均匀平面波的传播方向和极化方式。

(1) $\boldsymbol{E}=\boldsymbol{e}_x \mathrm{j}E_1\mathrm{e}^{\mathrm{j}kz}+\boldsymbol{e}_y \mathrm{j}E_1\mathrm{e}^{\mathrm{j}kz}$

(2) $\boldsymbol{H}=\boldsymbol{e}_y H_1\mathrm{e}^{-\mathrm{j}kx}+\boldsymbol{e}_z H_2\mathrm{e}^{-\mathrm{j}kx}$ ($H_1\neq H_2\neq 0$)

(3) $\boldsymbol{E}=\boldsymbol{e}_x E_1\mathrm{e}^{-\mathrm{j}kz}-\boldsymbol{e}_y \mathrm{j}E_1\mathrm{e}^{-\mathrm{j}kz}$

(4) $\boldsymbol{E}=(\boldsymbol{e}_x E_0+\boldsymbol{e}_y AE_0\mathrm{e}^{\mathrm{j}\phi})\mathrm{e}^{\mathrm{j}kz}$ (A为常数，$\phi\neq 0,\pm\pi$)

(5) $\boldsymbol{H}=\boldsymbol{e}_x\dfrac{E_{\mathrm{m}}}{\eta}\mathrm{e}^{-\mathrm{j}ky}+\boldsymbol{e}_z \mathrm{j}\dfrac{E_{\mathrm{m}}}{\eta}\mathrm{e}^{-\mathrm{j}ky}$

(6) $\boldsymbol{E}=\boldsymbol{e}_x E_0\sin(\omega t-kz)+\boldsymbol{e}_y E_0\cos(\omega t-kz)$

(7) $\boldsymbol{E}=\boldsymbol{e}_x E_0\sin\left(\omega t-kz+\dfrac{\pi}{4}\right)+\boldsymbol{e}_y 2E_0\cos\left(\omega t-kz-\dfrac{\pi}{4}\right)$

5.7　旋转方向、振幅和初相位3个不同参数在不同设置下的两个同频同向圆极化电磁波，试问：

(1) 如果旋转方向不同，其他参数相同，其合成波是什么极化？

(2) 如果初相位不同，其他参数相同，其合成波是什么极化？

(3) 如果振幅不同,其他参数相同,其合成波是什么极化?

5.8　证明一个线极化电磁波可以分解为两个振幅相等、旋向相反的圆极化电磁波。

5.9　证明椭圆极化电磁波 $\boldsymbol{E}=(\boldsymbol{e}_x E_1+\mathrm{j}\boldsymbol{e}_y E_2)\mathrm{e}^{-\mathrm{j}kz}$ (V/m)可以分解为两个不等振幅、旋向相反的圆极化电磁波。

5.10　介质的损耗角正切是 $\tan\delta=\frac{\varepsilon''}{\varepsilon'}$。已知聚苯乙烯在 $f=1\mathrm{GHz}$ 时的 $\tan\delta=0.0003$,$\varepsilon_r=2.54$,$\mu_r=1$,试计算电磁波对聚苯乙烯的穿透深度和材料中电场、磁场之间的相位差。

5.11　已知海水的 $\sigma=4\mathrm{S/m}$,$\varepsilon_r=81$,$\mu_r=1$,其中分别传播 $f=100\mathrm{MHz}$ 或 $f=10\mathrm{kHz}$ 的平面电磁波时,求 α、β、v_p 和 λ,并判断两个频率下海水是良导电介质还是弱导电介质。

5.12　海水的电磁参数是 $\varepsilon_r=81$,$\mu_r=1$,$\sigma=4\mathrm{S/m}$,频率为 3kHz 和 30MHz 的电磁波在紧贴海平面下侧处的电场强度为 1V/m,求:

(1) 在电场强度衰减为 $1\mu\mathrm{V/m}$ 处的深度,应选择哪个频率进行潜水艇的水下通信更为合适。

(2) 频率为 3kHz 的电磁波从海平面下侧向海水中传播的平均能流密度。

5.13　频率为 540MHz 的广播信号通过一导电介质($\mu_r=1$,$\varepsilon_r=2.1$,$\sigma/\omega\varepsilon=0.2$),试求:(1)衰减常数和相移常数;(2)相速和波长;(3)本征阻抗。

5.14　如果要求电子仪器的铝外壳($\mu_r=1$,$\sigma=3.54\times10^7\mathrm{S/m}$)至少为 5 个趋肤深度,为防止 20kHz～200MHz 的无线电干扰,铝外壳应取多厚?

5.15　证明:电磁波在良导体中传播时场量的衰减约为 $55\mathrm{dB}/\lambda$。

5.16　设一均匀平面波在一良导体内传播,其传播速度为光速的 0.1%,且波长为 0.3mm,设该良导体的磁导率为 μ_0,试确定该平面波的频率及良导体的电导率。

5.17　线极化电磁波在参数为 $\varepsilon_r=81$,$\mu_r=1$,$\sigma=4\mathrm{S/m}$ 的海水中沿 $\boldsymbol{e}_y$ 方向传播,在 $y=0$ 处磁场表达式为 $\boldsymbol{H}=\boldsymbol{e}_x 0.1\sin(10^{10}\pi t-\pi/3)$ A/m。

(1) 求衰减常数、相移常数、本征阻抗、相速和波长。

(2) 求磁场为 0.01A/m 时的位置。

(3) 写出电磁场的瞬时值表达式。

5.18　已知在 100MHz 时,石墨的趋肤深度为 0.16mm,试求:

(1) 石墨的电导率。

(2) 1GHz 的电磁波在石墨中传播多长距离其幅度衰减 30dB?

5.19　若均匀平面波在一种色散介质中传播,该介质的特性参数为

$$\varepsilon_r=1+\frac{A^2}{B^2-\omega^2},\mu_r=1,\sigma=0$$

式中,A、B 是有角频率量纲的常数,试求电磁波在该介质中传播的相速 v_p 和群速 v_g。

第 6 章　均匀平面波的反射与透射

第 5 章讨论了电磁波在无界均匀介质(自由空间、理想介质、有耗色散介质)中的传播问题。由唯一性原理可知,电磁波的传播与分布问题除了与基本方程有关,还与边界条件密切相关。所以,实际电磁波的传播与分布问题往往会受到自然界中山丘、房屋、海洋等不同介质分界面的影响。对于如上的复杂边值问题,可以通过第 3 章讲解的分离变量法、矩量法及其他一些近似方法进行求解。在一定条件下,许多大尺寸分界面上的局部区域可以近似为一个无限大平面,从而使边界条件的处理得到简化。本章主要讨论的内容均为无限大平面上的电磁波特性。

6.1　均匀平面波对分界面的垂直入射

6.1.1　均匀平面波对理想导体分界面的垂直入射

如图 6.1.1 所示,假设 $\boldsymbol{e}_x$ 方向入射的均匀平面波沿 $\boldsymbol{e}_x$ 正方向入射到理想导体表面,极化为 $\boldsymbol{e}_y$ 方向的线极化波,电场幅度大小为 $E_{\mathrm{m}}^{\mathrm{i}}$,则入射电磁场可以表示为

$$\boldsymbol{E}^{\mathrm{i}}=\boldsymbol{e}_y E_{\mathrm{m}}^{\mathrm{i}}\mathrm{e}^{-\mathrm{j}kx} \tag{6.1.1a}$$

$$\boldsymbol{H}^{\mathrm{i}}=\boldsymbol{e}_z \frac{E_{\mathrm{m}}^{\mathrm{i}}}{\eta}\mathrm{e}^{-\mathrm{j}kx} \tag{6.1.1b}$$

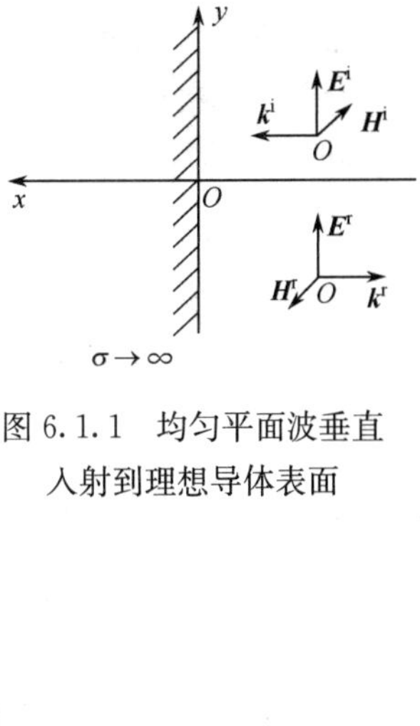

图 6.1.1　均匀平面波垂直入射到理想导体表面

由于电磁波不能进入理想导体内部,入射到导体表面的电磁波将被反射,此时反射电磁波的传播方向与入射电磁波的方向相反,为了满足右手螺旋关系,暂时假设电场方向不变,而磁场方向反向,如图 6.1.1 所示。此时反射电磁波的一般表达式为

$$\boldsymbol{E}^{\mathrm{r}}=\boldsymbol{e}_y E_{\mathrm{m}}^{\mathrm{r}}\mathrm{e}^{\mathrm{j}kx} \tag{6.1.2a}$$

$$\boldsymbol{H}^{\mathrm{r}}=-\boldsymbol{e}_z \frac{E_{\mathrm{m}}^{\mathrm{r}}}{\eta}\mathrm{e}^{\mathrm{j}kx} \tag{6.1.2b}$$

所以,理想导体表面右边总的电场大小可以表示为

$$\boldsymbol{E}^{\mathrm{tot}}=\boldsymbol{e}_y E_{\mathrm{m}}^{\mathrm{i}}\mathrm{e}^{-\mathrm{j}kx}+\boldsymbol{e}_y E_{\mathrm{m}}^{\mathrm{r}}\mathrm{e}^{\mathrm{j}kx}$$

进一步,在 $x=0$ 处,总电场需要满足切向电场为 0 的边界条件,即

$$\boldsymbol{E}^{\mathrm{tot}}=\boldsymbol{e}_y (E_{\mathrm{m}}^{\mathrm{i}}\mathrm{e}^{-\mathrm{j}kx}+E_{\mathrm{m}}^{\mathrm{r}}\mathrm{e}^{\mathrm{j}kx})\big|_{x=0}=0$$

从而可得

$$E_{\mathrm{m}}^{\mathrm{r}}=-E_{\mathrm{m}}^{\mathrm{i}} \tag{6.1.3}$$

所以,实际均匀平面波垂直入射到理想导体表面,入射电场与反射电场方向相反或相位差 180°,而根据右手螺旋关系,磁场方向反而不变,这与图 6.1.1 所做的假设正好相反。如果在图中假设反射电场与入射电场方向相反,而磁场方向一致,则可以推导求得 $E_{\mathrm{m}}^{\mathrm{r}}=E_{\mathrm{m}}^{\mathrm{i}}$,二者代表的物理含义完全一致。本书中后续的所有讨论,均是先假设反射电场方向不变,求得 $E_{\mathrm{m}}^{\mathrm{r}}=-E_{\mathrm{m}}^{\mathrm{i}}$。理想导体右边总电磁场可以表示为

$$\boldsymbol{E}^{\mathrm{tot}}=\boldsymbol{e}_y E_{\mathrm{m}}^{\mathrm{i}}(\mathrm{e}^{-\mathrm{j}kx}-\mathrm{e}^{\mathrm{j}kx})=-\boldsymbol{e}_y 2\mathrm{j}E_{\mathrm{m}}^{\mathrm{i}}\sin kx \tag{6.1.4a}$$

$$\boldsymbol{H}^{\text{tot}}=\boldsymbol{e}_z\frac{E_{\text{m}}^{\text{i}}}{\eta}(\text{e}^{-\text{j}kx}+\text{e}^{\text{j}kx})=\boldsymbol{e}_z\frac{2E_{\text{m}}^{\text{i}}}{\eta}\cos kx \tag{6.1.4b}$$

对应的时域表达式为

$$\boldsymbol{E}^{\text{tot}}(x,t)=\text{Re}(\boldsymbol{E}^{\text{tot}}\text{e}^{\text{j}\omega t})=\text{Re}(-\boldsymbol{e}_y 2\text{j}E_{\text{m}}^{\text{i}}\sin kx\text{e}^{\text{j}\omega t})=\boldsymbol{e}_y 2E_{\text{m}}^{\text{i}}\sin kx\sin\omega t \tag{6.1.5a}$$

$$\boldsymbol{H}^{\text{tot}}(x,t)=\text{Re}(\boldsymbol{H}^{\text{tot}}\text{e}^{\text{j}\omega t})=\text{Re}\left(\boldsymbol{e}_z\frac{2E_{\text{m}}^{\text{i}}}{\eta}\cos kx\text{e}^{\text{j}\omega t}\right)=\boldsymbol{e}_z\frac{2E_{\text{m}}^{\text{i}}}{\eta}\cos kx\cos\omega t \tag{6.1.5b}$$

上式与前面介绍的均匀平面波时域表达式完全不同，导致总电磁场的性质也与均匀平面波的性质完全不同。不同时间、不同位置处总电磁场的时空关系如图 6.1.2 所示，并具有如下规律。

① 对于确定的时间 t，总电磁场在空间成正(余)弦分布，在 $kx=-n\pi$ 处，电场恒定为零，而磁场幅度为最大值；在 $kx=-n\pi-\frac{\pi}{2}$ 处，磁场恒定为零，而电场幅度为最大值，从而形成确定的波腹点和波节点。电场和磁场的零点及最大值点相差$\frac{\lambda}{4}$。

② 对于固定的空间位置，电场和磁场随时间是振荡变化的，但相位相差$\frac{\pi}{2}$。

③ 由于电场和磁场的相位相差$\frac{\pi}{2}$，总电磁场的平均坡印廷矢量为

$$\boldsymbol{S}_{\text{av}}=\frac{1}{2}\text{Re}(\boldsymbol{E}\times\boldsymbol{H}^*)=\frac{1}{2}\text{Re}\left(-\boldsymbol{e}_x 2\text{j}E_{\text{m}}^{\text{i}}\sin kx\times\boldsymbol{e}_z\frac{2E_{\text{m}}^{\text{i}}}{\eta}\cos kx\right)=0 \tag{6.1.6}$$

可以看出，均匀平面波垂直入射到理想导体表面形成的总电磁场的平均坡印廷矢量恒定为零，电磁波并不传播能量，只存在电场能量和磁场能量之间的相互转换，称这种电磁波为纯驻波。从上述第①条规律可知，波腹点和波节点位置确定，总电磁场的等相位面在空间并没有移动，只是随时间振荡，也可以成为理解纯驻波这个概念的一个角度。

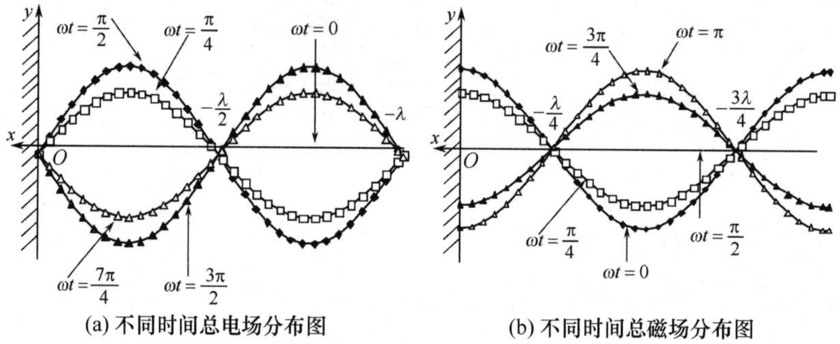

图 6.1.2 总电磁场的时空关系

6.1.2 均匀平面波对理想介质分界面的垂直入射

当均匀平面波从理想介质 1(ε_1,μ_1)垂直入射到与理想介质 2(ε_2,μ_2)的分界面上时，电磁波除会发生反射外，部分电磁波将会进入介质 2 并继续传播，如图 6.1.3 所示。参照 6.1.1 节，可以得到入射波、反射波和透射波的表达式分别为

$$\boldsymbol{E}^{\text{i}}=\boldsymbol{e}_y E_{\text{m}}^{\text{i}}\text{e}^{-\text{j}k_1 x} \tag{6.1.7a}$$

$$\boldsymbol{H}^{\text{i}}=\boldsymbol{e}_z\frac{E_{\text{m}}^{\text{i}}}{\eta_1}\text{e}^{-\text{j}k_1 x} \tag{6.1.7b}$$

$$\boldsymbol{E}^{\text{r}}=\boldsymbol{e}_y E_{\text{m}}^{\text{r}}\text{e}^{\text{j}k_1 x} \tag{6.1.8a}$$

$$\boldsymbol{H}^{\mathrm{r}}=-\boldsymbol{e}_z\frac{E_{\mathrm{m}}^{\mathrm{r}}}{\eta_1}\mathrm{e}^{\mathrm{j}k_1x} \tag{6.1.8b}$$

$$\boldsymbol{E}^{\mathrm{t}}=\boldsymbol{e}_zE_{\mathrm{m}}^{\mathrm{t}}\mathrm{e}^{-\mathrm{j}k_2x} \tag{6.1.9a}$$

$$\boldsymbol{H}^{\mathrm{t}}=\boldsymbol{e}_z\frac{E_{\mathrm{m}}^{\mathrm{t}}}{\eta_2}\mathrm{e}^{-\mathrm{j}k_2x} \tag{6.1.9b}$$

此处同样假设反射电场方向不变而发射磁场方向相反，其中，两种介质中的波数和本征阻抗分别为

$$k_1=\omega\sqrt{\varepsilon_1\mu_1},k_2=\omega\sqrt{\varepsilon_2\mu_2};\eta_1=\sqrt{\frac{\mu_1}{\varepsilon_1}},\eta_2=\sqrt{\frac{\mu_2}{\varepsilon_2}}$$

在理想介质分界面上，表面电荷和表面电流为零，电磁波满足切向电场连续和切向磁场连续两个边界条件，从而有

$$\boldsymbol{E}^{\mathrm{i}}+\boldsymbol{E}^{\mathrm{r}}\big|_{x=0}=\boldsymbol{e}_y\,(E_{\mathrm{m}}^{\mathrm{i}}+E_{\mathrm{m}}^{\mathrm{r}})\big|_{x=0}=\boldsymbol{E}^{\mathrm{t}}\big|_{x=0}=\boldsymbol{e}_yE_{\mathrm{m}}^{\mathrm{t}}$$

$$\boldsymbol{H}^{\mathrm{i}}+\boldsymbol{H}^{\mathrm{r}}\big|_{x=0}=\boldsymbol{e}_z\,(E_{\mathrm{m}}^{\mathrm{i}}-E_{\mathrm{m}}^{\mathrm{r}})/\eta_1\big|_{x=0}=\boldsymbol{H}^{\mathrm{t}}\big|_{x=0}=\boldsymbol{e}_zE_{\mathrm{m}}^{\mathrm{t}}/\eta_2$$

由此可得

$$E_{\mathrm{m}}^{\mathrm{r}}=\frac{\eta_2-\eta_1}{\eta_2+\eta_1}E_{\mathrm{m}}^{\mathrm{i}},E_{\mathrm{m}}^{\mathrm{t}}=\frac{2\eta_2}{\eta_2+\eta_1}E_{\mathrm{m}}^{\mathrm{i}}$$

反射波电场幅度和透射波电场幅度与入射波电场幅度的比值可以分别定义为介质分界面上的反射系数 Γ 和透射系数 τ，即

$$\Gamma=\frac{\eta_2-\eta_1}{\eta_2+\eta_1} \tag{6.1.10}$$

$$\tau=\frac{2\eta_2}{\eta_2+\eta_1} \tag{6.1.11}$$

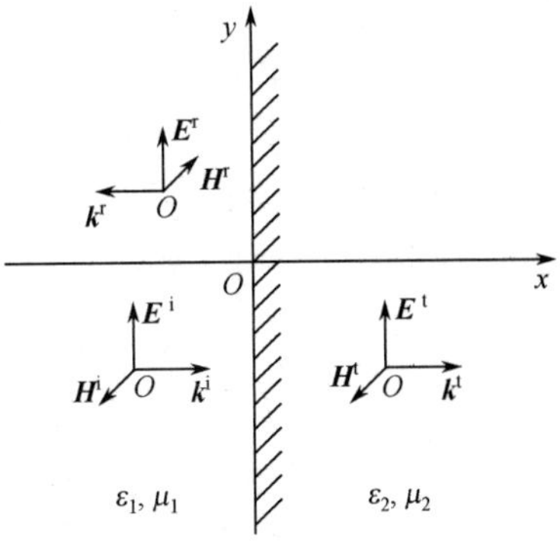

图 6.1.3　均匀平面波垂直入射到理想介质分界面

反射系数与透射系数之间满足 $1+\Gamma=\tau$，这实际代表着电场在分界面上满足的边界条件，当介质分界面位于 $x=d$ 处时，入射电场、反射电场和透射电场可分别写为

$$\begin{cases}\boldsymbol{E}^{\mathrm{i}}=\boldsymbol{e}_yE_{\mathrm{m}}^{\mathrm{i}}\mathrm{e}^{-\mathrm{j}k_1(x-d)}\\ \boldsymbol{E}^{\mathrm{r}}=\boldsymbol{e}_y\Gamma E_{\mathrm{m}}^{\mathrm{i}}\mathrm{e}^{\mathrm{j}k_1(x-d)}\\ \boldsymbol{E}^{\mathrm{t}}=\boldsymbol{e}_y\tau E_{\mathrm{m}}^{\mathrm{i}}\mathrm{e}^{-\mathrm{j}k_2(x-d)}\end{cases}$$

从而分界面上仍然满足 $1+\Gamma=\tau$。

分界面两侧介质内的电磁场可分别表示为

$$\begin{aligned}\boldsymbol{E}_1=\boldsymbol{E}^{\mathrm{i}}+\boldsymbol{E}^{\mathrm{r}}&=\boldsymbol{e}_yE_{\mathrm{m}}^{\mathrm{i}}(\mathrm{e}^{-\mathrm{j}k_1x}+\Gamma\mathrm{e}^{\mathrm{j}k_1x})=\boldsymbol{e}_yE_{\mathrm{m}}^{\mathrm{i}}[(1+\Gamma)\mathrm{e}^{-\mathrm{j}k_1x}+\Gamma(\mathrm{e}^{\mathrm{j}k_1x}-\mathrm{e}^{-\mathrm{j}k_1x})]\\&=\boldsymbol{e}_yE_{\mathrm{m}}^{\mathrm{i}}[(1+\Gamma)\mathrm{e}^{-\mathrm{j}k_1x}+2\mathrm{j}\Gamma\sin k_1x]\end{aligned} \tag{6.1.12}$$

$$\begin{aligned}\boldsymbol{H}_1=\boldsymbol{H}^{\mathrm{i}}+\boldsymbol{H}^{\mathrm{r}}&=\boldsymbol{e}_z\frac{E_{\mathrm{m}}^{\mathrm{i}}}{\eta_1}(\mathrm{e}^{-\mathrm{j}k_1x}-\Gamma\mathrm{e}^{\mathrm{j}k_1x})=\boldsymbol{e}_z\frac{E_{\mathrm{m}}^{\mathrm{i}}}{\eta_1}[(1+\Gamma)\mathrm{e}^{-\mathrm{j}k_1x}-\Gamma(\mathrm{e}^{\mathrm{j}k_1x}+\mathrm{e}^{-\mathrm{j}k_1x})]\\&=\boldsymbol{e}_z\frac{E_{\mathrm{m}}^{\mathrm{i}}}{\eta_1}[(1+\Gamma)\mathrm{e}^{-\mathrm{j}k_1x}-2\mathrm{j}\Gamma\cos k_1x]\end{aligned} \tag{6.1.13}$$

$$\boldsymbol{E}_2=\boldsymbol{E}^{\mathrm{t}}=\boldsymbol{e}_y\tau E_{\mathrm{m}}^{\mathrm{i}}\mathrm{e}^{-\mathrm{j}k_2x} \tag{6.1.14}$$

$$\boldsymbol{H}_2=\boldsymbol{H}^{\mathrm{t}}=\boldsymbol{e}_z\tau\frac{E_{\mathrm{m}}^{\mathrm{i}}}{\eta_2}\mathrm{e}^{-\mathrm{j}k_2x} \tag{6.1.15}$$

与理想导体表面电磁波的垂直入射情况不同，在理想介质分界面上，电磁波将穿透到介质 2 中并形成行波继续传播。而介质 1 中，入射电场与反射电场的合成场包括两部分：第一部分 $\boldsymbol{e}_yE_{\mathrm{m}}^{\mathrm{i}}(1+\Gamma)\mathrm{e}^{-\mathrm{j}k_1x}$ 是幅度为 $E_{\mathrm{m}}^{\mathrm{i}}(1+\Gamma)$、沿 $+x$ 方向传播的行波；第二部分 $\boldsymbol{e}_y2\mathrm{j}\Gamma E_{\mathrm{m}}^{\mathrm{i}}\sin k_1x$ 是幅度

为 $2\Gamma E_m^i$ 的驻波。总电磁场为上述行波与驻波的叠加(形成行驻波),其幅度为

$$
\begin{aligned}
|\boldsymbol{E}_1| &= |E_m^i|\,|\mathrm{e}^{-\mathrm{j}k_1x}+\Gamma\mathrm{e}^{\mathrm{j}k_1x}| = |E_m^i|\,|\mathrm{e}^{-\mathrm{j}k_1x}(1+\Gamma\mathrm{e}^{-\mathrm{j}2k_1x})| \\
&= |E_m^i|\,|1+\Gamma\cos 2k_1x+\mathrm{j}\Gamma\sin 2k_1x| \\
&= |E_m^i|\sqrt{1+\Gamma^2+2\Gamma\cos 2k_1x}
\end{aligned}
\tag{6.1.16}
$$

$$
|\boldsymbol{H}_1| = \left|\frac{E_m^i}{\eta_1}\right|\sqrt{1+\Gamma^2-2\Gamma\cos 2k_1x} \tag{6.1.17}
$$

由上式可以看出,电磁场在理想介质分界面两边的幅度分布如图 6.1.4 所示,并且满足如下规律。

① 当 $\eta_2>\eta_1$ 时,反射系数 $\Gamma>0$,分界面上的反射电场与入射电场同相位。在 $2k_1x=-2n\pi$ $(n=0,1,2,\cdots)$处,总电场达到最大值$|E_m^i|(1+\Gamma)$;在 $2k_1x=-2n\pi-\pi$ 处,总电场达到最小值$|E_m^i|(1-\Gamma)$。在介质分界面上,左边的总电场和右边的透射电场都等于最大值$|E_m^i|(1+\Gamma)$。

② 当 $\eta_2<\eta_1$ 时,反射系数 $\Gamma<0$,反射电场与入射电场反相位。在 $2k_1x=-2n\pi-\pi(n=0,1,2,\cdots)$处,总电场达到最大值$|E_m^i|(1-\Gamma)$;在 $2k_1x=-2n\pi$ 处,总电场达到最小值$|E_m^i|(1+\Gamma)$。在介质分界面上,左边的总电场和右边的透射电场都等于最小值$|E_m^i|(1+\Gamma)$。

③ 磁场最大值和最小值出现的位置正好与电场错开$\frac{\lambda}{4}$。

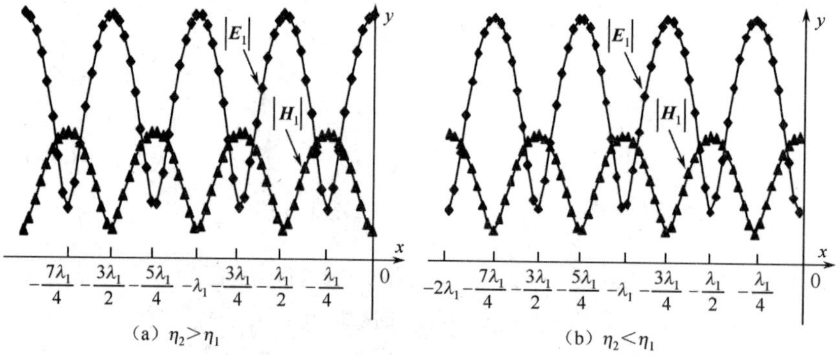

图 6.1.4　平面波垂直入射到理想介质分界面所得行驻波的幅度分布

如上这种行波与驻波的叠加,所合成的波通常称为行驻波。工程上,常用驻波系数(或驻波比)S 来描述合成波的特性,其定义为行驻波电场强度的最大值与最小值之比,即

$$
S=\frac{|E_1|_{\max}}{|E_1|_{\min}}=\frac{1+|\Gamma|}{1-|\Gamma|} \tag{6.1.18}
$$

反射系数大小可用驻波比表示为

$$
|\Gamma|=\frac{S-1}{S+1} \tag{6.1.19}
$$

由于反射系数的绝对值在 0 和 1 之间变化,所以驻波比的最小值为 1。在微波组件设计中,驻波比越小,说明组件的传输性能越好。当驻波比小于 2 时,反射系数的绝对值小于 0.33,则认为基本达到工程要求。

两种介质中的平均功率密度为

$$
\boldsymbol{S}_{1\mathrm{av}}=\frac{1}{2}\mathrm{Re}(\boldsymbol{E}_1\times\boldsymbol{H}_1^*)=\boldsymbol{e}_x\frac{E_m^{i2}}{2\eta_1}(1-\Gamma^2) \tag{6.1.20a}
$$

$$
\boldsymbol{S}_{2\mathrm{av}}=\frac{1}{2}\mathrm{Re}(\boldsymbol{E}_2\times\boldsymbol{H}_2^*)=\boldsymbol{e}_x\frac{E_m^{i2}}{2\eta_2}\tau^2 \tag{6.1.20b}
$$

可以证明,$\boldsymbol{S}_{1\mathrm{av}}=\boldsymbol{S}_{2\mathrm{av}}$。

【例 6-1】 全球定位系统(GPS)已经在军用和民用电子系统中大量使用,设工作于 1.575GHz 的 GPS 右旋圆极化波从自由空间垂直入射到 $\varepsilon_r=2.25$ 的聚乙烯介质材料上,试求:

(1) 反射波电磁场复数表达式;

(2) 透射波电磁场复数表达式;

(3) 判断反射波的极化类型。

解:

$$k_0=\frac{2\pi f}{c}=33\text{rad/m}$$

设 $+z$ 方向传播的右旋圆极化入射波的电磁场表达式为

$$\boldsymbol{E}^{\mathrm{i}}=(\boldsymbol{e}_x-\boldsymbol{e}_y\mathrm{j})\mathrm{e}^{-\mathrm{j}k_0z}=(\boldsymbol{e}_x-\boldsymbol{e}_y\mathrm{j})\mathrm{e}^{-\mathrm{j}33z}$$

$$\boldsymbol{H}^{\mathrm{i}}=(\boldsymbol{e}_y+\boldsymbol{e}_x\mathrm{j})\frac{\mathrm{e}^{-\mathrm{j}k_0z}}{\eta_0}=(\boldsymbol{e}_y+\boldsymbol{e}_x\mathrm{j})\frac{\mathrm{e}^{-\mathrm{j}33z}}{120\pi}$$

由聚乙烯的介电常数可以计算得到右旋圆极化波垂直入射下的反射系数和透射系数分别为

$$\Gamma=\frac{\eta_2-\eta_1}{\eta_2+\eta_1}=-0.2,\tau=\frac{2\eta_2}{\eta_2+\eta_1}=0.8$$

所以反射波电磁场和透射波电磁场为

$$\boldsymbol{E}^{\mathrm{r}}=-0.2(\boldsymbol{e}_x-\boldsymbol{e}_y\mathrm{j})\mathrm{e}^{+\mathrm{j}33z},\boldsymbol{E}^{\mathrm{t}}=\tau(\boldsymbol{e}_x-\boldsymbol{e}_y\mathrm{j})\mathrm{e}^{-\mathrm{j}k_2z}=0.8(\boldsymbol{e}_x-\boldsymbol{e}_y\mathrm{j})\mathrm{e}^{-\mathrm{j}49.5z}$$

$$\boldsymbol{H}^{\mathrm{r}}=0.2(\boldsymbol{e}_y+\boldsymbol{e}_x\mathrm{j})\frac{\mathrm{e}^{+\mathrm{j}33z}}{120\pi},\boldsymbol{H}^{\mathrm{t}}=\tau(\boldsymbol{e}_y+\boldsymbol{e}_x\mathrm{j})\frac{\mathrm{e}^{-\mathrm{j}k_2z}}{\eta_2}=0.8(\boldsymbol{e}_y+\boldsymbol{e}_x\mathrm{j})\frac{\mathrm{e}^{-\mathrm{j}49.5z}}{80\pi}$$

其中,k_2、η_2 分别为聚乙烯中电磁波的波数和本征阻抗。

可以判断,反射波为左旋圆极化波,反射波发生了旋转反相,合成波变成了椭圆极化波;而透射波仍然为右旋圆极化波。

6.1.3 均匀平面波对导电介质分界面的垂直入射

当两种或其中一种介质为导电介质时,电磁波垂直入射下的反射与透射特性公式推导与 6.1.2 节相同,感兴趣的读者可以尝试自己推导或参考文献[3]。所不同的是:①导电介质的本征阻抗为复数,因此电场和磁场不同相;②反射系数和透射系数此时均为复数,反射波、透射波和入射波存在相位差,相位差的大小由介质特性决定,不再是 0°或 180°。

【例 6-2】 常用的 X 波段雷达若工作于 10GHz 频率,沿 $-\boldsymbol{e}_z$ 方向垂直入射到 $z=0$ 的海水($\varepsilon_r=81,\mu_r=1,\sigma=4\text{S/m}$)表面,试求:

(1) 反射系数和透射系数;

(2) 海水上方空间的电磁场分布;

(3) 海平面下方的电磁场分布;

(4) 海水的趋肤深度。

解:(1)海水上方空气的本征阻抗为 $\eta_1=\eta_0=377\Omega$,则海水的本征阻抗为

$$\eta_2=\sqrt{\frac{\mu}{\varepsilon}}=\sqrt{\frac{\mu_0}{\varepsilon-\mathrm{j}\sigma/\omega}}=\sqrt{\frac{\mu_0}{81\varepsilon_0-\mathrm{j}4/(2\pi\times10^{10})}}\approx0.111\eta_0\mathrm{e}^{\mathrm{j}\frac{1}{2}\arctan(0.088889)}$$

反射系数:
$$\Gamma=\frac{\eta_2-\eta_1}{\eta_2+\eta_1}=\frac{-0.889}{1.111}\approx-0.8$$

透射系数:
$$\tau=\frac{2\eta_2}{\eta_2+\eta_1}=\frac{0.222}{1.111}\approx0.2$$

为了近似计算,上述反射系数和透射系数均忽略了损耗的影响。

（2）设沿 $-z$ 方向传播的入射场表达式为

$$\boldsymbol{E}^{\mathrm{i}}=\boldsymbol{e}_x E_{\mathrm{m}} \mathrm{e}^{\mathrm{j}k_0 z}, \boldsymbol{H}^{\mathrm{i}}=\boldsymbol{e}_y \frac{E_{\mathrm{m}}}{\eta_0} \mathrm{e}^{\mathrm{j}k_0 z}$$

通过前面求得的反射系数可以将反射场表示为

$$\boldsymbol{E}^{\mathrm{r}}=\Gamma \boldsymbol{e}_x E_{\mathrm{m}} \mathrm{e}^{-\mathrm{j}k_0 z}, \boldsymbol{H}^{\mathrm{r}}=-\Gamma \boldsymbol{e}_y \frac{E_{\mathrm{m}}}{\eta_0} \mathrm{e}^{-\mathrm{j}k_0 z}$$

对应的电磁场表达式为

$$\boldsymbol{E}_1=\boldsymbol{e}_x E_{\mathrm{m}}(\mathrm{e}^{\mathrm{j}k_0 z}+\Gamma \mathrm{e}^{-\mathrm{j}k_0 z}), \boldsymbol{H}_1=\boldsymbol{e}_y \frac{E_{\mathrm{m}}}{\eta_0}(\mathrm{e}^{\mathrm{j}k_0 z}-\Gamma \mathrm{e}^{-\mathrm{j}k_0 z})$$

（3）由透射系数可以得到海水中透射波的电磁场为

$$\boldsymbol{E}_2=\boldsymbol{E}^{\mathrm{t}}=\tau \boldsymbol{e}_x E_{\mathrm{m}} \mathrm{e}^{\mathrm{j}k_2 z}, \boldsymbol{H}_2=\boldsymbol{H}^{\mathrm{t}}=\tau \boldsymbol{e}_y \frac{E_{\mathrm{m}}}{\eta_2} \mathrm{e}^{\mathrm{j}k_2 z}$$

（4）趋肤深度为

$$\sigma=\frac{1}{\sqrt{\pi f \mu \sigma}} \approx 0.00252\mathrm{m}$$

由于反射系数和透射系数的虚部相对较小，反射波电场和透射波电场与入射波电场的相移分别为 179.42°和 2.33°，在海平面两侧，电磁场分布几乎与图 6.1.4 相同。当均匀平面波由理想介质入射到 $x=0$ 的一般有耗介质表面时，介质分界面两侧的电磁场分布往往如图 6.1.5 所示。

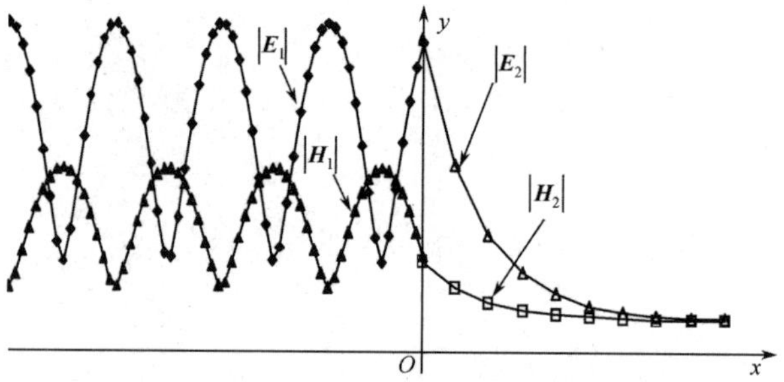

图 6.1.5　有耗介质分界面两侧的电磁场分布

6.2　均匀平面波对多层介质分界面的垂直入射

6.2.1　多层介质的反射与透射

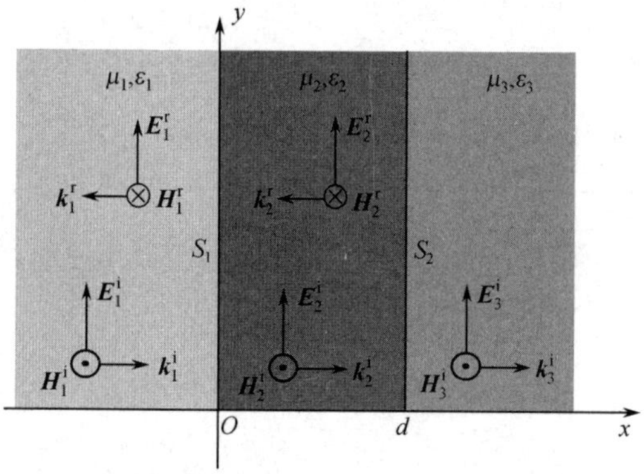

图 6.2.1　电磁波对 3 层不同介质的垂直入射

如图 6.2.1 所示，首先以 3 层理想介质为例，介质 1 与介质 2 的分界面 S_1 位于 $x=0$，介质 2 与介质 3 的分界面 S_2 位于 $x=d$。由于此时电磁波将在介质 2 中发生多次反射并在两个分界面上发生多次透射，所以分析难度较大。

对于图 6.2.1 所示的介质 1 中 $+y$ 方向极化入射平面波，可以表示为

$$\boldsymbol{E}_1^{\mathrm{i}}=\boldsymbol{e}_y E_{\mathrm{m}} \mathrm{e}^{-\mathrm{j}k_1 x}, \boldsymbol{H}_1^{\mathrm{i}}=\boldsymbol{e}_z \frac{E_{\mathrm{m}}}{\eta_1} \mathrm{e}^{-\mathrm{j}k_1 x}$$

则介质 1 中的反射波可表示为

$$\boldsymbol{E}_1^{\mathrm{r}}=\Gamma_1\boldsymbol{e}_yE_{\mathrm{m}}\mathrm{e}^{\mathrm{j}k_1x},\boldsymbol{H}_1^{\mathrm{r}}=-\Gamma_1\boldsymbol{e}_z\frac{E_{\mathrm{m}}}{\eta_1}\mathrm{e}^{\mathrm{j}k_1x}$$

式中，Γ_1 表征介质 1 中所有左行的电磁波与入射电磁波的比值。左行电磁波包括分界面 S_1 上反射的电磁波和进入介质 2 后在分界面 S_1 和分界面 S_2 上多次反射后从分界面 S_1 透射回介质 1 的电磁波，所以，此处的反射系数 Γ_1 不仅表征了介质 1 与介质 2 的不连续性，还表征了介质 2 与介质 3 的不连续性，是一个广义反射系数的概念。从而，介质 1 中的总电磁场可以表示为

$$\boldsymbol{E}_1=\boldsymbol{e}_yE_{\mathrm{m}}(\mathrm{e}^{-\mathrm{j}k_1x}+\Gamma_1\mathrm{e}^{\mathrm{j}k_1x}),\boldsymbol{H}_1=\boldsymbol{e}_z\frac{E_{\mathrm{m}}}{\eta_1}(\mathrm{e}^{-\mathrm{j}k_1x}-\Gamma_1\mathrm{e}^{\mathrm{j}k_1x}) \tag{6.2.1}$$

同样，介质 2 中右行电场和磁场幅度可引用广义透射系数 τ_1 分别表示为 τ_1E_{m} 和 $\tau_1E_{\mathrm{m}}/\eta_2$，从而总电磁场可表示为

$$\boldsymbol{E}_2=\boldsymbol{e}_y\tau_1E_{\mathrm{m}}(\mathrm{e}^{-\mathrm{j}k_2(x-d)}+\Gamma_2\mathrm{e}^{\mathrm{j}k_2(x-d)}),\boldsymbol{H}_2=\boldsymbol{e}_z\tau_1\frac{E_{\mathrm{m}}}{\eta_2}(\mathrm{e}^{-\mathrm{j}k_2(x-d)}-\Gamma_2\mathrm{e}^{\mathrm{j}k_2(x-d)}) \tag{6.2.2}$$

由于介质 3 被认为沿 $+z$ 方向是无穷大，电磁波透射到介质 3 后将不会再发生任何反射，所以 Γ_2 退化为 6.1.2 节所讲解的一般反射系数的概念。同样，介质 3 中的透射场也可以通过透射系数 τ_2 建立如下关系式

$$\boldsymbol{E}_3=\boldsymbol{E}^{\mathrm{t}}=\boldsymbol{e}_y\tau_1\tau_2E_{\mathrm{m}}\mathrm{e}^{-\mathrm{j}k_3(x-d)},\boldsymbol{H}_3=\boldsymbol{H}^{\mathrm{t}}=\boldsymbol{e}_z\tau_1\tau_2\frac{E_{\mathrm{m}}}{\eta_3}\mathrm{e}^{-\mathrm{j}k_3(x-d)} \tag{6.2.3}$$

在分界面 S_2 上的 $z=d$ 处，强加切向电场连续和切向磁场连续条件，可得

$$\Gamma_2=\frac{\eta_3-\eta_2}{\eta_3+\eta_2},\tau_2=\frac{2\eta_3}{\eta_3+\eta_2} \tag{6.2.4}$$

同样，在分界面 S_1 上，强加切向电场连续和切向磁场连续条件，可得

$$1+\Gamma_1=\tau_1(\mathrm{e}^{\mathrm{j}k_2d}+\Gamma_2\mathrm{e}^{-\mathrm{j}k_2d})$$

$$\frac{1}{\eta_1}(1-\Gamma_1)=\frac{\tau_1}{\eta_2}(\mathrm{e}^{\mathrm{j}k_2d}-\Gamma_2\mathrm{e}^{-\mathrm{j}k_2d})$$

由此可得

$$\eta_1\frac{1+\Gamma_1}{1-\Gamma_1}=\eta_2\frac{\mathrm{e}^{\mathrm{j}k_2d}+\Gamma_2\mathrm{e}^{-\mathrm{j}k_2d}}{\mathrm{e}^{\mathrm{j}k_2d}-\Gamma_2\mathrm{e}^{-\mathrm{j}k_2d}}$$

令

$$\eta_{\mathrm{ef}}=\eta_2\frac{\mathrm{e}^{\mathrm{j}k_2d}+\Gamma_2\mathrm{e}^{-\mathrm{j}k_2d}}{\mathrm{e}^{\mathrm{j}k_2d}-\Gamma_2\mathrm{e}^{-\mathrm{j}k_2d}} \tag{6.2.5}$$

则

$$\Gamma_1=\frac{\eta_{\mathrm{ef}}-\eta_1}{\eta_{\mathrm{ef}}+\eta_1} \tag{6.2.6}$$

可以看出，上式的广义反射系数表达式与前面两层介质的反射系数表达式在形式上相同，所不同的是，表达式中引入了一个等效本征阻抗来表示介质 2 与介质 3 对分界面 S_1 反射系数的影响。对应的广义反射系数和等效本征阻抗可以表示为

$$\tau_1=\frac{1+\Gamma_1}{\mathrm{e}^{\mathrm{j}k_2d}+\Gamma_2\mathrm{e}^{-\mathrm{j}k_2d}} \tag{6.2.7}$$

$$\eta_{\mathrm{ef}}=\eta_2\frac{\eta_3+\mathrm{j}\eta_2\tan(k_2d)}{\eta_2+\mathrm{j}\eta_3\tan(k_2d)} \tag{6.2.8}$$

对于图 6.2.2 所示的 n 层介质的垂直入射问题，可以采用类似的方法解决。设电磁波从左边第一层垂直入射，而计算则从右边开始递推，通过式(6.2.8)和式(6.2.6)求得($n-2$)分界面上的等效本征阻抗和广义反射系数，再求其右边相邻分界面($n-3$)上的等效本征阻抗和广义反射系数，如此迭代直到求得最右边第一个分界面上的等效本征阻抗和广义反射系数。

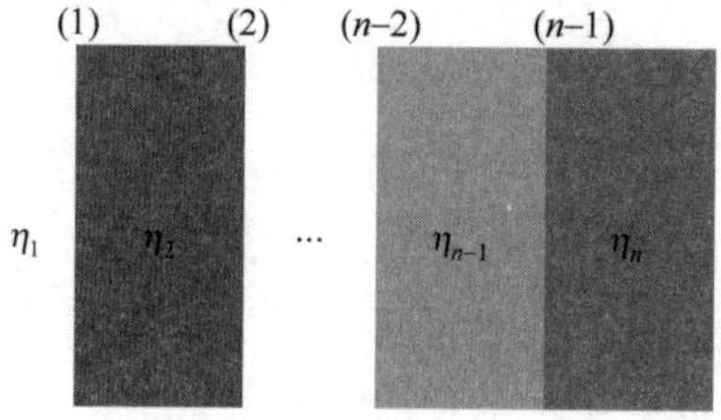

图 6.2.2 电磁波对多层介质的垂直入射

6.2.2 1/4 波长匹配器

由 6.1 节知识可知，当电磁波垂直入射到两种不同介质分界面上时会发生反射，这不利于电磁波的有效传播。对于如图 6.2.1 所示的 3 层介质情况下的电磁波垂直入射问题，令式(6.2.8)中 $d=\frac{\lambda_2}{4}$ 或 $d=\frac{(2n+1)\lambda_2}{4}$，则 $k_2d=\frac{\pi}{2}$，$\tan(k_2d)\to\infty$，$\eta_{ef}=\frac{\eta_2^2}{\eta_3}$，此时如果取中间层介质的本征阻抗 $\eta_2=\sqrt{\eta_1\eta_3}$，则可以得到 $\eta_{ef}=\eta_1$ 且 $\Gamma_1=0$，从而使电磁波在分界面 1 上无反射。所以，若在这两种介质之间插入一层厚度为 $d=\frac{\lambda_2}{4}$ 的介质，并令本征阻抗 $\eta_2=\sqrt{\eta_1\eta_3}$，就能消除介质 1 中的电磁波的反射。因此，这种 $d=\frac{\lambda_2}{4}$ 厚度的介质通常用于不同介质间的无反射阻抗匹配，称为 1/4 波长匹配层。需要说明的是，从物理意义上讲，此时分界面 1 上并不是没有反射波，而是反射波与从介质 2 中透射过来的波正好叠加抵消，从而使得介质 1 中的左行波为零。此时，$\tau_1=\frac{1}{\mathrm{j}-\mathrm{j}\Gamma_2}$，介质 3 中透射波的电场幅度 $E_{3m}=\tau_1\tau_2E_m=-\mathrm{j}\,\frac{1+\Gamma_2}{1-\Gamma_2}E_m$，电磁波的能量并没有完全透射到介质 3 中。

单个匹配层的工作频带比较窄，为了进一步拓宽工作频带，可以采用多个 1/4 波长匹配层，而每一层的本征阻抗与邻近介质层的本征阻抗仍然满足 $\eta_i=\sqrt{\eta_{i-1}\eta_{i+1}}$。这种多层阻抗变换器在微波传输系统中被大量使用，但是，由于难以找到符合本征阻抗要求的系列介质材料而难以应用在微波涂层场合。此时，通过两种本征阻抗相近的涂层交替涂敷构成周期性多层膜系，并设计涂层的周期数，同样可以达到阻抗匹配的作用。

【例 6-3】 频率为 10GHz 的均匀平面波照射到 $\varepsilon_r=3.8$ 的尼龙介质上会发生反射，从而影响电磁波的正常传播。为了提高透波率，在尼龙介质表面增加一层 1/4 波长匹配层材料，从而可以提高电磁波的传播性能，试设计此匹配层。

解：已知空气和尼龙的本征阻抗分别为

$$\eta_1=\eta_0=377\Omega,\ \eta_3=\frac{\eta_0}{\sqrt{\varepsilon_{r3}}}=193.4\Omega$$

所以匹配层的本征阻抗为 $$\eta_2=\sqrt{\eta_1\eta_3}\approx 270\Omega$$

相应的介电常数为 $$\varepsilon_{r2}=\left(\frac{\eta_0}{\eta_2}\right)^2\approx 1.95$$

匹配层厚度为 $$d=\frac{\lambda_2}{4}=\frac{0.03}{4\times\sqrt{1.95}}\approx 0.00537\text{m}$$

通过以上计算可以得知，此时广义反射系数为零，达到完全匹配的状态。正如前面所述，这种匹配层是有一定的工作频带的，对于如上匹配材料，当电磁波的频率发生改变时，反射系数会随之发生剧烈变化，如图 6.2.3 所示。当 $\beta_2 d=n\pi+\frac{\pi}{2}(n=0,1,2,\cdots)$时，都能够达到完全匹配状态，只是 0.00537m 的厚度是最薄的一种情况。

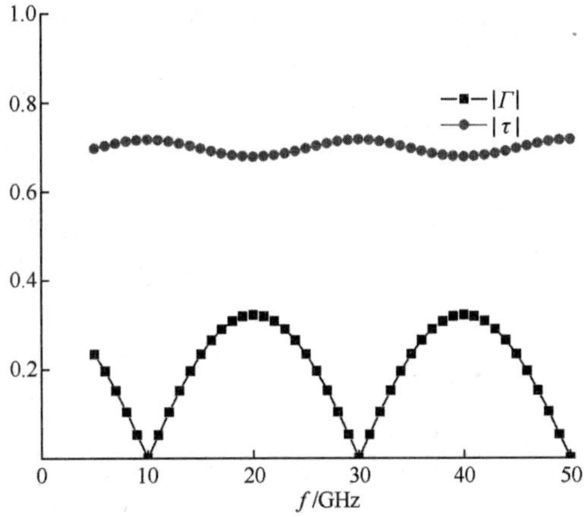

图 6.2.3　1/4 波长匹配层的反射系数和透射系数的变化

6.2.3　半波长介质窗

如果图 6.2.1 中介质 1 和介质 3 是同一种介质，即 $\eta_1=\eta_3$，令式(6.2.8)中 $d=\frac{\lambda_2}{2}$或 $d=\frac{(2n+1)\lambda_2}{2}$，则 $k_2 d=\pi$，$\tan(k_2 d)\to 0$，$\eta_{ef}=\eta_3=\eta_1$，同样可以得到 $\Gamma_1=0$，从而使电磁波在分界面 1 上无反射。此时，$\tau_1=\frac{-1}{1+\Gamma_2}$，介质 3 中透射的电磁波幅度 $E_{3m}=\tau_1\tau_2 E_m=-E_m$，电磁波无损耗地通过了厚度为$\frac{\lambda_2}{2}$的介质层(称为介质窗)，只是相位偏移了 180°。这种介质窗可用作天线罩，从而保证天线的性能稳定。

同样，半波长介质窗也是有工作频带的，电磁波只在 $d\approx\frac{(2n+1)\lambda_2}{2}$时，反射系数趋近于零而透射系数约等于 1，在其他频段，电磁波的反射将会急剧增加。当电磁波穿过介电常数为 $\varepsilon_{r2}=9$、厚度为 5mm 的介质窗时，其反射系数和透射系数的变化如同 6.2.4 所示。

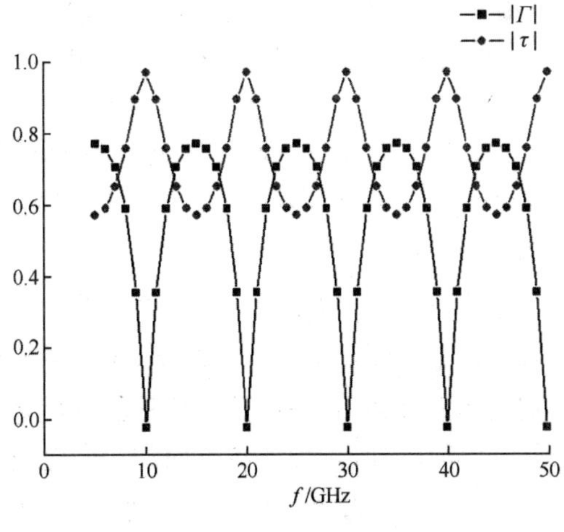

图 6.2.4　半波长介质窗的反射系数和透射系数的变化

*6.2.4 天线罩简介

在军用和民用电子产品中，会大量使用天线来辐射或接收电磁波信号，而天线的稳定性和可靠性是电子产品的重要性能指标。若天线长时间暴露在自然环境中，天线的性能将因受到环境的影响而恶化，甚至不能正常工作。例如，船只上的一些没有经过保护的雷达或天线就很容易被强台风刮坏；常年外露的广播电视天线，容易接头松动、漏水，甚至锈蚀而导致广播电视信号中断。为了保护如上天线，在天线外面加一个天线罩可以使天线免受强风、酸雨、大雪、冰雹等的影响。研究表明，增加天线罩可以将天线的无故障工作时间由原来的 500 小时增加到 1500 小时，这就大大延长了电子产品的工作寿命。在航空领域，天线罩还可以在保证系统性能的前提下，提高飞行器的气动性能。

天线罩按照横截面结构可分为单层、A-夹层、B-夹层、C-夹层及更多层结构，一般罩壁都由奇数层组成。

单层罩可以由厚度小于 $\lambda/20$ 的薄壁或半波长介质窗构成，它往往由玻璃纤维增强塑料、陶瓷、合成橡胶、整块的泡沫塑料等制成。一般民用电子设备往往采用薄壁结构，而性能指标要求较高的飞行器机载天线罩采用半波长介质窗。

为了进一步提高天线罩的性能，有些场合往往需要使用更加复杂的结构。其中，A-夹层就是在两个致密的薄介质蒙皮之间插入低密度的芯子，芯子的厚度要使得两层外蒙皮上的反射相互抵消。A-夹层中的蒙皮往往使用玻璃纤维增强塑料或高频陶瓷等，而芯子往往采用低介电常数材料，目前较好的 A-夹层往往采用泡沫蜂窝结构以减小芯子的等效介电常数。可见，A-夹层是半波长介质窗的推广形式，一般用于飞行器上的鼻锥天线罩或流线形天线罩。

为了提高天线罩的透波率、插入相移、工作频带及入射角度等性能指标，往往还会采用其他夹层的天线罩，具体内容读者可以参考文献[39]。

6.3 均匀平面波对理想导体的斜入射

6.3.1 菲涅耳反射定律

由于均匀平面波的电场方向在入射方向的切平面内，当电磁波垂直入射到分界面上时，电磁场正好都在分界面的切方向，所以在 6.1 节和 6.2 节中可以方便地应用切向电磁场的边界条件。然而，垂直入射情况只是实际工程中遇到的一个特例，对于绝大部分电磁波的反射与透射问题，入射角度往往是任意方向的，此时电磁场相对于分界面既具有切向分量又具有法向分量，分析过程比较复杂。

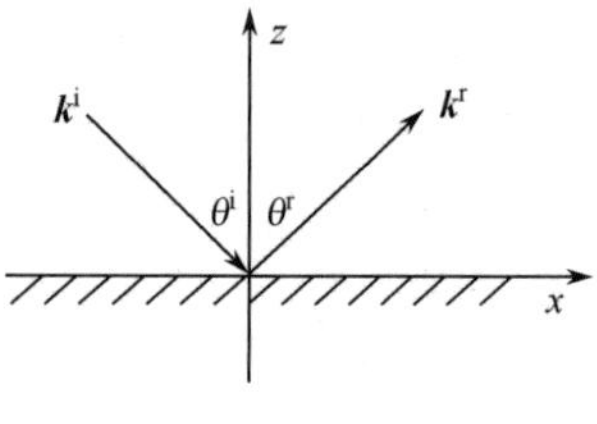

图 6.3.1　入射波在分界面上的反射

在图 6.3.1 中，设 $z<0$ 空间为理想导体，电磁波以任意角度 θ^i 从空气入射到导体表面，并沿 θ^r 方向反射，则入射波电场和反射波电场可以表示为

$$\boldsymbol{E}^i=\boldsymbol{E}_m^i e^{-jk^i\cdot\boldsymbol{r}}=\boldsymbol{E}_m^i e^{-jk^i(x\sin\theta^i-z\cos\theta^i)},\quad \boldsymbol{E}^r=E_m^r e^{-jk^r\cdot\boldsymbol{r}}=\boldsymbol{E}_m^r e^{-jk^r(x\sin\theta^r+z\cos\theta^r)}$$

其中，k^i、k^r 分别为波矢量 $\boldsymbol{k}^i$、$\boldsymbol{k}^r$ 对应的波数，且 $k^i=k^r=k$，E_m^i、E_m^r分别为包含极化信息的入射波和反射波的电场幅度。

众所周知，理想导体表面的切向电场为零，即

$$\boldsymbol{e}_z\times(\boldsymbol{E}^i+\boldsymbol{E}^r)=\boldsymbol{e}_z\times(\boldsymbol{E}_m^i e^{-jk^i x\sin\theta^i}+\boldsymbol{E}_m^r e^{-jk^r x\sin\theta^r})=0$$

要使上式成立，要求入射电场与反射电场的切向分量大小相等且方向相反，并且还要求 $k^{\mathrm{i}}\sin\theta^{\mathrm{i}}=k^{\mathrm{r}}\sin\theta^{\mathrm{r}}$。由于 $k^{\mathrm{i}}=k^{\mathrm{r}}$，所以 $\theta^{\mathrm{i}}=\theta^{\mathrm{r}}=\theta$，即反射角等于入射角，这就是著名的菲涅耳反射定律。

以上确定了电磁波的反射角等于入射角，然而反射波的电场幅度却没有完全确定。为了求解电磁波斜入射下的反射电场幅度，定义入射平面为入射电磁波的波矢量与分界面的法线构成的平面。任意极化和任意角度入射的电磁波，其电场可以分解成垂直于入射平面的垂直极化波和平行于入射面的平行极化波。这两个极化分量的反射场不同，均匀平面波的斜入射问题分析与该电磁波的极化紧密相关。本节将分别就垂直极化波和平行极化波对理想导体斜入射情况下的反射特性进行介绍。

6.3.2 垂直极化波的斜入射

如图 6.3.2(a)所示的垂直极化波由自由空间斜入射到理想导体表面，入射波电磁场的表达式可以写为

$$\boldsymbol{E}^{\mathrm{i}}=\boldsymbol{e}_y E_{\mathrm{m}}^{\mathrm{i}}\mathrm{e}^{-\mathrm{j}\boldsymbol{k}^{\mathrm{i}}\cdot\boldsymbol{r}}=\boldsymbol{e}_y E_{\mathrm{m}}^{\mathrm{i}}\mathrm{e}^{-\mathrm{j}k(x\sin\theta-z\cos\theta)} \tag{6.3.1}$$

$$\boldsymbol{H}^{\mathrm{i}}=(\boldsymbol{e}_x\cos\theta+\boldsymbol{e}_z\sin\theta)\frac{E_{\mathrm{m}}^{\mathrm{i}}}{\eta}\mathrm{e}^{-\mathrm{j}\boldsymbol{k}^{\mathrm{i}}\cdot\boldsymbol{r}}=(\boldsymbol{e}_x\cos\theta+\boldsymbol{e}_z\sin\theta)\frac{E_{\mathrm{m}}^{\mathrm{i}}}{\eta}\mathrm{e}^{-\mathrm{j}k(x\sin\theta-z\cos\theta)} \tag{6.3.2}$$

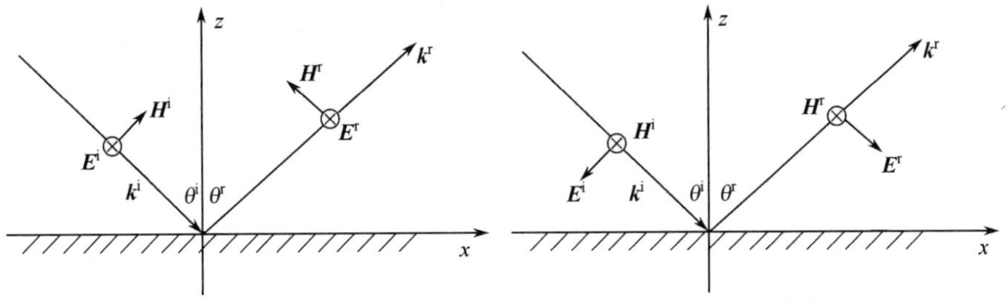

(a) 垂直极化波　　(b) 平行极化波

图 6.3.2　均匀平面波斜入射到理想导体

假设反射波电场方向与入射波电场方向相同，如图 6.3.2(a)所示，相应的反射波电磁场的表达式为

$$\boldsymbol{E}^{\mathrm{r}}=\boldsymbol{e}_y E_{\mathrm{m}}^{\mathrm{r}}\mathrm{e}^{-\mathrm{j}\boldsymbol{k}^{\mathrm{i}}\cdot\boldsymbol{r}}=\boldsymbol{e}_y E_{\mathrm{m}}^{\mathrm{r}}\mathrm{e}^{-\mathrm{j}k(x\sin\theta+z\cos\theta)} \tag{6.3.3}$$

$$\boldsymbol{H}^{\mathrm{r}}=(-\boldsymbol{e}_x\cos\theta+\boldsymbol{e}_z\sin\theta)\frac{E_{\mathrm{m}}^{\mathrm{r}}}{\eta}\mathrm{e}^{-\mathrm{j}\boldsymbol{k}^{\mathrm{r}}\cdot\boldsymbol{r}}=(-\boldsymbol{e}_x\cos\theta+\boldsymbol{e}_z\sin\theta)\frac{E_{\mathrm{m}}^{\mathrm{r}}}{\eta}\mathrm{e}^{-\mathrm{j}k(x\sin\theta+z\cos\theta)} \tag{6.3.4}$$

导体表面必须强加切向电场为零的边界条件。在垂直极化波入射下，入射波电场和反射波电场相对于导体表面都是切线方向，所以

$$\boldsymbol{E}=\boldsymbol{E}^{\mathrm{i}}+\boldsymbol{E}^{\mathrm{r}}=\boldsymbol{e}_y E_{\mathrm{m}}^{\mathrm{i}}\mathrm{e}^{-\mathrm{j}k(x\sin\theta)}+\boldsymbol{e}_y E_{\mathrm{m}}^{\mathrm{r}}\mathrm{e}^{-\mathrm{j}k(x\sin\theta)}=0$$

从而可以得到垂直极化波的反射系数为

$$\Gamma_{\perp}=\frac{E_{\mathrm{m}}^{\mathrm{r}}}{E_{\mathrm{m}}^{\mathrm{i}}}=-1 \tag{6.3.5}$$

相应的 $z>0$ 空间的总电磁场的表达式为

$$\begin{aligned}\boldsymbol{E}=\boldsymbol{E}^{\mathrm{i}}+\boldsymbol{E}^{\mathrm{r}}&=\boldsymbol{e}_y E_{\mathrm{m}}^{\mathrm{i}}\mathrm{e}^{-\mathrm{j}k(x\sin\theta-z\cos\theta)}-\boldsymbol{e}_y E_{\mathrm{m}}^{\mathrm{i}}\mathrm{e}^{-\mathrm{j}k(x\sin\theta+z\cos\theta)}\\&=\boldsymbol{e}_y\mathrm{j}2E_{\mathrm{m}}^{\mathrm{i}}\mathrm{e}^{-\mathrm{j}kx\sin\theta}\sin(kz\cos\theta)\end{aligned} \tag{6.3.6}$$

$$\begin{aligned}\boldsymbol{H} &= \boldsymbol{H}^{\mathrm{i}}+\boldsymbol{H}^{\mathrm{r}} \\ &= (\boldsymbol{e}_x\cos\theta+\boldsymbol{e}_z\sin\theta)\frac{E_{\mathrm{m}}^{\mathrm{i}}}{\eta}\mathrm{e}^{-\mathrm{j}k(x\sin\theta-z\cos\theta)}-(-\boldsymbol{e}_x\cos\theta+\boldsymbol{e}_z\sin\theta)\frac{E_{\mathrm{m}}^{\mathrm{i}}}{\eta}\mathrm{e}^{-\mathrm{j}k(x\sin\theta+z\cos\theta)} \\ &= \frac{2E_{\mathrm{m}}^{\mathrm{i}}}{\eta}\mathrm{e}^{-\mathrm{j}kx\sin\theta}[\boldsymbol{e}_x\cos\theta\cos(kz\cos\theta)+\boldsymbol{e}_z\mathrm{j}\sin\theta\sin(kz\cos\theta)]\end{aligned} \tag{6.3.7}$$

从上述两个表达式可以看出，垂直极化波斜入射到理想导体表面，总电磁场具有如下特点。

① 合成电磁波沿平行于分界面的方向传播，即在 $\boldsymbol{e}_x$ 方向为行波，且相速 $v_{\mathrm{p}x}=\frac{\omega}{k_{\mathrm{i}x}}=\frac{v_{\mathrm{p}}}{\sin\theta}\geqslant v_{\mathrm{p}}$。在垂直于导体表面的 $\boldsymbol{e}_z$ 方向为纯驻波，波节点在 $z=\frac{n\pi}{k\cos\theta}$处，波腹点在 $z=\frac{n\pi+\frac{\pi}{2}}{k\cos\theta}$处（$n=0,1,2,\cdots$）。

② 在 x 为常数的等相位面上，由于电磁波的幅度仍然受坐标变量 z 的影响，所以是非均匀平面波。

③ 在传播方向（$\boldsymbol{e}_x$ 方向）不存在电场分量，但存在磁场分量，故称这种电磁波为横电波，简称 TE 波。

6.3.3　平行极化波的斜入射

如图 6.3.2(b)所示的平行极化波从自由空间斜入射到理想导体表面，入射波电磁场的表达式可以写为

$$\boldsymbol{H}^{\mathrm{i}}=\boldsymbol{e}_y\frac{E_{\mathrm{m}}^{\mathrm{i}}}{\eta}\mathrm{e}^{-\mathrm{j}\boldsymbol{k}^{\mathrm{i}}\cdot\boldsymbol{r}}=\boldsymbol{e}_y\frac{E_{\mathrm{m}}^{\mathrm{i}}}{\eta}\mathrm{e}^{-\mathrm{j}k(x\sin\theta-z\cos\theta)} \tag{6.3.8}$$

$$\boldsymbol{E}^{\mathrm{i}}=(-\boldsymbol{e}_x\cos\theta-\boldsymbol{e}_z\sin\theta)E_{\mathrm{m}}^{\mathrm{i}}\mathrm{e}^{-\mathrm{j}\boldsymbol{k}^{\mathrm{i}}\cdot\boldsymbol{r}}=(-\boldsymbol{e}_x\cos\theta-\boldsymbol{e}_z\sin\theta)E_{\mathrm{m}}^{\mathrm{i}}\mathrm{e}^{-\mathrm{j}k(x\sin\theta-z\cos\theta)} \tag{6.3.9}$$

此处假设磁场方向不变，相应的反射波电磁场表达式为

$$\boldsymbol{H}^{\mathrm{r}}=\boldsymbol{e}_y\frac{E_{\mathrm{m}}^{\mathrm{r}}}{\eta}\mathrm{e}^{-\mathrm{j}\boldsymbol{k}^{\mathrm{r}}\cdot\boldsymbol{r}}=\boldsymbol{e}_y\frac{E_{\mathrm{m}}^{\mathrm{r}}}{\eta}\mathrm{e}^{-\mathrm{j}k(x\sin\theta+z\cos\theta)} \tag{6.3.10}$$

$$\boldsymbol{E}^{\mathrm{r}}=(\boldsymbol{e}_x\cos\theta-\boldsymbol{e}_z\sin\theta)E_{\mathrm{m}}^{\mathrm{r}}\mathrm{e}^{-\mathrm{j}\boldsymbol{k}^{\mathrm{r}}\cdot\boldsymbol{r}}=(\boldsymbol{e}_x\cos\theta-\boldsymbol{e}_z\sin\theta)E_{\mathrm{m}}^{\mathrm{r}}\mathrm{e}^{-\mathrm{j}k(x\sin\theta+z\cos\theta)} \tag{6.3.11}$$

与 6.3.2 节中垂直极化波不同，平行极化波斜入射到理想导体表面，电场既有与分界面平行的分量，也有与分界面垂直的分量，必须强加与分界面平行的切向电场为零的边界条件，所以可得平行极化波的反射系数为

$$\Gamma_{/\!/}=1 \tag{6.3.12}$$

相应的 $z>0$ 空间的总电磁场的表达式为

$$\boldsymbol{E}=\boldsymbol{E}^{\mathrm{i}}+\boldsymbol{E}^{\mathrm{r}}=-2E_{\mathrm{m}}^{\mathrm{i}}\mathrm{e}^{-\mathrm{j}k(x\sin\theta)}[\boldsymbol{e}_x\mathrm{j}\cos\theta\sin(kz\cos\theta)+\boldsymbol{e}_z\sin\theta\cos(kz\cos\theta)] \tag{6.3.13}$$

$$\boldsymbol{H}=\boldsymbol{H}^{\mathrm{i}}+\boldsymbol{H}^{\mathrm{r}}=\boldsymbol{e}_y\frac{2E_{\mathrm{m}}^{\mathrm{i}}}{\eta}\mathrm{e}^{-\mathrm{j}k(x\sin\theta)}\cos(kz\cos\theta) \tag{6.3.14}$$

从上述两个表达式可以看出，平行极化波斜入射到理想导体表面，总电磁场具有如下特点。

① 与垂直极化波相同，总电磁波同样沿平行于分界面的方向传播，即在 $\boldsymbol{e}_x$ 方向为行波，且相速满足 $v_{\mathrm{p}x}=\frac{\omega}{k_{\mathrm{i}x}}=\frac{v_{\mathrm{p}}}{\sin\theta}\geqslant v_{\mathrm{p}}$ 关系。在垂直于导体表面的 $\boldsymbol{e}_z$ 方向也是纯驻波，但在 $z=\frac{n\pi}{k\cos\theta}$和 $z=\frac{n\pi+\frac{\pi}{2}}{k\cos\theta}$（$n=0,1,2,\cdots$）处不是电场而是磁场分别达到最大值和最小值。

② 在 x 为常数的等相位面上，由于电磁波的幅度同样受到坐标变量 z 的影响，所以是非均

匀平面波。

③ 在传播方向($\boldsymbol{e}_x$ 方向)不存在磁场分量,但存在电场分量,故称这种电磁波为横磁波,简称TM 波。

6.4 均匀平面波对介质的斜入射

仿照 6.2.1 节的推导过程可以得到,均匀平面波对理想介质分界面斜入射时,菲涅耳反射定律同样适用,即 $\theta^{\mathrm{i}}=\theta^{\mathrm{r}}$。部分电磁波会透射到介质内部,其透射波与分界面法线的夹角 θ^{t} 满足

$$\frac{\sin\theta^{\mathrm{t}}}{\sin\theta^{\mathrm{i}}}=\frac{k_1}{k_2}=\frac{n_1}{n_2} \tag{6.4.1}$$

这就是电磁波的折射定律,称为斯涅尔折射定律。

$$n_1=\frac{c}{v_1}=c\sqrt{\varepsilon_1\mu_1}, n_2=\frac{c}{v_2}=c\sqrt{\varepsilon_2\mu_2}$$

分别为介质 1 和介质 2 的折射率。

在两种介质的斜入射情况下,电磁波的反射系数与透射系数同样与入射电磁波的极化密切相关,所以下面对如图 6.4.1 所示的垂直极化波和平行极化波的反射与透射问题分别进行讨论,其他任意极化波的斜入射问题可以分解为这两种极化波的组合。

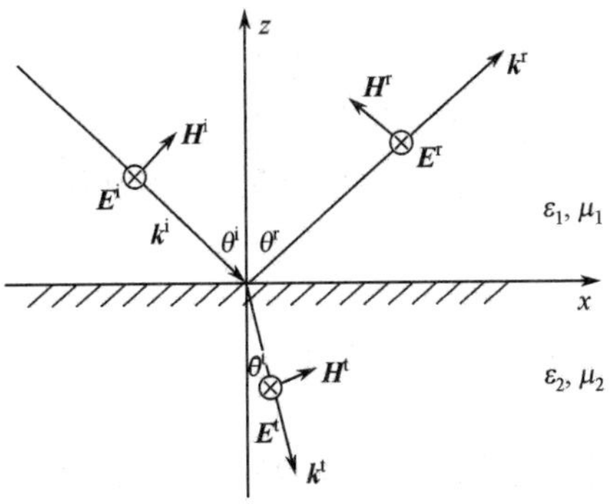

(a) 垂直极化波

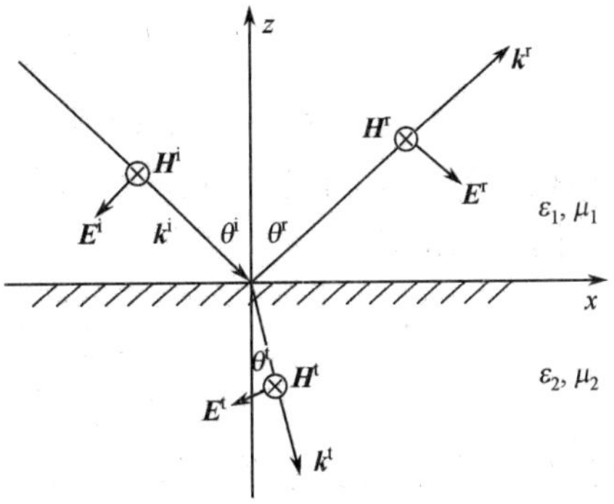

(b) 平行极化波

图 6.4.1 均匀平面波斜入射到理想介质分界面

6.4.1 垂直极化波对理想介质的斜入射

如图 6.4.1(a)所示的垂直极化波斜入射到理想介质表面,分界面两侧的电磁场可以分别表示为

$$\boldsymbol{E}_1=\boldsymbol{E}^{\mathrm{i}}+\boldsymbol{E}^{\mathrm{r}}=\boldsymbol{e}_y E_{\mathrm{m}}^{\mathrm{i}}\mathrm{e}^{-\mathrm{j}k_1(x\sin\theta^{\mathrm{i}}-z\cos\theta^{\mathrm{i}})}+\Gamma_{\perp}\boldsymbol{e}_y E_{\mathrm{m}}^{\mathrm{i}}\mathrm{e}^{-\mathrm{j}k_1(x\sin\theta^{\mathrm{i}}+z\cos\theta^{\mathrm{i}})} \tag{6.4.2}$$

$$\begin{aligned}\boldsymbol{H}_1=\boldsymbol{H}^{\mathrm{i}}+\boldsymbol{H}^{\mathrm{r}}=&(\boldsymbol{e}_x\cos\theta^{\mathrm{i}}+\boldsymbol{e}_z\sin\theta^{\mathrm{i}})\frac{E_{\mathrm{m}}^{\mathrm{i}}}{\eta_1}\mathrm{e}^{-\mathrm{j}k_1(x\sin\theta^{\mathrm{i}}-z\cos\theta^{\mathrm{i}})}+\\&\Gamma_{\perp}(-\boldsymbol{e}_x\cos\theta^{\mathrm{i}}+\boldsymbol{e}_z\sin\theta^{\mathrm{i}})\frac{E_{\mathrm{m}}^{\mathrm{i}}}{\eta_1}\mathrm{e}^{-\mathrm{j}k_1(x\sin\theta^{\mathrm{i}}+z\cos\theta^{\mathrm{i}})}\end{aligned} \tag{6.4.3}$$

$$\boldsymbol{E}_2=\boldsymbol{E}^{\mathrm{t}}=\boldsymbol{e}_y\tau_{\perp}E_{\mathrm{m}}^{\mathrm{i}}\mathrm{e}^{-\mathrm{j}k_2(x\sin\theta^{\mathrm{t}}-z\cos\theta^{\mathrm{t}})} \tag{6.4.4}$$

$$\boldsymbol{H}_2=\boldsymbol{H}^{\mathrm{t}}=(\boldsymbol{e}_x\cos\theta^{\mathrm{i}}+\boldsymbol{e}_z\sin\theta^{\mathrm{i}})\tau_{\perp}\frac{E_{\mathrm{m}}^{\mathrm{i}}}{\eta_2}\mathrm{e}^{-\mathrm{j}k_2(x\sin\theta^{\mathrm{t}}-z\cos\theta^{\mathrm{t}})} \tag{6.4.5}$$

根据边界条件,在介质分界面上,电场的切向分量和磁场的切向分量必须连续,结合斯涅尔

折射定律，可以得到

$$1+\Gamma_{\perp}=\tau_{\perp}$$

$$\frac{1}{\eta_1}(1-\Gamma_{\perp})\cos\theta^{\mathrm{i}}=\frac{1}{\eta_2}\tau_{\perp}\cos\theta^{\mathrm{t}}$$

从而可以得到垂直极化波斜入射到理想介质分界面上对应的反射系数和透射系数

$$\Gamma_{\perp}=\frac{\eta_2\cos\theta^{\mathrm{i}}-\eta_1\cos\theta^{\mathrm{t}}}{\eta_2\cos\theta^{\mathrm{i}}+\eta_1\cos\theta^{\mathrm{t}}} \tag{6.4.6}$$

$$\tau_{\perp}=\frac{2\eta_2\cos\theta^{\mathrm{i}}}{\eta_2\cos\theta^{\mathrm{i}}+\eta_1\cos\theta^{\mathrm{t}}} \tag{6.4.7}$$

6.4.2 平行极化波对理想介质的斜入射

如图 6.4.1(b)所示的平行极化波斜入射到理想介质表面，分界面两侧的电磁场可以分别表示为

$$\boldsymbol{H}_1=\boldsymbol{H}^{\mathrm{i}}+\boldsymbol{H}^{\mathrm{r}}=\boldsymbol{e}_y\frac{E}{\eta_1}\mathrm{e}^{-\mathrm{j}k_1(x\sin\theta^{\mathrm{i}}-z\cos\theta^{\mathrm{i}})}+\Gamma_{/\!/}\boldsymbol{e}_y\frac{E_{\mathrm{m}}^{\mathrm{i}}}{\eta_1}\mathrm{e}^{-\mathrm{j}k_1(x\sin\theta^{\mathrm{i}}+z\cos\theta^{\mathrm{i}})} \tag{6.4.8}$$

$$\begin{aligned}\boldsymbol{E}_1=\boldsymbol{E}^{\mathrm{i}}+\boldsymbol{E}^{\mathrm{r}}=&(-\boldsymbol{e}_x\cos\theta^{\mathrm{i}}-\boldsymbol{e}_z\sin\theta^{\mathrm{i}})E_{\mathrm{m}}^{\mathrm{i}}\mathrm{e}^{-\mathrm{j}k_1(x\sin\theta^{\mathrm{i}}-z\cos\theta^{\mathrm{i}})}+\\&\Gamma_{/\!/}(\boldsymbol{e}_x\cos\theta^{\mathrm{i}}-\boldsymbol{e}_z\sin\theta^{\mathrm{i}})E_{\mathrm{m}}^{\mathrm{i}}\mathrm{e}^{-\mathrm{j}k_1(x\sin\theta^{\mathrm{i}}+z\cos\theta^{\mathrm{i}})}\end{aligned} \tag{6.4.9}$$

$$\boldsymbol{H}_2=\boldsymbol{H}^{\mathrm{t}}=\boldsymbol{e}_y\tau_{/\!/}\frac{E_{\mathrm{m}}^{\mathrm{i}}}{\eta_2}\mathrm{e}^{-\mathrm{j}k_2(x\sin\theta^{\mathrm{t}}-z\cos\theta^{\mathrm{t}})} \tag{6.4.10}$$

$$\boldsymbol{E}_2=\boldsymbol{E}^{\mathrm{t}}=(-\boldsymbol{e}_x\cos\theta^{\mathrm{t}}-\boldsymbol{e}_z\sin\theta^{\mathrm{t}})\tau_{/\!/}E_{\mathrm{m}}^{\mathrm{i}}\mathrm{e}^{-\mathrm{j}k_2(x\sin\theta^{\mathrm{t}}-z\cos\theta^{\mathrm{t}})} \tag{6.4.11}$$

同样，根据边界条件，在介质分界面上，电场的切向分量和磁场的切向分量必须连续，结合斯涅尔折射定律，可以得到

$$\frac{1}{\eta_1}(1+\Gamma_{/\!/})=\frac{1}{\eta_2}\tau_{/\!/}$$

$$(1-\Gamma_{/\!/})\cos\theta^{\mathrm{i}}=\tau_{/\!/}\cos\theta^{\mathrm{t}}$$

从而可以得到平行极化波斜入射到理想介质分界面上对应的反射系数和透射系数分别为

$$\Gamma_{/\!/}=\frac{\eta_1\cos\theta^{\mathrm{i}}-\eta_2\cos\theta^{\mathrm{t}}}{\eta_1\cos\theta^{\mathrm{i}}+\eta_2\cos\theta^{\mathrm{t}}} \tag{6.4.12}$$

$$\tau_{/\!/}=\frac{2\eta_2\cos\theta^{\mathrm{i}}}{\eta_1\cos\theta^{\mathrm{i}}+\eta_2\cos\theta^{\mathrm{t}}} \tag{6.4.13}$$

如上的垂直极化波或平行极化波斜入射到理想介质分界面上，由各自的反射系数和透射系数表达式可以看出，反射场和透射场与入射场的相位只存在同相和反相两种情况。如果分界面两侧有一种或两种介质为有耗介质，反射系数和透射系数的表达式仍然如式(6.4.6)、式(6.4.7)或式(6.4.12)、式(6.4.13)所示，所不同的是，由于本征阻抗 η_1、η_2 至少有一个为复数，所以反射系数和透射系数均为复数，从而使得反射场和透射场相对于入射场的相位变化变得复杂了。

6.4.3 全反射与全透射

1. 全反射

对于常见的非磁性材料，$\mu_{\mathrm{r}_1}\approx\mu_{\mathrm{r}_2}\approx1$，此时斯涅尔折射定律可以简化为

$$\frac{\sin\theta^{\mathrm{t}}}{\sin\theta^{\mathrm{i}}}=\frac{n_1}{n_2}=\sqrt{\frac{\varepsilon_1}{\varepsilon_2}} \tag{6.4.14}$$

在式(6.4.12)和式(6.4.13)两边同时除以 η_1 或 η_2，并将式(6.4.14)代入，平行极化波的反

射系数和透射系数可以分别写为

$$\Gamma_{/\!/}=\frac{(\varepsilon_2/\varepsilon_1)\cos\theta^{\mathrm{i}}-\sqrt{\varepsilon_2/\varepsilon_1-\sin^2\theta^{\mathrm{i}}}}{(\varepsilon_2/\varepsilon_1)\cos\theta^{\mathrm{i}}+\sqrt{\varepsilon_2/\varepsilon_1-\sin^2\theta^{\mathrm{i}}}}=\frac{\tan(\theta^{\mathrm{t}}-\theta^{\mathrm{i}})}{\tan(\theta^{\mathrm{t}}+\theta^{\mathrm{i}})} \tag{6.4.15}$$

$$\tau_{/\!/}=\frac{2\sqrt{\varepsilon_2/\varepsilon_1}\cos\theta^{\mathrm{i}}}{(\varepsilon_2/\varepsilon_1)\cos\theta^{\mathrm{i}}+\sqrt{\varepsilon_2/\varepsilon_1-\sin^2\theta^{\mathrm{i}}}}=\frac{2\sin\theta^{\mathrm{t}}\cdot\sin\theta^{\mathrm{i}}}{\sin(\theta^{\mathrm{i}}+\theta^{\mathrm{t}})\cos(\theta^{\mathrm{i}}-\theta^{\mathrm{t}})} \tag{6.4.16}$$

对于垂直极化波，式(6.4.6)和式(6.4.7)同样可以写为

$$\Gamma_{\perp}=\frac{\cos\theta^{\mathrm{i}}-\sqrt{\varepsilon_2/\varepsilon_1-\sin^2\theta^{\mathrm{i}}}}{\cos\theta^{\mathrm{i}}+\sqrt{\varepsilon_2/\varepsilon_1-\sin^2\theta^{\mathrm{i}}}}=\frac{\sin(\theta^{\mathrm{t}}-\theta^{\mathrm{i}})}{\sin(\theta^{\mathrm{t}}+\theta^{\mathrm{i}})} \tag{6.4.17}$$

$$\tau_{\perp}=\frac{2\cos\theta^{\mathrm{i}}}{\cos\theta^{\mathrm{i}}+\sqrt{\varepsilon_2/\varepsilon_1-\sin^2\theta^{\mathrm{i}}}}=\frac{2\sin\theta^{\mathrm{t}}\cdot\sin\theta^{\mathrm{i}}}{\sin(\theta^{\mathrm{t}}+\theta^{\mathrm{i}})} \tag{6.4.18}$$

由式(6.4.14)可以看出，当 $\varepsilon_1<\varepsilon_2$，即电磁波从光疏介质入射到光密介质时，$\theta^{\mathrm{t}}<\theta^{\mathrm{i}}$，反射系数和透射系数均为实数。

当 $\varepsilon_1>\varepsilon_2$，即电磁波从光密介质入射到光疏介质时，$\theta^{\mathrm{t}}>\theta^{\mathrm{i}}$，且透射角随着入射角的增大而增大。当 $\sin\theta^{\mathrm{i}}\leqslant\sqrt{\frac{\varepsilon_2}{\varepsilon_1}}$ 时，反射系数和透射系数仍为实数。当入射角度达到 $\sin\theta^{\mathrm{i}}=\sqrt{\frac{\varepsilon_2}{\varepsilon_1}}$ 时，即

$$\sin\theta^{\mathrm{t}}=\sqrt{\frac{\varepsilon_1}{\varepsilon_2}}\sin\theta^{\mathrm{i}}=1$$

此时，透射角度为 $\theta^{\mathrm{t}}=\frac{\pi}{2}$，说明透射波沿分界面方向传播。由垂直极化波和平行极化波的反射系数表达式可以得到

$$|\Gamma_{\perp}|=|\Gamma_{/\!/}|=1$$

故将这种现象称为全反射。使得 $\theta^{\mathrm{t}}=\frac{\pi}{2}$ 的入射角度称为临界角，记作 θ_{c}，即

$$\theta_{\mathrm{c}}=\arcsin\left(\sqrt{\frac{\varepsilon_2}{\varepsilon_1}}\right)$$

当入射角度 $\theta^{\mathrm{i}}>\theta_{\mathrm{c}}$ 时，有

$$\cos\theta^{\mathrm{t}}=\sqrt{\frac{\varepsilon_2}{\varepsilon_1}-\sin^2\theta^{\mathrm{i}}}=-\mathrm{j}\sqrt{\sin^2\theta^{\mathrm{i}}-\frac{\varepsilon_2}{\varepsilon_1}}=-\mathrm{j}\alpha$$

为纯虚数，由式(6.4.15)和式(6.4.17)可以推导得到 $|\Gamma_{\perp}|=|\Gamma_{/\!/}|=1$，但相对于入射波，反射波具有一定的相位移，电磁波发生全反射。

需要指出的是，当 $\theta^{\mathrm{i}}\geqslant\theta_{\mathrm{c}}$ 发生全反射时，$\tau_{\perp}$、$\tau_{/\!/}$ 都不为 0。也就是说，发生全反射时，介质 2 中仍然存在电磁波。而且由于此时 $\sin\theta^{\mathrm{t}}>1$，$\cos\theta^{\mathrm{t}}$ 为纯虚数。由式(6.4.16)和式(6.4.18)可以得到，透射电磁场在分界面法线方向呈指数规律衰减，因此透射波主要分布于分界面附近，故称这种波为表面波。

透射波的等相位面是 x 为常数的平面，而等幅度面是 z 为常数的平面。等相位面上幅度是不均匀的，所以在全反射情况下，透射波是非均匀平面波。

电磁波在介质与空气分界面上会发生全反射是实现表面波传输的基础。当电磁波以某一角度入射到该介质中，并保证入射波在上下表面的入射角大于临界角从而发生全反射时，电磁波将被约束在介质中，并沿 x 轴方向传播。以上原理同样适用于其他形式的介质传输系统，这种传输系统统称为介质波导，如激光通信中采用的光纤就是一种介质波导。

2. 全透射

当平面波从介质 1 入射到介质 2 时，如果反射系数等于 0，则电磁波全部透射到介质 2 中，这

种现象称为全透射。

对于常见的非磁性材料，令平行极化波的反射系数 $\Gamma_{/\!/}=0$，从而可以得到

$$\left(\frac{\varepsilon_2}{\varepsilon_1}\right)\cos\theta^{\mathrm{i}}-\sqrt{\frac{\varepsilon_2}{\varepsilon_1}-\sin^2\theta^{\mathrm{i}}}=0$$

即

$$\left(\frac{\varepsilon_2}{\varepsilon_1}\right)^2(1-\sin^2\theta^{\mathrm{i}})=\frac{\varepsilon_2}{\varepsilon_1}-\sin^2\theta^{\mathrm{i}}$$

由此可得

$$\theta^{\mathrm{i}}=\arcsin\left(\sqrt{\frac{\varepsilon_2}{\varepsilon_1+\varepsilon_2}}\right)$$

上述使平行极化波发生全透射的入射角度称为布儒斯特角，记作 θ_{B}，即

$$\theta_{\mathrm{B}}=\arcsin\left(\sqrt{\frac{\varepsilon_2}{\varepsilon_1+\varepsilon_2}}\right)$$

对于垂直极化波，要求 $\Gamma_{\perp}=0$，只有当 $\varepsilon_2=\varepsilon_1$ 时才能满足条件。这表明，垂直极化波入射到非磁性介质分界面上，不会发生全透射现象。所以对于任意一个极化波，当它以布儒斯特角入射到两种介质分界面上时，平行极化波发生全透射，而反射波中只有垂直极化波，从而可以起到极化滤波的作用，所以布儒斯特角又称作极化角。

6.5 知识点拓展

6.5.1 电磁散射与雷达隐身

以上讨论的反射与透射都基于分界面为无限大平面，当一般复杂物体被电磁波照射时，电磁波的能量将朝各个方向散射，这种散射场与入射场之和就构成空间的总场。散射场包括因介质本征阻抗突变而在物体表面上产生的反射及由于边缘、尖顶等物体表面不连续性引起的绕射等。从感应电流的观点来看，散射场来自物体表面上感应电磁流和电荷的二次辐射。散射能量的空间分布称为散射方向图，它取决于物体的形状、大小、结构和材料特性，以及入射波的频率、极化等。产生电磁散射的物体通常称为目标或散射体。

雷达是迄今为止最为有效的远程电子探测设备之一，它根据目标对雷达波的散射能量来判定目标的存在与否并确定目标的位置。雷达的工作频段覆盖了 3MHz～300GHz，但大多数雷达工作在微波波段，特别是 X 波段(8～12GHz)和 Ku 波段(12～18GHz)。

1. 雷达截面(RCS)

定量表征目标散射强弱的物理量称为目标对入射雷达波的有效散射截面积，通常称为目标的雷达散射截面积或雷达截面(Radar Cross Section，RCS)[40-43]。RCS 是目标的一种假想面积，用符号 σ 来表示。通常，雷达发射天线和接收天线距离目标很远，即到目标的距离远大于目标的最大线尺寸，因此入射到目标处的雷达波可认为是平面波，而目标则基本上是点散射体。假想点散射体的散射强度和雷达截面积都随目标的姿态角而变化，即雷达截面不是一个常数，而是与角度密切相关的一种目标特性。对于三维目标，σ 的理论定义为

$$\sigma=4\pi\lim_{R\to\infty}R^2\frac{|\boldsymbol{E}^{\mathrm{s}}|^2}{|\boldsymbol{E}^{\mathrm{i}}|^2}=4\pi\lim_{R\to\infty}R^2\frac{|\boldsymbol{H}^{\mathrm{s}}|^2}{|\boldsymbol{H}^{\mathrm{i}}|^2}\tag{6.5.1}$$

式中，$\boldsymbol{E}^{\mathrm{i}}$、$\boldsymbol{H}^{\mathrm{i}}$ 表示入射雷达波在目标处的电磁场，$\boldsymbol{E}^{\mathrm{s}}$、$\boldsymbol{H}^{\mathrm{s}}$ 表示散射雷达波在雷达处的电磁场，R 为目标到雷达天线的距离。由于 $|\boldsymbol{E}^{\mathrm{s}}|^2$、$|\boldsymbol{H}^{\mathrm{s}}|^2$ 表示散射波功率密度(单位面积上的散射波功

率),由此可见,雷达截面的意义是:当目标各向同性散射时的总散射功率与单位面积入射波功率之比。这个比值具有面积(m^2)的量纲,其大小表示目标截获了多大面积的入射波功率,并将它均匀散射到各个方向而产生了大小为 $\boldsymbol{E}^s$、$\boldsymbol{H}^s$ 的散射场。式(6.5.1)中的 R^2 项使 σ 具有面积(m^2)的量纲。对于三维目标,散射场 $|\boldsymbol{E}^s|$ 或 $\boldsymbol{E}^s$ 在远区按 $1/R$ 衰减,因此式(6.5.1)中出现的 R^2 抵消了距离的影响,即雷达截面与距离无关。

雷达截面是下列因素的函数。

(1) 目标结构

即形状、尺寸和材料的电参数(ε'、ε''、μ' 和 μ'')不同的目标,散射场不同。

(2) 目标相对于入射和散射方向的姿态角

σ 通常可表示为 $\sigma=\sigma(\theta,\phi)$,式中,$(\theta,\phi)$ 表示球坐标下的取值。对于大多数雷达,辐射天线和接收天线几乎位于同一点上,所测量到的散射场称为单站散射,可获得单站 RCS。当散射方向不指向辐射天线时,称为双站散射,可以得到双站 RCS,目标对辐射天线和接收天线之间的夹角称为姿态角 γ。

(3) 入射波的频率和波形

同一目标对不同的雷达频率呈现不同的 RCS。根据目标尺寸 L 与波长 λ 的相对关系,散射可分为 3 种情况。①低频区或瑞利区。此时目标尺寸相对于波长小得多,可假定入射波沿散射体基本上没有相位变化。②当入射波长和目标尺寸处于同一数量级时,称为谐振区,σ 随频率剧烈变化,表现出很强的振荡特性。③当目标尺寸 $L\gg\lambda$ 时,称为高频区或光学区。高频散射是一种局部现象,目标的总散射场可由各个独立散射中心的散射场叠加而得。

(4) 入射场和接收天线的极化形式

不同极化的电磁波,散射特性完全不同,这可以参考第 5 章有关极化信息的内容或参考相关文献,这里不再赘述。

2. 目标材料隐身技术

在飞机等重要武器的设计中,通过减小军事目标的 RCS,可使敌方雷达作用距离锐减,盲区加大,预警时间缩短,从而提高己方武器的突防能力和生存概率,成为当今目标材料隐身技术中一项重要的研究内容。例如,当 σ 降低 20dB 和 40dB 时,雷达作用距离分别降低至原来的 31.6%和 10%。目前,为了减小目标的 RCS,主要采用吸波材料隐身和外形隐身两种技术[40-43]。吸波材料通过将敌方电磁波能量转化为热能并吸收,是抑制目标镜面反射最有效的方法,也是最先获得实际应用的隐身技术手段。外形隐身通过外形设计,将照射的电磁波反射到其他相对不重要的空间,减小回波的场强,从而达到隐身的目的。

雷达吸波材料(RAM)的基本特点在于材料的折射率 $n=\sqrt{\mu_r\varepsilon_r}$ 是复数,在磁吸波材料和电吸波材料中,正是 μ_r 和 ε_r 的虚部引起电磁损耗的。

对于电吸波材料,微波能量损耗来自材料的有限电导率。在早期生产的吸波材料中,碳是最基本的吸收剂原料,因为碳具有良好的导电性。电吸波材料大多用于实验目的,例如微波暗室等。由于这种材料太笨重、太脆弱,在作战环境中很难应用于各种飞行目标和武器平台。

广泛应用于作战环境的是磁吸波材料。磁吸波材料主要由磁偶极矩产生微波能量损耗,而铁的化合物则是其基本成分。例如铁氧化物(铁氧体)和羰基铁都已被广泛应用。由于磁吸波材料的厚度通常只有电吸波材料的几分之一,因此具有体积小的优点,但由于含铁的成分,其重量也较大。引起微波能量损耗的吸收剂通常混合在填充料和黏合剂中,这样构成的复合结构可满足一定范围内的电磁特性要求。

RAM 吸收电磁波的基本要求是:

① 入射波最大限度地进入材料内部而不在其前表面上反射，即材料的匹配特性；

② 进入材料内部的电磁波能迅速地被材料吸收并衰减掉，即材料的衰减特性。

为实现电磁波无反射，可以通过设计材料的本征阻抗使其与空气阻抗相匹配；而实现第二个要求的方法则是使材料具有很高的电磁损耗，即材料应具有足够大的介电常数虚部（有限电导率）或足够大的磁导率虚部。正如许多工程问题一样，这两个要求经常是互相矛盾的。另外，从工程实用角度来看，还要求 RAM 具有厚度薄、重量轻、吸收频带宽、坚固耐用、易于施工和价格便宜等特点，这些力学性能和成本的要求通常也是与材料的吸波性能相互矛盾的。因而在设计和研制 RAM 时，必须对其厚度、材料参数与结构进行优化，对带宽和材料性能进行折中考虑。

3. 目标外形隐身技术

目标外形隐身技术的历史没有吸波材料那么长，而它的发展却十分迅速，应用十分广泛，目前已成为隐身技术中最重要和最有效的技术途径。例如，美国 F-117A 飞机采用的就是以外形技术为主、吸波材料为辅的隐身方案。由于外形技术与飞行器的气动性能直接相关，有时会影响飞行器的飞行速度和机动性能等，因此对二者必须进行折中处理。

外形隐身的方法是修改目标的表面和边缘，使其强散射方向偏离单站雷达来波方向而散射至威胁相对较小的空域中去，这不可能在全部立体角范围内对所有观察角都做到这一点。从外形隐身技术的机理来讲，某个角度范围内的 RCS 缩减必然伴随着另外一些角域内的 RCS 增加。因此，外形隐身技术的首要条件是确定威胁区域。如果所有方向的威胁都是同等重要的，则外形隐身技术是无能为力的。但对于实际的飞行目标，通常可以确定出其最重要和次重要的威胁区域，因而可以很好地利用外形隐身技术来获得有效的 RCS 缩减。

6.5.2 复杂环境下的超高频 RFID 技术

1. 物联网技术架构概述

物联网[44]是新一代信息技术的重要组成部分，其英文名称是“Internet of Things（IoT）”。顾名思义，物联网就是物物相连的互联网，这有两层意思：第一，物联网的核心和基础仍然是互联网，是在互联网基础上延伸和扩展的网络；第二，其用户端延伸和扩展到了进行信息交换和通信的任何物品与物品之间。因此，物联网的定义是通过射频识别（RFID）、红外传感器、全球定位系统、激光扫描器等信息传感设备，按约定的协议，把任何物品与互联网相连接，进行信息交换和通信，以实现对物品的智能化识别、定位、跟踪、监控和管理的一种网络。

典型的物联网架构如图 6.5.1 所示，大致可以分为 3 层：底层为感知层，又叫数据采集层；第二层为网络层，又叫数据传输层；第三层为各种场景下的应用层。这个架构暗合了数字化的技术要求，包含数据采集、数据传输、数据应用的全链条。目前的智能制造、数字化工厂、智慧城市、智慧水务、智慧园区、智能交通、智慧农业等，绝大部分都是基于上述物联网架构并结合具体场景进行细化设计的。

① 感知层：包括条形码、RFID、传感器网络、定位系统、视觉检测等，主要功能是进行各种数据的采集。

② 网络层：包含 TCP/IP、Wi-Fi、蓝牙、LoRa、NB-IoT、3G/4G/5G 等技术及设备，其作用就是将感知层的设备联网，形成网络并进行数据传输。

③ 应用层：主要是在具体场景下结合用户需求进行应用软件开发，实现数据对应用的支撑。

图 6.5.1　典型的物联网架构

2. RFID 分类

RFID(Radio Frequency IDentification)[45]作为物联网中的重要组成部分，与条形码一样，通过一串数字码进行物品的唯一识别。与条形码不同的是，RFID 通过无线方式识别物品信息的数字码。应用中，将 RFID 码与物品进行一一捆绑，RFID 系统读到 RFID 码，即可了解并调取该物品相关的数据，实现物品的自动识别。RFID 可以划分为多个类别，其特性见表 6.5.1。

① 无源 RFID：无源 RFID 的有效识别距离相对较短，通常用于近距离识别。无源 RFID 往往工作在较低频段(125kHz、13.56MHz、900MHz 等)。其工作能量往往是识读设备发射的电磁波所携带的微弱能量，本身没有供电系统。

② 有源 RFID：往往工作于 2.45GHz、5.8GHz 等超高频频段，具有同时识别多个电子标签的功能。有源 RFID 本身往往带有供电系统(比如纽扣电池)，所以其无线通信/有效识别距离往往比无源 RFID 长。

③ 半有源 RFID：无源 RFID 没有电源，但有效识别距离太短。有源 RFID 的有效识别距离足够长，但需要外接电源，体积大。半有源 RFID 可以兼顾二者的优点，一定程度上回避了各自的缺点。

表 6.5.1　多个频段 RFID 及其特性

频段	供电	工作原理	有效识别距离	多标签识别能力
125kHz	无源	互感	近	无
13.56MHz	无源	互感	<5cm	无
900MHz	无源	电磁辐射	<15m	有
2.45GHz	有源	电磁辐射	<100m	有
5.8GHz	有源	电磁辐射	<100m	有

3. 超高频 RFID 系统组成

超高频 RFID[46]兼顾了无源、有效识别距离远、多标签识别能力等众多优点，在工业、商业及日常生活中得到了大量使用。

超高频 RFID 系统组成如图 6.5.2 所示。超高频 RFID 系统由电子标签、天线、阅读器和上位机软件 4 部分组成。

电子标签：承载有唯一的 EPC 码，在外加电磁波的激励下，可以将 EPC 码调制到载波上。

天线：RFID 系统中发射和接收电磁波的装置。

阅读器：负责通过天线发射电磁波、接收调制电磁波并进行解调识别。

上位机软件：赋能各种应用软件，利用 RFID 数据，处理各种应用场景下的业务需求。

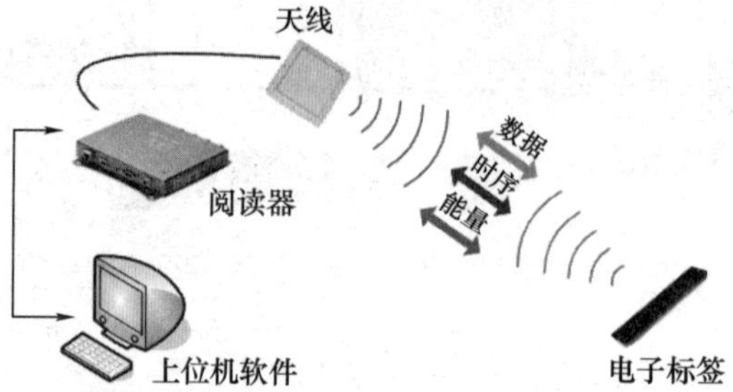

图 6.5.2　超高频 RFID 系统组成

4. 超高频 RFID 系统无线信道分析

超高频 RFID 系统的天线与电子标签之间形成了电磁波传播的无线信道，为了保证识别过程的稳定可靠，必须对无线信道进行分析。对于正入射且收发公用天线情况，RFID 无线信道增益可表示为

$$P_r(\mathrm{dB})=P_t+2G_{ant}-2P_{loss}-\sigma_{tag} \tag{6.5.2}$$

其中，P_r 为接收通道功率(dB)；P_t 为发射功率(dB)；G_{ant} 为天线增益(dB)；P_{loss} 单程路径损耗(dB)；σ_{tag} 为电子标签收发损耗(dB)。

从式(6.5.2)可以看出，电子标签与天线之间无法通信而出现的漏读现象，往往是场强太弱导致的。RFID 系统所处环境中存在大量金属、液体及各种介质材料，从而导致了大量的反射与透射现象，使得无线信道更加复杂。具体有如下原因可能导致 RFID 识别不畅：

① 电子标签处场强太弱，电子标签无法正常激活，可通过提高发射功率或更换高增益天线解决该问题；

② 电子标签成功激活，但返回阅读器天线处功率太弱，低于阅读器接收通道的检测电平，可通过提高发射功率或更换高增益天线解决该问题；

③ 无线信道中存在大量的电磁干扰，尤其是同频干扰，导致回波信号的信噪比太差。通过更换优质的阅读器、简化周边环境、控制发射功率的方法避免电磁波多次反射，可以有效提升系统的信噪比；

④ 阅读器天线和电子标签天线之间存在极化角度，所以往往会存在极化损耗，降低了无线信道的增益；

⑤ 阅读器天线和电子标签天线的辐射方向都具有空间选择性，两者之间的夹角会降低无线信道增益；

⑥ 阅读器天线与电子标签之间存在金属、水等物体的影响，从而降低无线信道增益。

在设计复杂环境下的 RFID 系统方案中，需要充分考虑如上问题。

由于一套上位机软件可以外接多个阅读器，一个阅读器又可以外接多根天线，一根天线可以识读多个电子标签，所以，根据场景需要，兼顾上述无线信道增益问题，具体硬件方案设计中涉及的问题有：①确定阅读器数量及安装位置；②确定电子标签的粘贴方式；③确定每个阅读器外接的天线数量、天线选型和天线的安装位置及倾角；④确定天线的发射功率及空口协议。

5. 超高频 RFID 系统优缺点分析

超高频 RFID 系统作为一种能够进行多电子标签识别的系统，具有非常广阔的应用前景。然而，由于电磁场场强的大小及均匀性很难控制，导致实际测试结果会与前期设计方案存在较大差异。主要表现在：①应全部读到的电子标签，测试中往往会读不到(漏读现象)；②由于空间拥挤或电子标签一致性较差,不该读到的电子标签往往会读到(串读现象)。究其原因,是因为:①出厂时电子标签性能的一致性差;②阅读器天线辐射区域场强不均匀;③阅读器天线辐射区域场强随距离的衰减较慢,导致在辐射区域的边缘,有些电子标签可以识读,有些标签不能识读。

6. 复杂环境下的超高频 RFID 系统应用

RFID 系统工作的底层逻辑就是什么时间(系统自动获得),在什么地方(智能装备所处位置)读取到了什么物品(电子标签内唯一的 EPC 码所关联的物品),代表着什么意义(业务软件解析)。将多个位置的识读信息联系起来,还可以得到 RFID 电子标签的运动轨迹和责任追溯路径。

随着我国产业升级、智能制造和企业数字化的大力推进,超高频 RFID 系统的应用得到了大力发展。由于车间、仓库内部等复杂场景下,存在加工设备、传送线、产品及其原材料、运输车辆等,这些会造成电磁波的遮挡及多次反射现象,从而导致漏读现象明显。另外,车间、仓库内部空间有限、环境拥挤,会不可避免地存在串读现象。串读和漏读问题是影响超高频 RFID 广泛应用的技术难题。

采用超高频 RFID 系统结合仓储管理软件(WMS)进行物料初始化、分拣、入库、上架、下架、出库、盘库、查找等综合管理,从而可以有效避免因人员操作导致的账物不符、效率低下等难题。

在生产线上,将超高频 RFID 系统安装在生产线的若干重要工位,可实时采集工位信息(如物料信息、设备信息、人员信息、工时信息等),从而实时掌握生产全过程。

知识点总结

本章需要重点掌握的知识点有:①电磁波垂直入射导体或介质表面导致的发射电磁场、透射电磁场和总场的计算及相关特性分析;②多层介质的反射与透射问题,尤其是 1/4 波长匹配器和半波长介质窗的基本概念;③斜入射中的入射平面、菲涅耳反射定律及全反射、全透射等基本概念。本章的知识点图谱如图 6.1 所示。

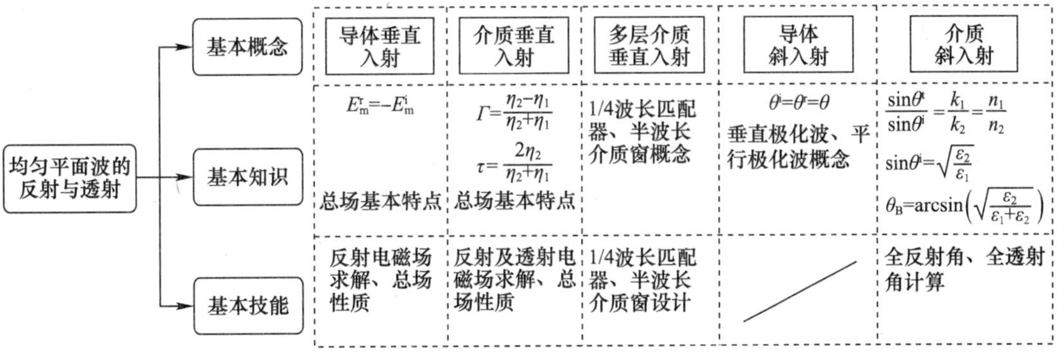

图 6.1 均匀平面波反射与透射知识点图谱

本章重要的基本公式如下。

导体表面垂直入射:
$$E^r_m=-E^i_m$$

匹配层计算:
$$d=\frac{(2n+1)\lambda_2}{4},\eta_2=\sqrt{\eta_1\eta_3}$$

半波长介质窗计算:
$$d=\frac{(2n+1)\lambda_2}{2}$$

介质表面垂直入射:
$$\Gamma=\frac{\eta_2-\eta_1}{\eta_2+\eta_1},\tau=\frac{2\eta_2}{\eta_2+\eta_1}$$

全反射角：
$$\sin\theta^{i}=\sqrt{\frac{\varepsilon_2}{\varepsilon_1}}$$

布儒斯特角：
$$\theta_B=\arcsin\left(\sqrt{\frac{\varepsilon_2}{\varepsilon_1+\varepsilon_2}}\right)$$

习　题　6

6.1　自由空间内电场为 $\boldsymbol{E}=\boldsymbol{e}_x 100\mathrm{e}^{\mathrm{j}3\pi z}\mu\mathrm{V/m}$ 的均匀平面波，垂直入射到无耗的理想介质（$\mu_r=1,\varepsilon_r=4$）平面上，求反射波和透射波的电场和磁场。

6.2　频率 $f=300\mathrm{MHz}$ 的线极化均匀平面波，其电场强度的振幅为 2V/m，从空气垂直入射到 $\varepsilon_r=4,\mu_r=1$ 的理想介质平面上，求：(1) 反射系数、透射系数、驻波比；(2) 入射波、反射波和透射波的电场和磁场；(3) 入射电场能量密度、反射电场能量密度和透射电场能量密度。

6.3　均匀平面波的频率 $f=100\mathrm{MHz}$，从空气正入射到 $x=0$ 的理想导体平面上，设入射波电场沿 $+y$ 方向，振幅 $E_m=6\mathrm{mV/m}$。试写出：(1)入射波的电场和磁场；(2)反射波的电场和磁场；(3)在空气中合成波的电场和磁场；(4)空气中离理想导体表面最近的电场的波腹点的位置；(5)空气中离理想导体表面最近的磁场的波腹点的位置。

6.4　电场强度 $\boldsymbol{E}^{i}=\boldsymbol{e}_x E_0\sin\omega\left(t-\frac{z}{v_1}\right)$ 的平面波，由空气垂直入射到无限大玻璃（$\varepsilon_r=4,\mu_r=1$）表面（$z=0$ 处），试求：(1) 反射波电场 $\boldsymbol{E}^{r}$、磁场 $\boldsymbol{H}^{r}$；(2) 折射波电场 $\boldsymbol{E}^{t}$、磁场 $\boldsymbol{H}^{t}$。

6.5　一个圆极化均匀平面波，电场 $\boldsymbol{E}=(\boldsymbol{e}_x+\mathrm{j}\boldsymbol{e}_y)E_0\mathrm{e}^{-\mathrm{j}\pi z}$ 垂直入射到 $z=0$ 处的理想导体表面。试求：(1) 反射波电场表达式；(2) 合成波电场表达式；(3) 合成波沿 $+z$ 方向传播的平均功率流密度。

6.6　一右旋圆极化波由空气向一理想介质平面（$z=0$）垂直入射，介质的电磁参数为 $\varepsilon_2=9\varepsilon_0,\varepsilon_1=\varepsilon_0,\mu_1=\mu_2=\mu_0$。(1)试求反射波、透射波的电场强度及平均坡印廷矢量；(2)它们各是何种极化波？

6.7　设均匀平面波从空气垂直入射到相对介电常数 $\varepsilon_r>1$ 的非铁磁理想介质分界面上，则：(1) 该分界面是电场的波节点还是磁场的波节点？(2) 空气一侧合成场的驻波比为多少？(3) 入射波的能量密度为 $1\mathrm{W/m^2}$，那么反射波和透射波的能量密度分别是多少？

6.8　一均匀平面波从自由空间垂直入射到某无限厚介质板平面 $z=0$ 时，在自由空间形成行驻波，测得驻波比为 2.7，且在介质板上出现波节点，求介质板的介电常数。

6.9　一平面波的频率 $f=10^6\mathrm{Hz}$，垂直入射到平静的湖面上，计算透射功率占入射功率的百分比（湖水的 $\sigma=10^{-3}\Omega/\mathrm{m},\varepsilon_r=81,\mu_r=1$）。

6.10　最简单的天线罩是单层介质板。若已知介质板的 $\varepsilon_r=2.8$，试问：(1) 介质板应多厚才使得 $f=3\mathrm{GHz}$ 的电磁波垂直入射到介质板上时无反射？(2) 当频率分别为 3.1GHz 和 2.9GHz 时，反射系数的模值为多少？

6.11　频率为 10GHz 的机载雷达有一个 $\varepsilon_r=2.25$、$\mu_r=1$ 的介质薄板构成的天线罩。假设其介质损耗可以忽略不计，为使它对垂直入射到其上的电磁波不产生反射，该板应取多厚？

6.12　在 $\varepsilon_{r3}=5$、$\mu_{r3}=1$ 的照相机镜头玻璃上涂一层薄膜可以消除红外线（$\lambda_0=0.75\mu\mathrm{m}$）的反射，试确定介质薄膜的厚度和相对介电常数。设玻璃和薄膜可视为理想介质。

6.13　在真空中，有一厚度为 $5\mu\mathrm{m}$ 的铜板，电场强度振幅为 10V/m、频率为 100MHz 的平面波垂直入射到铜板表面，求真空中和铜板内的电场强度幅度。

6.14 频率为 10kHz 的平行极化波在空气中以 $\theta=30°$斜入射到海面，已知海水的电磁参数为 $\varepsilon_r=81$，$\mu_r=1$，$\sigma=4$S/m。(1)求透射角；(2)求透射系数；(3)若电磁波透射到海水中后衰减了 30dB，则电磁波传播了多少距离？

6.15 已知一垂直极化波以 $\theta=60°$从介质 1($\varepsilon_r=9.6$，$\mu_r=1$，$\sigma=0$)入射到介质 2(真空)中，求反射系数和透射系数。

6.16 圆极化波自理想介质 1(μ_1，ε_1)斜入射到理想介质 2(μ_2，ε_2)。

(1) 有可能发生全透射现象吗？如果可能，请写出入射角应满足的条件。

(2) 有可能发生全反射现象吗？如果可能，请写出入射角应满足的条件。

6.17 计算电磁波由下列各种介质斜入射到它们与自由空间的分界面上的全反射临界角：蒸馏水($\varepsilon_r=81.1$)、玻璃($\varepsilon_r=9$)、石英($\varepsilon_r=5$)、聚苯乙烯($\varepsilon_r=2.55$)、石油($\varepsilon_r=2.1$)。

6.18 卫星往月球上发射无线电磁波，测得布儒斯特角为60°，求月球表面物质的相对介电常数 ε_r。

6.19 线极化波由空气斜入射到位于 $x=0$ 的理想导体平面上，其入射波电场为 $\boldsymbol{E}^i=\boldsymbol{e}_y 20\mathrm{e}^{\mathrm{j}(4x-2z)}$ V/m。求：(1) 入射波的方向；(2) 入射角 θ^i；(3) 反射波磁场表达式。

6.20 求光线自玻璃($n=1.5$)入射到空气的临界角和布儒斯特角，并证明在一般情况下，临界角 θ_c 总大于布儒斯特角 θ_B。

第 7 章　导行电磁波

当电磁波斜入射到导体或介质表面时，将形成沿分界面方向传播的电磁波，因此导体或介质在一定条件下可以引导电磁波，这时电磁波主要是在导体以外的空间或介质体内传播的，只有很小部分电磁能量透入导体表层内或介质外。一般将被限制在某一特定区域内、沿一定的途径传播的电磁波称为导行电磁波，简称导行波。将引导电磁波传播的系统称为导波系统。均匀导波系统是指在传播方向上为无限长，且横截面的尺寸、形状、介质参数等都保持不变的导波系统。

7.1　导波系统中传播的波型

7.1.1　导波系统基础理论

1. 导波系统分类

导波系统的结构形式有很多[3-9]，常用的有双导线、同轴线、矩形波导、圆柱形波导、带状线、微带线、介质波导等，如图 7.1.1 所示。导波系统有两个最基本的要求：在一定频带范围内保证单模传播和沿线能量传播损耗很小。

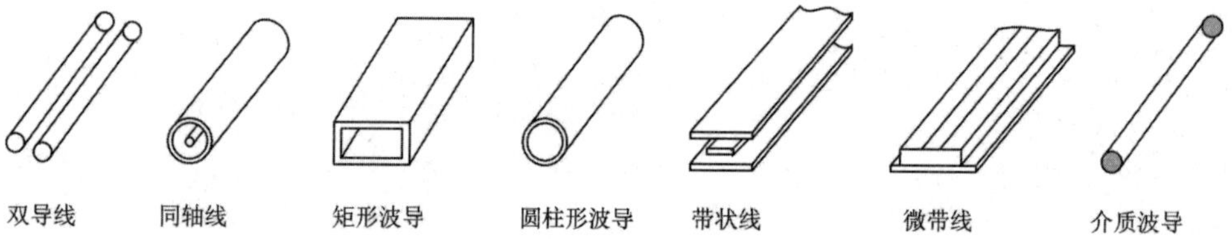

图 7.1.1　常见的导波系统

2. 导波系统内的横向场

导行波的求解问题实质上属于电磁场边值问题，即在给定边界条件下解电磁场的波动方程，从而得到导波系统中的电磁场分布和电磁波的传播特性及相关参数。本节只讨论导行波的一般形式，即只分析波动方程通解的一般性质，不考虑导波系统的具体边界条件。

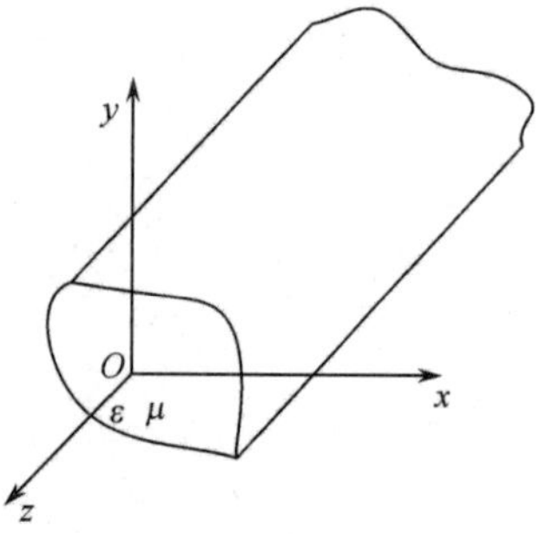

图 7.1.2　横截面为任意形状的无限长均匀导波系统

图 7.1.2 是横截面为任意形状的无限长均匀导波系统，令其沿 z 轴放置。为讨论简单又不失一般性，可做如下假设：导波系统内壁由理想导体构成；导波系统内的电场和磁场分布只与坐标 x、y 有关，与坐标 z 无关；导波系统内填充的是介电常数为 ε、磁导率为 μ 的无耗理想介质；所讨论的区域内没有源分布；导波系统内的电磁场是时谐场，角频率为 ω。

设导波系统中的电磁波沿 $+z$ 方向传播，其电磁场场量可在直角坐标系中表示为

$$\begin{aligned}\boldsymbol{E}(x,y,z)&=\boldsymbol{E}(x,y)\mathrm{e}^{-\gamma z}\\&=[\boldsymbol{e}_xE_x(x,y)+\boldsymbol{e}_yE_y(x,y)+\boldsymbol{e}_zE_z(x,y)]\mathrm{e}^{-\gamma z}\end{aligned}\tag{7.1.1a}$$

$$\boldsymbol{H}(x,y,z)=\boldsymbol{H}(x,y)\mathrm{e}^{-\gamma z}=[\boldsymbol{e}_x H_x(x,y)+\boldsymbol{e}_y H_y(x,y)+\boldsymbol{e}_z H_z(x,y)]\mathrm{e}^{-\gamma z} \tag{7.1.1b}$$

式中，γ 称为传播常数，表征导波系统中电磁场的传播特性，在无耗介质中，$\gamma=\mathrm{j}\beta$。

无源区内的麦克斯韦方程组为

$$\nabla\times\boldsymbol{E}(x,y,z)=-\mathrm{j}\omega\mu\boldsymbol{H}(x,y,z) \tag{7.1.2a}$$

$$\nabla\times\boldsymbol{H}(x,y,z)=\mathrm{j}\omega\varepsilon\boldsymbol{E}(x,y,z) \tag{7.1.2b}$$

将式(7.1.1)代入式(7.1.2)，在直角坐标系中展开，写成 x、y、z 三个分量的 6 个标量方程

$$\frac{\partial E_z}{\partial y}+\gamma E_y=-\mathrm{j}\omega\mu H_x$$

$$\frac{\partial E_z}{\partial x}+\gamma E_x=\mathrm{j}\omega\mu H_y$$

$$\frac{\partial E_y}{\partial x}-\frac{\partial E_x}{\partial y}=-\mathrm{j}\omega\mu H_z$$

$$\frac{\partial H_z}{\partial y}+\gamma H_y=\mathrm{j}\omega\varepsilon E_x$$

$$\frac{\partial H_z}{\partial x}+\gamma H_x=-\mathrm{j}\omega\varepsilon E_y$$

$$\frac{\partial H_y}{\partial x}-\frac{\partial H_x}{\partial y}=\mathrm{j}\omega\varepsilon E_z$$

经过简单运算可得到用两个纵向场分量 E_z 和 H_z 来表示的横向场分量 E_x、E_y、H_x、H_y 的表达式，即

$$E_x=-\frac{1}{k_\mathrm{c}^2}\left(\gamma\frac{\partial E_z}{\partial x}+\mathrm{j}\omega\mu\frac{\partial H_z}{\partial y}\right) \tag{7.1.3a}$$

$$E_y=-\frac{1}{k_\mathrm{c}^2}\left(\gamma\frac{\partial E_z}{\partial y}-\mathrm{j}\omega\mu\frac{\partial H_z}{\partial x}\right) \tag{7.1.3b}$$

$$H_x=\frac{1}{k_\mathrm{c}^2}\left(\mathrm{j}\omega\varepsilon\frac{\partial E_z}{\partial y}-\gamma\frac{\partial H_z}{\partial x}\right) \tag{7.1.3c}$$

$$H_y=-\frac{1}{k_\mathrm{c}^2}\left(\mathrm{j}\omega\varepsilon\frac{\partial E_z}{\partial x}+\gamma\frac{\partial H_z}{\partial y}\right) \tag{7.1.3d}$$

式中，传播常数 $\gamma=\sqrt{k_\mathrm{c}^2-k^2}$，波数 $k=\omega\sqrt{\mu\varepsilon}=\frac{2\pi}{\lambda}$，截止波数 k_c 由导波系统的结构、形状等参数决定。由式(7.1.3)可知，导波系统中的横向场分量可由纵向场分量确定。当采用合适的方法求得纵向场分量 E_z、H_z 时，读者可以方便地利用式(7.1.3)求得所有切向场分量，从而获得完整的各个分量的分布特性。

3. 导波系统内的纵向场

将式(7.1.1)代入第 4 章中时谐场的亥姆霍兹方程，并在直角坐标系中展开得

$$\frac{\partial^2 E_z}{\partial x^2}+\frac{\partial^2 E_z}{\partial y^2}+\frac{\partial^2 E_z}{\partial z^2}+k^2 E_z=0 \tag{7.1.4a}$$

$$\frac{\partial^2 H_z}{\partial x^2}+\frac{\partial^2 H_z}{\partial y^2}+\frac{\partial^2 H_z}{\partial z^2}+k^2 H_z=0 \tag{7.1.4b}$$

得到式(7.1.1)中的纵向分量(z 分量)$E_z(x,y)$和 $H_z(x,y)$满足方程

$$\left(\frac{\partial^2}{\partial x^2}+\frac{\partial^2}{\partial y^2}\right)E_z(x,y)+k_\mathrm{c}^2 E_z(x,y)=0 \tag{7.1.5a}$$

$$\left(\frac{\partial^2}{\partial x^2}+\frac{\partial^2}{\partial y^2}\right)H_z(x,y)+k_\mathrm{c}^2 H_z(x,y)=0 \tag{7.1.5b}$$

利用分离变量法求解该方程即可得出纵向场分量的表达式，再根据式(7.1.3)可得出导波系统中的横向场分量。

在其他坐标系中，可采用类似方法进行求解。这种先由纵向场分量的波动方程求解纵向场分量，然后由它与横向场分量的关系求解横向场分量的方法称为纵向场法。

4. 导波系统中的导行波特性

式(7.1.3)中定义了 $k_c^2=\gamma^2+k^2$，并指出 k_c 只与导波系统的结构、形状等参数有关，与外加激励电磁波无关，相应地可定义截止波长 λ_c 和截止频率 f_c 分别为

$$\lambda_c=\frac{2\pi}{k_c} \tag{7.1.6a}$$

$$f_c=\frac{v}{\lambda_c} \tag{7.1.6b}$$

传播常数可写为

$$\gamma=\alpha+j\beta=\sqrt{k_c^2-k^2}=k\sqrt{\left(\frac{k_c}{k}\right)^2-1}=\frac{2\pi}{\lambda}\sqrt{\left(\frac{\lambda}{\lambda_c}\right)^2-1} \tag{7.1.7}$$

由此可见，当 k_c 为正实数时，有下面两种情况。

(1) 当 $\lambda<\lambda_c$(或 $f>f_c$)时，$\gamma=j\beta$，β 称为电磁波的相位常数。此时 $k>k_c$，有

$$\beta=\frac{2\pi}{\lambda}\sqrt{1-\left(\frac{\lambda}{\lambda_c}\right)^2}=\frac{2\pi f}{v}\sqrt{1-\left(\frac{f_c}{f}\right)^2} \tag{7.1.8}$$

相应地，导行波的解为

$$\boldsymbol{E}(x,y,z,t)=\boldsymbol{E}(x,y)e^{j(\omega t\pm\beta z)}$$

称这种状态为传播状态。

(2) 当 $\lambda>\lambda_c$(或 $f<f_c$)时，$\gamma=\alpha$，α 称为衰减常数。此时 $k<k_c$，有

$$\alpha=\frac{2\pi}{\lambda}\sqrt{\left(\frac{\lambda}{\lambda_c}\right)^2-1}=\frac{2\pi f}{v}\sqrt{\left(\frac{f_c}{f}\right)^2-1} \tag{7.1.9}$$

相应地，导行波的解为

$$\boldsymbol{E}(x,y,z,t)=\boldsymbol{E}(x,y)e^{-\alpha z}e^{j\omega t}$$

显然，这种场的振幅 $E(x,y)e^{-\alpha z}$ 沿 $+z$ 轴按指数规律衰减，空间相位不变，故不能沿 z 轴方向传播，只是一种时变的正弦振荡场，导波系统呈截止状态。所以，$\lambda>\lambda_c$(或 $f<f_c$)是导波系统中传播电磁波的截止条件。

因此，公式 $\gamma=\sqrt{k_c^2-k^2}$ 中的 k 与 k_c 的关系是导波系统能否传播电磁波的判据。当 $k>k_c$ 时，$\lambda<\lambda_c$，$\gamma=j\beta$，电磁波沿 z 轴方向传播；当 $k<k_c$ 时，$\lambda>\lambda_c$，电磁波不能沿 z 轴方向传播。所以，导波系统具有高通滤波器的特性。

通常根据纵向场分量 E_z 和 H_z 存在与否，对导波系统中传播的电磁波进行如下分类：

① 横电磁波又称为 TEM 波，这种波既无 E_z 分量又无 H_z 分量；

② 横磁波又称为 TM 波，这种波包含非零的 E_z 分量，但 $H_z=0$；

③ 横电波又称为 TE 波，这种波包含非零的 H_z 分量，但 $E_z=0$。

7.1.2 TEM 波

由于横电磁波(TEM 波)的 $E_z=0$，$H_z=0$，所以电场和磁场仅有横向分量。由式(7.1.3)可知，必有 $k_c=0$，即 $f_c=0$，即 TEM 波的截止频率必然为零，否则式(7.1.3)只能得到零解。这表明 TEM 波在任何频率下都满足 $f>f_c$，从而都能传播，没有截止现象。

因为 $f_c=0$,可得 TEM 波的传播常数 γ 为

$$\gamma=\mathrm{j}\beta=\mathrm{j}k=\mathrm{j}\omega\sqrt{\mu\varepsilon} \tag{7.1.10}$$

TEM 波的相速为

$$v_p=\frac{1}{\sqrt{\mu\varepsilon}}$$

本征阻抗为

$$Z_{\mathrm{TEM}}=\frac{E_x}{H_y}=\frac{\gamma}{\mathrm{j}\omega\varepsilon}=\frac{\beta}{\omega\varepsilon}=\sqrt{\frac{\mu}{\varepsilon}}=\eta$$

在自由空间,$\varepsilon=\varepsilon_0$,$\mu=\mu_0$,则

$$Z_{\mathrm{TEM}}=\sqrt{\frac{\mu_0}{\varepsilon_0}}=\eta_0=120\pi=377\Omega$$

电场与磁场的关系

$$\boldsymbol{H}=\frac{1}{Z_{\mathrm{TEM}}}\boldsymbol{e}_z\times\boldsymbol{E}$$

根据上述分析可知,导波系统中 TEM 波的传播特性与无界空间中的均匀平面波的传播特性相同。

由于 TEM 波磁场只有横向分量,磁力线应在横向平面内闭合,根据麦克斯韦方程组可得,在导波系统内应存在纵向的传导电流或位移电流。但是,对于单导体导波系统,其内没有回路,所以纵向传导电流为零;又因为 TEM 波的纵向电场 $E_z=0$,所以也没有纵向的位移电流,因此并不是任何导波系统中都能传输 TEM 波,单导体导波系统就不能传输 TEM 波。TEM 波只能存在于多导体导波系统中。在一定条件下,多导体导波系统中也可以存在一系列的 TE 波或 TM 波,但不同波型的本征阻抗是不同的。

7.1.3 TE 波与 TM 波

1. TE 波

横电波(TE 波)又称磁波(H 波),其 $E_z=0$,$H_z\neq0$,电场无纵向分量,只有横向分量;磁场有纵向分量。故由式(7.1.3)可得到 TE 波的纵向场分量与横向场分量为

$$E_x=-\frac{\mathrm{j}\omega\mu}{k_c^2}\frac{\partial H_z}{\partial y} \tag{7.1.11a}$$

$$E_y=\frac{\mathrm{j}\omega\mu}{k_c^2}\frac{\partial H_z}{\partial x} \tag{7.1.11b}$$

$$H_x=-\frac{\gamma}{k_c^2}\frac{\partial H_z}{\partial x} \tag{7.1.11c}$$

$$H_y=-\frac{\gamma}{k_c^2}\frac{\partial H_z}{\partial y} \tag{7.1.11d}$$

TE 波的本征阻抗

$$Z_{\mathrm{TE}}=\frac{E_x}{H_y}=\frac{\mathrm{j}\omega\mu}{\gamma}=\frac{\omega\mu}{\beta}=\frac{\omega\mu}{\sqrt{\omega^2\mu\varepsilon-k_c^2}} \tag{7.1.12}$$

在自由空间,$\varepsilon=\varepsilon_0$,$\mu=\mu_0$,则

$$Z_{\mathrm{TE}}=\frac{\omega\mu_0}{\beta}=377\frac{\lambda_g}{\lambda_0}\Omega$$

其中

$$\lambda_g=\frac{2\pi}{\beta}=\frac{\lambda}{\sqrt{1-\left(\frac{\lambda}{\lambda_c}\right)^2}} \tag{7.1.13}$$

λ_g 称为导波系统的相波长或波导波长，它表示纵向相距 λ_g 点处场的相位差为 2π，故 TE 波的空间周期及其相移都由 λ_g 决定，而不是 λ。必须指出，工作波长 λ 与工作频率 f 一一对应，它与导波系统的尺寸、形状无关。一般说的波源或电磁波的波长均指 λ，而 λ_c 与导波系统的尺寸、形状等参数有关。

此时的相速为

$$v_p=f\lambda_g=\frac{c}{\sqrt{1-\left(\frac{\lambda}{\lambda_c}\right)^2}}$$

c 为光速。可见，波的相速与频率有关，因此电磁波在这类导波系统中传播时有色散现象，称为色散波。由传播条件可知，此色散波的相速大于光速，称为快波。众所周知，一切能速不可能大于光速，因此，相速不代表能速。而其群速

$$v_g=\frac{d\omega}{d\beta}=c\sqrt{1-\left(\frac{\lambda}{\lambda_c}\right)^2}$$

代表能量传播的速度，它是小于光速的。

相速大于光速的原因是电磁波在导波系统内壁上不断反射向前传播。相速是等相位面的移动速度，而群速是电磁波能量的传播速度。

TE 波电场和磁场的关系为

$$\boldsymbol{E}=-Z_{TE}(\boldsymbol{e}_z\times\boldsymbol{H}) \tag{7.1.14}$$

在实际工作中，为了方便，通常称

$$G=\sqrt{1-\left(\frac{k_c}{k}\right)^2}=\sqrt{1-\left(\frac{\lambda}{\lambda_c}\right)^2}=\sqrt{1-\left(\frac{f_c}{f}\right)^2}$$

为波型因子或波导因子。

2. TM 波

横磁波（TM 波）又称电波（E 波），其 $E_z\neq0, H_z=0$，电场有纵向分量；磁场无纵向分量，只有横向分量。故由式(7.1.3)得到 TM 波的纵向场分量与横向场分量为

$$E_x=-\frac{\gamma}{k_c^2}\frac{\partial E_z}{\partial x} \tag{7.1.15a}$$

$$E_y=-\frac{\gamma}{k_c^2}\frac{\partial E_z}{\partial y} \tag{7.1.15b}$$

$$H_x=\frac{j\omega\varepsilon}{k_c^2}\frac{\partial E_z}{\partial y} \tag{7.1.15c}$$

$$H_y=-\frac{j\omega\varepsilon}{k_c^2}\frac{\partial E_z}{\partial x} \tag{7.1.15d}$$

TM 波的本征阻抗

$$Z_{TM}=\frac{E_x}{H_y}=\frac{\gamma}{j\omega\varepsilon}=\frac{\beta}{\omega\varepsilon}=\frac{\sqrt{\omega^2\mu\varepsilon-k_c^2}}{\omega\varepsilon} \tag{7.1.16}$$

在自由空间，$\varepsilon=\varepsilon_0, \mu=\mu_0$，则

$$Z_{TM}=\frac{\beta}{\omega\varepsilon_0}=377\frac{\lambda_0}{\lambda_g}\Omega$$

TM 波电场和磁场的关系为

$$\boldsymbol{H}=\frac{1}{Z_{\mathrm{TM}}}(\boldsymbol{e}_z\times\boldsymbol{E}) \tag{7.1.17}$$

空心金属波导内可以存在 TM 波和 TE 波，它们的传播常数由 k^2 和 k_c^2 决定。对于不同形状、不同大小的波导，其截止波数 k_c 的表示不同；同一个波导中，如果传播的波的类型不同，其截止波数 k_c 也不同。

由式(7.1.12)和式(7.1.16)可见，当 $f<f_c$，即 $\omega^2\mu\varepsilon<k_c^2$ 时，Z_{TE} 及 Z_{TM} 均为虚数，表明横向电场与横向磁场的相位相差 $\frac{\pi}{2}$，因此，沿 z 轴方向没有能量流动，电磁波的传播被截止。

7.2 矩形波导

矩形波导是横截面为矩形的空心金属管，如图 7.2.1 所示。设波导内壁尺寸为 $a\times b$，其中填充参数为 ε、μ 的理想介质，波导壁为理想导体。由于矩形波导是单导体导波系统，故不能传输 TEM 波。根据波动方程，结合矩形波导的边界条件，可求得矩形波导中 TE 波和 TM 波的场分布及它们在波导中的传播特性。

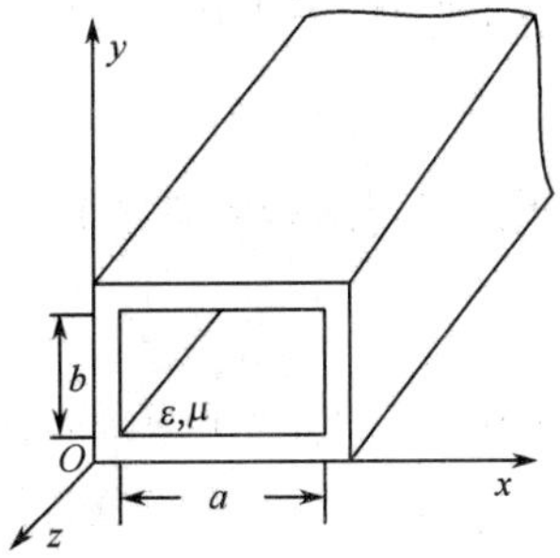

图 7.2.1　矩形波导

7.2.1　矩形波导中 TM 波的场分布

对于 TM 波，因为 $E_z\neq0, H_z=0$，由式(7.1.13)可知，波导内的电磁场量由 E_z 确定。在给定的矩形波导中，E_z 满足下面的波动方程及边界条件：

$$\nabla^2E_z+k_c^2E_z=0 \tag{7.2.1}$$

$$E_z\big|_{x=0}=E_z\big|_{x=a}=E_z\big|_{y=0}=E_z\big|_{y=b}=0 \tag{7.2.2}$$

由于矩形波导的边界都与直角坐标系的坐标平面平行，所以可用直角坐标系中的分离变量求解。

由均匀波导系统假设条件，可设

$$E_z(x,y,z)=E_z(x,y)\mathrm{e}^{-\gamma z} \tag{7.2.3}$$

代入式(7.2.1)，得

$$\left(\frac{\partial^2}{\partial x^2}+\frac{\partial^2}{\partial y^2}\right)E_z(x,y)+k_c^2E_z(x,y)=0 \tag{7.2.4}$$

利用分离变量法，设

$$E_z(x,y)=X(x)Y(y) \tag{7.2.5}$$

将式(7.2.5)代入式(7.2.4)，得

$$Y\frac{\mathrm{d}^2X}{\mathrm{d}x^2}+X\frac{\mathrm{d}^2Y}{\mathrm{d}y^2}=-k_c^2XY$$

上式两边除以 XY，得

$$\frac{1}{X}\frac{\mathrm{d}^2X}{\mathrm{d}x^2}+k_c^2=-\frac{1}{Y}\frac{\mathrm{d}^2Y}{\mathrm{d}y^2} \tag{7.2.6}$$

式(7.2.6)中左边仅为 x 的函数，右边仅为 y 的函数，但 x、y 均为独立变量，故必须是方程两边都等于常数才有可能。于是，由式(7.2.6)可分离出两个常微分方程

$$\frac{1}{X}\frac{\mathrm{d}^2X}{\mathrm{d}x^2}+k_x^2=0 \tag{7.2.7a}$$

$$\frac{1}{Y}\frac{d^2Y}{dy^2}+k_y^2=0 \tag{7.2.7b}$$

且

$$k_x^2+k_y^2=k_c^2 \tag{7.2.8}$$

其解为

$$X(x)=A\sin k_x x+B\cos k_x x \tag{7.2.9a}$$

$$Y(x)=C\sin k_y y+D\cos k_y y \tag{7.2.9b}$$

因此

$$E_z(x,y,z)=(A\sin k_x x+B\cos k_x x)(C\sin k_y y+D\cos k_y y)e^{-\gamma z}$$

代入边界条件，在 $x=0$ 和 $x=a$ 的导体面上，$E_z=0$，故得

$$B=0, k_x=\frac{m\pi}{a}(m=1,2,3,\cdots)$$

同样，由于在 $y=0$ 和 $y=b$ 的导体面上，$E_z=0$，有

$$D=0, k_y=\frac{n\pi}{b}(n=1,2,3,\cdots)$$

于是可得到矩形波导中 TM 波的纵向场分量为

$$E_z(x,y,z)=E_m\sin\left(\frac{m\pi}{a}x\right)\sin\left(\frac{n\pi}{b}y\right)e^{-\gamma z} \tag{7.2.10}$$

式中，$E_m=AC$ 由激励源强度决定。

由式(7.2.8)得截止波数为

$$k_c=\sqrt{k_x^2+k_y^2}=\sqrt{\left(\frac{m\pi}{a}\right)^2+\left(\frac{n\pi}{b}\right)^2} \tag{7.2.11}$$

将纵向电场代入式(7.1.3)，可得 TM 波的场分量表达式为

$$E_x(x,y,z)=-\frac{\gamma}{k_c^2}\frac{m\pi}{a}E_m\cos\left(\frac{m\pi}{a}x\right)\sin\left(\frac{n\pi}{b}y\right)e^{-\gamma z} \tag{7.2.12a}$$

$$E_y(x,y,z)=-\frac{\gamma}{k_c^2}\frac{n\pi}{b}E_m\sin\left(\frac{m\pi}{a}x\right)\cos\left(\frac{n\pi}{b}y\right)e^{-\gamma z} \tag{7.2.12b}$$

$$H_x(x,y,z)=\frac{j\omega\varepsilon}{k_c^2}\frac{n\pi}{b}E_m\sin\left(\frac{m\pi}{a}x\right)\cos\left(\frac{n\pi}{b}y\right)e^{-\gamma z} \tag{7.2.12c}$$

$$H_y(x,y,z)=-\frac{j\omega\varepsilon}{k_c^2}\frac{m\pi}{a}E_m\cos\left(\frac{m\pi}{a}x\right)\sin\left(\frac{n\pi}{b}y\right)e^{-\gamma z} \tag{7.2.12d}$$

$$E_z(x,y,z)=E_m\sin\left(\frac{m\pi}{a}x\right)\sin\left(\frac{n\pi}{b}y\right)e^{-\gamma z} \tag{7.2.12e}$$

$$H_z(x,y,z)=0 \tag{7.2.12f}$$

式中，不同的 m、n 值表示不同的场分布。m、n 分别表示场沿 x 轴、y 轴方向的半驻波数，不同的 m、n 对应不同的波型，并以 TM_{mn} 波或 TE_{mn} 波表示。但 m、n 均不能为零，其中任何一个为零都将导致场的消失。TM_{11} 是 TM 波中的最低波型，其他可能存在的 TM_{mn} 则为 TM 波的高次波型。传输波型又称为传输模式。

由(7.2.11)可得 TM 波的截止频率和截止波长分别为

$$f_c=\frac{v}{2\pi}\sqrt{\left(\frac{m\pi}{a}\right)^2+\left(\frac{n\pi}{b}\right)^2}$$

$$\lambda_c=\frac{2}{\sqrt{\left(\frac{m}{a}\right)^2+\left(\frac{n}{b}\right)^2}}$$

7.2.2 矩形波导中 TE 波的场分布

对于 TE 波，因为 $E_z=0$，$H_z\neq0$，由式(7.1.13)可知，波导内的电磁场量由 H_z 确定。在给定的矩形波导中，H_z 满足下面的波动方程及边界条件

$$\nabla^2 H_z+k^2 H_z=0 \tag{7.2.13}$$

$$\frac{\partial H_z}{\partial x}\bigg|_{x=0}=\frac{\partial H_z}{\partial x}\bigg|_{x=a}=\frac{\partial H_z}{\partial y}\bigg|_{y=0}=\frac{\partial H_z}{\partial y}\bigg|_{y=b}=0 \tag{7.2.14}$$

仿照前面对 TM 波的讨论，可以得到 TE 波的纵向场分量为

$$H_z(x,y,z)=H_{\mathrm{m}}\cos\left(\frac{m\pi}{a}x\right)\cos\left(\frac{n\pi}{b}y\right)\mathrm{e}^{-\gamma z}\ (m,n=0,1,2,\cdots) \tag{7.2.15}$$

式中，H_{m} 由激励源强度决定。

截止波数为

$$k_{\mathrm{c}}=\sqrt{k_x^2+k_y^2}=\sqrt{\left(\frac{m\pi}{a}\right)^2+\left(\frac{n\pi}{b}\right)^2}$$

利用完全相同的方法可得 TE 波的场分量表达式为

$$E_x(x,y,z)=\frac{\mathrm{j}\omega\mu}{k_{\mathrm{c}}^2}\frac{n\pi}{b}H_{\mathrm{m}}\cos\left(\frac{m\pi}{a}x\right)\sin\left(\frac{n\pi}{b}y\right)\mathrm{e}^{-\gamma z} \tag{7.2.16a}$$

$$E_y(x,y,z)=-\frac{\mathrm{j}\omega\mu}{k_{\mathrm{c}}^2}\frac{m\pi}{a}H_{\mathrm{m}}\sin\left(\frac{m\pi}{a}x\right)\cos\left(\frac{n\pi}{b}y\right)\mathrm{e}^{-\gamma z} \tag{7.2.16b}$$

$$H_x(x,y,z)=\frac{\gamma}{k_{\mathrm{c}}^2}\frac{m\pi}{a}H_{\mathrm{m}}\sin\left(\frac{m\pi}{a}x\right)\cos\left(\frac{n\pi}{b}y\right)\mathrm{e}^{-\gamma z} \tag{7.2.16c}$$

$$H_y(x,y,z)=\frac{\gamma}{k_{\mathrm{c}}^2}\frac{n\pi}{b}H_{\mathrm{m}}\cos\left(\frac{m\pi}{a}x\right)\sin\left(\frac{n\pi}{b}y\right)\mathrm{e}^{-\gamma z} \tag{7.2.16d}$$

$$E_z(x,y,z)=0 \tag{7.2.16e}$$

$$H_z(x,y,z)=H_{\mathrm{m}}\cos\left(\frac{m\pi}{a}x\right)\cos\left(\frac{n\pi}{b}y\right)\mathrm{e}^{-\gamma z} \tag{7.2.16f}$$

对于不同的 m、n 值，场分布不同，对应不同的波型，以 TE_{mn} 波或 TH_{mn} 波表示。m、n 不能同时为零，否则各场分量均为零。若 $a>b$，则 TE_{10} 波是最低次波型，其余为高次波型。当 m 和 n 不为零时，TE_{mn} 波和 TM_{mn} 波具有相同的截止波长(或截止频率)，但它们的场分布并不相同。这种具有截止波长相同而模式不同的现象称为简并，对应的模式称为简并模式，一般情况下应避免简并模式的出现，但有时也可以为工程所用。

7.2.3 矩形波导中波的传播特性

对 TM 波和 TE 波，因 $k_{\mathrm{c}}\neq0$，因此，传播常数为

$$\gamma=\sqrt{k_{\mathrm{c}}^2-k^2}=\sqrt{k_{\mathrm{c}}^2-\omega^2\mu\varepsilon} \tag{7.2.17}$$

对每个给定的 TM 波或 TE 波，当频率由低到高变化时，其 γ 值都会出现以下 3 种情况。

① 当 $k^2<k_{\mathrm{c}}^2$ 时，传播常数 γ 为实数，矩形波导中不能传播相应模式的波，此时有

$$\gamma=\sqrt{k_{\mathrm{c}}^2-k^2}=\sqrt{\left[\left(\frac{m\pi}{a}\right)^2+\left(\frac{n\pi}{b}\right)^2\right]-\omega^2\mu\varepsilon} \tag{7.2.18}$$

相应的相位常数 β、波导波长 λ_{g} 不存在，而本征阻抗 Z_{TE}、Z_{TM} 为纯虚数。

② 当 $k^2>k_{\mathrm{c}}^2$ 时，传播常数 γ 为虚数，波导中有沿 $+z$ 方向传播的波，此时有

$$\gamma=\sqrt{k_{\mathrm{c}}^2-k^2}=\mathrm{j}\sqrt{\omega^2\mu\varepsilon-\left[\left(\frac{m\pi}{a}\right)^2+\left(\frac{n\pi}{b}\right)^2\right]}=\mathrm{j}\beta$$

因此相位常数为

$$\beta=\sqrt{k^2-k_c^2}=\sqrt{\omega^2\mu\varepsilon-\left[\left(\frac{m\pi}{a}\right)^2+\left(\frac{n\pi}{b}\right)^2\right]} \tag{7.2.19}$$

波导波长为

$$\lambda_g=\frac{2\pi}{\beta}=\frac{2\pi}{\sqrt{\omega^2\mu\varepsilon-\left[\left(\frac{m\pi}{a}\right)^2+\left(\frac{n\pi}{b}\right)^2\right]}} \tag{7.2.20}$$

相速为

$$v_p=\frac{\omega}{\beta}=\frac{\omega}{\sqrt{\omega^2\mu\varepsilon-\left[\left(\frac{m\pi}{a}\right)^2+\left(\frac{n\pi}{b}\right)^2\right]}} \tag{7.2.21}$$

③ 当 $k_c=k$ 时，传播常数 γ 为零，此时有

$$\gamma=\sqrt{k_c^2-k^2}=\sqrt{k_c^2-\omega^2\mu\varepsilon}=0$$

为临界情况，矩形波导中也不能传播相应模式的波。

令

$$k_c=k=\omega_c\sqrt{\mu\varepsilon}$$

式中

$$\omega_c=\frac{k_c}{\sqrt{\mu\varepsilon}}=\frac{1}{\sqrt{\mu\varepsilon}}\sqrt{\left(\frac{m\pi}{a}\right)^2+\left(\frac{n\pi}{b}\right)^2}$$

称为截止角频率。相应的截止频率为

$$f_c=\frac{\omega_c}{2\pi}=\frac{k_c}{2\pi\sqrt{\mu\varepsilon}}=\frac{\sqrt{\left(\frac{m\pi}{a}\right)^2+\left(\frac{n\pi}{b}\right)^2}}{2\pi\sqrt{\mu\varepsilon}} \tag{7.2.22}$$

截止波长为

$$\lambda_c=\frac{v}{f_c}=\frac{2\pi}{k_c}=\frac{2\pi}{\sqrt{\left(\frac{m\pi}{a}\right)^2+\left(\frac{n\pi}{b}\right)^2}} \tag{7.2.23}$$

对于不同的模式，相应的截止波长也不相同。为便于比较，给定尺寸 $a\times b=23\text{mm}\times10\text{mm}$ 的矩形波导，根据式(7.2.23)取不同的 m 和 n，计算出各模式的截止波长 $(\lambda_c)_{mn}$ 之值，在同一坐标轴上绘出截止波长分布图，如图 7.2.2 所示。截止波长最长的模式即前面讨论的 TE_{10} 模，称为最低次模、主模或基模，其余模式称为高次模。

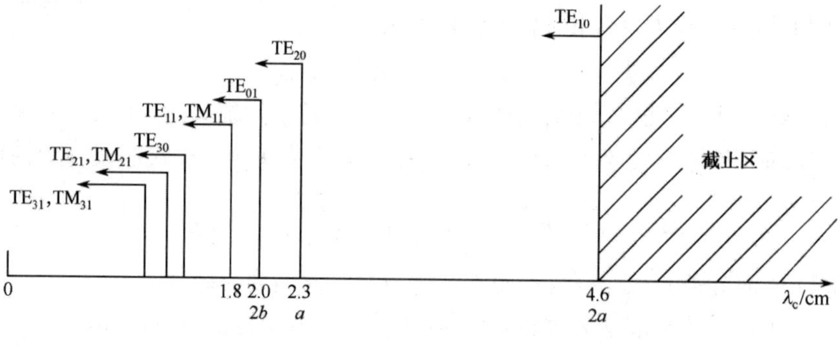

图 7.2.2　矩形波导中的截止波长分布图

由图 7.2.2 可知，截止波长分布图可分为 3 个区：横截面尺寸 $2b<a$ 的矩形波导，当电磁波的波长 $\lambda>\lambda_{cTE_{10}}=2a$ 时，波导内的各种模式都截止，电磁波不能在波导中传播，称为截止区；当电磁波的波长 $\lambda<\lambda_{cTE_{20}}=a$ 时，波导内会有很多传输模式，且 λ 越小，存在的传输模式越多，称为多模区；当电磁波的波长 $a<\lambda<2a$ 时，波导内只传输一种TE_{10}模式，称为单模区。判断矩形波导内有哪些传输模式存在的主要依据是式(7.2.23)和传输条件。

在矩形波导中，存在 TM_{mn} 和 TE_{mn} 的截止波长相同的现象，这种 λ_c 相同而场分布不同的两种模式，称它们互为简并，如 TE_{11} 和 TM_{11} 就是简并模。

【例 7-1】 一矩形波导的尺寸为 $a=2\text{cm}, b=1\text{cm}$，波长 $\lambda=3\text{cm}$ 的电磁波能否在该波导中传输？若能传输，求其在波导中的相移常数、波导波长、相速、群速和本征阻抗。

解：由传播条件可知，主模 TE_{10} 的截止波长为

$$\lambda_c=\frac{2\pi}{\sqrt{\left(\frac{m\pi}{a}\right)^2+\left(\frac{n\pi}{b}\right)^2}}=\frac{2\pi}{\sqrt{\left(\frac{\pi}{2\times10^{-2}}\right)^2}}=2a=4\text{cm}>\lambda$$

所以可以传输波长为 3cm 的信号。该信号的角频率为

$$\omega=2\pi f=2\pi\frac{c}{\lambda}=2\pi\times10^{10}\text{ rad/s}$$

相移常数为

$$\beta=\sqrt{k^2-k_c^2}=\sqrt{\omega^2\mu_0\varepsilon_0-(\pi/a)^2}\approx138.5\text{rad/m}$$

波导波长为
$$\lambda_g=\frac{\lambda}{\sqrt{1-(\lambda/2a)^2}}\approx4.54\text{cm}$$

相速为
$$v_p=\frac{c}{\sqrt{1-(\lambda/2a)^2}}\approx4.54\times10^8\text{m/s}$$

群速为
$$v_g=c\sqrt{1-\left(\frac{\lambda}{2a}\right)^2}=1.98\times10^8\text{m/s}$$

本征阻抗为
$$Z=\frac{120\pi}{\sqrt{1-(\lambda/2a)^2}}\approx181.4\pi\Omega$$

7.2.4 矩形波导中的主模

1. 场分量表示和场结构

在工作频率和波导尺寸给定后，矩形波导中可以传播的电磁波模式满足条件 $f>f_c$。若 $a>b$，在矩形波导的众多传播模式中，TE_{10} 模的截止频率最低，称为矩形波导中的主模。在微波工程中，通常都使用该模式。TE_{10} 模具有以下优点：

- 可以实现单模传输；
- 具有最宽的工作频带；
- 在同一截止频率下，TE_{10} 模的波导尺寸最小（a 最小，b 无关，可尽量缩小）；
- 电磁场结构简单，电场只有 E_y 分量，可实现单方向极化；
- 在给定频率下，对于同一比值 $\frac{b}{a}$，TE_{10} 模有最小衰减。

TE_{10} 模的传播特性参数为

$$k_{cTE_{10}}=\frac{\pi}{a} \tag{7.2.24}$$

$$f_{cTE_{10}}=\frac{1}{2a\sqrt{\varepsilon\mu}} \tag{7.2.25}$$

$$\lambda_{\mathrm{cTE}_{10}}=2a \tag{7.2.26}$$

$$\beta_{\mathrm{TE}_{10}}=\sqrt{\omega^2\mu\varepsilon-\left(\frac{\pi}{a}\right)^2} \tag{7.2.27}$$

将 $m=1$、$n=0$ 代入式(7.2.16)，可得 TE_{10} 模的场分量分别为

$$E_y(x,y,z)=-\frac{\mathrm{j}\omega\mu a}{\pi}H_\mathrm{m}\sin\left(\frac{\pi}{a}x\right)\mathrm{e}^{-\mathrm{j}\beta z} \tag{7.2.28a}$$

$$H_x(x,y,z)=\mathrm{j}\frac{\beta a}{\pi}H_\mathrm{m}\sin\left(\frac{\pi}{a}x\right)\mathrm{e}^{-\mathrm{j}\beta z} \tag{7.2.28b}$$

$$H_z(x,y,z)=H_\mathrm{m}\cos\left(\frac{\pi}{a}x\right)\mathrm{e}^{-\mathrm{j}\beta z} \tag{7.2.28c}$$

$$E_x(x,y,z)=E_z(x,y,z)=H_y(x,y,z)=0 \tag{7.2.28d}$$

瞬时值表达式为

$$E_y(x,y,z,t)=\frac{\omega\mu a}{\pi}H_\mathrm{m}\sin\left(\frac{\pi}{a}x\right)\sin(\omega t-\beta z) \tag{7.2.29a}$$

$$H_x(x,y,z,t)=-\frac{\beta a}{\pi}H_\mathrm{m}\sin\left(\frac{\pi}{a}x\right)\sin(\omega t-\beta z) \tag{7.2.29b}$$

$$H_z(x,y,z,t)=H_\mathrm{m}\cos\left(\frac{x}{a}\right)\cos(\omega t-\beta z) \tag{7.2.29c}$$

$$E_x(x,y,z,t)=E_z(x,y,z,t)=H_y(x,y,z,t)=0 \tag{7.2.29d}$$

用电力线和磁力线可以形象地描绘出各种传输模式(波型)在波导内的电磁场分布情况(称为场结构)，这样便于加深对传输模式场分布的印象和各种实际问题的分析。通常固定某一时刻 t，只研究该时刻的场结构。

TE_{10} 模的场分量有以下特点。

(1) 在横截面 xOy 上

① 电力线仅沿 y 轴方向(只有 E_y 分量)，且在 $x=\frac{a}{2}$ 处，E_y 最大，电力线密度最大，越靠近波导壁，电力线密度越小，在 $x=0$、$x=a$ 的两窄壁上，E_y 为 0，无电力线；E_y 分量大小与 y 无关，表现在 y 轴方向均匀。

② 磁力线平行于 x 轴(只有 H_x 分量，无 H_y 分量)，在 $x=\frac{a}{2}$ 处，H_x 最强，在 $x=0$、$x=a$ 的两窄壁上，H_x 为 0，磁力线在此转变；沿 y 轴方向 H_x 均匀分布，磁力线密度均匀。

(2) 在纵截面 xOz 上

① 磁场由 H_x 和 H_z 组成，其形状为变形椭圆，越靠近波导壁，越趋于矩形。H_x、H_z 沿 z 轴方向有相位差 $\frac{\pi}{2}$，即最大值沿 z 轴偏移 $\frac{\lambda_\mathrm{g}}{4}$。

② 电场的横向分量 E_y 和磁场的横向分量 H_x 的相位相同，即最大值(或最小值)点一致。

(3) 在纵截面 yOz 上

电场和磁场与 y 无关，即沿 y 均匀分布，而沿 z 轴都呈周期性分布，只是横向场(E_y 和 H_x)与纵向场(H_z)之间的相位相差 $\frac{\pi}{2}$。

图 7.2.3 给出了 $t=0$ 时 xOy、yOz 和 xOz 平面 TE_{10} 模的场结构图。可以看到沿 x 轴方向，场有一次周期性变化，形成一个力线网，而沿 y 轴没有变化，这就是 TE_{10} 模的 $m=1$、$n=0$ 的意义所在。

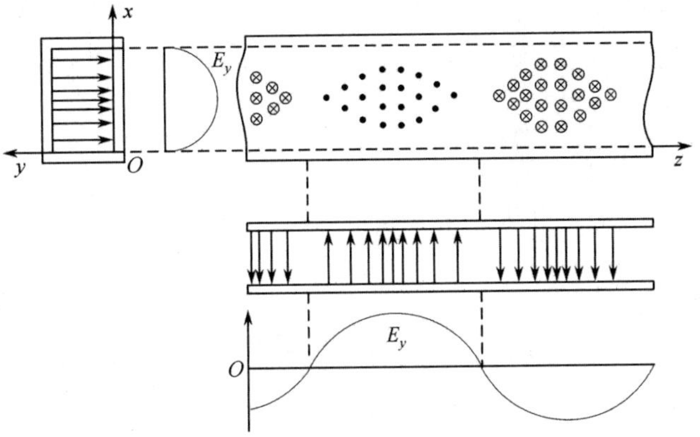

（a）TE_{10}模的电场分布

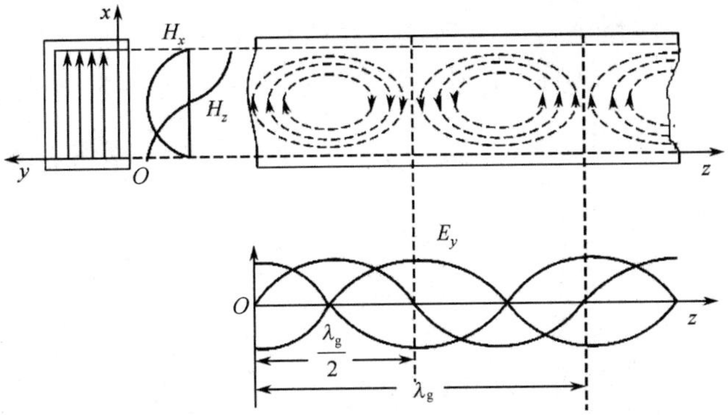

（b）TE_{10}模的磁场分布

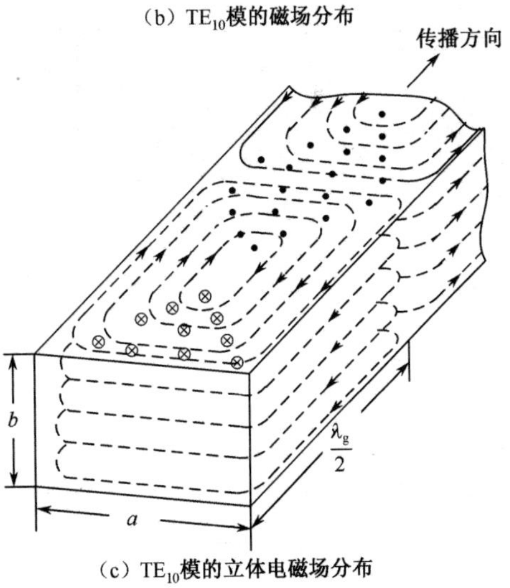

（c）TE_{10}模的立体电磁场分布

图 7.2.3　TE_{10}模的场结构图

2. 壁电流

当电磁波在波导中传播时，波导内壁上会产生高频感应电流，此电流的大小和分布取决于波导壁附近的磁场分布。根据理想导体表面的边界条件，分布于波导内壁上的壁电流密度$\boldsymbol{J}_S$ 等于导体表面附近介质中的切向磁场，即

$$\boldsymbol{J}_S = \boldsymbol{e}_n \times \boldsymbol{H}$$

式中，$\boldsymbol{e}_n$ 为波导内壁的单位法向矢量，$\boldsymbol{H}$ 是波导内壁上的磁场强度。

将 TE_{10} 模磁场的各分量代入上式，就可得到矩形波导中传播 TE_{10} 模时的各波导内壁上的电流分布(设 $t=0$)。

在 $x=0$ 窄壁上，有

$$\boldsymbol{J}_S=\boldsymbol{e}_x\times\boldsymbol{H}|_{x=0}=-\boldsymbol{e}_yH_z|_{x=0}=-\boldsymbol{e}_yH_m\cos\beta z$$

在 $x=a$ 窄壁上，有

$$\boldsymbol{J}_S=-\boldsymbol{e}_x\times\boldsymbol{H}|_{x=a}=\boldsymbol{e}_yH_z|_{x=a}=-\boldsymbol{e}_yH_m\cos\beta z$$

在 $y=0$ 宽壁上，有

$$\boldsymbol{J}_S=\boldsymbol{e}_y\times\boldsymbol{H}|_{y=0}=-\boldsymbol{e}_xH_z|_{y=0}-\boldsymbol{e}_zH_z|_{y=0}=\boldsymbol{e}_xH_m\cos\left(\frac{\pi}{a}x\right)\cos\beta z-\boldsymbol{e}_z\frac{\beta a}{\pi}H_m\sin\left(\frac{\pi}{a}x\right)\sin\beta z$$

在 $y=b$ 宽壁上，有

$$\boldsymbol{J}_S=-\boldsymbol{e}_y\times\boldsymbol{H}|_{y=b}=\boldsymbol{e}_xH_z|_{y=b}+\boldsymbol{e}_zH_z|_{y=b}=-\boldsymbol{e}_xH_m\cos\left(\frac{\pi}{a}x\right)\cos\beta z+\boldsymbol{e}_z\frac{\beta a}{\pi}H_m\sin\left(\frac{\pi}{a}x\right)\sin\beta z$$

根据以上计算结果，得到如图 7.2.4 所示的波导内壁的电流分布：在两窄壁上，无纵向电流，横向电流为常量；在两宽壁上，纵向电流沿 x 轴方向按正弦分布，横向电流沿 x 轴方向按余弦分布，且横向电流与纵向电流间有 $\frac{\pi}{2}$ 的相位差，在 z 轴方向分别按正弦和余弦分布。

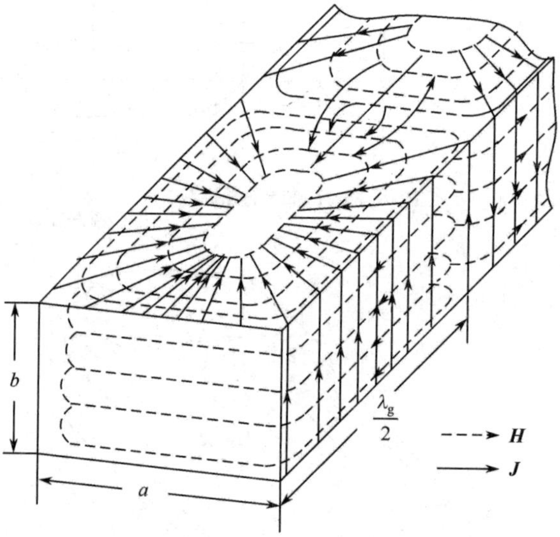

图 7.2.4　矩形波导中 TE_{10} 模的壁电流

研究波导的壁电流分布具有重要的实际意义。在实际应用中，波导之间进行连接时，应尽可能保证连接处壁电流畅通，不至于引起波导内电磁波的反射。当波导中传播 TE_{10} 模时，在波导宽壁中心处 $\left(x=\frac{a}{2}\right)$，横向电流为零，因此沿此线开一纵向槽，将不会切断壁电流，即不会引起波导内电磁场的改变，据此可制作波导测量线等微波元件。若需要从一个波导中耦合出一定能量激励另一个波导，或将波导开缝隙作为天线使用，则应把槽开在最大限度切断壁电流的位置，如在窄壁上开纵向缝隙以构成波导缝隙天线，而在窄壁上开横向缝隙则不会影响波导内的场。

3. 单模传输和激励

(1) 单模传输

TE_{10} 模的截止波长为 $2a$，在波导尺寸给定的情况下，电磁波的工作波长 λ 应满足

$$\lambda<2a$$

为保证在矩形波导中用 TE_{10} 模进行单模传输，消除其他任何高次模，因此要求

$$\lambda > \lambda_{c次低模}$$

根据矩形波导的截止波长分布图可知，矩形波导的次低模可能是 TE_{20} 或 TE_{01}，其截止波长分别为 $2b$、a。因此

$$2b < \lambda \text{ 且 } a < \lambda$$

这样，电磁波的工作波长 λ 必须满足

$$2b < \lambda \text{ 且 } a < \lambda < 2a$$

在频率固定的条件下，选择的波导尺寸应满足

$$\frac{\lambda}{2} < a < \lambda, 0 < b < \frac{\lambda}{2}$$

窄壁尺寸的下限取决于传输功率、容许的波导衰减和重量等。窄壁减小会使传输衰减增大。当然，窄壁小一些可以减轻波导重量且节约金属材料。

工程上常取

$$a = 0.75\lambda, b = (0.4 \sim 0.5)a \tag{7.2.30}$$

可见，当工作波长增大时，为保证单模传输，波导的尺寸必须相应地加大。若频率过低，工作波长过长，会使波导尺寸过大而无法使用。因此，实际中金属波导适用于 3000MHz 以上的微波波段。

(2) 激励

所谓激励，就是在波导内建立所需波型，由于在激励处边界条件复杂，很难得出严格的理论分析结果。在实际应用时，人们常常根据 TE_{10} 模的场结构来寻求一些激励方法。

① 电激励：利用某种装置，使之在波导的某一截面上建立起电力线，其方向与所希望的波型（TE_{10}）的电力线方向一致。探针就是这样的激励装置，通常把它放在波导电场最强处，并与所希望的波型的电场方向平行，如图 7.2.5(a)所示。波导同轴转换器就是基于如上原理设计的。

② 磁激励：利用某种装置，使之建立起磁力线，其方向与所希望的波型（TE_{10}）的磁力线方向一致。耦合环就是这样的激励装置，通常把它放在波导磁场最强处，环平面与磁力线垂直，如图 7.2.5(b)所示。

③ 小孔耦合（也称电流激励）：利用某种装置，使之能在波导壁上建立起高频电流，在某一截面上，此电流方向与分布同所希望的波型（TE_{10}）一致，若在波导壁上开一小孔或缝隙就为此装置，如图 7.2.4(c)所示。

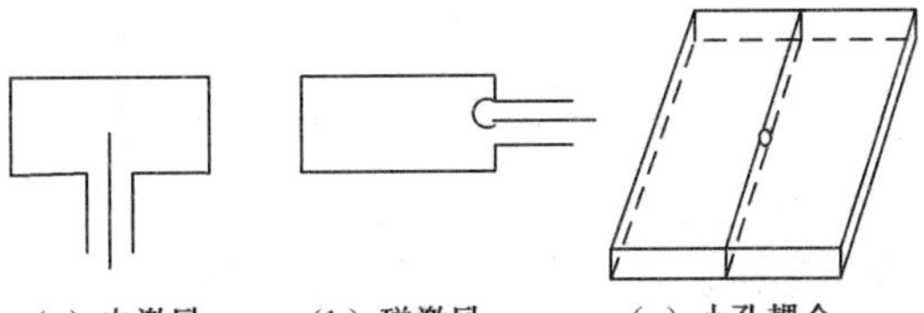

图 7.2.5　TE_{10} 模的激励方式

为了在波导内激励 TE_{10} 模，较广泛地采用电激励方式。将连续振荡的同轴线构成的探针沿 TE_{10} 模的电力线方向插入波导内，由于 TE_{10} 模在矩形波导的宽壁中心处电场最强，因此将探针置于该处可获得强耦合。但是，在激励处产生的不是单一的 TE_{10} 模，而是有复杂的场结构，当波导尺寸满足单模传输条件时，其他高次型波在沿波导传输时很快就被衰减掉。

【例 7-2】 有一内充空气、截面尺寸为 $a \times b (b < a < 2b)$ 的矩形波导，以主模工作在 3GHz。

若要求工作频率至少高于主模截止频率的 20%和至少低于次高模截止频率的 20%，试求波导尺寸 a 和 b。

解：根据单模传输的条件，工作波长大于主模的截止波长而小于次高模的截止波长。对于 $a\times b(b<a<2b)$ 的矩形波导，其主模为TE_{10}，相应的截止波长 $\lambda_{cTE_{10}}=2a$。当波导尺寸 $a<2b$ 时，其高次模为TE_{01}模，相应的截止波长 $\lambda_{cTE_{01}}=2b$，对应的截止频率为

$$f_{cTE_{10}}=\frac{1}{2a\sqrt{\mu\varepsilon}},f_{cTE_{01}}=\frac{1}{2b\sqrt{\mu\varepsilon}}$$

根据题意，应有

$$\frac{3\times10^9-f_{cTE_{10}}}{f_{cTE_{10}}}\geqslant 20\%,\frac{f_{cTE_{01}}-3\times10^9}{f_{cTE_{01}}}\geqslant 20\%$$

可求得满足要求的波导尺寸为

$$a\geqslant 0.06\text{m},b\leqslant 0.04\text{m},\text{且 } a<2b$$

4. 传输功率与衰减

根据坡印廷定理，可知矩形波导中传输 TE_{10}模时，平均坡印廷矢量为

$$\boldsymbol{S}_{av}=\frac{1}{2}\text{Re}(\boldsymbol{E}\times\boldsymbol{H}^*)=\frac{1}{2}\text{Re}[\boldsymbol{e}_x(E_yH_z^*-H_y^*E_z)+\boldsymbol{e}_y(E_zH_x^*-E_xH_z^*)+\boldsymbol{e}_z(E_xH_y^*-H_x^*E_y^*)]$$

其中，纵向分量 S_z 是通过波导壁横截面单位面积的功率流，而横向分量 S_x 和 S_y 是沿 x 轴、y 轴方向传输的能量密度。由于波导壁的存在，在 x 轴、y 轴方向将形成驻波，并将部分能量损耗在壁上。因此相应的传输功率为

$$\begin{aligned}P&=\frac{1}{2}\int_0^a\int_0^b(E_xH_y^*-H_x^*E_y^*)\text{d}x\text{d}y=-\frac{1}{2}\int_0^a\int_0^bE_yH_x^*\text{d}x\text{d}y\\&=\frac{1}{2Z_{TE_{10}}}\int_0^a\int_0^bE_m^2\sin^2\left(\frac{\pi}{a}\right)\text{d}x\text{d}y=\frac{ab}{4Z_{TE_{10}}}E_m^2\end{aligned}\tag{7.2.31}$$

式中，$E_m=\frac{\omega\mu a}{\pi}H_m$ 是 E_y 分量在波导宽壁中心处的振幅值。在波导发生击穿时，此值达到最大，称为电场击穿强度，并用 E_{br}表示。这时沿波导传输的功率即波导允许传输的最大功率，亦称功率容量，为

$$P_{br}=\frac{ab}{4Z_{TE_{10}}}E_{br}^2$$

若波导以空气填充，因为空气的击穿场强为 30kV/cm，故空气填充的矩形波导的功率容量为

$$P_{br}=0.6ab\sqrt{1-\left(\frac{\lambda}{2a}\right)^2}\text{(MW)}$$

显然，波导尺寸越大，允许传输的功率也越大；尺寸一定的波导，频率越高，则允许传输的功率越大；截止波长越长，传输功率越大。而当负载不匹配时，由于形成驻波，电场振幅变大，因此功率容量会变小。然而，实际上不能采用极限功率传输，因为波导中还可能存在反射波和局部电场不均匀等问题。一般取容许功率为

$$P=\left(\frac{1}{5}\sim\frac{1}{3}\right)P_{br}$$

当电磁波沿传输方向传播时，由于波导金属壁并非理想导体，波导内填充的介质并非理想的无耗介质，故存在导体和介质热损耗，必然会引起能量或功率的递减。对于空气波导，由于空气介质损耗很小，可以忽略不计，而导体损耗是不可忽略的。

设导行波沿 z 轴方向传输时的衰减常数为 α，则沿线电场、磁场按 $e^{-\alpha z}$ 规律变化，即

$$E(z)=E_m e^{-\alpha z} e^{j(\omega t-\beta z)}$$
$$H(z)=H_m e^{-\alpha z} e^{j(\omega t-\beta z)}$$

经单位长度波导后，场强衰减 e^{α} 倍，传输功率将按以下规律变化

$$P=P_m e^{-2\alpha z}$$

其中，P_m 是波导输入端的传输功率。上式两边对 z 求导，得

$$\frac{dP}{dz}=-2\alpha P_m e^{-2\alpha z}=-2\alpha P$$

因沿线功率减少率等于单位长度波导上的损耗功率 P_{LC}，即

$$P_{LC}=-\frac{dP}{dz}$$

因此

$$\alpha=\frac{P_{LC}}{2P}\quad(\text{Np/m}) \tag{7.2.32}$$

可求得衰减常数 α。

在计算波导壁的损耗功率时，可利用壁上高频电流的热损耗来求得。由于不同的导行波有不同的电流分布，损耗也不同。当矩形波导传输 TE_{10} 模时，在波导两宽壁上的损耗功率为

$$P_{La}=2\int_0^a \frac{1}{2}[|J_{Sx}|^2+|J_{Sz}|^2]R_S dz=R_S\frac{1}{\mu_0^2}\left(\frac{\pi}{a}\right)^4\frac{a}{2}+R_S\left(\frac{\pi\beta}{a\mu_0}\right)^2\frac{a}{2}$$

在波导两窄壁上的损耗功率为

$$P_{Lb}=2\int_0^b \frac{R_S}{2}|J_{Sy}|^2 dy=R_S\frac{b}{\mu_0{}^2}\left(\frac{\pi}{a}\right)^4$$

式中，R_S 为波导壁的表面电阻。利用式(7.2.32)可得矩形波导 TE_{10} 模的衰减常数公式为

$$\alpha=\frac{P_{LC}}{2P}=\frac{P_{La}+P_{Lb}}{2P}=R_S\frac{\left(\frac{1}{\mu_0}\frac{\pi}{a}\right)^2\left\{\left(\frac{\pi}{a}\right)^2 b+\left[\beta^2+\left(\frac{\pi}{a}\right)^2\right]\frac{a}{2}\right\}}{2\left[\frac{ab}{4}\left(\frac{\pi}{a}\omega\right)^2\frac{1}{c\mu_0}\sqrt{1-\left(\frac{\lambda}{\lambda_c}\right)^2}\right]}$$

$$=R_S\frac{1}{b}\sqrt{\frac{\varepsilon_0}{\mu_0}}\frac{\left[1+2\frac{b}{a}\left(\frac{\lambda}{\lambda_c}\right)^2\right]}{\sqrt{1-\left(\frac{\lambda}{\lambda_c}\right)^2}}$$

$$=\frac{8.686R_S}{120\pi b\sqrt{1-\left(\frac{\lambda}{2a}\right)^2}}\left[1+2\frac{b}{a}\left(\frac{\lambda}{2a}\right)^2\right](\text{Np/m})$$

由上式可以看出：

① 衰减与波导的材料有关，因此要选电导率高的非铁磁材料，使 R_S 尽量小。

② 衰减与工作频率有关。给定矩形波导尺寸，随着频率的提高，α 先减小，出现最小点，然后稳步增大，可求得最小点对应的频率为

$$f=\sqrt{3}f_c$$

③ 在电磁波频率不变的情况下，保持波导宽壁 a 不变，增大波导窄壁 b 能使衰减变小；反之亦然。所以，波导的传输功率正比于波导的横截面积。但当 $b>\frac{a}{2}$ 时，单模工作频带变窄，故衰减与频带应综合考虑。

7.3 圆柱形波导

圆柱形波导是指横截面为圆形的空心金属管，如图 7.3.1 所示。圆柱形波导可作为传输系统用于多路通信中，也常用来构成圆柱形谐振腔、旋转关节等各种元件。设波导的半径为 a，波导内填充参数为 ε 和 μ 的理想介质，波导壁由理想导体构成。并设电磁波沿 $+z$ 方向传播，波导内的电磁场为时谐场，其角频率为 ω，选取圆柱坐标系，采用纵向场法求解波导内的电磁场。

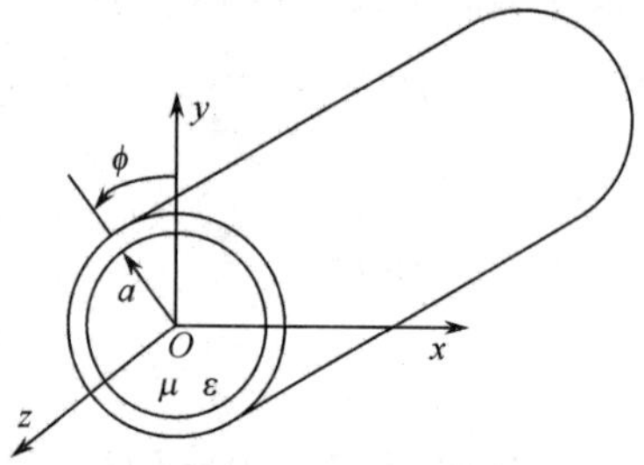

图 7.3.1　圆柱形波导

仿照式(7.1.3)的推导，可得到圆柱坐标系下用纵向场分量 E_z 和 H_z 来表示其横向场分量的关系式为

$$E_\rho=-\frac{1}{\gamma^2+k^2}\left(\gamma\frac{\partial E_z}{\partial\rho}+\mathrm{j}\frac{\omega\mu}{\rho}\frac{\partial H_z}{\partial\phi}\right)\tag{7.3.1a}$$

$$E_\phi=\frac{1}{\gamma^2+k^2}\left(-\gamma\frac{\partial E_z}{\partial\phi}+\mathrm{j}\omega\mu\frac{\partial H_z}{\partial\rho}\right)\tag{7.3.1b}$$

$$H_\rho=\frac{1}{\gamma^2+k^2}\left(\mathrm{j}\frac{\omega\varepsilon}{\rho}\frac{\partial E_z}{\partial\phi}-\gamma\frac{\partial H_z}{\partial\rho}\right)\tag{7.3.1c}$$

$$H_\phi=-\frac{1}{\gamma^2+k^2}\left(\mathrm{j}\omega\varepsilon\frac{\partial E_z}{\partial\rho}+\frac{\gamma}{\rho}\frac{\partial H_z}{\partial\phi}\right)\tag{7.3.1d}$$

由于圆柱形波导是单导体导波系统，其中不能传播 TEM 波，只能传播 TM 波或 TE 波。

7.3.1　圆柱形波导中 TM 波的场分布

对于 TM 波，$H_z=0$，E_z 满足的标量亥姆霍兹方程为

$$\left(\frac{\partial^2}{\partial\rho^2}+\frac{1}{\rho}\frac{\partial}{\partial\rho}+\frac{1}{\rho^2}\frac{\partial^2}{\partial\rho^2}\right)E_z(\rho,\phi)+k_c^2E_z(\rho,\phi)=0$$

式中，$k_c^2=\gamma^2+k^2$。

采用分离变量法，令

$$E_z(\rho,\phi)=R(\rho)\Phi(\phi)$$

代入上述的标量亥姆霍兹方程，并逐项乘以 $\frac{\rho^2}{R\Phi}$，得

$$\frac{1}{R}\left(\frac{\rho^2\mathrm{d}^2R}{\mathrm{d}\rho^2}+\rho\frac{\mathrm{d}R}{\mathrm{d}\rho}+k_c^2\rho^2R\right)=-\frac{1}{\Phi}\frac{\mathrm{d}^2\Phi}{\mathrm{d}\phi^2}$$

上式左边是 ρ 的函数，右边是 ϕ 的函数，此式要成立，需等式两边等于一个共同的常数。令此常数为 m^2，则得到如下两个常微分方程

$$\frac{\rho^2\mathrm{d}^2R}{\mathrm{d}\rho^2}+\rho\frac{\mathrm{d}R}{\mathrm{d}\rho}+(k_c^2\rho^2-m^2)R=0$$

$$\frac{\mathrm{d}^2\Phi}{\mathrm{d}\phi^2}+m^2\Phi=0$$

其解分别为

$$\Phi(\phi)=A_1\cos m\phi+A_2\sin m\phi=A\begin{matrix}\cos m\phi\\ \sin m\phi\end{matrix}$$

$$R(\rho)=B_1\mathrm{J}_m(k_c\rho)+B_2\mathrm{N}_m(k_c\rho)$$

式中，A_1、A_2、B_1、B_2、A 为积分常数，$\mathrm{J}_m(k_c\rho)$是第一类 m 阶柱贝塞尔函数，$\mathrm{N}_m(k_c\rho)$是第二类 m 阶柱贝塞尔函数。因圆柱形波导结构呈轴对称，分布函数沿坐标 ϕ 既可按 $\cos m\phi$ 变化，也可按 $\sin m\phi$ 变化，两项仅在极化面上相差$\frac{\pi}{2}$，其场完全一样，故解仅取其中之一即可，这就是说，圆柱形波导的波型是极化简并的，只有那些具有角对称($m=0$)的波型才没有极化简并。在圆柱形波导中，$0\leqslant\phi\leqslant 2\pi$ 间的场和 $2\pi\leqslant\phi\leqslant 4\pi$ 间的场完全一样，因此 m 必须为整数。

因此得到

$$E_z(\rho,\phi)=[B_1\mathrm{J}_m(k_c\rho)+B_2\mathrm{N}_m(k_c\rho)]A\begin{matrix}\cos m\phi\\ \sin m\phi\end{matrix}$$

由于当 $\rho\to 0$ 时，$\mathrm{N}_m(k_c\rho)\to-\infty$，而 $E_z(\rho,\phi)$应为有限值，故 B_2 必须为零，因此上式可写为

$$E_z(\rho,\phi)=E_{\mathrm{m}}\mathrm{J}_m(k_c\rho)\begin{matrix}\cos m\phi\\ \sin m\phi\end{matrix}$$

式中，E_{m} 由激励源强度决定。

当 $\rho=a$ 时，根据理想导体的边界条件，$E_z=0$，得

$$\mathrm{J}_m(k_c a)=0$$

用 v_{mn} 表示柱贝塞尔函数的根，即

$$v_{mn}=a\sqrt{k^2+\gamma^2}=ak_c$$

是 m 阶柱贝塞尔函数的第 n 个根，n 为任意正整数。一般来说，v_{mn} 有无穷多个值，不同的 m、n，有不同的 v_{mn}，也就对应不同的 TM 波，并以 TM_{mn} 或 TE_{mn} 表示。m、n 的物理意义与矩形波导中 m、n 的意义相似，m 表示场沿角向按三角函数分布的周期数或波导圆周上场重复的次数，n 表示场沿径向按柱贝塞尔函数或其导数变化出现的零值数目(不含 $\rho=0$ 处)。这样，圆柱形波导中 TM 波的截止波长为

$$\lambda_c=\frac{2\pi a}{v_{mn}} \tag{7.3.2}$$

与圆柱形波导的半径成正比，与 m 阶柱贝塞尔函数第 n 个根成反比。附录 D 中的表 D.1 列出了部分 v_{mn} 的解。

可得圆柱形波导中 TM 波的场分量为

$$E_z=E_{\mathrm{m}}\mathrm{J}_m\left(\frac{v_{mn}}{a}\rho\right)\begin{matrix}\cos m\phi\\ \sin m\phi\end{matrix} \tag{7.3.3a}$$

$$E_\rho=-\mathrm{j}\frac{\beta a}{v_{mn}}E_{\mathrm{m}}\mathrm{J}'_m\left(\frac{v_{mn}}{a}\rho\right)\begin{matrix}\cos m\phi\\ \sin m\phi\end{matrix} \tag{7.3.3b}$$

$$E_\phi=\mathrm{j}\frac{m\beta a^2}{v_{mn}}E_{\mathrm{m}}\mathrm{J}_m\left(\frac{v_{mn}}{a}\rho\right)\begin{matrix}\sin m\phi\\ -\cos m\phi\end{matrix} \tag{7.3.3c}$$

$$H_\rho=-\mathrm{j}\frac{\omega\varepsilon a^2 m}{v_{mn}^2\rho}E_{\mathrm{m}}\mathrm{J}_m\left(\frac{v_{mn}}{a}\rho\right)\begin{matrix}\sin m\phi\\ -\cos m\phi\end{matrix} \tag{7.3.3d}$$

$$H_\phi=-\mathrm{j}\frac{\omega\varepsilon a}{v_{mn}}E_{\mathrm{m}}\mathrm{J}'_m\left(\frac{v_{mn}}{a}\rho\right)\begin{matrix}\cos m\phi\\ \sin m\phi\end{matrix} \tag{7.3.3e}$$

$$H_z=0 \tag{7.3.3f}$$

式中，$\mathrm{J}'_m\left(\frac{v_{mn}}{a}\rho\right)$是 m 阶柱贝塞尔函数的导数。

7.3.2 圆柱形波导中TE波的场分布

与讨论TM波类似，可得到圆柱形波导中TE波的场分量为

$$H_z=H_m J_m\left(\frac{\mu_{mn}}{a}\rho\right)\begin{matrix}\cos m\phi\\ \sin m\phi\end{matrix} \tag{7.3.4a}$$

$$H_\rho=-j\frac{\beta}{k_c}H_m J_m'\left(\frac{\mu_{mn}}{a}\rho\right)\begin{matrix}\cos m\phi\\ \sin m\phi\end{matrix} \tag{7.3.4b}$$

$$H_\phi=j\frac{m\beta}{k_c^2\rho}H_m J_m\left(\frac{\mu_{mn}}{a}\rho\right)\begin{matrix}\sin m\phi\\ -\cos m\phi\end{matrix} \tag{7.3.4c}$$

$$E_\rho=j\frac{\omega\mu m}{k_c^2\rho}H_m J_m\left(\frac{\mu_{mn}}{a}\rho\right)\begin{matrix}\sin m\phi\\ -\cos m\phi\end{matrix} \tag{7.3.4d}$$

$$E_\phi=j\frac{\omega\mu}{k_c}H_m J_m'\left(\frac{\mu_{mn}}{a}\rho\right)\begin{matrix}\cos m\phi\\ \sin m\phi\end{matrix} \tag{7.3.4e}$$

$$E_z=0 \tag{7.3.4f}$$

式中，$\mu_{mn}=ak_c=a\sqrt{k^2+\gamma^2}$是$m$阶柱贝塞尔函数导数的第$n$个根，即满足

$$J_m'(a\sqrt{k^2+\gamma^2})=0$$

圆柱形波导中TE波的截止波长为

$$\lambda_c=\frac{2\pi a}{\mu_{mn}} \tag{7.3.5}$$

附录D中的表D.2列出了部分μ_{mn}值。

画出圆柱形波导中截止波长的分布图，如图7.3.2所示。

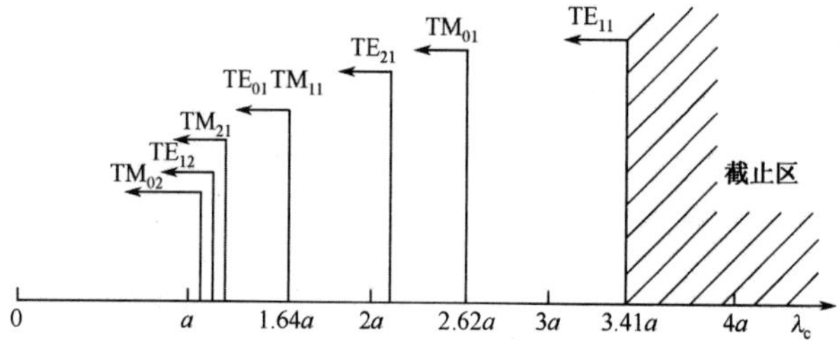

图 7.3.2　圆柱形波导中截止波长的分布图

从图7.3.2中可以看出以下几点。

① 圆柱形波导和矩形波导一样，也具有高通特性，因此圆柱形波导中也能传输$\lambda<\lambda_c$的模，且因λ_c与圆柱形波导的半径成正比，所以尺寸越小，λ_c越小。传输模式的相位常数也需要满足$\beta^2=\omega^2\mu\varepsilon-k_c^2$。

② 当$2.62a<\lambda<3.41a$时，圆柱形波导中只能传输TE_{11}模，可实现单模传输，它是圆柱形波导中的主模。

③ 圆柱形波导中存在模式的双重简并：E-H简并和极化简并。$\lambda_{cTM_{1n}}=\lambda_{cTE_{0n}}$，即不同模式具有相同的截止波长，因此$TE_{0n}$模和$TM_{1n}$模存在模式简并现象，这种简并称为E-H简并，这和矩形波导中的模式简并相同；由TE波和TM波的场分量表达式可知，当$m\neq 0$时，同一个TM_{mn}模或TE_{mn}模都有两个场结构，存在极化简并，这是圆柱形波导中特有的。

7.3.3 圆柱形波导中的3种典型模式

TE_{11}模、TE_{01}模和TM_{01}模是圆柱形波导中的3种典型模式，它们的截止波长分别为

$$\lambda_{cTE_{11}}=3.41a,\lambda_{cTM_{01}}=2.62a,\lambda_{cTE_{01}}=1.64a$$

1. 圆柱形波导的主模 TE_{11} 模

TE_{11} 模的截止波长最长，是圆柱形波导中的主模，其场分布如图 7.3.3 所示。由于该模的极化面不稳定，存在极化简并，难以实现单模传输。且圆柱形波导中 TE_{11} 模的单模工作频带宽度比矩形波导中 TE_{01} 模的单模工作频带宽度窄，故在实用中不用圆柱形波导作为传输线。但是，利用 TE_{11} 模的极化简并可以构成一些特殊的波导元件，如极化衰减器、极化变换器和微波铁氧体环行器等。由于圆柱形波导中 TE_{11} 模的场分布与矩形波导中 TE_{01} 模的场分布类似，因此容易实现从矩形波导到圆柱形波导的变换。

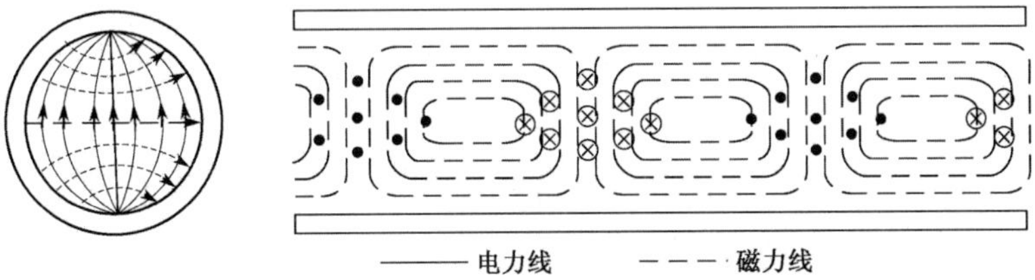

图 7.3.3　圆柱形波导中 TE_{11} 模的场分布

2. 圆对称模 TM_{01} 模

TM_{01} 模是圆柱形波导中的第一个高次模，不存在极化简并，也不存在 E-H 简并，其场分布如图 7.3.4 所示。由图可见，TM_{01} 模的场分布具有轴对称性，电磁场沿 ϕ 方向无变化，并只有纵向电流，故将两段工作在 TM_{01} 模的圆柱形波导做相对运动，不影响其中电磁波的传输，所以它适合于用作微波天线馈线系统中的旋转关节的工作模式。但由于 TM_{01} 模不是圆柱形波导中的主模，故在使用过程中应设法抑制主模 TE_{11}。

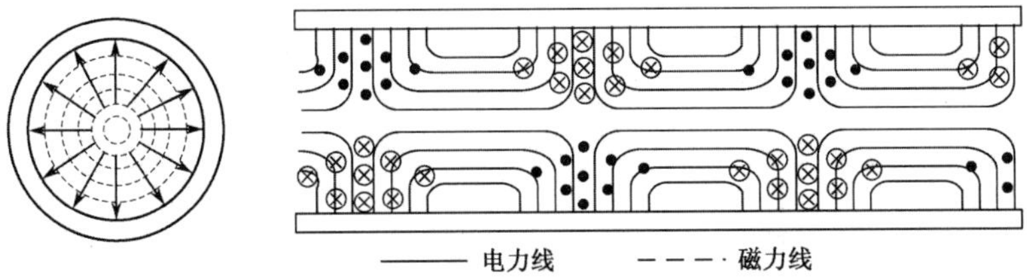

图 7.3.4　圆柱形波导中 TM_{01} 模的场分布

3. 低损耗模 TE_{01} 模

TE_{01} 模是圆柱形波导中的高次模，不存在极化简并，但与 TM_{11} 模存在 E-H 简并，其场分布如图 7.3.5 所示。由图可见，TE_{01} 模也具有轴对称性，电场和磁场沿 ϕ 方向均无变化；电场只有 E_ϕ 分量，波导横截面上的电力线是一些同心圆；在波导壁附近只有 H_z 分量，因此波导壁电流无纵向分量，而且当传输功率一定时，随着频率的提高，管壁的热损耗将下降，故其损耗相对于其他模式来说是最低的。TE_{01} 模的这一特点适合于用作高 Q 值谐振腔的工作模式。圆柱形波导中的 TE_{01} 模是目前毫米波波导传输的最佳模式。在毫米波波段，标准圆柱形波导 TE_{01} 模的衰减为矩形波导中 TE_{01} 模衰减的 1/8～1/4。目前圆柱形波导中的 TE_{01} 模不仅用于通信干线中，而且用作电子设备的连接线和雷达天线的馈线。同样，由于 TE_{01} 模不是圆柱形波导中的主模，故在使用过程中应设法抑制其他模式。

【例 7-3】　一空气填充的圆柱形波导中的 TE_{01} 模，已知 $\lambda/\lambda_c=0.7$，工作频率 $f=3000\text{MHz}$，求波导波长。

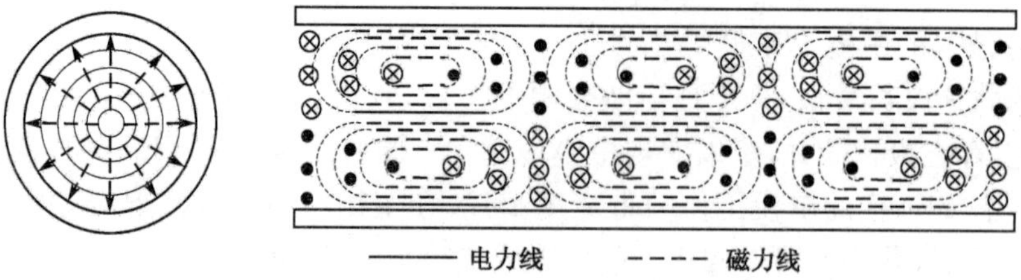

图 7.3.5　圆柱形波导中 TE_{01} 模的场分布

解：

$$\beta=\sqrt{k^2-k_c^2}=\omega\sqrt{\mu\varepsilon}\sqrt{1-\left(\frac{\lambda}{\lambda_c}\right)^2}=2\pi f\sqrt{\mu_0\varepsilon_0}\sqrt{1-0.7^2}\approx 44.9\mathrm{rad/m}$$

故

$$\lambda_g=\frac{2\pi}{\beta}=\frac{2\pi}{44.9}\approx 0.14\mathrm{m}$$

【例 7-4】 一空气填充的圆柱形波导，周长为 25.1cm，其工作频率为 3GHz，求该波导内可能的传播模式。

解：工作波长为

$$\lambda=c/f=10\mathrm{cm}$$

截止波长大于工作波长（$\lambda_c>\lambda$）的模式可以传播。

该波导的半径为

$$a=\frac{l}{2\pi}=\frac{25.1}{2\times 3.14}\approx 4\mathrm{cm}$$

TE_{11} 模的截止波长为

$$\lambda_{cTE_{11}}=3.13a\approx 12.52\mathrm{cm}$$

TE_{01} 模和 TM_{11} 模的截止波长为

$$\lambda_{cTE_{01}}=\lambda_{cTM_{11}}=1.64a\approx 6.56\mathrm{cm}$$

TM_{01} 模的截止波长为

$$\lambda_{cTM_{01}}=2.62a\approx 10.48\mathrm{cm}$$

TE_{21} 模的截止波长为

$$\lambda_{cTE_{21}}=2.06a\approx 8.24\mathrm{cm}$$

其余模式的截止波长都小于 10cm，所以该圆柱形波导中可能传播的模式为 TE_{11} 模和 TM_{01} 模。

7.4　同轴波导

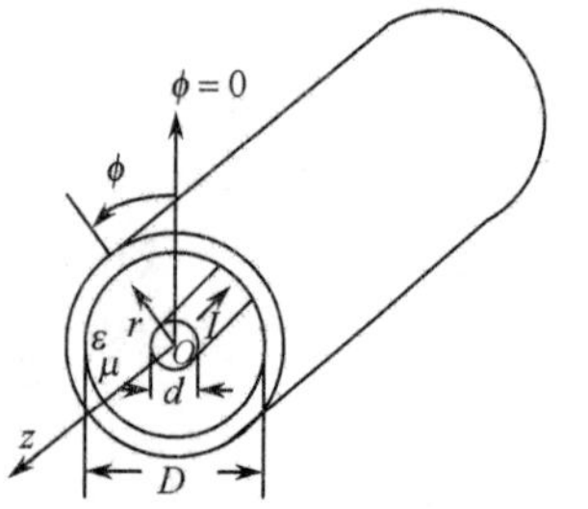

图 7.4.1　同轴波导

同轴波导是一种由内外导体构成的双导体导波系统，也称为同轴线，其形状如图 7.4.1 所示。内导体的直径为 d，外导体的内直径为 D，内外导体之间填充参数为 ε、μ 的理想介质，内外导体为理想导体。同轴线是一种宽频带的微波传输线。同轴波导存在内导体，可传输任意波长的 TEM 模，但是同轴线也可看作一种圆柱形波导，因此除了可传输 TEM 波，还可传输 TE 波及 TM 波。为了抑制这些非 TEM 波成分，必须根据工作频率适当地设计同轴线的尺寸。

微波技术中使用的同轴波导，按其结构可分为两种。

1. 硬同轴线

外导体是一根铜管，内导体是一根铜棒或铜管，内外导体之间的介质通常为空气，每隔一定距离用高频介质环等支撑，使内外导体同轴。

2. 软同轴线(又称为同轴电缆)

内导体是单根或多股绞成的铜线，外导体由细铜丝编织而成，中间充填高频介质(如聚乙烯或聚四氟乙烯等低损耗塑料)，使内外导体同轴。高频同轴电缆使用方便，可以弯曲，缺点是损耗较大，功率容量小。

7.4.1 同轴波导中 TEM 模的场分布及传播特性

设电磁波沿$+z$方向传播，相应的场为时谐场。对于 TEM 波，$E_z=0$，$H_z=0$，电场和磁场都在横截面内，同轴波导内的电磁场可设为

$$\boldsymbol{E}(\rho,\phi,z)=\boldsymbol{E}(\rho,\phi)\mathrm{e}^{-\gamma z}$$

$$\boldsymbol{H}(\rho,\phi,z)=H(\rho,\phi)\mathrm{e}^{-\gamma z}$$

设有恒定电流 I 流过同轴波导的内导体，根据安培环路定理，有

$$H_\phi(\rho)=\frac{I}{2\pi\rho}$$

由 TEM 模的本征阻抗的定义 $Z_{\mathrm{TEM}}=\dfrac{E_\rho(\rho)}{H_\phi(\rho)}$，可得

$$E_\rho(\rho)=Z_{\mathrm{TEM}}H_\phi(\rho)=\frac{Z_{\mathrm{TEM}}I}{2\pi\rho}$$

对于同轴波导 TEM 模，又有

$$Z_{\mathrm{TEM}}=\frac{\beta^2}{\omega\varepsilon}=\eta=\sqrt{\frac{\mu}{\varepsilon}}=\sqrt{\frac{\mu_0\mu_{\mathrm{r}}}{\varepsilon_0\varepsilon_{\mathrm{r}}}}$$

对于非铁磁性介质，$\mu_{\mathrm{r}}=1$，所以同轴波导 TEM 模的本征阻抗为

$$Z_{\mathrm{TEM}}=\sqrt{\frac{\mu_0}{\varepsilon_0\varepsilon_{\mathrm{r}}}}=\frac{\sqrt{\dfrac{\mu_0}{\varepsilon_0}}}{\sqrt{\varepsilon_{\mathrm{r}}}}=\frac{120\pi}{\sqrt{\varepsilon_{\mathrm{r}}}}\Omega$$

因此，同轴波导 TEM 模的场分量为

$$E_\rho(\rho,\phi,z)=\frac{60}{\sqrt{\varepsilon_{\mathrm{r}}}}\frac{I}{\rho}\mathrm{e}^{-\gamma z} \tag{7.4.1a}$$

$$H_\phi(\rho,\phi,z)=\frac{I}{2\pi\rho}\mathrm{e}^{-\gamma z} \tag{7.4.1b}$$

$$E_\phi=E_z=H_\rho=H_z=0 \tag{7.4.1c}$$

同轴波导中 TEM 模的场分布如图 7.4.2 所示。其电场方向由内导体指向外导体，且与两导体表面垂直；磁场是一簇以内导体为轴线的同心圆；越靠近内导体表面，电磁场越强，故内导体的面电流密度较外导体内表面的面电流密度要大得多，因此热损耗主要发生在截面尺寸较小的内导体上。

内外导体之间的电位差为

$$U=\int_{\frac{d}{2}}^{\frac{D}{2}}E_\rho(\rho)\cdot\mathrm{d}\rho=\int_{\frac{d}{2}}^{\frac{D}{2}}\frac{60}{\sqrt{\varepsilon_{\mathrm{r}}}}\frac{I}{\rho}\mathrm{d}\rho=\frac{60I}{\sqrt{\varepsilon_{\mathrm{r}}}}\ln\frac{D}{d}$$

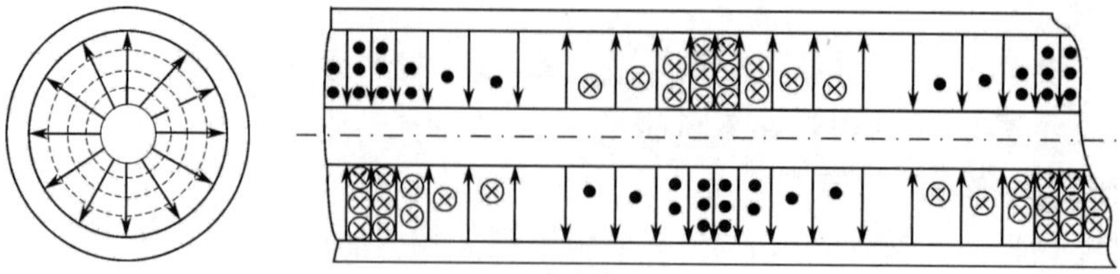

图 7.4.2　同轴波导中 TEM 模的场分布

则同轴波导的本征阻抗为

$$Z_c=\frac{U}{I}=\frac{\frac{60I}{\sqrt{\varepsilon_r}}\ln\frac{D}{d}}{I}=\frac{60}{\sqrt{\varepsilon_r}}\ln\frac{D}{d} \tag{7.4.2}$$

可见，同轴波导的本征阻抗与波导内填充介质的电特性、内外导体的直径比有关。

电磁波沿同轴波导传播的平均功率为

$$P=\frac{1}{2}\oint_S \mathrm{Re}(\boldsymbol{E}\times\boldsymbol{H}^*\cdot \mathrm{d}S)=\frac{1}{2}\int_{\frac{d}{2}}^{\frac{D}{2}}\int_0^{2\pi}\frac{30}{\pi\sqrt{\varepsilon_r}}\frac{I^2}{\rho}\mathrm{d}\rho\mathrm{d}\phi=\frac{30I^2\ln\frac{D}{d}}{\sqrt{\varepsilon_r}}$$

传输功率随 D 的增大而增大，随 d 的增大而减小。

单位长度外导体所消耗的平均功率为

$$P_{L1}=\frac{1}{2}\int_0^{2\pi}R_S|J_S^2|_{\rho=\frac{D}{2}}\cdot\frac{D}{2}\mathrm{d}\phi=\frac{1}{2}\int_0^{2\pi}R_S(H_t\cdot H_t^*)|_{\rho=\frac{D}{2}}\cdot\frac{D}{2}\mathrm{d}\phi=\sqrt{\frac{\omega\mu}{2\sigma}}\frac{I^2}{2\pi D}$$

单位长度内导体所消耗的平均功率为

$$P_{L2}=\sqrt{\frac{\omega\mu}{2\sigma}}\frac{I^2}{2\pi d}$$

因此，内外导体总的消耗平均功率 $P_L=P_{L1}+P_{L2}$，则导体衰减为

$$\alpha_c=\frac{P_L}{2P}=\sqrt{\frac{\omega\varepsilon}{2\sigma}}\frac{\left(\frac{1}{D}+\frac{1}{d}\right)}{\ln\frac{D}{d}}(\mathrm{Np/m}) \tag{7.4.3}$$

可见，随着频率的升高，导体损耗增大；随着尺寸 D、d 的减小，导体衰减增大。由于 $d<D$，因此内导体直径在导体衰减中起主要作用，并且 d 越小，围绕在内导体的场越强，损耗在内导体的能量越多，故不能用减小内导体的方法增大传输功率。

对式(7.4.3)取极值，可得导体衰减常数在 $\frac{D}{d}=3.591$ 时最小，此时相应的同轴波导的特性阻抗为

$$Z_c=\frac{U}{I}=\frac{377}{\sqrt{\varepsilon_r}}(\Omega) \tag{7.4.4}$$

7.4.2　同轴波导中的高次模

当工作频率过高时，在同轴波导中将出现一系列高次模：TM 模和 TE 模。同轴波导中的 TM 模和 TE 模的分析方法与圆柱形波导中 TM 模和 TE 模的分析方法相似，满足同样的波动方程，所不同的只是 $\rho=0$ 已经在工作区域之外，因此边界条件不同。

1. TM 模

纵向电场的表达式为

$$E_z=[B_1 \mathrm{J}_m(k_c\rho)+B_2 \mathrm{N}_m(k_c\rho)]\begin{matrix}\cos m\phi\\ \sin m\phi\end{matrix} e^{j\beta z}$$

对于同轴波导，$\rho=0$ 不是波的传播区域，故 $B_2\neq 0$。根据边界条件，$\rho=\dfrac{d}{2}$、$\rho=\dfrac{D}{2}$处 $E_z=0$，因此

$$B_1 \mathrm{J}_m\left(k_c \frac{d}{2}\right)+B_2 \mathrm{N}_m\left(k_c \frac{d}{2}\right)=0$$

$$B_1 \mathrm{J}_m\left(k_c \frac{D}{2}\right)+B_2 \mathrm{N}_m\left(k_c \frac{D}{2}\right)=0$$

消去 B_1、B_2，可得 TM 模的特征方程为

$$\frac{\mathrm{J}_m\left(k_c \frac{d}{2}\right)}{\mathrm{J}_m\left(k_c \frac{D}{2}\right)}=\frac{\mathrm{N}_m\left(k_c \frac{d}{2}\right)}{\mathrm{N}_m\left(k_c \frac{D}{2}\right)}$$

上式是一个超越方程，其解有有限多个，每个解的根决定一个 k_c 值，即确定相应的波型及其截止波长 λ_c。求解时通常采用图解法或数值法。由于具有实际意义的是最大的截止波长，因此只对最大 k_c 值的方程求解，得

$$k_c\approx\frac{2n\pi}{D-d}(n=1,2,3,\cdots)$$

因此，同轴波导中 TM_{mn} 模的截止波长近似为

$$\lambda_c\approx\frac{1}{n}(D-d)(n=1,2,3,\cdots)$$

最低波型 TM_{01} 模的截止波长近似为

$$\lambda_c\approx D-d$$

2. TE 模

纵向电场的表达式为

$$H_z=[A_1 \mathrm{J}_m(k_c\rho)+A_2 \mathrm{N}_m(k_c\rho)]\begin{matrix}\cos m\phi\\ \sin m\phi\end{matrix} e^{j\beta z}$$

根据边界条件，$\rho=\dfrac{d}{2}$、$\rho=\dfrac{D}{2}$处$\dfrac{\partial H_z}{\partial\rho}=0$，因此

$$A_1 \mathrm{J}_m'\left(k_c \frac{d}{2}\right)+A_2 \mathrm{N}_m'\left(k_c \frac{d}{2}\right)=0$$

$$A_1 \mathrm{J}_m'\left(k_c \frac{D}{2}\right)+A_2 \mathrm{N}_m'\left(k_c \frac{D}{2}\right)=0$$

对应的 TE 模的特征方程为

$$\frac{\mathrm{J}_m'\left(k_c \frac{d}{2}\right)}{\mathrm{J}_m'\left(k_c \frac{D}{2}\right)}=\frac{\mathrm{N}_m'\left(k_c \frac{d}{2}\right)}{\mathrm{N}_m'\left(k_c \frac{D}{2}\right)}$$

采用近似解，得 TE_{mn} 模的最大 k_c 值和截止波长分别为

$$k_c\approx\frac{4m}{D+d}(m=1,2,3,\cdots)$$

$$\lambda_c\approx\frac{\pi}{2m}(D+d)(m=1,2,3,\cdots)$$

最低波型 TE_{11} 模的截止波长近似为

$$\lambda_c \approx \frac{\pi}{2}(D+d)$$

图 7.4.3 所示为同轴波导中几个较低阶模式的分布图。

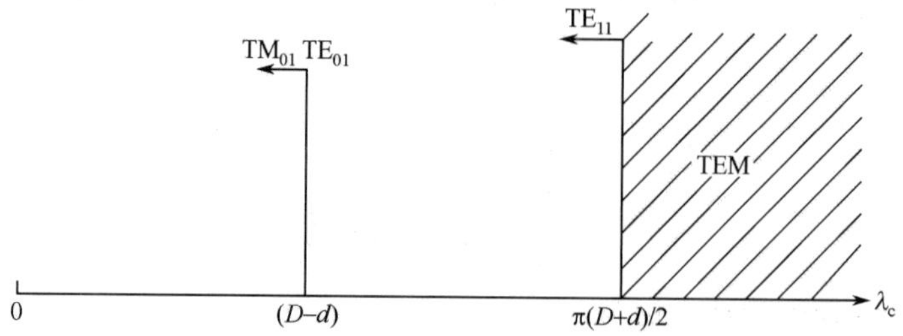

图 7.4.3　同轴波导中几个较低阶模式的分布图

TE_{11} 模是同轴波导中的最低型高次模，设计同轴波导的尺寸时，只要能抑制 TE_{11} 模，就能保证同轴波导在给定工作频带内只传输 TEM 模，因此同轴波导传输 TEM 模的条件是

$$\lambda_{min} \geqslant \lambda_{cTE_{11}} \approx \frac{\pi}{2}(D+d)$$

即

$$D+d \leqslant \frac{2\lambda_{min}}{\pi} = 0.64\lambda min \tag{7.4.5}$$

由此可见，为了消除同轴波导中的高次模，随着频率的升高，同轴波导的尺寸必须相应地减小。但尺寸过小，损耗增大，且限制了传输功率。因此，同轴波导的使用频率一般低于 3GHz。但是，同轴波导的传输频率并无下限，这也是 TEM 模传输线的共性。

要最终确定尺寸，还必须确定 $\frac{D}{d}$ 的值。当要求功率容量最大时，选择 $\frac{D}{d}=1.649$，这时，相应的空气同轴波导的本征阻抗为 30Ω；当要求传输损耗最小时，选择 $\frac{D}{d}=3.591$，相应的空气同轴波导的本征阻抗为 76.71Ω，有最小的衰减常数；当要求耐压最高时，选择 $\frac{D}{d}=2.72$。

目前，微波技术中常用的同轴波导有 75Ω、50Ω 两种。前者主要考虑衰减最小，后者则折中考虑了功率容量最大和衰减常数最小两种要求。

7.5　谐　振　腔

在微波频段，通常采用具有金属壁面的谐振腔来产生特定频率的高频振荡。微波谐振腔是一种基本的微波元件，广泛应用于微波信号源、微波滤波器和微波测量技术中。

微波谐振腔的结构形式有很多，其中一类微波谐振腔是与微波传输线的类型对应的，如矩形谐振腔、圆柱形谐振腔、同轴谐振腔等，另一类是非传输线型谐振腔，如开腔谐振器等。从电磁波角度来看，微波传输线在横截面上形成驻波，而在传输方向上形成行波，微波谐振腔则在 3 个方向上均形成驻波。

和低频 LC 振荡回路具有明确的存储磁能的电感器和存储电能的电容器不同，微波谐振腔中无法截然分开存储电能、磁能的区域，它是分布参数谐振系统，因此电感、电容等参数没有意义，也无法测量。微波谐振腔主要利用谐振频率和固有品质因数 Q 值来描述储能与损耗的关系，由于没有辐射损耗，因此其 Q 值相对较高。微波谐振腔的谐振频率与模式有关，每个具体谐振模式的固有品质因数 Q 值是不同的。

矩形谐振腔由一段两端用导体板封闭起来的矩形波导构成，如图 7.5.1 所示。腔体长度为 l，横截面尺寸为 $a\times b$，矩形谐振腔中谐振模式可以看成矩形波导中相同的传输模式在两端导体板之间来回反射叠加而成，因此可以从矩形波导的电磁场分布出发导出矩形谐振腔的电磁场分布。因为 TM 模和 TE 模都能存在于矩形波导内，所以，TM 模和 TE 模同样可以存在于矩形谐振腔中。

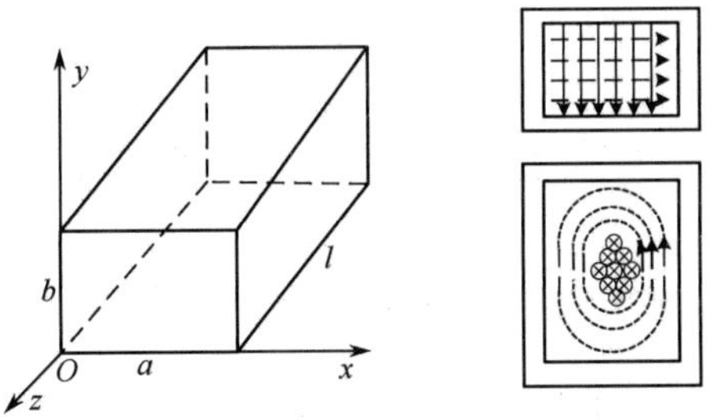

图 7.5.1　矩形谐振腔及谐振模的场结构

当 l 的长度等于半波长的整数倍时，电磁波由导体反射而形成驻波，也就是说在这一频率上发生谐振，即

$$l=p\frac{\lambda_{g0}}{2}(p=1,2,3,\cdots) \tag{7.5.1}$$

式中，λ_{g0} 称为矩形谐振腔的相波长(波导波长)。

假设 z 轴为参考的传播方向。由于在 $z=0$ 和 $z=l$ 处存在导体壁，在波导中即有沿 $+z$ 方向的入射波，又存在沿 $-z$ 方向的反射波，且两个波的振幅大小相等，从而形成完整的驻波。

1. TM_{mnp} 模

在矩形波导中，沿 $+z$ 方向传播的 TM_{mn} 模的场分量为

$$E_x(x,y,z)=-\frac{\mathrm{j}\beta}{k_c^2}\frac{m\pi}{a}E_m\cos\left(\frac{m\pi}{a}x\right)\sin\left(\frac{n\pi}{b}y\right)\mathrm{e}^{-\mathrm{j}\beta z} \tag{7.5.2a}$$

$$E_y(x,y,z)=-\frac{\mathrm{j}\beta}{k_c^2}\frac{n\pi}{b}E_m\sin\left(\frac{m\pi}{a}x\right)\cos\left(\frac{n\pi}{b}y\right)\mathrm{e}^{-\mathrm{j}\beta z} \tag{7.5.2b}$$

$$H_x(x,y,z)=\frac{\mathrm{j}\omega\varepsilon}{k_c^2}\frac{n\pi}{b}E_m\sin\left(\frac{m\pi}{a}x\right)\cos\left(\frac{n\pi}{b}y\right)\mathrm{e}^{-\mathrm{j}\beta z} \tag{7.5.2c}$$

$$H_y(x,y,z)=-\frac{\mathrm{j}\omega\varepsilon}{k_c^2}\frac{m\pi}{a}E_m\cos\left(\frac{m\pi}{a}x\right)\sin\left(\frac{n\pi}{b}y\right)\mathrm{e}^{-\mathrm{j}\beta z} \tag{7.5.2d}$$

$$E_z(x,y,z)=E_m\sin\frac{m\pi}{a}x\sin\frac{n\pi}{b}y\,\mathrm{e}^{-\mathrm{j}\beta z} \tag{7.5.2e}$$

$$H_z(x,y,z)=0 \tag{7.5.2f}$$

该模式的电磁波被位于 $z=l$ 处的端面反射，然后沿 $-z$ 方向传播，相应的行波因子为 $\mathrm{e}^{\mathrm{j}\beta z}$，这时入射波和反射波叠加将形成以 $\sin\beta z$ 或 $\cos\beta z$ 表示的驻波分布。在 $z=0$ 和 $z=l$ 处，由边界条件，要求电场的切向分量为零，磁场的法向分量为零，即 $E_x=0$、$E_y=0$、$H_z=0$，因此

$$\sin\beta_{mn}l=0$$

$$\beta=\frac{p\pi}{l}(p=0,1,2,\cdots)$$

于是形成矩形谐振腔内 TM_{mnp} 模的场分布为

$$\begin{aligned}E_x(x,y,z)&=-\frac{1}{k_c^2}\frac{m\pi}{a}\frac{p\pi}{l}E_m\cos\left(\frac{m\pi}{a}x\right)\sin\left(\frac{n\pi}{b}y\right)\left[e^{-j\left(\frac{p\pi}{l}z\right)}-e^{j\left(\frac{p\pi}{l}z\right)}\right]\\&=-\frac{2}{k_c^2}\frac{m\pi}{a}\frac{p\pi}{l}E_m\cos\left(\frac{m\pi}{a}x\right)\sin\left(\frac{n\pi}{b}y\right)\sin\left(\frac{p\pi}{l}z\right)\end{aligned}\tag{7.5.3a}$$

$$\begin{aligned}E_y(x,y,z)&=-\frac{1}{k_c^2}\frac{n\pi}{b}\frac{p\pi}{l}E_m\sin\left(\frac{m\pi}{a}x\right)\cos\left(\frac{n\pi}{b}y\right)\left[e^{-j\left(\frac{p\pi}{l}z\right)}-e^{j\left(\frac{p\pi}{l}z\right)}\right]\\&=-\frac{2}{k_c^2}\frac{n\pi}{b}\frac{p\pi}{l}E_m\sin\left(\frac{m\pi}{a}x\right)\cos\left(\frac{n\pi}{b}y\right)\sin\left(\frac{p\pi}{l}z\right)\end{aligned}\tag{7.5.3b}$$

$$\begin{aligned}E_z(x,y,z)&=E_m\sin\left(\frac{m\pi}{a}x\right)\sin\left(\frac{n\pi}{b}y\right)\left[e^{-j\left(\frac{p\pi}{l}z\right)}+e^{j\left(\frac{p\pi}{l}z\right)}\right]\\&=2E_m\sin\left(\frac{m\pi}{a}x\right)\sin\left(\frac{n0}{b}y\right)\cos\left(\frac{p\pi}{l}z\right)\end{aligned}\tag{7.5.3c}$$

$$\begin{aligned}H_x(x,y,z)&=\frac{j\omega\varepsilon}{k_c^2}\frac{n\pi}{b}E_m\sin\left(\frac{m\pi}{a}x\right)\cos\left(\frac{n\pi}{b}y\right)\left[e^{-j\left(\frac{p\pi}{l}z\right)}+e^{j\left(\frac{p\pi}{l}z\right)}\right]\\&=\frac{j2\omega\varepsilon}{k_c^2}\frac{n\pi}{b}E_m\sin\left(\frac{m\pi}{a}x\right)\cos\left(\frac{n\pi}{b}y\right)\cos\left(\frac{p\pi}{l}z\right)\end{aligned}\tag{7.5.3d}$$

$$\begin{aligned}H_y(x,y,z)&=-\frac{j\omega\varepsilon}{k_c^2}\frac{m\pi}{a}E_m\cos\left(\frac{m\pi}{a}x\right)\sin\left(\frac{n\pi}{b}y\right)\left[e^{-j\left(\frac{p\pi}{l}z\right)}+e^{j\left(\frac{p\pi}{l}z\right)}\right]\\&=-\frac{j2\omega\varepsilon}{k_c^2}\frac{m\pi}{a}E_m\cos\left(\frac{m\pi}{a}x\right)\sin\left(\frac{n\pi}{b}y\right)\cos\left(\frac{p\pi}{l}z\right)\end{aligned}\tag{7.5.3e}$$

$$H_z(x,y,z)=0\tag{7.5.3f}$$

由 $\beta_{mn}^2=k_{mnp}^2-k_{cmn}^2$，$k_{cmn}^2=\left(\frac{m\pi}{a}\right)^2+\left(\frac{n\pi}{b}\right)^2$，$\beta_{mn}=\frac{p\pi}{l}$得

$$k_{mnp}^2=\left(\frac{m\pi}{a}\right)^2+\left(\frac{n\pi}{b}\right)^2+\left(\frac{p\pi}{l}\right)^2\tag{7.5.4}$$

可见，p 相当于沿谐振腔长度上的半波数，即与 m、n 具有相同的意义。由场分量表达式可看出，磁场的相位与电场的相位相差±90°，在无耗空腔谐振器中总是这样的，它类似于无耗 LC 电路中电压和电流之间相差±90°。

与之对应的频率即谐振腔的谐振频率为

$$f_{mnp}=\frac{k_{mnp}}{2\pi\sqrt{\mu\varepsilon}}=\frac{1}{\sqrt{\mu\varepsilon}}\sqrt{\left(\frac{m}{2a}\right)^2+\left(\frac{n}{2b}\right)^2+\left(\frac{p}{2l}\right)^2}\tag{7.5.5}$$

谐振波长为

$$\lambda_{mnp}=\frac{2}{\sqrt{\left(\frac{m}{a}\right)^2+\left(\frac{n}{b}\right)^2+\left(\frac{p}{l}\right)^2}}\tag{7.5.6}$$

2. TE_{mnp} 模

对于 TE_{mnp} 模的驻波分量的复数表示，可由矩形波导中 TE_{mn} 模的场分量导出，其方法与导出 TM_{mnp} 模相同，得

$$E_x(x,y,z)=\frac{2\omega\mu}{k_c^2}\frac{n\pi}{b}H_m\cos\left(\frac{m\pi}{a}x\right)\sin\left(\frac{n\pi}{b}y\right)\sin\left(\frac{p\pi}{l}z\right)\tag{7.5.7a}$$

$$E_y(x,y,z)=-\frac{2\omega\mu}{k_c^2}\frac{m\pi}{a}H_m\sin\left(\frac{m\pi}{a}x\right)\cos\left(\frac{n\pi}{b}y\right)\sin\left(\frac{p\pi}{l}z\right) \tag{7.5.7b}$$

$$E_z(x,y,z)=0 \tag{7.5.7c}$$

$$H_x(x,y,z)=\mathrm{j}\frac{2}{k_c^2}\frac{m\pi}{a}\frac{p\pi}{l}H_m\sin\left(\frac{m\pi}{a}x\right)\cos\left(\frac{n\pi}{b}y\right)\cos\left(\frac{p\pi}{l}z\right) \tag{7.5.7d}$$

$$H_y(x,y,z)=\mathrm{j}\frac{2}{k_c^2}\frac{n\pi}{b}\frac{p\pi}{l}H_m\cos\left(\frac{m\pi}{a}x\right)\sin\left(\frac{n\pi}{b}y\right)\cos\left(\frac{p\pi}{l}z\right) \tag{7.5.7e}$$

$$H_z(x,y,z)=-\mathrm{j}2H_m\cos\left(\frac{m\pi}{a}x\right)\cos\left(\frac{n\pi}{b}y\right)\sin\left(\frac{p\pi}{l}z\right) \tag{7.5.7f}$$

式中，k_c 的表达式与 TM_{mnp} 模中的相同。具有相同谐振频率的不同模式称为简并模。对于给定尺寸的谐振腔，谐振频率最低的模式称为主模。

【例 7-5】 有一填充空气的矩形谐振腔，其沿 x 轴、y 轴、z 轴方向的尺寸分别为 a、b、l。当(1)$a>b>l$；(2)$a>l>b$；(3)$a=b=l$ 时，试确定相应的主模及其谐振频率。

解：选择 z 轴作为参考的传播方向，对于 TM_{mnp} 模，由其场分量的表达式(7.5.3)可知，m、n 不能为零，而 p 可以为零。对于 TE_{mnp} 模，由其场分量的表达式(7.5.7)可知，m、n 均可为零(但不能同时为零)，而 p 不能为零。因此，可能的最低阶模式为

$$TM_{110}、TE_{011}、TE_{101}$$

相应的谐振频率由式(7.5.5)给出。

(1) 当 $a>b>l$ 时，最低谐振频率为

$$f_{110}=\frac{c}{2}\sqrt{\frac{1}{a^2}+\frac{1}{b^2}}$$

式中，c 为自由空间的波速。于是得 TM_{110} 为主模。

(2) 当 $a>l>b$ 时，最低谐振频率为

$$f_{101}=\frac{c}{2}\sqrt{\frac{1}{a^2}+\frac{1}{l^2}}$$

于是得 TE_{101} 为主模。

(3) 当 $a=b=l$ 时，TM_{110}、TE_{011}、TE_{101} 的谐振频率相同，有

$$f_{110}=f_{101}=f_{011}=\frac{c}{\sqrt{2}a}$$

3. 矩形谐振腔的品质因数

谐振腔可以存储电场能量和磁场能量。在实际的谐振腔中，由于腔壁的电导率是有限的，它的表面电阻不为零，这样将导致能量的损耗。为了衡量谐振元件的损耗大小，通常使用品质因数 Q 值描述，其定义为

$$Q=2\pi\frac{W}{W_T} \tag{7.5.8}$$

式中，W 为谐振腔中的总储能，也就是电场储能的时间最大值或磁场储能的时间最大值；W_T 为一个周期内谐振腔中损耗的能量。因此，Q 是衡量谐振腔内储能与耗能比例的一种质量指标，故称为品质因数。

设 P_L 为谐振腔内的平均功率损耗，则一个周期 $T=\frac{2\pi}{\omega}$ 内谐振腔损耗的能量为 $W_T=P_L\frac{2\pi}{\omega}$，得

$$Q=2\pi\frac{W}{P_{\mathrm{L}}\frac{2\pi}{\omega}}=\omega\frac{W}{P_{\mathrm{L}}} \tag{7.5.9}$$

假设腔体内部的介质是无耗的，则谐振时有

$$W=W_{\mathrm{e}}=\frac{\varepsilon}{2}\int_{V}\boldsymbol{E}\cdot\boldsymbol{E}^{*}\,\mathrm{d}V=\frac{\varepsilon}{2}\int_{V}|\boldsymbol{E}|^{2}\mathrm{d}V=W_{\mathrm{m}}=\frac{\mu}{2}\int_{V}\boldsymbol{H}\cdot\boldsymbol{H}^{*}\,\mathrm{d}V=\frac{\mu}{2}\int_{V}|\boldsymbol{H}|^{2}\mathrm{d}V \tag{7.5.10}$$

式中，V 指整个腔内体积。

损耗就是腔壁的导体损耗，损耗功率为

$$P_{\mathrm{L}}=\frac{R_{\mathrm{S}}}{2}\oint_{S}\boldsymbol{H}_{\mathrm{t}}\cdot\boldsymbol{H}_{\mathrm{t}}^{*}\,\mathrm{d}S=\frac{R_{\mathrm{S}}}{2}\oint_{S}|\boldsymbol{H}_{\mathrm{t}}|^{2}\mathrm{d}S \tag{7.5.11}$$

式中，S 为整个腔内壁，$\boldsymbol{H}_{\mathrm{t}}$ 为腔内壁表面的切向磁场，而腔内壁的表面电阻 R_{S} 为

$$R_{\mathrm{S}}=\sqrt{\frac{\omega u}{2\sigma}}=\sqrt{\frac{\pi f u}{\sigma}}=\frac{\delta}{2}\omega u \tag{7.5.12}$$

式中，σ 为电导率，δ 为趋肤深度。

可得不考虑介质损耗时的谐振腔固有品质因数为

$$Q=\frac{\omega\mu_{0}}{R_{\mathrm{S}}}\frac{\int_{V}|\boldsymbol{H}|^{2}\mathrm{d}V}{\oint_{S}|\boldsymbol{H}_{\mathrm{t}}|^{2}\mathrm{d}S}=\frac{2}{\delta}\frac{\int_{V}|\boldsymbol{H}|^{2}\mathrm{d}V}{\oint_{S}|\boldsymbol{H}_{\mathrm{t}}|^{2}\mathrm{d}S} \tag{7.5.13}$$

7.6 知识点拓展

7.6.1 基片集成波导

前面章节中对矩形波导、圆柱形波导、同轴波导及谐振腔等典型均匀导波系统的原理、特征、不同模式下场分布特性等进行了介绍与推导，这些均匀导波系统在微波、通信等领域有着广泛的应用。

矩形波导作为一种经典的传输系统已广泛应用于微波和毫米波波段，其优点是低损耗、高功率容量、高品质因数等。但其体积大、质量大、不易弯曲、加工精度要求高等限制了它在微波/毫米波集成电路中的应用[47]。

2001 年，吴柯教授提出了适用于高频电路的基片集成波导（Substrate Integrated Waveguide，SIW）的概念。如图 7.6.1 所示，在上下面为金属层的低损耗介质基片上，利用金属化通孔阵列实现波导场的传播模式，从而实现传统金属波导的功能。基片集成波导可以有效地实现无源和有源器件的集成，将毫米波系统小型化，甚至把整个系统制作在一个封装内，极大地降低了成本；同时它的传播特性与矩形波导类似，所以由其构成的毫米波器件及子系统具有高 Q 值、高功率容量、易集成等优点，并且由于整个结构完全由介质基片上的金属化通孔阵列所构成，所以可以利用 PCB 或 LTCC 工艺精确实现，并可与微带线路实现无隙集成，加工成本低廉，非常适合微波/毫米波波段集成电路的设计和批量生产。

为满足微波通信发展的需求，实现高性能小型化微波器件，学者们提出了多种 SIW 小型化技术。如将叠层技术[47]用于 SIW 器件的小型化，最为典型的结构是折叠基片集成波导（Folded

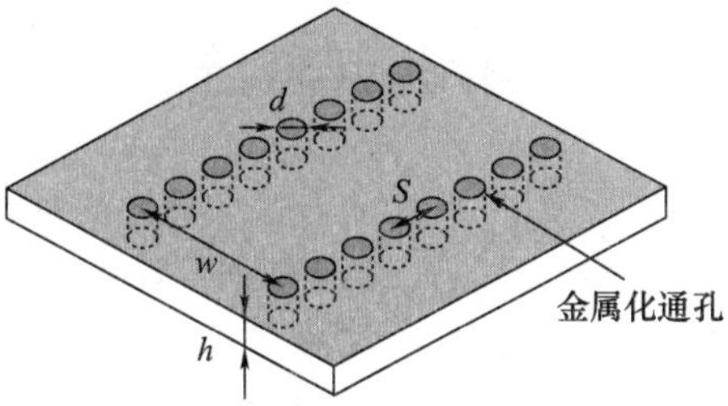

图 7.6.1　基片集成波导结构图

Substrate Integrated Waveguide，FSIW）。FSIW 是以 **E** 面为对称面对 SIW 进行折叠得到，根据选择折叠的 **E** 面不同，分为对称折叠和非对称折叠两种结构。如图 7.6.2 所示，FSIW 的高度为 SIW 的 2 倍，但平面面积减小为 SIW 的 1/2，是实现 SIW 小型化的有效手段之一。

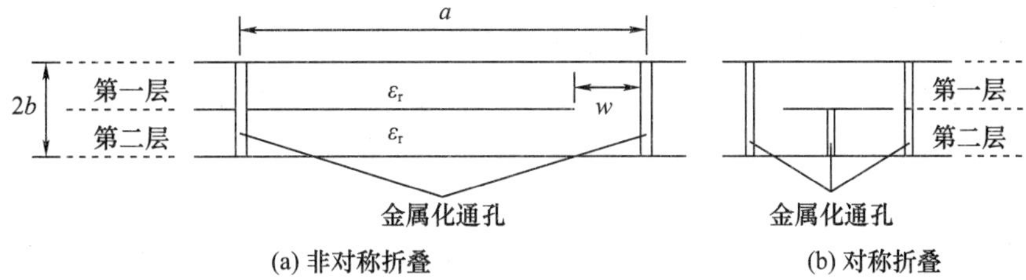

图 7.6.2　折叠基片集成波导结构图

总之，SIW 既结合了传统矩形波导的低损耗和微带线的基片集成特点，又克服了传统矩形波导的缺点，有效满足了现代微波电路对集成度和尺寸的要求。目前，SIW 已在微波领域中有着广泛的应用，例如滤波器、天线阵列、低噪声放大器等，而对 SIW 的研究仍在不断深入，不断向高性能、小型化等靠拢。

7.6.2　光波导

光纤是一种纤芯折射率比包层折射率大的同轴圆柱形波导，是目前应用最多的一种光波导[48-51]。纤芯材料的主要成分为掺杂的 SiO_2，其纯度达 99.999%，其余成分为极少量的掺杂剂，如 GeO_2 等，用以提高纤芯的折射率。纤芯直径为 8～100μm。包层材料一般也为 SiO_2，外径为 125μm，其作用是把光强限制在纤芯中[48-51]。为了增强光纤的柔韧性、机械强度和耐老化特性等，在包层外还增加了一层涂覆层，其主要成分是环氧树脂和硅橡胶等高分子材料。光能量主要在纤芯中传输，包层为光的传输提供反射面和光隔离，并起到一定的机械保护作用。

光的一个传播模式就是以某一角度射入光纤端面，并在纤芯内产生全反射的传播光线。如果光纤的芯径较大，允许光波以多个特定角度入射光纤端面，并在光纤内传播，则称光纤中有多个传播模式。可以传输数百到上千个模式的光纤，称为多模光纤，而当光纤的芯径很小时，只允许通过一个基模的光纤称为单模光纤。

根据光纤横截面上折射率的径向分布情况，可以把光纤粗略地分为阶跃型和渐变型两种。作为信息传输波导，实用光纤有两种基本类型，即多模光纤和单模光纤。

相较于大气波导和平面型介质波导（如介质透镜、反射镜波导、气体透镜波导等），光纤具有传输频带宽、制作成本低、工艺简单、重量轻、易弯曲、适于大量铺设等优点，可使光信号低损耗、廉价地稳定传输，并使得长距离的光纤通信成为可能。随着制备技术的成熟和大规模产业的形成，光纤价格不断下降，其应用范围不断扩大。

知识点总结

本章主要介绍矩形波导、圆柱形波导、同轴波导这3种导波系统及谐振腔中的模场分布和传播特性等。介绍的主要概念有：TEM波、TE波、TM波、多模特性、高次模、低次模、主模等，主要传输参数有：截止频率、截止波长、工作波长、波导波长、本征阻抗、传输功率、传输损耗等。均匀规则波导中的横向场分量可由纵向场分量确定，要求解波导中的场，只需要求解波导中的纵向场分量。这种求解导波系统的方法称为纵向场分量法。

本章的知识点图谱如图7.1所示。

(1) 根据纵向场分量 E_z 和 H_z 存在与否，将波导中传播的电磁波分为3类。

横电磁波(TEM波)：既无 E_z 分量又无 H_z 分量。

横磁波(TM波)：包含非零的 E_z 分量，但 $H_z=0$。

横电波(TE波)：包含非零的 H_z 分量，但 $E_z=0$。

波导中波的传输必须满足条件：$\lambda<\lambda_c$ 或 $f>f_c$，即工作波长小于截止波长或者工作频率大于截止频率的模才能传输。

截止频率和截止波长：

$$f_c=\frac{\omega_c}{2\pi}=\frac{k_c}{2\pi\sqrt{\mu\varepsilon}},\lambda_c=\frac{v}{f_c}=\frac{2\pi}{k_c}$$

相速和群速：

$$v_p=\frac{c}{\sqrt{1-\left(\frac{\lambda}{\lambda_c}\right)^2}},v_g=\frac{d\omega}{d\beta}=c\sqrt{1-\left(\frac{\lambda}{\lambda_c}\right)^2}$$

波导波长：

$$\lambda_g=\frac{2\pi}{\beta}=\frac{\lambda}{\sqrt{1-\left(\frac{\lambda}{\lambda_c}\right)^2}}$$

本征阻抗：

$$Z_{TEM}=\frac{E_x}{H_y}=\frac{\gamma}{j\omega\varepsilon}=\frac{\beta}{\omega\varepsilon}=\sqrt{\frac{\mu}{\varepsilon}}=\eta$$

$$Z_{TM}=\frac{E_x}{H_y}=\frac{\gamma}{j\omega\varepsilon}=\frac{\beta}{\omega\varepsilon}=\frac{\sqrt{\omega^2\mu\varepsilon-k_c^2}}{\omega\varepsilon}$$

$$Z_{TE}=\frac{E_x}{H_y}=\frac{j\omega\mu}{\gamma}=\frac{\omega\mu}{\beta}=\frac{\omega\mu}{\sqrt{\omega^2\mu\varepsilon-k_c^2}}$$

(2) 矩形波导的主模是 TE_{10} 模，除 TE_{m0} 和 TM_{0n} 模外，矩形波导的导模都具有简并模。

传播常数　$\gamma=\sqrt{k_c^2-k^2}=\sqrt{k_c^2-\omega^2\mu\varepsilon}$

截止频率　$f_c=\frac{\omega_c}{2\pi\sqrt{\mu\varepsilon}}=\frac{1}{2\pi\sqrt{\mu\varepsilon}}\sqrt{\left(\frac{m\pi}{a}\right)^2+\left(\frac{n\pi}{b}\right)^2}$

(3) 对于半径为 a 的圆柱形波导，有：

截止波长　$\lambda_{c,TM_{mn}}=\frac{2\pi a}{v_{mn}},\lambda_{c,TE_{mn}}=\frac{2\pi a}{\mu_{mn}}$

相位常数　$\beta^2=\omega^2\mu\varepsilon-k_c^2$

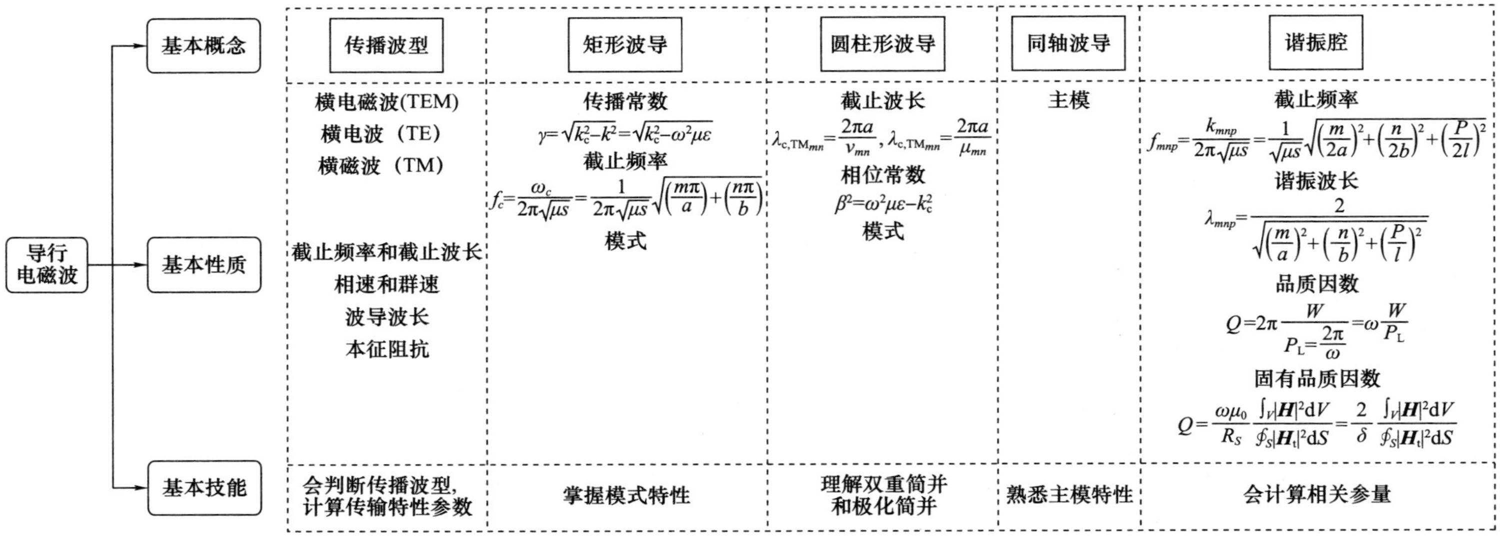

图 7.1　导行电磁波的知识点图谱

(4) 同轴波导是双导体波导，主模是 TEM 模，具有低通特性，主模传输无色散。

(5) 谐振腔中可以存在无穷多 TM_{mnp} 模和 TE_{mnp} 模，其中下标 m、n、p 分别表示沿 a、b、l 分布的半驻波数。

截止频率
$$f_{mnp}=\frac{k_{mnp}}{2\pi\sqrt{\mu\varepsilon}}=\frac{1}{\sqrt{\mu\varepsilon}}\sqrt{\left(\frac{m}{2a}\right)^2+\left(\frac{n}{2b}\right)^2+\left(\frac{p}{2l}\right)^2}$$

谐振波长
$$\lambda_{mnp}=\frac{2}{\sqrt{\left(\frac{m}{a}\right)^2+\left(\frac{n}{b}\right)^2+\left(\frac{p}{l}\right)^2}}$$

品质因数
$$Q=2\pi\frac{W}{P_L\frac{2\pi}{\omega}}=\omega\frac{W}{P_L}$$

固有品质因数
$$Q=\frac{\omega\mu_0}{R_S}\frac{\int_V|\boldsymbol{H}|^2\mathrm{d}V}{\oint_S|\boldsymbol{H}_t|^2\mathrm{d}S}=\frac{2}{\delta}\frac{\int_V|\boldsymbol{H}|^2\mathrm{d}V}{\oint_S|\boldsymbol{H}_t|^2\mathrm{d}S}$$

习　题　7

7.1　为什么一般矩形波导测量线的纵槽开在波导的中线上？

7.2　试证明工作波长 λ、波导波长 λ_g 和截止波长 λ_c 满足以下关系：

$$\lambda=\frac{\lambda_g\lambda_c}{\sqrt{\lambda_g^2+\lambda_c^2}}$$

7.3　推导矩形波导中 TE_{mn} 模的场分布表达式。

7.4　设矩形波导中传输 TE_{10} 模，求填充介质(介电常数为 ε)时的截止频率及波导波长。

7.5　已知矩形波导的横截面尺寸为 $a\times b=23\text{mm}\times10\text{mm}$，试求当工作波长 $\lambda=10\text{mm}$ 时，波导中能传输哪些波型？$\lambda=30\text{mm}$ 时呢？

7.6　一矩形波导的横截面尺寸为 $a\times b=23\text{mm}\times10\text{mm}$，由紫铜制成，传输电磁波的频率为 $f=10\text{GHz}$。试计算：当波导内为空气填充，且传输 TE_{10} 波时，每米衰减多少分贝？

7.7　试设计 $\lambda=10\text{cm}$ 的矩形波导，材料用紫铜，内充空气，并且要求 TE_{10} 模的工作频率至少有 30% 的安全因子，即 $1.3f_{c1}\leqslant f\leqslant0.7f_{c2}$，此处 f_{c1} 和 f_{c2} 分别表示 TE_{10} 模的截止频率以及相邻高次模式的截止频率。

7.8　矩形波导的前半段填充空气，后半段填充介质(介电常数为 ε)，问当波从空气段入射介质段时，反射波场量和透射波场量各为多大？

7.9　在尺寸为 $a\times b=22.86\text{mm}\times10.16\text{mm}$ 的矩形波导中，传输 TE_{10} 模，工作频率为 10GHz。

(1) 求截止波长 λ_c、波导波长 λ_g 和本征阻抗 $Z_{TE_{10}}$。

(2) 若波导的宽壁尺寸增大一倍，上述参数如何变化？还能传输什么模式？

(3) 若波导的窄壁尺寸增大一倍，上述参数如何变化？还能传输什么模式？

7.10　试设计一工作波长 $\lambda=50\text{mm}$ 的圆柱形波导，材料用紫铜，内充空气，并要求 TE_{11} 波的工作频率应有一定的安全因子。

7.11　已知工作波长为 18mm，信号通过尺寸为 $a\times b=7.112\text{mm}\times3.556\text{mm}$ 的矩形波导，现转换到圆柱形波导进行 TE_{01} 模传输，要求圆柱形波导与上述矩形波导的相速相等，试求圆柱形波导的直径；若过渡到圆柱形波导后要求传输 TE_{11} 模且相速一样，再求圆柱形波导的直径。

7.12　已知在圆柱形波导中，TE_{mn} 波由于管壁不是理想导体而引起的衰减常数 α_c 为

$$\alpha_c=\frac{R_S}{\alpha\eta\sqrt{1-\left(\frac{f_c}{f}\right)^2}}\left(\frac{f_c}{f}\right)^2$$

证明：衰减的最小值出现在 $f=\sqrt{3}f_c$ 处。

7.13　试证波导谐振腔对任何模式的谐振波长 λ_r 均可表示为

$$\lambda_r=\frac{\lambda_c}{\sqrt{1+\left(\frac{l\lambda_c}{2d}\right)^2}}\quad l=1,2,3,\cdots$$

式中，λ_c 为截止波长，d 为谐振腔的长度。

7.14　设计一矩形谐振腔，使在 1GHz 和 1.5GHz 分别谐振于两个最低模式 TE_{101} 和 TE_{011} 上。

7.15　由空气填充的矩形谐振腔，其尺寸为 $a\times b\times c=25\text{mm}\times12.5\text{mm}\times60\text{mm}$，谐振于 TE_{102} 模式。若在腔内填充介质，则在同一工作频率将谐振于 TE_{103} 模式，求介质的相对介电常数 ε_r 应为多少？

7.16　同轴波导的外导体半径 $b=23\text{mm}$，内导体半径 $a=10\text{mm}$，填充介质分别为空气和 $\varepsilon_r=2.25$ 的无耗介质，试计算其本征阻抗。

第 8 章　电磁环境效应及其防护

电磁环境是电磁空间的一种表现形式，指的是在特定空间内存在的所有电磁现象的综合体。这里的特定空间是指一定区域，而电磁现象的综合体则涵盖了在这个区域内发生的所有电磁现象，包括在整个时间范围和频谱范围内的变化。国际电气和电子工程师学会（IEEE）对电磁环境的定义是：在一个给定位置，设备分系统或整个系统在完成其规定任务时可能遇到的辐射或传导电磁发射电平在不同频段内功率与时间的分布的总和。电磁环境需要考虑空间、时间、频率、能量等多个因素，而其影响范围涵盖了广泛的应用领域，从军事到民用，对设备和系统的性能与相互兼容性具有重要意义[52]。构成电磁环境的基础因素包括自然环境和人为环境[53]，下面将进一步介绍它们的内涵及对人体、电子系统的影响和防护技术等。

8.1　自然电磁环境

自然电磁环境包括宇宙射线、太阳辐射、地磁场和雷电等，是地球生态系统的关键组成部分，对生物的存续、繁衍及地球的物质循环和能量传递至关重要。研究这些因素的变化对维护生态平衡和人类健康具有重要意义。

8.1.1　宇宙射线

宇宙射线是指来自宇宙空间的高能粒子流，主要包括质子、电子、中子、重离子等带电粒子，能量范围广泛，从几百万电子伏特到数千亿电子伏特。它的来源多样，包括太阳风、恒星爆发和星系碰撞等。在宇宙空间中长时间的加速和传播后，经过星际介质的散射和相互作用，最终到达地球。

宇宙射线对地球上的生物和物质产生影响，对人体细胞和电子设备造成损害，同时是天体物理学和宇宙学研究的重要信息来源之一。射线主要来自太阳辐射和银河系无线电辐射。太阳辐射可分为热辐射和非热辐射两类，太阳热辐射的频谱为 10MHz～30GHz；银河系无线电辐射的频率为 150～200MHz。宇宙射线引起的带电粒子流变化可导致地磁暴，太阳飞出的带电粒子穿透地球大气层产生电离层及极光，粒子以径向狭窄线束形式由太阳表面的活动区向外辐射，速度为 1000～3000km/s[54]。这种粒子流是地磁赤道面上围绕地球产生电离层圆环电流的根源，与地球磁场相互作用，在地下及海洋水域中产生电流及磁暴。太阳耀斑是太阳黑子附近色球层中的一种爆发，紫外线和 X 射线辐射显著增强。大耀斑时，辐射增强为宁静时的 10～100 倍，导致出现电离层异常现象，如短波衰落和甚低频的相位异常。太阳喷射的带电粒子，即太阳风，沿磁力线流动，几小时内可到达地球空间磁层和电离层，引发磁暴和极光。这些都可能破坏地面通信、雷达、输电网，甚至影响宇宙飞船的电子设备。

8.1.2　太阳辐射

太阳辐射作为宇宙射线的一种，是地球上生物活动和气候变化的关键驱动力之一，对生态系统和人类产生广泛影响。太阳辐射包括可见光、紫外线、X 射线和 γ 射线等电磁辐射，主要成分是可见光。可见光可由人眼直接感受到，其波长为 400～700nm，包括紫、蓝、绿、黄、橙和红等不同颜色。

植物通过光合作用利用可见光合成有机物质，以维持其生长和生存。太阳辐射中的紫外线涵盖了波长从 10nm 到 400nm 的范围，可分为 UVA、UVB 和 UVC 三个区域。UVA 辐射(315～400nm)的穿透力较强，对皮肤和眼睛有一定的危害；UVB 辐射(280～315nm)的穿透力较弱，但对皮肤有更强的损伤；UVC 辐射(100～280nm)在大气层中被吸收，不会直接影响地表生物。太阳辐射还包括 X 射线和 γ 射线，它们具有较高的能量和较短的波长。尽管 X 射线和 γ 射线对生物具有更强的辐射效应，但通常情况下，地球的大气层能吸收和阻挡大部分的 X 射线和 γ 射线，使其不会对地表生物产生直接影响。这些不同波长的辐射共同构成了太阳辐射谱，对地球上的生态系统和生物产生多方面的影响。

8.1.3 地磁场

地球表面存在着一种自然场，即地磁场，可被小磁针感知。地磁场由地球内部液态外核产生，呈现磁体特性。在其作用下，电磁波使自由电子呈螺旋状绕磁力线运动，形成磁悬频率。

地磁场由内核和外核运动形成，外核由液态铁和镍组成，液态外核流动产生电流并形成磁场。磁场结构呈磁偶极子状，磁南极位于地理北极附近，磁北极位于地理南极附近。地磁场方向示意图如图 8.1.1 所示。地磁场呈动态变化，强度不均匀，地表强度为 25～65μT。强度差异使强度最大处在磁南极附近，赤道处约为磁南极处的一半。地磁场对生物和大气层有保护作用，可阻挡太阳风，减少宇宙射线的伤害。同时，地磁场在导航和定位中发挥作用，动物依赖其进行迁徙和导航。研究地磁场有助于理解地球内部结构与太阳的相互作用。

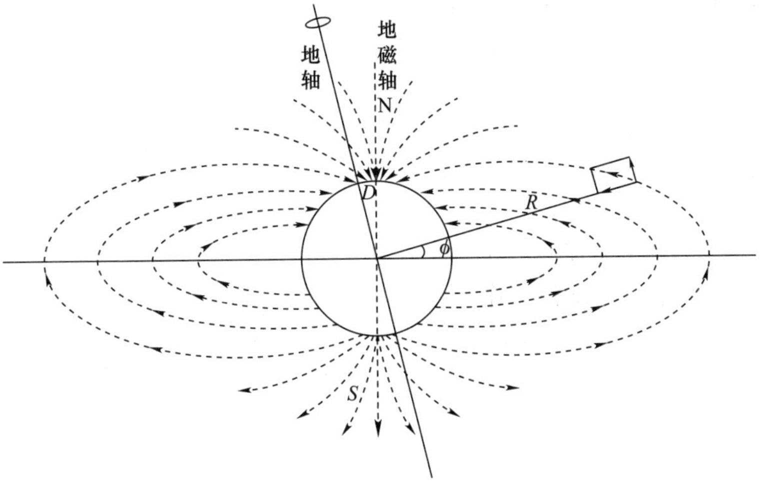

图 8.1.1 地磁场方向示意图

8.1.4 雷电

闪电是一种自然现象，由大气中两个电荷区域之间的静电放电形成。这种放电可能产生广泛的电磁辐射，从由电子的快速运动产生的热量到可见光的明亮闪光，呈黑体辐射的形式。当放电附近的气体经历突然增压时产生雷声。雷电通常在雷暴期间，及其他类型的高能气象系统中发生，但火山雷电也可能在火山喷发期间发生。根据雷电发生的位置，主要有 3 种类型：在单个云内部发生的(云内)、在两个云之间发生的(云对云)、在云和地面之间发生的(云对地)。越来越多的证据表明,颗粒排放(一种空气污染形式)会增加雷电活动。然而,雷电也可能改善空气质量,清除大气中的甲烷等温室气体,同时产生氮氧化物和臭氧。雷电是野火产生的主要原因,而野火也可能导致气候变化。

总体而言,这些自然电磁环境相互交织,共同影响着地球上的生物、大气层和气象现象。对自然电磁环境的深入研究有助于理解地球的物理过程并提高人们对电磁环境的应对能力。

8.2 人为电磁环境

长期以来,人为电磁辐射作为由人工操控的电子或电气设备向空间发射电磁能量的现象备受关注。一般认为低频电磁辐射对人体健康的影响较小,而高频电磁辐射可能存在潜在的健康风险。研究人为电磁环境效应始于20世纪60年代,当时人们开始认识到电磁辐射可能对人体健康带来负面影响。随着科技的不断进步和研究方法的改进,对人为电磁环境效应的深入研究成为必然趋势。然而,关于其潜在健康风险的认知在科学界尚存在争议。一些研究指出,长期处于高频电磁辐射环境可能与癌症、神经系统疾病、生殖问题等有关。与此同时,也有研究认为目前的证据尚不足以明确人为电磁辐射对人体健康的实际影响。随着人工智能、物联网和5G等新技术的快速发展,对人为电磁环境效应的研究变得更为紧迫。科学家们正在深入研究人为电磁辐射的机制和影响,以更好地评估和管理潜在的风险,并制定相应的防护措施。

8.2.1 无意电磁辐射

人为电磁辐射可分为无意电磁辐射和有意电磁辐射两类。无意电磁辐射是在电子或电气设备工作时非期望地产生的电磁辐射,具有非主动操控、辐射随意性的特点。随着信息社会对电磁信息的依赖程度增加,各类无意电磁辐射不断增多,对国民经济、人民生活和战场环境带来了日益严重的影响。以下将介绍两种无意电磁辐射[54]。

1. 用于工业、科学、医疗及生活中的高功率电子设备的电磁辐射

工业加热设备、射频电弧焊、医疗加热设备、微波外科手术设备、超声波发生器和微波炉等通常具有高功率的特点,一般输出功率可达千瓦甚至兆瓦。近年来,人们对这些设备的需求急剧增加,然而,它们在工作时的电磁泄漏可能引起强烈的干扰。虽然这些设备通常工作于专用的工作频段,比如微波炉及医疗加热设备工作于2.45GHz,但未必遵守国际无线电干扰特别委员会(CISPR)对这些设备规定的干扰极限值。这些设备的电磁泄漏不仅会干扰其他电子设备的正常工作,而且对周围空间可能造成严重的电磁污染。有些设备由于输出功率高,其高次谐波仍有较强的功率,这些高次谐波同样可能对其他无线电业务产生干扰,因此是一类需要引起人们关注的无意电磁辐射。

2. 汽车等机动车辆的电磁辐射

汽车等机动车辆的点火系统、发动机、风扇、风挡刮水器电动机等也是无意电磁辐射源,它们向外辐射电磁能量,可能引起干扰。通常来说,点火系统是最强的宽带干扰源,点火时产生的噪声频谱包含低频的基波分量和许多谐波,这种噪声在10～100MHz范围内具有相当大的场强。汽车的干扰一般呈垂直极化,尤其频率在100MHz范围以内时,其幅度通常呈正态分布,并且干扰脉冲的峰值与汽车点火系统的类型、汽车速度、正常工作的机械负载和汽车的老化磨损程度相关。随着经济的发展,道路上的机动车辆不断增多,有数据表明,当交通量增加一倍时,其干扰功率强度可能增加3～6dB。因此,汽车等机动车辆也是一类重要的无意电磁辐射。

8.2.2 有意电磁辐射

有意电磁辐射是指为特定电磁活动而产生的有目的性的电磁辐射，通常通过发射天线向外辐射。这类辐射是人工制造的，旨在特定区域形成电磁场。有意电磁辐射源的种类、分布和工作状态直接影响着电磁环境的特征，是构成电磁环境的关键要素。主要的有意电磁辐射源包括电子干扰系统、通信电台、雷达、光电设备、制导设备、导航系统、敌我识别系统、测控系统、无线电引信及广播电视系统等。以下是几种主要的有意电磁辐射的示例。

1. 通信对抗辐射

通信对抗辐射是一种有意电磁辐射，其特点在于强烈的目的性。通过专门设计的发射天线，通信对抗系统有意产生电磁波，以干扰、欺骗或破坏敌方通信系统。相较于无意电磁辐射，通信对抗具有频率和波形选择的灵活性，可以根据需要进行调整。其主要功能包括通过发射天线辐射电磁波，实现对目标的有效干扰，以及干扰、误导或瘫痪敌方通信系统。通信对抗辐射的战术灵活性使其成为电子战中的关键手段，可根据战场需求和敌方通信系统特点调整参数和工作方式，以获取信息并削弱对方的战斗力。

在通信对抗辐射领域，美国军方投入了大量资源，拥有世界最强大的通信对抗力量。其电子干扰装备超过 300 种，有效干扰频率范围达 0.52GHz，干扰功率高达上百千瓦。美国军方的电子对抗手段覆盖了从超长波到 Ka 波段的几乎所有频段，成功率接近 100%。电磁环境的控制权和使用权被认为是信息化战争制胜的关键，因此美国军方将电子对抗力量的发展与运用作为极为重要的建设方向，不断加大经费投入，并将对抗力量的运用拓展到空间对抗、分布灵巧式对抗、战略威慑型对抗及以软件为核心的综合一体化方向。俄罗斯军方在通信对抗辐射方面同样表现出色。其地面通信电子战装备的频率覆盖范围广泛，接收机灵敏度高，可实施截获、侧向和干扰等多项功能。此外，俄罗斯军方还拥有地基卫星通信信号情报设施和低级卫星通信干扰机，具备监视、跟踪低地球轨道和同步轨道卫星的下行链路的能力[54]。

2. 雷达辐射

雷达辐射是有意电磁辐射的一种，具有多重特点。首先，雷达系统通过主动发射电磁波并接收反射信号，具有主动探测功能，可以实时获取目标的位置、速度和方向等信息。其次，由于主动发射，雷达系统能够通过测量发射机和接收机之间的时间延迟来自我定位，使其在目标追踪和导引中非常有效。雷达具有灵活性，可以调整发射的频率、功率和波形以适应不同应用需求，其高精度和实时性使得在复杂环境中具有强大的探测能力。

雷达辐射分为主动和被动两种类型。主动雷达辐射是指雷达系统通过自身发射电磁波来探测目标。发射机由高功率放大器和天线组成，产生电磁波信号并将其辐射出去。主动雷达通常使用脉冲信号进行目标探测，这是一种短暂而高功率的电磁波信号。被动雷达辐射是指雷达系统利用外部电磁波源发射的信号进行目标探测。被动雷达不主动发射电磁波，而是通过接收外部信号的反射回波来实现目标探测。

雷达辐射在军事、航空、天气预报和交通等领域有广泛的应用。然而，高功率雷达辐射可能对人体健康和环境产生影响。因此，在雷达系统设计和应用中需要遵守安全标准和规范，以确保人体健康和环境安全。

3. 高功率微波辐射

高功率微波(HPM)辐射也是有意电磁辐射的一种，其特点显著而独特。20 世纪 70 年代以来，随着脉冲功率技术和等离子体物理的进展，促使了对强流粒子束产生和波粒子相互作用的研究，为 HPM 技术的发展奠定了基础。

HPM 辐射通常是指电磁波能量集中在某一高频段的窄带内，峰值功率在 100MW 到 100GW 之间，频率跨越 1GHz 到 300GHz，覆盖了厘米波到毫米波的电磁辐射。最新研究表明，高功率微波辐射装置的峰值功率已经达到了 TW 数量级，可以采用单脉冲或多脉冲（脉冲串）方式工作。窄带高功率微波是有载频的高功率微波，其时域波形可以用数学模型来解释，即

$$E(t)=\begin{cases} E_0\dfrac{t}{t_0}\sin(2\pi f_0 t) & (0<t<t_1) \\ E_0\sin(2\pi f_0 t) & (t_1<t<t_1+\tau) \\ E_0\left(\dfrac{\tau+2t}{t_1}-\dfrac{t}{t_1}\right)\sin(2\pi f_0 t) & (t_1+\tau<t<2t_1+\tau) \end{cases} \tag{8.2.1}$$

HPM 的最重要作用是作为定向能武器，用于干扰和欺骗敌方的电子设备或武器。随着 HPM 武器发射功率的增加，其应用范围扩大，甚至可以用来摧毁敌方电子系统中的电子元器件、雷达、C3I 系统等。HPM 武器能够以光速全天候攻击敌方电子系统，具备覆盖多个目标空域的能力，可在不同战斗级别进行作战，对抗海、陆、空范围广泛的威胁，如防御各类型导弹、干扰入侵者的车辆、飞机等。

4. 核辐射

核辐射与电磁脉冲辐射也是人为产生的一类有意电磁辐射。核辐射是由放射性物质释放的粒子辐射和电磁辐射，对人体有不同程度的影响，主要分为离子辐射和非离子辐射两种类型。离子包括 α 粒子、β 粒子和 γ 射线，它们能够穿透人体组织，与细胞内分子和 DNA 发生相互作用，引发细胞损伤和基因突变。在高剂量的离子辐射下，如核事故或医学放射治疗，可能导致急性放射病，表现为恶心、呕吐、头痛、疲乏，以及破坏免疫系统和造血系统。长期暴露于低剂量的离子辐射中，可能增加患癌症、遗传疾病和心血管疾病的风险。非离子主要包括中子和中微子，由于其与物质的相互作用较弱，对人体的影响相对较小。然而，高能中子辐射仍可引起细胞和组织的损伤，尤其是对人体内的脆弱组织如眼睛、生殖系统和骨髓的影响较大。核辐射对人体的影响还受到暴露时间、剂量和辐射类型等因素的影响。通常来说，辐射剂量越高，对人体的损伤越严重。然而，人体具有一定的自我修复能力，适当的辐射剂量可以通过刺激机体修复机制而起到一定的治疗作用，这被称为放射性治疗。

5. 电磁脉冲辐射

电磁脉冲（ElectroMagnetic Pulse，EMP）辐射是一种突发性的电磁辐射现象，通常与核爆炸或强大的能量释放事件有关。例如，高空电磁脉冲（High-Altitude Electromagnetic Pulse，HEMP）是指在大气高层进行核爆炸引起的电磁脉冲效应。这种脉冲在高空核爆炸后通过电磁辐射在大气中传播，对广大区域内的电子设备和电力系统造成严重影响。HEMP 主要包括 3 个阶段：E1、E2 和 E3。E1 阶段是由高能光子与大气中的原子和分子相互作用产生的，形成极短、高强度的脉冲，对电子设备直接造成瞬时损害。E2 阶段的影响类似于雷电放电，持续时间较长，可能导致电子设备损坏或失效。E3 阶段则由高能粒子引起地磁暴效应，持续时间更长，可能导致电力系统长时间失效。

8.3 电磁环境对人体和电子系统的影响

8.3.1 电磁环境对人体的影响

电磁环境对人体健康的影响是一个备受关注的话题。电磁辐射的特点是无形、无色、无味、

无声，且穿透力强，可以透过多种物质，包括人体皮肤，进入机体深层组织，引起人体内部电场的变化，在医疗领域的应用表现出对人体健康的积极影响。例如，一些常见的技术如CT（计算机断层扫描）和MRI（磁共振成像），利用电磁辐射展现了显著的生物学效应。CT通过使用X射线和计算机技术生成详细的身体图像，可用于检测和诊断多种疾病，如肿瘤、骨折和内脏损伤等。MRI则利用强大的磁场和无线电波生成高分辨率的身体图像，不使用X射线，广泛应用于检测肿瘤、脑血管病变和关节损伤等。这些医疗手段在提高疾病诊断和治疗水平方面发挥了关键作用。

然而，随着越来越多的电子设备在人们日常生活和工作中的广泛使用，其电磁辐射逐渐成为一种新型的环境污染源，对人们的生活环境产生不利影响。近年来，电磁辐射引起人们的广泛关注，被认为是一种必须控制的潜在危害。下面列举一些电磁辐射对人体健康造成危害的例子[55]。

1. 癌症

电磁辐射与癌症的发生和发展之间存在一定的关系，尽管相关机制尚未完全明确。随着电子设备的普及和城市电磁辐射水平的增加，人们生活在电磁场中的危险性也显著增加。研究发现，电磁环境与儿童白血病的发生概率之间存在显著关联。尽管磁场和电场对癌症的具体影响机制尚未明确，但细胞学研究指出，电磁辐射可能通过引起生物学效应，导致细胞增生通路中某些成分的活性发生改变，从而增加癌症的风险。此外，某些研究也表明，电磁环境并非直接导致细胞核损伤，而是通过影响细胞膜内的信号传导流，与肿瘤产生的化学性因素相互作用。

总体而言，电磁辐射可能在癌症的发生和发展中扮演一定角色，但很可能更多的是作为促进因子而非启动因子，需要进一步深入的研究来更全面地了解电磁辐射对癌症的影响机制。

2. 心血管系统疾病

电磁辐射对心血管系统的影响主要在于其可能引起血流的变化。特别是人在电休克时，血流的变化可能对生命安全构成威胁。已有研究表明，长期工作在强电磁环境下的人员相比于在舒适环境下工作的人员更容易出现心动过速、心律不齐等症状。此外，一些研究还指出，在特定频率的电磁辐射影响下，被辐射人员的心脏功能会发生改变，包括心电图波形的变化等。这些研究结果强调了电磁辐射对心血管系统可能带来的不良影响，需要引起关注。

3. 神经系统紊乱

中枢神经系统对电磁辐射极为敏感，长期接触高频率的电磁辐射可能导致中枢神经系统和植物神经系统功能的紊乱。这种紊乱表现为头疼、失眠、记忆力减退和心悸等症状。与此同时，地磁活动和太阳活动也可能对人类的心理和行为产生影响。研究发现，地磁活动的变化与人类的睡眠质量、情绪状态和认知能力存在关联。地磁活动的增加可能引起焦虑、抑郁和情绪波动的增加相关。太阳活动的变化与人类的情绪和心理健康有关，一些人在太阳黑子活动高峰期可能会感到疲劳、易怒或情绪低落。地磁活动和太阳活动的变化也可能对人类的认知能力产生影响，太阳活动的周期性变化可能与人类的思维和学习能力有关。此外，地磁活动和太阳活动的变化可能与人类的行为和社会经济活动产生关联。研究数据显示，地磁活动的增加与交通事故、自杀和犯罪率的增加相关，太阳活动的变化与人们的工作效率、创造力和生产力相关。

在以动物为实验对象的研究中，电磁辐射被发现会导致动物神经行为出现障碍，记忆和学习能力也会下降，相关的细胞因子在电磁环境下也发生相应的改变。

4. 其他对人体的危害

自然电磁辐射对人类生物学系统可产生一定影响。长期暴露在辐射强度较高的地区，可能

长期暴露在辐射环境中还可能导致免疫功能下降，使人体对疾病和感染的抵抗力降低。同时，辐射可能对人体的内分泌系统产生干扰，影响内分泌激素的分泌和调节，进而影响生理过程和代谢功能。特定生殖器官，如睾丸，由于其独特的结构和生理功能，更容易受到微波等辐射的影响，可能导致生殖障碍。微波的慢性辐射过程可能引起睾丸的结构异常、原细胞内染色体数量增加、核糖基含量变化，进而影响睾丸细胞的死亡和激素水平的变化。

8.3.2 电磁环境对电子系统的影响

分析电磁环境对电子系统的影响时，首先需要关注系统自身的电磁兼容性。系统电磁兼容性的研究首先应确保系统的辐射和敏感度满足要求，只有这样，对系统在复杂电磁环境下的表现进行分析才具有实际意义。下面介绍几类常见的干扰效应[54]。

1. 射频干扰

射频干扰由众多短波通信信号组成，其调制方式包括调频(Frequency Modulation，FM)、调幅(Amplitude Modulation，AM)和二进制频移键控(Frequency Shift Keying，FSK)3 种方式。根据带宽的不同，短波通信信号又可以分为窄带通信信号和宽带通信信号。短波通信等射频干扰一般为窄带信号，以下的数学模型可以很好地描述此类干扰[52]。

$$i(t) = \sum_n a_n(t)\exp(\mathrm{j}2\pi f_m t) \quad n = 1,2,\cdots,N \tag{8.3.1}$$

在这个数学模型中，$a_n(t)$和 f_m 分别为第 n 个干扰的复包络和载频，$a_n(t)$一般为慢时变的随机变量。对第 n 个干扰进行时域分析，混频参考信号为

$$S_{\mathrm{t}}=\exp[\mathrm{j}2\pi(f_0 t-0.5\mu t^2)] \quad 0\leqslant t\leqslant T_{\mathrm{m}} \tag{8.3.2}$$

因此，在第 m 个调频周期，混频输出的射频干扰为

$$i_n'(m,t)=a_n(t+mT_{\mathrm{m}})\exp(\mathrm{j}2\pi f_m mT_{\mathrm{m}})\exp\{\mathrm{j}2\pi[(f_m-f_k)t+0.5\mu t^2]\} \tag{8.3.3}$$

由式(8.3.3)可知，混频后的射频干扰变换为线性调频信号，其调频斜率与混频参考信号相反。此时射频干扰频率扩展，覆盖了目标的全频带。但经过低通滤波器滤波，只有部分的射频干扰被保留，其他频率的干扰被滤掉，对应到时域可得射频干扰只存在于调频周期的部分采样点。低通滤波器输出的射频干扰可近似表示为

$$i_{n\mathrm{LPF}}'(m,t)=a_n'(t)\exp(\mathrm{j}2\pi f_m mT_{\mathrm{m}})\exp(\mathrm{j}\pi\mu t^2) \tag{8.3.4}$$

式中，$a_n'(t)$为低通滤波器调制后的干扰复包络，仍为慢时变的随机变量。

现在的电子设备和信息系统通常采用集成电路，而晶体管是其中关键的核心器件，分析射频对晶体管的干扰至关重要。大多数半导体晶体管由 PN 结构成，而 PN 结具有非线性的特点。为了说明晶体管如何对交流信号进行整流，可以将连续正弦信号输入晶体管，并同时给晶体管加一个偏置直流源。通过测试可以发现，低通端的电流平均值大于晶体管的偏置电流值。这表明交流信号已经产生了直流补偿电流，并且补偿电流的大小会随着晶体管偏置电压的变化而变化。这可以解释为射频干扰引起的晶体管的特性，如图 8.3.1 所示。

2. 电磁脉冲干扰

电磁脉冲(EMP)对电子系统的影响体现在耦合瞬态电流和电压等方面，可能导致系统的误操作、重启或崩溃。在对系统元器件或接口电路进行 EMP 干扰试验时，干扰被细分为 6 个等级，依次是无脉冲干扰、弱脉冲干扰、次强脉冲干扰、强脉冲干扰、强脉冲损伤和超强脉冲损坏，如表 8.3.1 所示[52]。

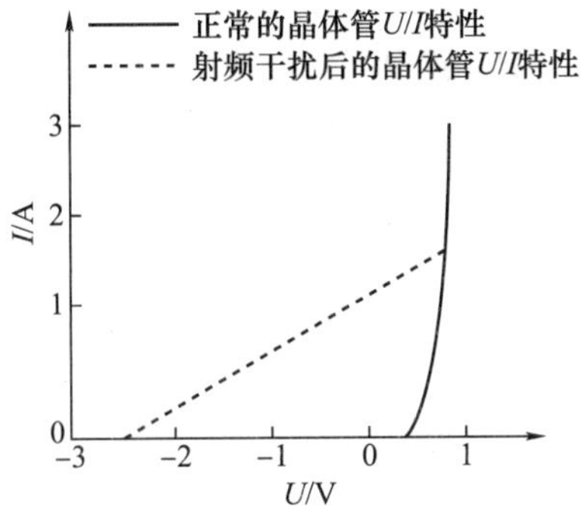

图 8.3.1　射频干扰前后晶体管 U-I 特性对比

表 8.3.1　电磁脉冲对电子系统的干扰等级

干扰等级	干扰效应
无脉冲干扰	电磁脉冲辐射后，系统正常工作，且数据传输速率不变，未对数据通信造成干扰
弱脉冲干扰	系统通信出现丢包和乱码，仅影响数据传输质量，为一般脉冲干扰
次强脉冲干扰	系统停止数据传输，通信中断。软件初始化无效，需要重新安装驱动软件才能正常通信，导致应用程序底层部分错乱
强脉冲干扰	系统停止数据传输，通信中断但未对接口电路造成损坏。软件初始化无效，重新启动系统方可正常通信
强脉冲损伤	系统发送与接收数据出现乱码或中断。重启系统后，通信仍然出现问题，无法正常工作
超强脉冲损坏	系统停止传输数据，集成电路被烧焦，有硬件击穿烧毁等损伤，电磁脉冲导致接口电路瞬间烧毁并击穿，无法恢复

EMP 对依赖电信号工作的各类电子设备具有明显的破坏作用，其原理是通过微波的热效应，以高速电子流烧坏电子系统中灵敏的半导体器件。EMP 效应分为 3 级：第一级具有完全压制各种敌方通信和雷达系统的能力；第二级能够破坏敌方电子系统的微型电路；第三级能够高功率加热目标。电磁脉冲通过收集、耦合和破坏这 3 个步骤实现对电子系统的损毁。电磁脉冲能量能够通过前门耦合和后门耦合进入电子系统。前门耦合是指能量通过天线进入含有发射机或接收机的系统；后门耦合是指能量通过机壳的缝隙泄漏到系统中，并且当导体的最大尺寸和辐射波长可以相比拟时，耦合的效率最高[57]。

3. 静电放电干扰

静电放电是一种将有限量的电荷从一个物体转移到另一个物体的过程，伴随其产生高电压、强电场、瞬时大电流和强烈的电磁辐射。静电放电作为一种常见的近场电磁危害源，通过辐射或传导方式在电路引线和元器件引脚产生瞬态感应电压或脉冲电流，从而干扰电路和元器件的正常工作，降低电子设备的可靠性，甚至引发重大安全事故。

静电放电产生的瞬时电流很大、持续时间很短，通过多种途径进入电子线路。例如，电流可能直接进入输入/输出信号线并对其产生干扰，甚至可能直接击穿电路板，对集成电路造成破坏。电流形成的瞬时强电场和强磁场耦合进入设备中，导致逻辑电路高、低电平的反向，从而引发逻辑电路锁死、复位、数据丢失和不可靠等。静电荷在物体上的积累往往使物体对地形成高电压，从而形成强电场，强电场可能导致场效应器件的栅氧化层被击穿，使器件失效。在设备的电路板上，静电放电过程是静电能量在一定时间内通过电阻释放的，其平均功率可达几千瓦。这么大功率的短脉冲电流作用于器件上，足以在绝热的情况下，形成破坏性的电热击穿，导致电路损坏。

8.4 电磁环境效应防护技术

鉴于电磁环境对电子系统的干扰和损害，电磁防护一直以来是伴随其研究的课题。电磁防护技术是指为了消除或减弱电磁环境对电子系统产生影响甚至伤害而采取的对策，包括使电子设备、分系统和整个系统具备抗电磁干扰或电磁损伤能力的技术措施。另外从电磁兼容的内涵来看，电磁防护的目的是提高电子系统在既定电磁环境中的生存能力与运行水准[57]。

8.4.1 被动防护技术

被动防护技术是指通过物理和结构的改变来降低电磁辐射的暴露，常见的被动防护方法主要有屏蔽、接地、滤波等。

1. 屏蔽

屏蔽通常是指在电子产品或模块器件外部加装一个完全封闭的金属外壳或导电材料外壳。该外壳可以起到两重作用。首先，防止产品的电子电路或局部电路辐射发射到产品外部，避免产品辐射发射限值超出相关标准，导致对其他产品产生干扰。其次，防止产品的外部发射辐射耦合到产品内部的电路，对产品内部电路产生干扰，进而导致不能正常工作。例如，设备间使用的电磁屏蔽门（见图 8.4.1），家庭中使用电磁辐射屏蔽墙纸、窗帘和地毯，可以有效减少电磁辐射的穿透。

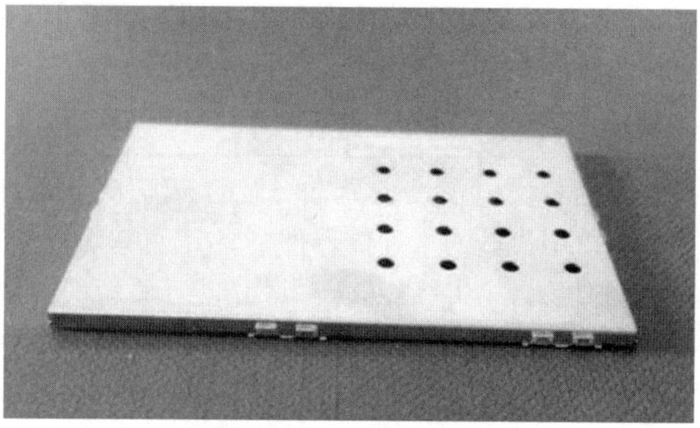

图 8.4.1　电磁屏蔽门

屏蔽体能够隔绝电磁波的传播主要基于反射损耗和吸收损耗。由于电磁波和屏蔽体之间的阻抗不匹配，当电磁波遇到低阻抗的屏蔽体时，会在屏蔽体的分界面产生反射，从而产生反射损耗。部分电磁波虽然穿过屏蔽体在内部进行传播，但能量会被屏蔽体的导电介质吸收，从而产生吸收损耗。通过多次反射和吸收，能量被大大衰减，从而达到防护作用。

在实际情况中，电子设备包括电源、USB 接口、散热器等外部通道，操作面板上有开关、显示屏等。屏蔽体不可避免地会有一些微小缝隙，这些缝隙会破坏屏蔽的完整性。对于薄屏蔽层，应尽量减少屏蔽体缝隙，将缝隙长度控制在电磁波波长的 1/20 以下；对于厚屏蔽层，如波导开孔，孔的大小应保证在最高干扰频率下仍能低于最低截止频率。

2. 接地

从电气的角度来看，“地”是一个零阻抗、零电位平面的概念，是系统及电路中所有电压的参考电位。实际接地通过导电材料制成的接地棒或导线插入大地，接地电阻不能大于规定值。地的作用重要，为不需要的电流提供理想通道，电气短路时引导故障电流入地，保护人员安全；雷击或电磁干扰时旁路异常信号，保护设备安全。避雷针利用接地原理，吸引雷电放电，通过导体引入地下，将电荷分散到地球中，减少雷电伤害。

需要注意，地作为零电位平面的概念只适用于直流或低频，高频时不适用。因为导线都有一定阻抗，高频电流经过时会在阻抗上产生压降，导致不同电位点。在电磁兼容应用中，为了区分应用场景，定义了安全地和信号地。安全地主要用于防电击、提供静电放电通路、防设备损坏。安全地线一般无电流流动，若有极小的漏电流，将电子设备的金属外壳接入地电位。设置安全地线需谨慎，一旦失误，可能导致人员伤亡。信号地是让信号电流返回信号源，由于导体阻抗，信号的频谱分量可能通过多条路径返回信号源。设计电路时，将信号地视为电流返回路径，应使整个路径形成小环路，环路面积越小，路径阻抗越小[58]。

3. 滤波

滤波器是将信号中的某个频率分量滤除的装置。在电磁兼容控制中，滤波器可以用来抑制不需要的传导性电磁干扰，特别是电源线传导干扰。按照抑制的频率范围和作用，可以将滤波器分为低通滤波器、高通滤波器、带通滤波器、带阻滤波器等；按照滤波器的组成结构，可以分为L形滤波器、Π形滤波器、T形滤波器等；按照是否带有能量控制器件，可以分为有源滤波器和无源滤波器[55]。

滤波器的主要性能参数包括中心频率、截止频率、通带带宽、输入阻抗、输出阻抗、插入损耗等。在抑制传导性电磁干扰时，插入损耗尤为重要，因此，通常用插入损耗来表征滤波器的特性。插入损耗定义为

$$\mathrm{IL(dB)}=20\lg\frac{U_{\mathrm{I}}}{U_{\mathrm{L}}} \tag{8.4.1}$$

式中，U_{I}为电路中未接滤波器时信号源的输出电压；U_{L}为接入滤波器后信号源的输出电压。

设计好的滤波器在安装过程中也至关重要，安装不当会降低滤波效果甚至引入二次干扰。建议将滤波器安装在设备的电源线入口处，避免电源输入线过长。同时，必须确保与金属机壳有良好的匹配，且滤波器的输入线与输出线之间的间隔应足够大，避免过于靠近甚至捆绑在一起。

8.4.2 主动防护技术

主动防护相比于被动防护，难度更大。近年来，演化硬件技术和电磁仿生技术的发展为解决电子系统的电磁防护问题提供了新的方法及可能性。

1. 演化硬件技术

演化硬件(Evolvable Hardware，EHW)是指通过与环境的相互作用自适应地改变硬件结构和行为。演化硬件的核心思想是通过对基本电路元器件进行演化计算，在可编程逻辑器件上生成人工无法设计的电路结构。类似于生物根据环境变化调整自身结构以适应生存环境的特性，演化硬件具有自组织、自适应和自修复的功能，为电磁防护提供了新的方法。该概念最早于1992年提出，最具代表性的应用之一是在F22猛禽战斗机上。通过可编程硬件技术，F22猛禽战斗机实现了图像快速处理和可重构数字式接收机等关键模块，从而提高了战斗机的可靠性，减少了特殊零部件的数量，显著降低了保障成本。

演化硬件的研究方法分为外部演化和内部演化。外部演化将代表硬件结构和属性的参数信息编码为可用演化算法操作的染色体。其优点在于灵活性强，能够快速切换演化任务，但缺点是演化效率相对较低。相比之下，内部演化通过在硬件上直接调整参数来动态调整硬件结构和属性，并利用硬件的快速性和并行性评估染色体的适应度，从而加速整个演化过程[59]。

2. 电磁仿生技术

电磁仿生技术是一种将生物系统中的电磁感知和信号处理机制应用于电磁系统设计和优化的方法。该技术融合了生物学原理和电磁工程技术，旨在创造更高效、更灵活、更适应环境的电磁系统。电磁仿生技术可应用于通信系统、雷达系统、无线传感器网络等多个领域。其基本原理是通过模仿生物系统中的电磁感知器官和信号处理机制，设计出更为优化的电磁系统[55]。

在电磁仿生技术中，常见的方法和技术包括生物电磁感知器官仿真、人工神经网络和模糊逻辑控制、自适应天线设计、自主感知和决策等。生物电磁感知器官仿真技术通过模拟和分析生物系统中的电磁感知器官，如鱼类的侧线系统、蝙蝠的回声定位系统等，以设计更有效的电磁感知器官。人工神经网络和模糊逻辑控制应用于电磁系统的控制和决策，实现电磁系统的智能化和自适应性。自适应天线设计借鉴生物系统中的天线结构和形态，设计出能够适应环境和任务需求的天线。自主感知和决策将生物系统中的感知和决策机制应用于电磁系统，通过感知环境中的电磁信号，分析和决策系统的行为，实现电磁系统的自主感知和决策。

电磁仿生技术的应用可以优化电磁系统的性能、降低能耗、提高抗干扰能力，使其更适应复杂和变化的环境。然而，该技术也面临一些挑战，包括生物系统的复杂性和电磁系统的工程实现等方面的问题。

8.5 知识点拓展——电子信息战场电磁环境

电子信息战场电磁环境是指在一定的空域、时域、频域和功率域上，存在多种电磁信号，对用频装备和作战行动产生一定影响的电磁环境。它与作战环境密切相关，涉及使命任务、传播方式、电磁信号频率强度和时间分布等多个因素。电子信息战场电磁环境包括自然因素和人为因素，人为因素又分为有意电磁辐射和无意电磁辐射，包括军用和民用电磁辐射、我方和敌方电磁辐射。电子信息战场电磁环境呈现出时域、频域、功率域和空域分布的随机动态特征[59]，又可以被描述为复杂的电磁环境，这是因为它受到多种因素的综合影响，包括参战装备的分布状态、工作频率、辐射功率(场强)、辐射方式、地理环境和气象条件等。这些因素的综合作用使得电子信息战场电磁环境呈现出极为复杂的特征。图 8.5.1 展示了电子信息战场电磁环境的主要构成，其中的要素相互作用导致了电子信息战场电磁环境的复杂性，因此，需要综合考虑多种因素来全面理解和应对电磁环境的特性。

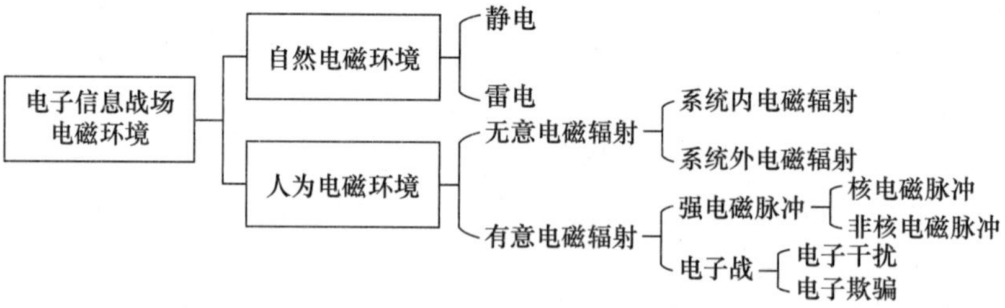

图 8.5.1　电子信息战场电磁环境的主要构成

电子信息战场电磁环境感知是在战场环境中对电磁信号进行感知和监测的能力，包括电磁信号侦测、电磁频谱监测、电磁情报收集、电磁环境重建、电磁干扰监测等手段。这些手段用于获取战场上的电磁信息、分析敌情、指导作战行动，以及保障通信、导航、侦察等关键任务的完成[60]。表 8.5.1 为电子信息战场电磁环境的感知手段及其发挥的作用。

表 8.5.1　电子信息战场电磁环境的感知手段及其作用

电磁信号侦测	通过电子侦察设备、无线电侦察设备等对战场上的电磁信号进行侦测和监测
电磁频谱监测	利用频谱监测设备对战场上的电磁频谱进行监测和分析，检测不同频段的电磁信号，了解电磁活动情况
电磁情报收集	通过电磁情报收集系统获取敌方的电磁活动信息，包括无线电通信、雷达活动、导航系统使用等，为指挥员提供情报支持
电磁环境重建	通过感知和记录电磁信号，结合地理信息系统和数据分析技术，重建战场上的电磁环境，提供更全面的电磁环境态势
电磁干扰监测	利用电磁干扰监测系统对战场上的电磁干扰进行监测和分析，检测敌方的电磁干扰行为，为电磁防护和反干扰措施提供支持

在狭义上，电磁环境效应是指在战术层面上，电磁环境对武器装备、电子信息设备、人员、电发火系统和燃油等的安全性和可靠性产生的作用和危害。因此，在深入研究电磁环境效应时，首要任务是确保系统在电磁兼容性的前提下，在复杂电磁环境中对系统的电磁兼容性、电磁易损性及武器装备、人员等的安全性进行全面研究。具体而言，研究可分为 3 个方面：系统电磁兼容性、电磁易损性、电磁辐射对武器设备和人员的安全性，详细细分见图 8.5.2[52]。

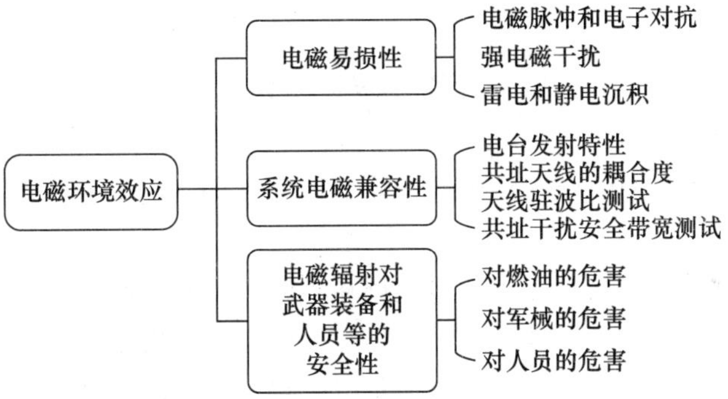

图 8.5.2　电磁环境效应

电子信息战场电磁环境感知的能力对决策者和作战指挥员至关重要，为作战行动提供准确的情报和决策支持，提高作战的效果和成功率。因此，电子信息战场电磁环境感知技术的研究和应用在军事领域一直备受关注，是未来电子战的必然趋势。

知识点总结

本章介绍了电磁环境效应及其防护的相关内容。电磁环境是特定空间内存在的所有电磁现象的综合体，包括自然电磁环境和人为电磁环境。自然电磁环境包括太阳辐射和地球磁场等因素，对生物和地球生态系统至关重要。人为电磁环境则包括无意电磁辐射和有意电磁辐射，涉及工业、科学、医疗、通信对抗、雷达等领域。电磁环境对人体健康、设备系统性能和相互兼容性都具有重要影响。电磁防护技术包括被动防护技术和主动防护技术。被动防护通过物理和结构的改变来降低电磁辐射的暴露，包括屏蔽、接地、隔离和滤波等方法。主动防护则利用演化硬件技术和电磁仿生技术，通过自适应地改变硬件结构和仿生电磁感知机制来实现。

本章的知识图谱如图 8.1 所示。

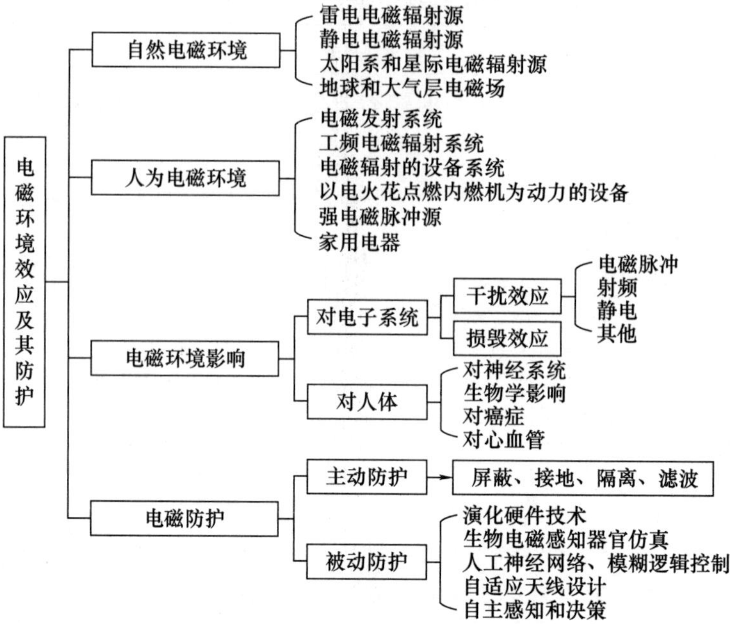

图 8.1 电磁环境效应及防护的知识图谱

习 题 8

8.1 太阳辐射在地球上的作用是什么？简要说明太阳辐射对地球生态系统和人类活动的重要性。

8.2 地磁场的作用是什么？为什么地磁场在不同地点有不同的方向和强度？

8.3 宇宙射线对人类和飞行员有什么影响？并简要说明雷电效应是如何形成的。

8.4 定义和举例说明有意电磁辐射与无意电磁辐射，并分析它们对人类日常生活的影响。

8.5 分析有意电磁辐射和无意电磁辐射对人类健康的影响，并探讨可能的防护措施。

8.6 针对有意电磁辐射和无意电磁辐射，探讨如何平衡电磁辐射的便利性与安全性。

8.7 简述高功率微波的概念及其应用，并分析高功率微波对人类和环境可能造成的影响。

8.8 探讨高功率微波技术的优势和局限性，并提出在应用中需要考虑的安全和环保因素。

8.9 简述电磁辐射和核辐射对人体健康的主要影响，并探讨可能的防护措施。

8.10 简述电磁脉冲对电子系统的损毁效应，并阐述如何减轻这种效应造成的影响。

8.11 解释静电放电对电子系统的干扰效应，并简要介绍至少两种防护措施。

8.12 简述电磁环境对电子系统的干扰效应，并提出 3 种防护措施。

附录 A　重要矢量公式

1. 矢量恒等式

$$\boldsymbol{A}\cdot(\boldsymbol{B}\times\boldsymbol{C})=\boldsymbol{B}\cdot(\boldsymbol{C}\times\boldsymbol{A})=\boldsymbol{C}\cdot(\boldsymbol{A}\times\boldsymbol{B}) \tag{A.1}$$

$$\boldsymbol{A}\times(\boldsymbol{B}\times\boldsymbol{C})=\boldsymbol{B}(\boldsymbol{A}\cdot\boldsymbol{C})-\boldsymbol{C}(\boldsymbol{A}\cdot\boldsymbol{B}) \tag{A.2}$$

$$\nabla(uv)=u\nabla v+v\nabla u \tag{A.3}$$

$$\nabla\cdot(u\boldsymbol{A})=u\nabla\cdot\boldsymbol{A}+\boldsymbol{A}\cdot\nabla u \tag{A.4}$$

$$\nabla\times(u\boldsymbol{A})=u\nabla\times\boldsymbol{A}+\nabla u\times\boldsymbol{A} \tag{A.5}$$

$$\nabla\cdot(\boldsymbol{A}\times\boldsymbol{B})=\boldsymbol{B}\cdot\nabla\times\boldsymbol{A}-\boldsymbol{A}\cdot(\nabla\times\boldsymbol{B}) \tag{A.6}$$

$$\nabla(\boldsymbol{A}\cdot\boldsymbol{B})=(\boldsymbol{A}\cdot\nabla)\boldsymbol{B}+(\boldsymbol{B}\cdot\nabla)\boldsymbol{A}+\boldsymbol{A}\times\nabla\times\boldsymbol{B}+\boldsymbol{B}\times\nabla\times\boldsymbol{A} \tag{A.7}$$

$$\nabla\times(\boldsymbol{A}\times\boldsymbol{B})=\boldsymbol{A}\nabla\cdot\boldsymbol{B}-\boldsymbol{B}\nabla\cdot\boldsymbol{A}+(\boldsymbol{B}\cdot\nabla)\boldsymbol{A}-(\boldsymbol{A}\cdot\nabla)\boldsymbol{B} \tag{A.8}$$

$$\nabla\times(\nabla u)=0 \tag{A.9}$$

$$\nabla\cdot(\nabla\times\boldsymbol{A})=0 \tag{A.10}$$

$$\nabla\cdot(\nabla u)=\nabla^2 u \tag{A.11}$$

$$\nabla\times(\nabla\times\boldsymbol{A})=\nabla(\nabla\cdot\boldsymbol{A})-\nabla^2\boldsymbol{A} \tag{A.12}$$

$$\int_V \nabla\cdot\boldsymbol{A}\mathrm{d}V=\int_S \boldsymbol{A}\cdot\mathrm{d}\boldsymbol{S} \tag{A.13}$$

$$\int_S \nabla\times\boldsymbol{A}\cdot\mathrm{d}\boldsymbol{S}=\int_C \boldsymbol{A}\cdot\mathrm{d}\boldsymbol{l} \tag{A.14}$$

$$\int_V \nabla\times\boldsymbol{A}\mathrm{d}V=\int_S \boldsymbol{e}_\mathrm{n}\times\boldsymbol{A}\mathrm{d}S \tag{A.15}$$

$$\int_V \nabla u\mathrm{d}V=\int_S \boldsymbol{e}_\mathrm{n}u\mathrm{d}S \tag{A.16}$$

$$\int_S \boldsymbol{e}_\mathrm{n}\times\nabla u\mathrm{d}S=\int_C u\mathrm{d}\boldsymbol{l} \tag{A.17}$$

$$\int_V (u\nabla^2 v+\nabla u\cdot\nabla v)\mathrm{d}V=\int_S u\frac{\partial v}{\partial n}\mathrm{d}S \tag{A.18}$$

$$\int_V (u\nabla^2 v-v\nabla^2 u)\mathrm{d}V=\int_S \left(u\frac{\partial v}{\partial n}-v\frac{\partial u}{\partial n}\right)\mathrm{d}S \tag{A.19}$$

2. 3 种坐标系的梯度、散度、旋度和拉普拉斯运算

(1) 直角坐标系

$$\nabla u=\boldsymbol{e}_x\frac{\partial u}{\partial x}+\boldsymbol{e}_y\frac{\partial u}{\partial y}+\boldsymbol{e}_z\frac{\partial u}{\partial z} \tag{A.20}$$

$$\nabla\cdot\boldsymbol{A}=\frac{\partial A_x}{\partial x}+\frac{\partial A_y}{\partial y}+\frac{\partial A_z}{\partial z} \tag{A.21}$$

$$\nabla\times\boldsymbol{A}=\begin{vmatrix}\boldsymbol{e}_x & \boldsymbol{e}_y & \boldsymbol{e}_z\\ \dfrac{\partial}{\partial x} & \dfrac{\partial}{\partial y} & \dfrac{\partial}{\partial z}\\ A_x & A_y & A_z\end{vmatrix} \tag{A.22}$$

（2）圆柱坐标系

$$\nabla u=\boldsymbol{e}_\rho \frac{\partial u}{\partial \rho}+\boldsymbol{e}_\phi \frac{\partial u}{\rho \partial \phi}+\boldsymbol{e}_z \frac{\partial u}{\partial z} \tag{A.23}$$

$$\nabla \cdot \boldsymbol{A}=\frac{1}{\rho} \frac{\partial u}{\partial \rho}(\rho A_\rho)+\frac{1}{\rho} \frac{\partial A_\phi}{\rho \partial \phi}+\frac{\partial A_z}{\partial z} \tag{A.24}$$

$$\nabla \times \boldsymbol{A}=\frac{1}{\rho}\begin{vmatrix} \boldsymbol{e}_\rho & \rho \boldsymbol{e}_\phi & \boldsymbol{e}_z \\ \dfrac{\partial}{\partial \rho} & \dfrac{\partial}{\partial \phi} & \dfrac{\partial}{\partial z} \\ A_\rho & \rho A_\phi & A_z \end{vmatrix} \tag{A.25}$$

$$\nabla^2 u=\frac{1}{\rho} \frac{\partial}{\partial \rho}\left(\rho \frac{\partial u}{\partial \rho}\right)+\frac{1}{\rho^2} \frac{\partial^2 u}{\partial \phi^2}+\frac{\partial^2 u}{\partial z^2} \tag{A.26}$$

（3）球坐标系

$$\nabla u=\boldsymbol{e}_r \frac{\partial u}{\partial r}+\boldsymbol{e}_\theta \frac{1}{r} \frac{\partial u}{\partial \theta}+\boldsymbol{e}_z \frac{1}{r \sin \theta} \frac{\partial u}{\partial \phi} \tag{A.27}$$

$$\nabla \cdot \boldsymbol{A}=\frac{1}{r} \frac{\partial u}{\partial r}(r^2 A_r)+\frac{1}{r \sin \theta} \frac{\partial}{\partial \theta}(\sin \theta A_\theta)+\frac{1}{r \sin \theta} \frac{\partial A_\theta}{\partial \phi} \tag{A.28}$$

$$\nabla \times \boldsymbol{A}=\frac{1}{r^2 \sin \theta}\begin{vmatrix} \boldsymbol{e}_r & r \boldsymbol{e}_\theta & r \sin \theta \boldsymbol{e}_\phi \\ \dfrac{\partial}{\partial r} & \dfrac{\partial}{\partial \theta} & \dfrac{\partial}{\partial \phi} \\ A_r & r A_\theta & r \sin \theta A_\phi \end{vmatrix} \tag{A.29}$$

$$\nabla^2 u=\frac{1}{r^2} \frac{\partial}{\partial r}\left(r^2 \frac{\partial u}{\partial r}\right)+\frac{1}{r^2 \sin \theta} \frac{\partial}{\partial \theta}\left(\sin \theta \frac{\partial u}{\partial \theta}\right)+\frac{1}{r^2} \frac{\partial^2 u}{\sin^2 \theta \partial \phi^2} \tag{A.30}$$

附录 B 常用材料参数表

表 B.1 某些材料的电导率

材料	电导率/(S/m)(20℃)	材料	电导率/(S/m)(20℃)
铝	3.816×10^{7}	镍铬合金	10×10^{6}
黄铜	2.564×10^{7}	镍	1.449×10^{7}
青铜	1.00×10^{7}	铂	9.52×10^{6}
铬	3.846×10^{7}	海水	3～5
铜	5.813×10^{7}	硅	4.4×10^{-4}
蒸馏水	2×10^{-4}	银	6.173×10^{7}
锗	2.2×10^{6}	硅钢	2×10^{6}
金	4.098×10^{7}	不锈钢	1.1×10^{6}
石墨	7.014×10^{4}	焊料	7.0×10^{6}
铁	1.03×10^{7}	钨	1.825×10^{7}
汞	1.04×10^{6}	锌	1.67×10^{7}
铅	4.56×10^{6}		

表 B.2 一些材料的介电常数和损耗角正切

材料	频率/GHz	ε_r	$\tan\delta$(25℃)	材料	频率/GHz	ε_r	$\tan\delta$(25℃)
氧化铝(99.5%)	10	9.5～10	0.0003	钛酸钡	6	37±5%	0.0005
蜂蜡	10	2.35	0.005	氧化铍	10	6.4	0.0003
陶瓷(A-35)	3	5.60	0.0041	熔凝石英	10	3.78	0.0001
砷化镓	10	13	0.006	硼硅酸玻璃	3	4.82	0.0054
涂釉陶瓷	10	7.2	0.008	有机玻璃	10	2.56	0.005
尼龙(610)	3	2.84	0.012	石蜡	10	2.24	0.0002
树脂玻璃	3	2.60	0.0057	聚乙烯	10	2.25	0.0004
聚苯乙烯	10	2.54	0.00033	干制瓷料	0.1	5.04	0.0078
硅	10	11.9	0.004	聚四氟乙烯	10	2.08	0.0004
二氧化钛(D-100)	6	96±5%	0.001	凡士林	10	2.16	0.001
蒸馏水	3	76.7	0.157				

附录C　标准矩形波导管数据

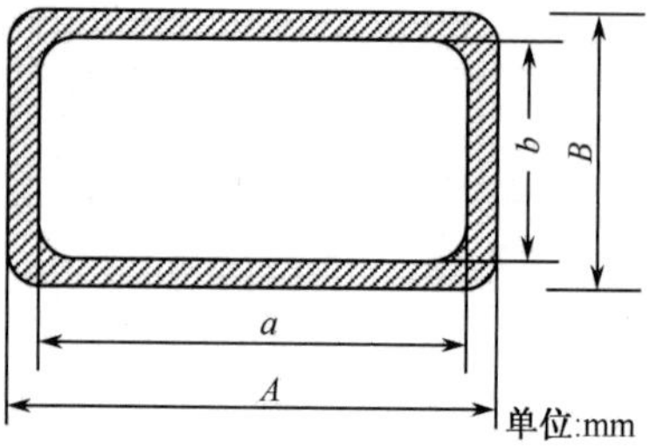

单位:mm

执行标准:GB 11450.2—1989

矩形波导管的截止频率 $f_c=149.9/a$(GHz)
矩形波导管的起始频率$=1.25f_c=187.375/a$(GHz)
矩形波导管的终止频率$=1.9f_c=284.81/a$(GHz)

国标型号	国际型号	频率范围/GHz	内截面尺寸		宽和高偏差(±)	外截面尺寸	
			宽度 a	高度 b		宽度 A	高度 B
BJ3	WR2300	0.32～0.49	584.2	292.1	待定	待定	待定
BJ4	WR2100	0.35～0.53	533.4	266.7	待定	待定	待定
BJ5	WR1800	0.41～0.62	457.2	228.6	0.51	待定	待定
BJ6	WR1500	0.49～0.75	381	190.5	0.38	待定	待定
BJ8	WR1150	0.64～0.98	292.1	146.05	0.38	待定	待定
BJ9	WR975	0.76～1.15	247.65	123.82	待定	待定	待定
BJ12	WR770	0.96～1.46	195.58	97.79	待定	待定	待定
BJ14	WR650	1.13～1.73	165.10	82.55	0.33	169.16	86.61
BJ18	WR510	1.45～2.20	129.54	64.77	0.26	133.60	68.83
BJ22	WR430	1.72～2.61	109.22	54.61	0.22	113.28	58.67
BJ26	WR340	2.17～3.30	86.36	43.18	0.17	90.42	47.24
BJ32	WR284	2.60～3.95	72.14	34.04	0.14	76.20	38.10
BJ40	WR229	3.22～4.90	58.17	29.08	0.12	61.42	32.33
BJ48	WR187	3.94～5.99	47.549	22.149	0.095	50.80	25.40
BJ58	WR159	4.64～7.05	40.386	20.193	0.081	43.64	23.44
BJ70	WR137	5.38～8.17	34.849	15.799	0.070	38.10	19.05
BJ84	WR112	6.57～9.99	28.499	12.624	0.057	31.75	15.88
BJ100	WR90	8.20～12.5	22.860	10.160	0.046	25.40	12.70
BJ120	WR75	9.84～15.0	19.050	9.525	0.038	21.59	12.06
BJ140	WR62	11.9～18.0	15.799	7.899	0.031	17.83	9.93
BJ180	WR51	14.5～22.0	12.954	6.477	0.026	14.99	8.51
BJ220	WR42	17.6～26.7	10.668	4.318	0.021	12.70	6.35
BJ260	WR34	21.7～33.0	8.636	4.318	0.020	10.67	6.35
BJ320	WR28	26.3～40.0	7.112	3.556	0.020	9.14	5.59
BJ400	WR22	32.9～50.1	5.690	2.845	0.020	7.72	4.88

续表

国标型号	国际型号	频率范围/GHz	内截面尺寸		宽和高偏差(±)	外截面尺寸	
			宽度 a	高度 b		宽度 A	高度 B
BJ500	WR18	39.2～59.6	4.775	2.388	0.020	6.81	4.42
BJ620	WR14	49.8～75.8	3.759	1.880	0.020	5.79	3.91
BJ740	WR12	60.5～91.9	3.0988	1.5494	0.0127	5.13	3.58
BJ900	WR10	73.8～112	2.5400	1.2700	0.0127	4.57	3.30
BJ1200	WR8	92.2～140	2.032	1.016	0.0076	3.556	2.54
BJ1400	WR7	113～173	1.651	0.8255	0.0064	3.175	2.35
BJ1800	WR5	145～220	1.2954	0.6477	0.0064	2.819	2.172
BJ2200	WR4	172～261	1.0922	0.5461	0.0051	2.616	2.07
BJ2600	WR3	217～330	0.8636	0.4318	0.0051	2.388	1.956

附录 D　特殊函数表

1. 柱贝塞尔函数

(1) 贝塞尔方程及其解

贝塞尔方程是

$$\frac{\mathrm{d}^2 f}{\mathrm{d}z^2}+\frac{1}{z}\frac{\mathrm{d}f}{\mathrm{d}z}+\left(u^2-\frac{p^2}{z^2}\right)f=0 \tag{D.1}$$

贝塞尔方程的一个解 $\mathrm{J}_p(uz)$ 可用级数形式表示为

$$\begin{aligned}\mathrm{J}_p(uz) &= \frac{(uz)^p}{2^p\Gamma(p+1)}\left[1-\frac{(uz)^2}{2(2p+2)}+\frac{1}{2\times 4(2p+2)(2p+4)}+\cdots\right] \\ &= \sum_{m=0}^{\infty}(-1)^m\frac{(-1)^m}{\Gamma(m+1)\Gamma(p+m+1)}\left(\frac{uz}{2}\right)^{p+2m}\end{aligned} \tag{D.2}$$

式中，Γ 函数定义为

$$\Gamma(\alpha)=\int_0^{\infty}x^{\alpha-1}\mathrm{e}^{-x}\mathrm{d}x \quad (\alpha>0) \tag{D.3}$$

当 $\alpha\leqslant 0$ 时，用递推公式 $\Gamma(\alpha+1)=\alpha\Gamma(\alpha)$ 采用解析延拓来定义 Γ 函数。当 m 为整数时，$\Gamma(m+1)=m!$。$\mathrm{J}_p(uz)$ 称为第一类柱贝塞尔函数。当 p 不为整数时，式(D.2)中用 $-p$ 替代 p，可得到与 $\mathrm{J}_p(uz)$ 线性无关的第二个解 $\mathrm{J}_{-p}(uz)$。但是，当 $p=n$（n 为整数或零）时，$\mathrm{J}_{-n}=(-1)^n\mathrm{J}_n$，$\mathrm{J}_{-n}$ 与 J_n 是线性相关的。为了得到 p 为任意数值时与 J_p 线性无关的第二个解，可用下式引入第二类贝塞尔函数——诺伊曼函数

$$\begin{cases}\mathrm{N}_p(uz)=\dfrac{\cos p\pi \mathrm{J}_p(uz)-\mathrm{J}_{-p}(uz)}{\sin p\pi} & p\text{ 不是整数} \\ \mathrm{N}_p(uz)=\lim\limits_{p\to n}\mathrm{N}_p(uz) & n\text{ 为整数}\end{cases} \tag{D.4}$$

由 $\mathrm{J}_p(uz)$ 与 $\mathrm{N}_p(uz)$ 的线性组合可得到贝塞尔方程的另外两个解为

$$\mathrm{H}_p^{(1)}(uz)=\mathrm{J}_p(uz)+\mathrm{j}\mathrm{N}_p(uz) \tag{D.5}$$

$$\mathrm{H}_p^{(2)}(uz)=\mathrm{J}_p(uz)-\mathrm{j}\mathrm{N}_p(uz) \tag{D.6}$$

函数 $\mathrm{H}_p^{(1)}(uz)$ 称为第一类汉开尔函数或第三类柱贝塞尔函数，函数 $\mathrm{H}_p^{(2)}(uz)$ 称为第二类汉开尔函数或第四类柱贝塞尔函数。

(2) 柱贝塞尔函数的渐近式

对于大宗量值，$|uz|\gg p$，$|uz|\gg 1$，柱贝塞尔函数的渐近式为

$$\begin{cases}\mathrm{J}_p(uz)\approx\sqrt{\dfrac{2}{\pi\mu z}}\cos\left(uz-\dfrac{2p+1}{4}\pi\right) \\ \mathrm{N}_p(uz)\approx\sqrt{\dfrac{2}{\pi\mu z}}\sin\left(uz-\dfrac{2p+1}{4}\pi\right) \\ \mathrm{H}_p^{(1)}(uz)\approx\sqrt{\dfrac{2}{\pi\mu z}}\mathrm{e}^{\left(uz-\frac{2p+1}{4}\pi\right)} \\ \mathrm{H}_p^{(2)}(uz)\approx\sqrt{\dfrac{2}{\pi\mu z}}\mathrm{e}^{\left(uz-\frac{2p+1}{4}\pi\right)}\end{cases} \tag{D.7}$$

对于小宗量值，$|uz|\to 0$，柱贝塞尔函数的渐近式为

$$\begin{cases} J_0(uz)\approx 1-\left(\dfrac{uz}{2}\right)^2 \\ N_0(uz)\approx \dfrac{\pi}{2}\ln\dfrac{2}{\gamma uz} & \gamma=1.781672 \\ J_p(uz)\approx \dfrac{1}{\Gamma(p+1)}\left(\dfrac{uz}{2}\right)^p & p\neq -1,-2,\cdots \\ N_p(uz)\approx \dfrac{(n-1)!}{\pi}\left(\dfrac{2}{uz}\right)^n & n=1,2,\cdots \\ H_p^{(i)}(uz)\approx \pm \mathrm{j}\,\dfrac{\Gamma(p)}{\pi}\left(\dfrac{2}{uz}\pi\right)^p & p>0 \end{cases} \tag{D.8}$$

(3) 柱贝塞尔函数的递推公式

设 $R_p(uz)=AJ_p(uz)+BN_p(uz)$，$A$、$B$ 为常数，则有

$$\frac{2p}{\mu z}R_p(uz)=R_{p-1}(uz)+R_{p+1}(uz) \tag{D.9}$$

$$\begin{aligned}\frac{1}{uz}\frac{\mathrm{d}}{\mathrm{d}z}R_p(uz)&=\frac{1}{2}[R_{p-1}(uz)-R_{p+1}(uz)]\\ &=-\frac{p}{\mu z}R_p(uz)+R_{p-1}(uz)\\ &=\frac{p}{\mu z}R_p(uz)-R_{p-1}(uz)\end{aligned} \tag{D.10}$$

$$z\frac{\mathrm{d}}{\mathrm{d}z}R_p(uz)=pR_p(uz)-\mu zR_{p+1}(uz) \tag{D.11}$$

特别是 $p=0$ 时，有

$$\frac{\mathrm{d}}{\mathrm{d}z}R_0(uz)=-\mu zR_1(uz) \tag{D.12}$$

$$\frac{\mathrm{d}}{\mathrm{d}z}[z^pR_p(uz)]=uz^pR_{p-1}(uz) \tag{D.13}$$

$$\frac{\mathrm{d}}{\mathrm{d}z}[z^{-p}R_p(uz)]=-uz^{-p}R_{p+1}(uz) \tag{D.14}$$

(4) $J_n(x)$、$N_n(x)$ 函数曲线与 $J_n(x)$ 及其一阶导数的零点

$J_n(x)$、$N_n(x)$ 函数曲线分别如图 D.1 和图 D.2 所示。$J_n(x)$ 及其一阶导数的零点分别如表 D.1和表 D.2 所示。

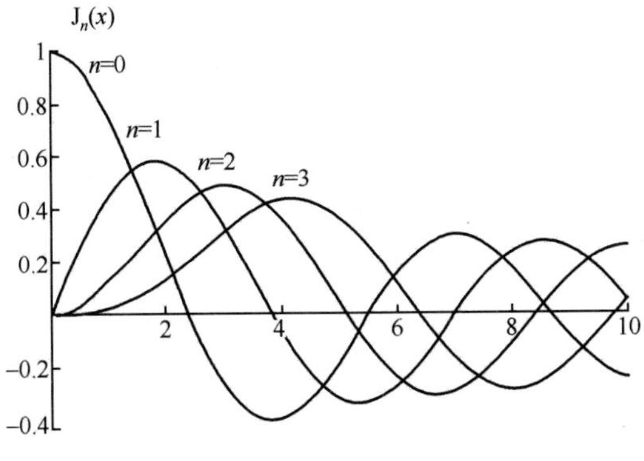

图 D.1　$J_n(x)$函数曲线

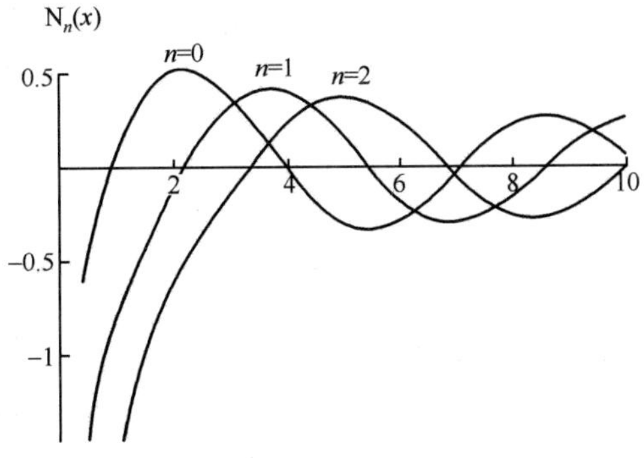

图 D.2　$N_n(x)$函数曲线

表 D.1　$J_n(x)$的零点 x_{ns}[$J_n(x_{ns})=0$]

n	$s=1$	$s=2$	$s=3$	$s=4$	$s=5$
0	2.405	5.520	8.654	11.792	14.931
1	3.832	7.016	10.173	13.324	16.471
2	5.136	8.417	11.620	14.796	17.960
3	6.380	9.761	13.015	16.223	19.409
4	7.588	11.065	14.372	17.616	20.827

表 D.2　$J_n'(x)$的零点 x_{ns}[$J_n'(x_{ns})=0$]

n	$s=1$	$s=2$	$s=3$	$s=4$	$s=5$
0	3.832	7.016	10.173	13.324	16.471
1	1.841	5.331	8.536	11.706	14.864
2	3.054	6.706	9.969	13.170	16.348
3	4.201	8.015	11.346	14.586	17.789
4	5.317	9.282	12.682	15.964	19.196

2. 球贝塞尔函数

(1) 定义

球贝塞尔函数的定义为

$$\begin{cases} \mathrm{j}_n(uz)=\sqrt{\dfrac{\pi}{2uz}}\mathrm{J}_{n+\frac{1}{2}}(uz), & \mathrm{n}_n(uz)=\sqrt{\dfrac{\pi}{2uz}}\mathrm{N}_{n+\frac{1}{2}}(uz) \\ \mathrm{h}_n^{(1)}(uz)=\sqrt{\dfrac{\pi}{2uz}}\mathrm{H}_{n+\frac{1}{2}}^{(1)}(uz), & \mathrm{H}_n^{(2)}(uz)=\sqrt{\dfrac{\pi}{2uz}}\mathrm{H}_{n+\frac{1}{2}}(uz) \end{cases} \tag{D.15}$$

以上这些函数的任一线性组合 z_n 满足方程

$$\frac{\mathrm{d}^2 z_n}{\mathrm{d}z^n}+\frac{2}{z}\frac{\mathrm{d}z_n}{\mathrm{d}z}+\left[u^2-\frac{n(n+1)}{z^2}\right]z_n=0 \tag{D.16}$$

设函数 $\mathrm{P}_n=zz_n(uz)$，则 $\mathrm{P}_n(uz)$满足方程

$$\frac{\mathrm{d}^2\mathrm{P}_n(uz)}{\mathrm{d}z^2}+\left[u^2-\frac{n(n+1)}{z^2}\right]\mathrm{P}_n(uz)=0 \tag{D.17}$$

(2) 递推公式

$$\begin{cases} \dfrac{(2n+1)}{uz}z_n(uz)=z_{n-1}(uz)+z_{n+1}(uz) \\ \dfrac{(2n+1)}{u}\dfrac{\mathrm{d}}{\mathrm{d}z}z_n(uz)=nz_{n-1}(uz)-(n+1)z_{n+1}(uz) \\ \dfrac{\mathrm{d}}{\mathrm{d}z}[z^{n+1}z_n(uz)]=nz^{n+1}(uz) \\ \dfrac{\mathrm{d}}{\mathrm{d}z}[z^{-n}z_n(uz)]=-uz^{-n}z_{n+1}(uz) \end{cases} \tag{D.18}$$

(3) 渐近公式

$$\begin{cases} \mathrm{j}_n(uz)\underset{uz\to 0}{\approx}\dfrac{2^n n!\ (uz)^n}{(2n+1)!} \\ \mathrm{n}_n(uz)\underset{uz\to 0}{\approx}\dfrac{1\times 3\times 5\times\cdots\times(2n-1)}{(uz)^{n+1}} \end{cases} \tag{D.19}$$

$$
\begin{cases}
\mathrm{j}_n(uz) \underset{uz\to\infty}{\approx} \dfrac{1}{uz}\cos\left[uz-(n+1)\dfrac{\pi}{2}\right] \\
\mathrm{n}_n(uz) \underset{uz\to\infty}{\approx} \dfrac{1}{uz}\sin\left[uz-(n+1)\dfrac{\pi}{2}\right] \\
\mathrm{n}_n^{(1)}(uz) \underset{uz\to\infty}{\approx} \dfrac{1}{uz}(-\mathrm{j})^{n+1}\mathrm{e}^{\mathrm{j}uz} \\
\mathrm{n}_n^{(2)}(uz) \underset{uz\to\infty}{\approx} \dfrac{1}{uz}\mathrm{j}^{n+1}\mathrm{e}^{-\mathrm{j}uz}
\end{cases}
\tag{D.20}
$$

表 D.3 和表 D.4 列出了球贝塞尔函数 $\mathrm{j}_n(x)$ 及其一阶导数的零点。

表 D.3 $\mathrm{j}_n(x)$**的零点** $x_{ns}[\mathrm{j}_n(x_{ns})=0]$

n	$s=1$	$s=2$	$s=3$	$s=4$	$s=5$
0	π	2π	3π	4π	5π
1	4.493	7.725	10.9043	14.066	17.221
2	5.763	9.095	12.323	15.515	18.689
3	6.988	10.417	13.698	16.924	20.122
4	8.183	11.705	15.040	18.301	21.525

表 D.4 $\mathrm{j}_n'(x)$**的零点** $x_{ns}[\mathrm{j}_n'(x_{ns})=0]$

n	$s=1$	$s=2$	$s=3$	$s=4$	$s=5$
0	0	4.493	7.725	10.901	14.066
1	2.0816	5.940	9.205	12.404	15.579
2	3.342	7.290	10.613	13.846	17.043
3	4.514	8.583	11.972	15.244	18.468
4	5.646	9.840	13.295	16.609	19.862

3. 勒让德函数

勒让德方程

$$(1-z^2)\frac{\mathrm{d}^2 f}{\mathrm{d}z^2}-2z\frac{\mathrm{d}f}{\mathrm{d}z}+n(n+1)f=0 \tag{D.21}$$

有两个线性无关的解，分别称为第一类与第二类勒让德函数。

(1) 勒让德多项式

当 n 为正整数或零时，第一类勒让德函数可化为多项式，称为勒让德多项式 $\mathrm{P}_n(z)$，它是从 n 次降幂排列的多项式，即

$$\begin{aligned}\mathrm{P}_n(z)=&\frac{1\times3\times5\times\cdots\times(2n-1)}{n!}\cdot\\&\left[z^n-\frac{n(n-1)}{2(2n-1)}z^{n-2}+\frac{n(n-1)(n-2)(n-3)}{2\times4\times\cdots\times(2n-1)(2n-3)}z^{n-4}+\cdots\right]\end{aligned} \tag{D.22}$$

上式也可写成

$$\mathrm{P}_n(z)=\frac{1}{2^n n!}\frac{\mathrm{d}^n}{\mathrm{d}z^n}(z^2-1)^n \tag{D.23}$$

式(D.23)称为勒让德多项式的罗巨格公式。

第二类勒让德函数定义为

$$\mathrm{Q}_n(z)=\mathrm{P}_n(z)\int\frac{\mathrm{d}z}{(1-z^2)[\mathrm{P}_n(z)]^2}$$

通常只考虑 z 为区间[$-1, +1$]内实数的情况，此时

$$Q_n(z)=\frac{1}{2}P_n(z)\ln\frac{1+z}{1-z}-W_{n-1}(z) \tag{D.24}$$

式中

$$W_{n-1}(z)=\sum_{r=1}^{n}\frac{1}{r}P_{r-1}(z)P_{n-r}(z) \tag{D.25}$$

勒让德多项式 $P_n(z)$ 与第二类勒让德函数 $Q_n(z)$ 的前几个显式为

$$P_0(z)=1, P_1(z)=z$$

$$P_2(z)=\frac{3z^2-1}{2}, P_3(z)=\frac{5z^3-3z}{2}$$

$$Q_0(z)=\frac{1}{2}\ln\frac{1+z}{1-z}, Q_1(z)=\frac{z}{2}\ln\frac{1+z}{1-z}-1$$

$$Q_2(z)=\frac{3z^2-1}{4}\ln\frac{1+z}{1-z}-\frac{3z}{2}$$

$$Q_3(z)=\frac{5z^3-3z}{4}\ln\frac{1+z}{1-z}-\frac{5z^2}{2}+\frac{2}{3}$$

对于 $z=0, +1, -1$，则有

$$P_{2n+1}(0)=0, P_{2n}(0)=(-1)^n\frac{1\times3\times5\times\cdots\times(2n-1)}{2\times4\times6\times\cdots\times2n}$$

$$P_n(1)=1, P_n(-1)=(-1)^n$$

$$Q_{2n}(0)=0, Q_{2n+1}(0)=(-1)^{n+1}\frac{2\times4\times6\times\cdots\times2n}{1\times3\times5\times\cdots\times(2n+1)}$$

$$Q_{2n}(+1)=Q_{2n+1}(+1)=+\infty$$

$$Q_{2n}(-1)=-\infty, Q_{2n+1}(-1)=+\infty$$

在实际问题中，常采用 $\cos\theta$ 代替 z，于是 $f(\cos\theta)$ 函数满足方程

$$\frac{1}{\sin\theta}\frac{\mathrm{d}}{\mathrm{d}\theta}\left(\sin\theta\frac{\mathrm{d}f}{\mathrm{d}\theta}\right)+\left[n(n+1)-\frac{m^2}{\sin^2\theta}\right]f=0 \tag{D.26}$$

此时，勒让德多项式也可写成以 θ 为变量的形式 $P_n(\cos\theta)$。

(2) 勒让德多项式的递推公式

$$z\frac{\mathrm{d}}{\mathrm{d}z}P_n(z)-\frac{\mathrm{d}}{\mathrm{d}z}P_{n-1}(z)=nP_n(z) \tag{D.27}$$

$$(n+1)P_{n+1}(z)-(2n+1)zP_n(z)+nP_{n-1}(z)=0 \tag{D.28}$$

$$(z^2-1)\frac{\mathrm{d}}{\mathrm{d}z}P_n(z)=nzP_n(z)-nP_{n-1}(z) \tag{D.29}$$

$$\frac{\mathrm{d}}{\mathrm{d}z}P_{n+1}(z)-\frac{\mathrm{d}}{\mathrm{d}z}P_{n-1}(z)=(2n+1)zP_n(z) \tag{D.30}$$

(3) 勒让德多项式的正交性与积分值

$$\int_{-1}^{+1}P_m(z)P_n(z)\mathrm{d}x=0 \quad m\neq n \tag{D.31}$$

$$\int_{-1}^{+1}[P_n(z)]^2\mathrm{d}x=\frac{2}{2n+1} \tag{D.32}$$

$$\int_0^{\pi} \mathrm{P}_{2n}(\cos\theta)\,\mathrm{d}\theta = \pi \left[\frac{(2n)!}{(2^n n!)^2}\right]^2 \tag{D.33}$$

$$\int_0^{\pi} \mathrm{P}_{2n+1}(\cos\theta)\cos\theta\,\mathrm{d}\theta = \pi \frac{(2n)!(2n)+2!}{2^n n! 2^{n+1}(n+1)!} \tag{D.34}$$

$$\int_0^{\pi} \mathrm{P}_n(\cos\theta)\cos m\theta\,\mathrm{d}\theta = \begin{cases} 2\dfrac{(m+n-1)(m+n-3)\cdots(m-n+1)}{(m+n)(m+n-2)\cdots(m-n)} & n < m, m+n \text{ 为奇数} \\ 0 & \text{其他情况} \end{cases} \tag{D.35}$$

参考文献

[1] 谢树艺．矢量分析与场论[M]. 3 版．北京:高等教育出版社,2005.

[2] 王竹溪,郭敦仁．特殊函数概论[M]. 北京:北京大学出版社,2000.

[3] 谢处方．电磁场与电磁波[M]. 4 版．北京:高等教育出版社,2008.

[4] 何小祥,丁卫平,刘建霞．工程电磁场[M]. 北京:电子工业出版社,2011.

[5] Bhag S G, Hüseyin R. 电磁场与电磁波[M]. 2 版．周克定译．北京:机械工业出版社,2002.

[6] 蔡圣善,朱耘,徐建军．电动力学[M]. 2 版．北京:高等教育出版社,2001.

[7] 张克潜,李德杰．微波与光电子学中的电磁理论[M]. 北京:电子工业出版社,2001.

[8] 冯慈璋,马西奎．工程电磁场导论[M]. 北京:高等教育出版社,1999.

[9] 毛均杰,刘荧,朱建清．电磁场与微波工程基础[M]. 北京:电子工业出版社,2005.

[10] 陈永真．电容器及其应用[M]. 北京:科学出版社,2008.

[11] 刘尚合,武占成．静电放电及危害防护[M]. 北京:北京邮电大学出版社,2004.

[12] 卡兰塔罗夫,采伊特林．电感计算手册[M]. 陈汤铭译．北京:机械工业出版社,1992.

[13] 王光保．微波暗室的设计方法综述[J]. 战术导弹技术,1980(1):35-42.

[14] 尹景学．数学物理方程[M]. 北京:高等教育出版社,2010.

[15] 申建中,刘峰．数学物理方程[M]. 西安:西安交通大学出版社,2010.

[16] 曹世昌．电磁场的数值计算和微波的计算机辅助设计[M]. 北京:电子工业出版社,1989.

[17] Gibson W C. The Method of Moments in Electromagnetics[M]. Boca Raton, FL, USA: CRC Press,2007.

[18] 葛德彪,闫玉波．电磁波时域有限差分方法[M]. 西安:西安电子科技大学出版社,2005.

[19] 金建铭．电磁场有限元方法[M]. 西安:西安电子科技大学出版社,1998.

[20] R. F. 哈林登．计算电磁场的矩量法[M]. 王尔杰,等译．北京:国防工业出版社,1981.

[21] 李世智．电磁辐射与散射问题的矩量法[M]. 北京:电子工业出版社,1985.

[22] 周璧华．电磁脉冲及其工程防护[M]. 北京:国防工业出版社,2003.

[23] 王雪松．宽带极化信息处理的研究[M]. 长沙:国防科技大学出版社,2005.

[24] 施龙飞．雷达极化抗干扰技术研究[D]. 长沙:国防科学技术大学,2007.

[25] Pendry J B. Magnetism form conductors and enhanced nonlinear phenomena[J]. Microwave Theory and Techniques,1999,47(11):2075-2084.

[26] Shelby R A, Smith D R, Schultz S. Experimental verification of negative index of refraction [J]. Science, 2001,292:77-79.

[27] 董正高．金属基元的电磁材料中负折射现象的数值研究[D]. 南京:南京大学,2006.

[28] 宋磊．负折射离线地图物质的理论和数值模拟研究[D]. 济南:山东大学,2007.

[29] Goldsmith A. 无线通信[M]. 杨鸿文,李卫东,郭文彬,等译．北京:人民邮电出版社,2007.

[30] 翁木云,谢绍斌．频谱管理与监测[M]. 北京:电子工业出版社,2009.
[31] 刘东．基于无人机频谱认知仪的频谱态势感知研究[D]. 南京:南京航空航天大学,2022.
[32] 杜孝夫．基于无人机平台的三维频谱态势测绘研究[D]. 南京:南京航空航天大学,2022.
[33] 白云鹏．面向频谱测绘的无人机三维航迹规划研究[D]. 南京:南京航空航天大学,2022.
[34] 杨恩耀,杜加聪．天线[M]. 北京:电子工业出版社,1984.
[35] 徐之华．天线[M]. 长沙:国防科技大学出版社,1990.
[36] 马汉炎．天线技术[M]. 哈尔滨:哈尔滨工业大学出版社,1997.
[37] 魏文元,宫德明．天线原理[M]. 北京:国防工业出版社,1985.
[38] 林昌禄．天线工程手册[M]. 北京:电子工业出版社,2002.
[39] 杜耀惟．天线罩电信设计方法[M]. 北京:国防工业出版社,1993.
[40] 阮颖铮．雷达截面与隐身技术[M]. 北京:国防工业出版社,2001.
[41] 庄钊文,袁乃昌,莫锦军,等．军用目标雷达散射截面预估与测量[M]. 北京:科学出版社,2007.
[42] 朱英富．舰船隐身技术[M]. 哈尔滨:哈尔滨工程大学出版社,2006.
[43] 张考,马东立．军用飞机生存力与隐身设计[M]. 北京:国防工业出版社,2002.
[44] 高泽华,孙文生．物联网——体系结构、协议标准、与无线通信[M]. 北京:清华大学出版社,2020.
[45] 黄玉兰．物联网射频识别(RFID)技术与应用[M]. 北京:人民邮电出版社,2013.
[46] 甘泉．物联网 UHF RFID[M]. 北京:清华大学出版社,2021.
[47] 朱永忠,张怿成．无线通信系统中的小型化基片集成波导滤波器[M]. 西安:西安电子科技大学出版社,2021.
[48] 朱京平．光电子技术[M]. 2 版．北京:科学出版社,2009.
[49] 原荣．光纤通信技术[M]. 北京:机械工业出版社,2011.
[50] 尚盈,王晨,黄胜,等．光纤传感原理与应用[M]. 北京:电子工业出版社,2023.
[51] 柳春郁,张昕明,杨九如,等．光纤通信技术与应用[M]. 北京:科学出版社,2022.
[52] 刘培国,电磁环境效应[M]. 北京:科学出版社,2017.
[53] Schwan H P, Carstensen E L. Application of electric and acoustic impedance measuring techniques to problems in diathermy[J]. Transactions of the American Institute of Electrical Engineers,1953,72(2),106-110.
[54] 陈亚洲．无人机装备电磁环境效应与作用机理[M]. 北京:国防工业出版社,2017.
[55] 王柳辉．电磁辐射职业危害及防护对策[J]. 中国新技术新产品,2017(5):103-105.
[56] 金景怡．电磁环境对通信设备的影响[J]. 电声技术,2022,46(5):141-143.
[57] 郑生全,蔡敬标,阮兵,等．舰船装备强电磁环境防护技术综述[J]. 中国舰船研究,2023,18(4):1-19.
[58] 李超,吴垚,袁犇．美国水面舰船电磁脉冲防护标准浅析[J]. 装备环境工程,2018,15(3):71-75.
[59] 王东红,张晗,周必成,等．吸波材料强电磁环境效应研究[J]. 安全与电磁兼容,2022(6):19-25.
[60] 陈新来,刘尚富．复杂战场电磁环境对通信设备的影响及对策研究[J]. 舰船电子工程,2019,39(6):173-175.

反侵权盗版声明